美国国家公园

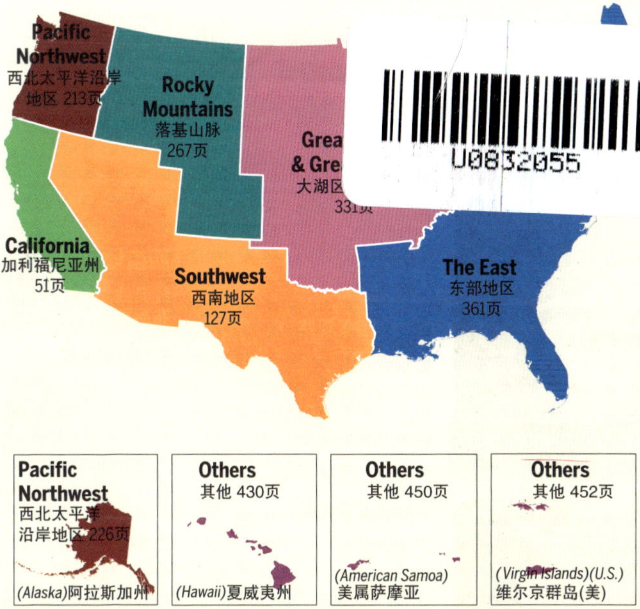

中国地图出版社

计划你的行程

THOMAS WINZ/GETTY IMAGES ©

松鼠，火山口湖国家公园，见224页

FDASTUDILLO/GETTY IMAGES ©

白兰地瀑布 见347页

美国国家公园

目录

特别呈现

美国国家公园

WALTER BIBIKOW /GETTY IMAGES ©

图腾柱，锡特卡国家历史公园，见250页

目录

欢迎来美国国家公园

"世界存乎荒野。"

——亨利·大卫·梭罗

独一无二

大峡谷、黄石、约塞米蒂……这些名字代表的不仅是壮丽的风景，更代表了美国人的最高理想：保护生命和自由，追求让所有生命都能得到幸福。我们能够在今天前往这些与众不同的地方旅行看上去似乎理所当然，然而国家公园体系的建立却历尽曲折。这些公共荒野受到保护在世界上是首开先河，史无前例，没有人能指导应当如何管理这些广袤的土地。每一步都面临着艰难的挑战，整个过程多次面临全面失败的危险。但是，至少到目前为止，社会良知占了上风，国家公园得以保存和发展。看看这59座宏伟壮丽的国家公园，人们不会再让它们遭到破坏。

叹为观止……

一旦踏足公园内，这种感觉就会油然而生。你会发现自己正在进入一个不同的世界，也许是山间的空气，也许是树木的味道。但最重要的，是你即将目睹那些庞然大物。有些难以名状：峡谷如此幽深，以至于你可以在峭壁上读到20亿年的进化史；树木如此高大，让你觉得摩天大楼也难以企及；岩层如此奇特，除了"奇形岩"还真找不出什么好名字。美国的国家公园拥有许多世界上最壮观的景色，其中包括北美洲的最高峰和最低点。有的公园集这颗星球的地热奇观之大成，有的则坐拥世界上密度最大的天然石拱门。这些公园及其庇佑的动植物，都是人类最宝贵的财富。

精神之旅

每个到访国家公园的旅行者都会有截然不同的收获。对一些人来说，这是一次体验原始之美的机会，他们希望能把握那种灵魂升华的感觉，哪怕只有短短一瞬间。对另一些人而言，来这里是为了丰富人生阅历，感受冒险的魅力，挑战勇气和自我。而其他的人则是希望远离尘世喧嚣，寻求心灵的宁静，感受大自然的脉搏。无论你初衷如何，感受怎样，都请一定保持公园的原状，让它保持在你初来时的样子——因为后来的旅行者也想拥有和你一样的体验。

右：哈瓦苏瀑布，大峡谷国家公园

Vancouver 温哥华
Calgary 卡尔加里
Lake Winnipeg 温尼伯湖
CANADA 加拿大
Victoria 维多利亚
Lake Manitoba 马尼托巴湖
Regina 里贾纳
Winnipeg 温尼伯
Seattle 西雅图
Olympia 奥林匹亚
Spokane 斯波坎
WASHINGTON 华盛顿州
Helena 海伦娜
Missouri River 密苏里河
NORTH DAKOTA 北达科他州
MINNESOTA 明尼苏达州
Portland 波特兰
Salem 塞勒姆
Missoula 米苏拉
MONTANA 蒙大拿州
Bismarck 俾斯麦
St Paul 圣保罗
Bozeman 博兹曼
OREGON 俄勒冈州
Boise 博伊西
SOUTH DAKOTA 南达科他州
Minneapolis 明尼阿波利斯
Snake River 斯内克河
IDAHO 爱达荷州
Rocky Mountains 落基山脉
Continental Divide 北美大陆分水岭
Rapid City 拉皮德城
Pierre 皮尔
IOWA 艾奥瓦州
WYOMING 怀俄明州
Great Salt Lake 大盐湖
NEBRASKA 内布拉斯加州
Reno 里诺
Des Moines 得梅因
Sacramento 萨克拉门托
Carson City 卡森城
Salt Lake City 盐湖城
Cheyenne 夏延
Lincoln 林肯
Kansas City 堪萨斯城
UTAH 犹他州
Boulder 博尔德
Denver 丹佛
San Francisco 圣弗朗西斯科 (旧金山)
NEVADA 内华达州
Colorado Springs 科罗拉多斯普林斯
Topeka 托皮卡
Colorado River 科罗拉多河
COLORADO 科罗拉多州
KANSAS 堪萨斯州
Las Vegas 拉斯维加斯
CALIFORNIA 加利福尼亚州
Santa Fe 圣菲
OKLAHOMA 俄克拉何马州
Flagstaff 弗拉格斯塔夫
Los Angeles 洛杉矶
ARIZONA 亚利桑那州
Albuquerque 阿尔伯克基
Oklahoma City 俄克拉何马城
San Diego 圣迭戈
Tijuana 蒂华纳
Mexicali 墨西加利
Phoenix 菲尼克斯
NEW MEXICO 新墨西哥州
Tucson 图森
Fort Worth 沃思堡
Dallas 达拉斯
30°N
El Paso 埃尔帕索
Ciudad Juárez 华雷斯
TEXAS 得克萨斯州
Austin 奥斯汀
Rio Grande 格兰德河
Houston 休斯顿
120°W
PACIFIC OCEAN 太平洋
San Antonio 圣安东尼奥
Corpus Christi 科珀斯克里斯蒂
MEXICO 墨西哥
RUSSIA 俄罗斯
Chukchi Sea 楚科奇海
ARCTIC OCEAN 北冰洋
130°W
Prudehoe Bay
70°N
Seward Peninsula 苏厄德半岛
St Lawrence Island 圣劳伦斯岛
Arctic Circle 北极圈
UNITED STATES 美国
CANADA 加拿大
60°N
Fairbanks 费尔班克斯
ALASKA 阿拉斯加州
Nunivak Island 努尼瓦克岛
Anchorage 安克雷奇
Bering Sea 白令海
170°W
Aleutian Islands 阿留申群岛
Kodiak Island 科迪亚克岛
Juneau 朱诺
Gulf of Alaska 阿拉斯加湾
50°N
160°W
150°W
140°W
0 500 km
0 250 miles
PACIFIC OCEAN 太平洋
Kaua'i 考爱岛
Ni'ihau 尼豪岛
O'ahu 瓦胡岛
Moloka'i 莫洛凯岛
Honolulu 火奴鲁鲁(檀香山)
Lana'i 拉奈岛
Maui 毛伊岛
Kaho'olawe 卡霍奥拉威岛
20°N
Hilo 希洛
HAWAII 夏威夷州
Kailua-Kona 凯卢阿科纳
Hawai'i (Big Island) 夏威夷岛 (大岛)
160°W
0 200 km
0 100 miles

1. 海峡群岛国家公园
2. 死亡谷国家公园
3. 约书亚树音乐节
4. 国王峡谷国家公园
5. 拉森火山国家公园
6. 尖石林国家公园
7. 红杉木国家公园
8. 红杉国家公园
9. 约塞米蒂国家公园
10. 拱门国家公园
11. 大弯国家公园
12. 布莱斯峡谷国家公园
13. 峡谷地国家公园
14. 圆顶礁国家公园
15. 卡尔斯巴德洞窟国家公园
16. 大峡谷国家公园
17. 大盆地国家公园
18. 瓜达卢佩山国家公园
19. 弗德台地国家公园
20. 化石森林国家公园
21. 仙人掌国家公园
22. 锡安国家公园
23. 火山口湖国家公园
24. 丹奈利国家公园
25. 北极之门国家公园和科伯克河谷国家公园
26. 冰川湾国家公园
27. 卡特迈国家公园
28. 基奈峡湾国家公园
29. 克拉克湖国家公园
30. 雷尼尔山国家公园
31. 北喀斯喀特国家公园
32. 奥林匹克国家公园
33. 兰格尔山-圣伊莱亚斯山国家公园
34. 甘尼逊黑峡谷国家公园
35. 冰川国家公园
36. 大蒂顿国家公园
37. 大沙丘国家公园
38. 落基山国家公园
39. 黄石国家公园
40. 恶地国家公园
41. 凯霍加河谷国家公园
42. 罗亚尔岛国家公园
43. 罗斯福国家公园
44. 探险家国家公园
45. 风洞国家公园
46. 阿卡迪亚国家公园
47. 比斯坎国家公园
48. 康格瑞国家公园
49. 干海龟国家公园
50. 大沼泽地国家公园
51. 大雾山国家公园
52. 温泉国家公园
53. 猛犸洞国家公园
54. 仙纳度国家公园
55. 哈莱亚卡拉国家公园
56. 夏威夷火山国家公园
57. 美属萨摩亚国家公园
58. 维尔京群岛国家公园

美国国家公园Top 15

约塞米蒂河谷，约塞米蒂国家公园

1 在堪称国家公园体系皇冠上的明珠的约塞米蒂河谷（见116页），巨大的花岗岩岩层自梅塞德河（Merced River）拔地而起，高达数千英尺。狂野的小溪从崖壁顶端飞流直下，形成了世界上绝无仅有的壮观瀑布群景观。诸多醒目而巨大的岩石“哨兵”守护在这里，包括酋长岩（El Capitan）、半圆丘（Half Dome）、皇家拱门（Royal Arches）、“三兄弟”（the Three Brothers）以及大教堂岩石（Cathedral Rocks）。无论人们怎样对你抱怨夏季这里如何人头攒动，约塞米蒂河谷令人叹为观止的风景都值得前往一游。

向阳大道，冰川国家公园

2 向阳大道（见288页）会为意志坚定的旅行者们带来一段毕生难忘的精彩之旅。在绝壁上凿出的道路连接着美国最陡峭、最令人眩晕的临渊峭壁。而且，这条50英里长、美景无穷的柏油路，将会带领自驾者前往落基山脉最惊世骇俗的瑰丽风景。

1

JP2PIX.COM / GETTY IMAGES ©

2

ALAN MAJCHROWICZ / GETTY IMAGES ©

观赏日落，大峡谷国家公园

3 当美国歌手鲍勃·迪伦（Bob Dylan）描述上帝和伍迪·格思里（Woody Guthries，著名美国民谣歌手）时，他吟唱道："无论我是对是错，你都会在日落时分的大峡谷，发现他们俩。"在地球上，没有哪个地方的落日能与大峡谷（见172页）相媲美，利潘观景点（Lipan Point）是最佳观赏地点之一。或者，如果你想休闲一些，不妨点一杯饮料，一边在El Tovar旅馆的露台上荡荡秋千，一边品味无与伦比的日落美景。

观赏野生动植物，黄石国家公园

4 无论之前看过多少自然类节目，当你在荒野中初见驼鹿时都会大吃一惊。在黄石国家公园（见318页），如果你没有见到驼鹿——或者一头野牛、一群麋鹿、一头熊……那一定是因为你一直闭着眼睛。黄石国家公园是世界上最著名的野生动物观赏地之一，与厄瓜多尔加拉帕戈斯群岛、坦桑尼亚塞伦盖蒂平原和巴西潘塔纳尔湿地齐名。大型哺乳动物随处可见，灰熊、野狼和美洲狮也让这里成为野生动物爱好者的胜地。右图为北美野牛。

3

4

5

WILLIAM HOCKING / 500 PX PRIME ©

6

ADVENTURE JOE / 500 PX PRIME ©

JEFF CLOW / 500 PX PRIME ©

布莱斯环形剧场，布莱斯峡谷国家公园

5 仿佛是为了展示大自然的狂野想象力，奇形岩堪称这个星球上最与众不同的岩层。在犹他州南部的布莱斯环形剧场（Bryce Amphitheater，见157页）边缘，你可以俯瞰成千上万奇形怪状的古老岩石如长矛一般直插天际，组成了这片名为"寂静之城"（Silent City）的奇形岩石林，让人们情不自禁地以为自己身处另一个星球。环形剧场的日出景观也会让你终生难忘。

攀岩，约书亚树国家公园

6 无论攀岩新手，或是抱石女神，你都会在约书亚树国家公园的花岗岩（见76页）岩壁上找到能让自己一展身手的地方。8000多条攀登路线使这里成为世界攀岩胜地。这里开设有初学者培训班，还有400多处可供攀登的岩石为攀岩老手们带来无穷的乐趣。在参天巨石和大汗淋漓的攀登者之间，长相奇特的约书亚树本身也让这片风景显得超凡脱俗。

在斯内克河上观赏野生动物，大蒂顿国家公园

7 从连绵的蒂顿山脉怀抱里，奔放的斯内克河自杰克逊湖奔流而出。两岸景色绝佳，拥有美国最为变化多端的山野风光。除了蒂顿山脉本身[包括海拔13,770英尺（4197米）的大蒂顿山]的山光水色值得细细品味外，这里的野生动物观赏（见296页）也是赫赫有名。不计其数的户外装备商店都开设了漂流之旅，项目从风平浪静到搏击中流一应俱全。无论你如何选择，都绝对震撼。

BEN COOPER / GETTY IMAGES ©

纳罗斯，锡安国家公园

8 出发之前，先得确定自己没有幽闭恐惧症。这是一段沿维尔京河徒步涉水而上的旅程，目的地是一道2000英尺（609米）深的狭缝峡谷（见206页）。当你溯流而上时，悬崖峭壁在头顶突兀而出并且越来越高，最后的目的地是“华尔街”（Wall Street），这里峡谷的宽度不到30英尺（9米）。

皮划艇，冰川湾国家公园

9 为了进入冰川湾的穆尔湾（Muir Inlet，见239页），你得泛舟大洋——在阿拉斯加沿海划皮划艇，感受极端潮汐变化、冰冷彻骨的海水以及可能遭遇的狂风巨浪。无论转向何方，在这座大公园里都能看到入海冰川如刻刀般重铸公园大地。在这里还可能看到座头鲸、黑熊、海豹和秃鹫。

野花盛开，雷尼尔山国家公园

10 雷尼尔山（见254页）每年积雪达到650英寸（1651厘米）。整座山都被冰川覆盖，一年中有9个月，这里的高山草甸都被一片白色所笼罩。当冰雪消融，草甸重现，自知生命短暂的野花几乎立即蓬勃绽放。雪莲、旱叶草、沼兰、独丽花以及数十种其他野花将喀斯喀特山脉最高峰的山坡染成了彩虹般的五颜六色。7月和8月是旅游旺季。右图：野花丛中的旱獭，雷尼尔山。

9

10

朗斯峰，落基山国家公园

11 无论是攀登海拔14,259英尺（4346米）的顶峰，还是在山下仰望冰川覆盖的山坡，朗斯峰（见313页）都是一场视觉的盛宴。考虑到它是公园内的最高峰，这似乎也理所应当。想要沿着Keyhole路线登顶的勇士，首先必须闯过惊心动魄的Ledges，接着征服Trough，然后小心翼翼地通过纳罗斯（Narrows），最终到达Homestretch（松一口气吧）。从山顶俯瞰，风景美得让人难以置信！

霍河雨林，奥林匹克国家公园

12 在这里拥抱雨滴！这座温带雨林（见258页）宛如托尔金小说中的场景，也是北美最绿的地方。年均降雨量高达170英寸（4318毫米），这里同时也是北美最潮湿的地方。大量的降水滋养了森林里无处不在的苔藓、地衣和蕨类植物，茂密的树木遮天蔽日，让行走在森林中的你觉得时刻身处黄昏的柔光之中。带上雨衣，留意寻找罗斯福马鹿。

MIKE BERENSON / COLORADO CAPTURES / GETTY IMAGES ©

12

在凯迪拉克山看日出，阿卡迪亚国家公园

13 在凯迪拉克山顶（见375页）轻松地观看清晨映照这个国家的第一缕晨曦，是开启一天的绝佳方式。海拔1530英尺（466米）的凯迪拉克山是缅因州山漠岛（Mount Desert Island）的最高点，在这里俯瞰大西洋的感觉绝妙至极。这座岛屿地处美国最东部，虽然从严格意义上来说，这里并非这个国家首先看到日出的地方，但我们的建议是，像其他人一样忽略掉一切所谓的技术细节，静待激动人心的日出美景。

湖上泛舟，大沼泽地国家公园

14 美国第三大国家公园（见396页）是划船爱好者的天堂。皮划艇和独木舟"路线"穿过红树林沼泽和淡水湿地，沿途可以看到各种野生动植物。鳄鱼、短吻鳄、乌龟、鸬鹚、苍鹭、白鹭和鱼类仅仅是在这座亚热带公园泛舟时可能会邂逅的一小部分物种。公园管理处提供的皮划艇和独木舟路线图非常实用（而且免费），在其指引下，开启水中之旅并不复杂。

DANITA DELIMONT / GETTY IMAGES ©

CHANTAL CECCHETTI / 500PX PRIME ©

EMILY RIDDELL / GETTY IMAGES ©

绝壁宫殿，弗德台地国家公园

15 这座巨大的奇迹工程是北美最大的绝壁居所（见192页），拥有217间房屋和23个地穴，曾经为250名至300名古普韦布洛人提供居住场所。如果想要入内参观，必须报名参加1小时的管理员导览之旅，这期间需要沿着一条石板路上下行走，并且攀爬4座10英尺（约3米）的直梯。想要参透远古居民留下的未解之谜，这是个好地方——他们在公元1300年前后撤离这里，原因至今未明。

最佳徒步

没有什么比徒步能更好地让人领略国家公园的独特气质了。公园里纵横交错的步道，总长度有数千英里，人们可以通过这些步道前往风景优美的高山垭口、飞流直下的瀑布、深不见底的峡谷和静谧无人的角落。步道通行条件各不相同，从约塞米蒂环线步道的平整小路，到锡安国家公园赫赫有名、让人精疲力竭的天使降临，一定有一条适合你。

春天瀑布和内华达瀑布（Vernal Fall and Nevada Fall），约塞米蒂国家公园

欣赏约塞米蒂公园最壮观的瀑布群，体验当地的无敌风景。

冰山湖（Iceberg Lake），冰川国家公园

冰斗下方一处湛蓝清澈的湖泊。

绝景步道（Grandview Trail），大峡谷国家公园

崎岖陡峭的步道。鹅卵石小道蜿蜒前行，伴随着史诗般的峡谷风景。

瀑布穿越步道（Cascades Pass Trail），北喀斯喀特国家公园

在相对冷门的西北太平洋沿岸荒野中，高海拔风光展现出它最美的一面。

天使降临（Angels Landing），锡安国家公园

裸露的不规则岩石和无可匹敌的全景视角，需要借助锁链来攀上天堂。

1

PIRIYA PHOTOGRAPHY / GETTY IMAGES ©

1. 冰山湖，冰川国家公园 2. 天使降临，锡安国家公园
3. 春天瀑布，约塞米蒂国家公园

3

ADAM BURTON / ROBERTHARDING / GETTY IMAGES ©

KEVIN SCHAFER / GETTY IMAGES ©

1. 棕熊捕鱼 2. 大角麋，大蒂顿国家公园
3. 蓝鹭，大沼泽地国家公园 4. 旱獭，丹奈利国家公园

TRAVEL IMAGES / UIG / GETTY IMAGES ©

CHRISTER FREDRIKSSON / GETTY IMAGES ©

最佳野生动物观赏

北美是各种大小生物的栖息地，从凶猛的灰熊到勤劳的海狸，还有体形庞大的北美野牛、雪白的猫头鹰、翱翔的雄鹰、嚎叫的土狼和眼神温润如鹿的海牛，使整个北美看上去犹如一座动物园。美国国家公园则是观赏这些动物的最佳场所。

拉马尔山谷（Lamar Valley），黄石国家公园

北美野牛、驼鹿、狼和麋鹿在“美洲的塞伦盖蒂平原”上四处漫游，黄石公园是世界上最负盛名的野生动物观赏地之一。

公园路（Park Road），丹奈利国家公园

在阿拉斯加观赏野生动物的最佳去处，这条路将带你通往丹奈利国家公园深处。

布鲁克斯营地（Brooks Camp），卡特迈国家公园

置身熊的天堂，观看棕熊从瀑布中一把捞出鲑鱼的有趣情景。

牛轭弯（Oxbow Bend），大蒂顿国家公园

在大蒂顿的这个特别的地方，可以观赏到驼鹿、麋鹿、秃鹫、天鹅、蓝鹭和其他动物。

蛇鸟步道（Anhinga Trail），大沼泽地国家公园

观看沐浴在阳光里的短吻鳄，以及与这条步道同名的鸟儿用锋利如刀的喙来捕捉食物。

DON LANDWEHRLE / GETTY IMAGES ©

1. 日出，哈莱亚卡拉国家公园 2. 灵感台，布莱斯峡谷国家公园
3. 皇家角点，大峡谷国家公园 4. 勒孔特山，大雾山国家公园

ROBERTO SONCIN GEROMETTA / GETTY IMAGES ©

LIGHTRIX / GETTY IMAGES ©

最佳风景

无与伦比的开阔视野、深不见底的峡谷以及直冲云霄的高峰，几乎每转一个弯都能看到引人入胜的风景。清晨和傍晚的光线会为风景增加深度、丰富颜色、拓展尺度，彰显其戏剧性的魅力。

皇家角点（Cape Royal Point），大峡谷国家公园

脚下的大地仿佛消失了一般。

天空之岛（Island in the Sky），峡谷地国家公园

一片广阔的砂岩台地，台地四周是深达1000英尺（305米）的陡峭悬崖。

灵感台（Inspiration Point），布莱斯峡谷国家公园

神秘的奇形岩从下方的寂静之城直插云霄。

日出，哈莱亚卡拉国家公园

看着太阳从火山边缘冉冉升起，同时观赏如同月球表面般的地貌以及色彩丰富的火山锥。

勒孔特山（Mt Le Conte），大雾山国家公园

大雾山的第三高峰，无论在哪个观景点都能看见，只有徒步才能到达。

1

2

BILL BIRTWHISTLE / GETTY IMAGES ©

最佳冬季胜地

在寒冷的月份里再次确认公园的开放信息后，你就可以试着前往进行越野滑雪、雪鞋行走以及欣赏风景如画的荒野。游客相比旺季也会大为减少。

约塞米蒂河谷

冰冻瀑布、雪盖悬崖，以及一座静谧、魔幻的白色山谷，静待冬季旅行者前来拜访。

黄石国家公园

在没有大群游客到来的时候，前往美国首座国家公园观赏野生动物是一种比平时更棒的体验。

落基山国家公园

如果冬季前来，你能独自享用这一片纯净的原野。

大蒂顿国家公园

在巨大雪峰下，数英里长的越野滑雪道蜿蜒伸展。

大沼泽地国家公园

亚热带天堂，适合希望在寒冬寻找温暖的旅行者。

1. 日落，约塞米蒂河谷 **2.** 黄石国家公园里的鹿
3. 落基山的雪

SCOTT CRAMER / GETTY IMAGES ©

1. 溯溪，锡安国家公园 2. 登山，雷尼尔山国家公园
3. 漂流，大峡谷国家公园 4. 大沼泽地国家公园的沼泽

最佳探险

从亚热带的大沼泽地到西北太平洋沿岸的冰川雪原，在美国国家公园里，开展探险运动的最佳舞台比比皆是。

科罗拉多河漂流，大峡谷国家公园

在科罗拉多河上顺流而下，让你全方位地体验大峡谷的荒野、宁静和古朴魅力。

划船，大沼泽地国家公园

划船穿过99英里（159公里）的荒野水道。这条水上通道由迷宫般的红树林、沼泽以及万岛群岛（Ten Thousand Islands）纵横交错的水道组成。

溯溪，锡安国家公园

从砂岩边缘借助绳索速降100英尺（30米），探寻峡谷如雕刻般的神奇曲线，仰望头顶那一线湛蓝天空——溯溪运动是美好的、危险的和壮观的。

浮潜，干海龟国家公园

佛罗里达群岛珊瑚礁是世界上第三大珊瑚礁，梭鱼、海龟和沉船随处可见。

登山，雷尼尔山国家公园

白雪皑皑的山峰和森林覆盖的山麓丘陵拥有不计其数的徒步路线，鲜花绽放的高山草甸和令人心驰神往的圆锥形峰顶为雄心勃勃的登山者提出艰巨挑战。

1

2

1. 夏威夷火山国家公园 2. 叉角羚，拉马尔山谷
3. 猛犸洞

最佳亲子体验

带孩子到国家公园总是很自然地令人愉悦。看着孩子观赏驼鹿或飞流直下的瀑布，这本身就是一种令人兴奋不已的满足。奇伟瑰丽的自然景观能够吸引哪怕最沉迷于电子游戏的孩子，更何况国家公园还开设有各种教育项目和活动，能让孩子们充分与周围的环境互动。

观赏野生动物，拉马尔山谷，黄石国家公园

如果没有看到驼鹿、水牛、麋鹿或是熊，唯一的解释就是你一直紧闭双眼。这里是世界上最负盛名的野生动物观赏目的地。

攀岩，约塞米蒂登山学校，约塞米蒂国家公园

闻名世界的攀岩胜地，面向各种水平的攀岩者。这所学校为你打开机遇之门，也是让孩子们放松一天的绝佳去处。

洞窟游览，猛犸洞国家公园

世界上已知的最长洞穴，随处可见高大的奇石、无底的深洞和波浪般翻卷的神奇岩层。

滑沙，大沙丘国家公园

各种景观在这片沙漠相遇——你会怀疑自己是不是被太空飞船带到了另一个星球。

观看火山岩浆，夏威夷火山国家公园

世界上最活跃的火山，从1983年以来便在持续爆发。如果运气够好，你将会看到火山熔岩喷涌到海上的奇景。

美国国家公园

名称	所在州	简述
阿卡迪亚国家公园	缅因州	新英格兰地区仅有的国家公园，原始粗犷的荒野上，随处可见起伏的海岸山脉、高耸的海上悬崖、巨浪拍打的海滩以及宁静的池塘。
拱门国家公园	犹他州	透过巨大的弧形砂岩“相框”，欣赏白雪皑皑的山峰和荒芜的沙漠，在一片红色岩石奇境中探寻“拱门”。
恶地国家公园	南达科他州	大自然的鬼斧神工，配上彩虹般的色调，这片由“巨墙”和“长矛”构成的奇观拔地而起，直入云霄。
大弯国家公园	得克萨斯州	这座公园占地1252平方英里，让身处其中的你真正领略到“广袤无垠”的意义。这是一片充满无尽多样性的土地，大到值得用一辈子去探索。
比斯坎国家公园	佛罗里达州	在佛罗里达海岸边，世界第三大珊瑚礁的一部分就坐落于此，与之相伴的还有红树林和佛罗里达群岛。
甘尼逊黑峡谷国家公园	科罗拉多州	黑峡谷狭窄的道路、陡峭的岩壁和幽深的山谷冠绝全美。
布莱斯峡谷国家公园	犹他州	布莱斯峡谷拥有超脱尘世之美：反复冰冻和消融的侵蚀，将柔软的砂岩和石灰岩改造为与众不同的地貌。
峡谷地国家公园	犹他州	红色鱼鳍状岩石、天生桥、针形岩、矛状岩、火山口、台地和孤立的山丘构成这了片与世隔绝的美丽迷宫，洋溢着颓败的魅力——恍如远古洪荒时的地球。
圆顶礁国家公园	犹他州	巨大的红褐色岩石和黄色圆顶砂岩是这里的统治者，土生土长的弗里蒙特印第安人将自己的家园称为“沉睡彩虹之地”。
卡尔斯巴德洞窟国家公园	新墨西哥州	这座公园山地的地下隐藏着数十个充满奇幻色彩的洞窟。游览这里的洞穴如同爱丽斯漫游仙境，奇妙的地质构造让人沉迷其中。
海峡群岛国家公园	加利福尼亚州	宛若散落的珍珠撒在海岸上，海峡群岛是加州现代文明社会最后的世外桃源，群岛也为自己赢得了“加州加拉帕戈斯群岛”的美誉。
康格瑞国家公园	南卡罗来纳州	郁郁葱葱的树木在美国东部是最高的，从而构成了世界上现存最高的温带落叶林树冠层之一。
火山口湖国家公园	俄勒冈州	火山口湖湛蓝的湖水如同一面巨大的明镜，倒映着周围群峰的曼妙身姿，能拍出壮观的照片和壮美的全景。
凯霍加河谷国家公园	俄亥俄州	这座公园位于克利夫兰和亚克朗之间，凯霍加河从河谷中蜿蜒流过，形成了俄亥俄州最美丽动人的风景。
死亡谷国家公园	加利福尼亚州	初闻其名，让人不寒而栗，然而，一旦走近，你会看到水流侵蚀的峡谷、强风吹袭的沙丘、阴凉的绿洲、参差的群山和多样的野生动物。
丹奈利国家公园	阿拉斯加州	这里是在阿拉斯加内陆（如果不是全境）最有可能看到灰熊、驼鹿或是驯鹿的地方。
干海龟国家公园	佛罗里达州	虽然路程艰辛（只有乘船或飞机才能到达），然而会获得无与伦比的浮潜、深潜、观鸟和观星体验作为回报。
大沼泽地国家公园	佛罗里达州	这里并非只是一片湿地、一块沼泽、一汪湖泊、一条河流或是一片草场——而是所有这些的集大成者。
北极之门和科伯克河谷国家公园	阿拉斯加州	这两座公园其实是连成一片的荒野，没有道路，杳无人烟。

占地面积	门票	最适合	页码
62平方英里（160.6平方公里）	7日通票 $25/车		见374页
116平方英里（300.4平方公里）	7日通票 $25/车		见138页
379平方英里（981.6平方公里）	7日通票 $15/车		见344页
1252平方英里（3242.7平方公里）	7日通票 $25/车		见144页
270平方英里（699.3平方公里）	免费		见380页
48平方英里（124.3平方公里）	7日通票 $15/车		见280页
56平方英里（145平方公里）	7日通票 $30/车		见150页
527平方英里（1365平方公里）	7日通票 $25/车		见162页
378平方英里（979平方公里）	7日通票 $10/车		见168页
73平方英里（189平方公里）	成人/儿童 $10/免费		见170页
390平方英里（1010.1平方公里）	免费		见64页
35平方英里（90.6平方公里）	免费		见386页
287平方英里（743.3平方公里）	7日通票 $15/车		见224页
51平方英里（132平方公里）	免费		见346页
5270平方英里（13,649.2平方公里）	7日通票 $20/车		见70页
9500平方英里（24,604.9平方公里）	7日通票 成人/儿童 $10/免费		见226页
100平方英里（259平方公里）	7日通票 成人/儿童 $10/免费		见388页
2344平方英里（6071平方公里）	7日通票 $20/车		见396页
15,974平方英里（41,372.5平方公里）	免费		见232页

名称	所在州	简述
冰川湾国家公园	阿拉斯加州	11座入海冰川勾山连海，在海面上形成形状不同、大小不一的冰山和迷人的蓝色深影。
冰川国家公园	蒙大拿州	冰川国家公园是美国本土最大的灰熊栖息地，智能化的公园管理实现了游客尽兴游览和荒野保护之间的最大平衡。
大峡谷国家公园	亚利桑那州	大峡谷蕴含了美国西部的广袤和狂野，拥有难以计数的胜景和引人入胜的峡谷。
大蒂顿国家公园	怀俄明州	简而言之，这是一片纯洁而疯狂的土地，海拔13,770英尺(4197米)陡峭的大蒂顿峰是这里的最高峰。
大盆地国家公园	内华达州	海拔13,063英尺(3982米)的惠勒峰从沙漠中突兀而起，牢牢吸引了所有到访者的目光，同时在一个相当紧凑的区域内创造了令人叹为观止的各种生物带和地貌景观。
大沙丘国家公园	科罗拉多州	各种景观在这片流动的沙海里轮番登场，你会感觉自己仿佛搭乘太空飞船来到了其他星球。
大雾山国家公园	北卡罗来纳州和田纳西州	远近闻名的大雾山国家公园为游客提供了体验深邃、神秘、古老原始丛林的机会。
瓜达卢佩山国家公园	得克萨斯州	这座公园是得克萨斯州最高的地方——无论在字面上或是其象征意义都是如此。海拔8749英尺(2667米)的瓜达卢佩峰是“孤星之州”的最高峰。
哈莱亚卡拉国家公园	夏威夷州	这个古老的地方是野生动物的天堂和徒步者的胜地，想要不被它原始的美丽迷住，绝对是一件不可能的事情。
夏威夷火山国家公园	夏威夷州	这个精彩无比的公园会让你体会到大自然处于永恒的运动之中，拥有旺盛的生命力。
温泉国家公园	阿肯色州	温泉国家公园旁边的城市充分运用了公园内的资源：富含矿物质的温泉水。
罗亚尔岛国家公园	密歇根州	体验祥和宁静的完美去处，仿佛独自拥有索诺兰森林中1200只驰骋的驼鹿。
约书亚树国家公园	加利福尼亚州	这里就如同苏斯博士在书中虚构出来的世界，约书亚树欢迎着旅行者们来到这座位于索诺兰沙漠和莫哈维沙漠交界处的荒野公园。
卡特迈国家公园	阿拉斯加州	身躯巨大的棕熊可能近在咫尺，它们用巨大的熊掌抓取河水中的大鲑鱼。
基奈峡湾国家公园	阿拉斯加州	公园中最精彩的看点当属巨大的哈丁冰原(Harding Ice Field)，入海冰川从这里倾泻而出，在海岸线上形成了若干峡湾。
国王峡谷国家公园	加利福尼亚州	国王峡谷是北美最深的峡谷之一，其最深处超过8000英尺(2438米)。
克拉克湖国家公园和保护区	阿拉斯加州	壮观的冻土山峦、高山、冰川、海岸，以及阿拉斯加最大的湖泊和两座活火山。
拉森火山国家公园	加利福尼亚州	喀斯喀特火山链的最南端一环，有荒凉如天外行星的地貌、激荡的泥塘、弥漫的二氧化硫、蒸气缭绕的喷气孔、多姿多彩的火山灰和美丽的火山湖。
猛犸洞国家公园	肯塔基州	这个世界上最长的洞穴系统已探明范围超过400英里(644公里)，洞穴中隐藏着地下河流，钟乳石和石笋看起来像是科幻小说中的场景。

占地面积	门票	最适合	页码
5036平方英里（13,043.2平方公里）	免费		见238页
1584平方英里（4102.5平方公里）	7日通票 $25/车（冬季$15）		见282页
1902平方英里（4926.2平方公里）	7日通票 $30/车		见172页
484平方英里（1253.6平方公里）	7日通票 $30/车		见294页
120平方英里（310.8平方公里）	免费		见184页
55平方英里（142.5平方公里）	7日通票 $15/车		见306页
815平方英里（2110.8平方公里）	免费		见398页
135平方英里（349.6平方公里）	7日通票 成人/儿童 $5/免费		见186页
60平方英里（155.4平方公里）	3日通票 $15/车		见430页
328平方英里（849.5平方公里）	7日通票 $15/车		见438页
8.67平方英里（22.5平方公里）	免费		见404页
210平方英里（543.9平方公里）	1日票 $4/人		见350页
1240平方英里（3211.6平方公里）	7日通票 $20/车		见76页
6400平方英里（16,575.9平方公里）	免费		见244页
1685平方英里（4364.1平方公里）	免费		见246页
721平方英里（1867.4平方公里）	7日通票 $20/车		见78页
5625平方英里（14,568.7平方公里）	免费		见252页
166平方英里（429.9平方公里）	7日通票 $20/车（冬季$10）		见90页
83平方英里（215平方公里）	免费		见410页

名称	所在州	简述
弗德台地国家公园	科罗拉多州	充满神秘色彩的弗德台地是一个引人入胜的地方，尽管显得有几分怪异。这里有许多古崖居，其中一些需要一定的攀登技巧才可到达。
雷尼尔山国家公园	华盛顿州	雷尼尔峰（海拔14,411英尺/4392米）是美国本土第四高峰（除阿拉斯加外），也被许多人认为是最壮丽的山峰。
美属萨摩亚国家公园	美属萨摩亚	美属萨摩亚的国家公园是如此与众不同，其范围覆盖了三个雨林茂密的南太平洋岛屿。
北喀斯喀特国家公园	华盛顿州	人迹罕至的北喀斯喀特国家公园荒无人烟，也没有可供过夜的设施和铺设道路。
奥林匹克国家公园	华盛顿州	世界上最好的温带雨林之一，这个声名远扬的湿地国家公园既“狂野”，又充满“西部风情”。
化石森林国家公园	亚利桑那州	拥有数量庞大的远古木化石，还有奇妙的“五彩”沙漠景观。
尖石林国家公园	加利福尼亚州	公园堪称集地貌之大成，拥有崎岖起伏的层峦叠嶂、深不见底的陡峭峡谷以及远古遗留的火山遗迹。
红杉木国家公园	加利福尼亚州	世界上现存的最高的树木，从远古时代就生长于此，准备好肃然起敬吧。
落基山国家公园	科罗拉多州	落基山国家公园拥有经典的高山风景，包括绚烂的野花草甸、圣洁的高山湖泊以及白雪皑皑的山峰。
仙人掌国家公园	亚利桑那州	在这个由两部分组成的公园里，巨大的巨柱仙人掌在这片沙漠上得到了全面保护。
红杉国家公园	加利福尼亚州	森林中的树木有20层楼高，这是一个非凡的公园，拥有充满灵性树木的森林，以及生长着生机盎然野花的草原。
仙纳度国家公园	弗吉尼亚州	春季和夏季野花绽放，秋季树叶金黄，冬日则是美丽的冬眠之地。
罗斯福国家公园	北达科他州	饱经风霜的地区，有“恶地”之名，颜色似乎是随着大自然环境的变化而不断变换。
维尔京群岛国家公园	美属维尔京群岛	这座公园囊括圣约翰群岛的三分之二，以及5650英亩（22.9平方公里）水下空间。这是一片广袤无垠的空间，拥有漫长的海岸线、纯净的珊瑚礁以及迷人的步道。
探险家国家公园	明尼苏达州	地震、火山和冰川共同构成这里与众不同的土地和水道。
风洞国家公园	南达科他州	在混合草场和松树林地下，隐藏着世界上最长、最复杂的洞穴系统。
兰格尔山-圣伊莱亚斯山国家公园	阿拉斯加州	由超过2万平方英里的冰雪群山组成，是世界上第二大国家公园。
黄石国家公园	怀俄明州	这里真正的主角是各种喷泉和热泉，但随处可见的地热与硫黄喷雾、喷泉和气泡，使黄石公园仿佛是炉火上的巨大水壶。
约塞米蒂国家公园	加利福尼亚州	很难想象，如此多的自然美景会集中于同一个地方。美国国家公园中真正让人心驰神往的明星，让所有到过这里的人都魂牵梦萦。
锡安国家公园	犹他州	从水草丰美的神秘绿洲到绽放着粉色花朵的仙人掌，锡安国家公园总是带来出人意料的惊喜。

占地面积	门票	最适合	页码
80平方英里（207.2平方公里）	7日通票 $10~15/车		见188页
368平方英里（953.1平方公里）	7日通票 $25/车		见254页
20平方英里（51.8平方公里）	免费		见450页
788平方英里（2041平方公里）	免费		见256页
1406平方英里（3641.5平方公里）	7日通票 $20/车		见258页
170平方英里（440.3平方公里）	7日通票 $20/车		见196页
40平方英里（103.6平方公里）	7日通票 $20/车		见94页
172平方英里（445.5平方公里）	免费		见96页
415平方英里（1074.8平方公里）	1/7日票 $20/30 每车		见312页
143平方英里（370.4平方公里）	7日通票 $10/5 汽车/自行车		见198页
631平方英里（1634.3平方公里）	7日通票 $20/车		见102页
310平方英里（802.9平方公里）	7日通票 $20/车		见412页
110平方英里（284.9平方公里）	7日通票 $20/车		见352页
20平方英里（51.8平方公里）	免费		见452页
340平方英里（880.6平方公里）	免费		见356页
44平方英里（114平方公里）	免费		见358页
20,625平方英里（53,418.5平方公里）	免费		见260页
3472平方英里（8992.4平方公里）	7日通票 $30/车		见318页
1169平方英里（3027.7平方公里）	7日通票 $30/车（11月至次年3月 $25）		见114页
231平方英里（598.3平方公里）	7日通票 $30/车		见200页

每月热门

最佳节庆

- 科迪牛仔节，7月
- 春季野花，4月
- 草莓音乐节，5月
- 大蒂顿音乐节，7月
- 冰封死人节，3月

1月

穿上雪鞋或者带上越野滑雪板，前往黄石、冰川和大蒂顿等公园畅享洁白无瑕的冬季魔幻之地。约书亚树公园非常秀美，地处亚热带的大沼泽地公园异常纯净。

雪鞋行走

远离旺季时的人潮，穿上雪鞋前往国家公园的步道。观赏银装素裹的高海拔公园和北部地区公园是一种别样的体验。部分公园的管理员甚至会担任向导，组织雪鞋徒步之旅。

3月

沙漠地带的公园纷纷告别刺骨的严寒，低海拔地区的野花也竞相怒放。高海拔地区仍然可以开展各种雪地运动。

冰封死人节(Frozen Dead Guy Days)

加入尼德兰（位于落基山国家公园附近）的居民，纪念一位名为“布雷多爷爷”（Grandpa Bredo Morstoel）的挪威逝者。他的遗体被低温冷冻在当地实验室中，期待着未来某一天能“起死回生”。这个节日（浏览www.frozendeadguydays.org的“events”页面）在每年3月初举行，为期3天的纪念活动包括音乐表演和抬棺材赛跑等。

4月

低海拔地区野花遍地。随着冰雪消融，瀑布也现出飞流直下的气势。沙漠公园的气候非常怡人。

春季野花

低海拔公园盛放的野花带来了浓浓的春日气息，尤其是在死亡谷、仙纳度、大雾山、锡安和约书亚树等公园里。浏览国家公园管理局网站，了解野花观赏徒步路线、相关讲座以及各种活动。

约塞米蒂瀑布群

大部分在7月和8月到访约塞米蒂的人都无法想象峡谷内最著名的瀑布群在春季有多么壮观，他们眼前的大瀑布和春季相比只能算是涓涓细流。4月、5月和6月是水量最大的季节，也是观赏瀑布群的最佳时间。

国家公园周

每年4月，全美国家公园都会有一整周的时间对民众免费开放。美国总统会在每年年初宣布当年国家公园周的具体时间。在这期间，许多公园都会举办免费活动。

5月

锡安、布莱斯峡谷、大峡谷、约塞米蒂山谷、死亡谷和约书亚树气温宜人。夏季客流尚未到来，瀑布水量丰沛，河流汹涌，小溪潺潺。

草莓音乐节

草莓音乐节每年举行两次（分别是阵亡将士纪念日和劳工节周末；节日网站www.strawberrymusic.com），届时乡村和民谣音乐爱好者们都会蜂拥而至，在约瑟米蒂大橡树平地入口

上图：蓟花，落基山国家公园
下图：冬季徒步，布莱斯峡谷国家公园

（Big Oak Flat Entrance）以西10英里处的马瑟营地（Camp Mather）草坪上狂欢。

约书亚树音乐节

在5月的周末小长假中，无数乐队会聚集在约书亚树湖畔营地，那里会举行适合全家参与的独立原创音乐节（www.joshuatreemusic-festival.com）。10月中旬，这里还会举办特别的庆典。

6月

6月初仍可以避开暑期人潮。但是到6月末，许多公园都会出现拥堵，然而很多公园的气候在此时最令人心旷神怡。内华达山脉和落基山脉的高山路段依然封闭。

犹他州莎士比亚节

在锡安国家公园附近的锡达城，为期3个月的莎士比亚节（www.bard.org）于6月末拉开帷幕，数十项顶级演出轮番上演。节日活动包括教学、文学研讨会、魔术秀等。

7月

落基山脉、内华达山脉和喀斯喀特的高海拔地区正式开放。高地徒步季就此到来，野花竞相怒放。包括大峡谷在内的沙漠公园进入炎热季节。

科迪牛仔节

（Cody Stampede）

在黄石公园大门附近的村落，牛仔竞技是全年文化活动的最高潮。6月、7

月和8月，附近的牛仔们在马背上尽情展示自己。规模最大的牛仔竞技比赛当属科迪牛仔节（www.cody-stampederodeo.com）和狂野西部黄石牛仔竞技（Wild West Yellowstone Rodeo; www.yellowstone-rodeo.com）。

北美印第安节

在7月的第二周，人们前往冰川国家公园东边的黑脚印第安保护区，欣赏传统印第安鼓舞和年度"黑脚小姐"评选比赛。为期4天的节日（www.browningmontana.com/naid.html）成为展示黑脚印第安传统风俗的绝佳舞台。

夏季野花

徒步穿越繁花似锦的高山草甸是一种别样的体验。在冰川、落基山、黄石、大蒂顿等高山公园以及约塞米蒂公园的部分地区，野花趁着雪季之间的短暂生长季竞相怒放。

大蒂顿音乐节

在大蒂顿国家公园附近的杰克逊霍尔地区，将上演40多场古典音乐会，种类涵盖儿童音乐会到交响乐等。7月到8月间几乎每晚都会举行音乐会。可浏览www.gtmf.org了解场次安排并购票。

8月

到处都是人山人海！这是暑期的出行旺季，天气极热，酒店和营地爆满。先到先得的营地成为你的最佳选择。推荐前往高海拔地区，那

JEFFREY CONLEY / GETTY IMAGES ©

上图：山区农场博物馆，大雾山国家公园
下图：春天瀑布，约塞米蒂国家公园

里的气候更为舒适。

8月圣诞节

如果机缘巧合，不妨前往黄石公园，加入圣诞唱诗班，参加国家公园中最特立独行的庆祝活动——"8月圣诞节"（活动在25日举行）。这项活动可以追溯至20世纪末，当时一场惊心动魄的8月暴风雪困住了上间歇泉盆地的一群旅行者，于是人们想出了这个自娱自乐的好点子。

9月

游客数量日益减少，到月末时，许多公园都重归寂静。如果你不介意微寒的夜晚，这是到访公园的好时机。高海拔地区在月末对外关闭。

山区生活节

参加灶台烹饪展示活动，帮助制作传统农场产品，如玉米粥、苹果果酱、苹果酒和肥皂等。这项活动每年9月中旬在大雾山国家公园的山区农场博物馆举办。

10月

从约塞米蒂到大雾山，迷人的秋色无处不在。大峡谷、锡安、约书亚树和死亡谷尤为养眼。游客数量日益减少，气温快速下降。高海拔地区已经关闭。

开拓节

每年10月的第三个周末，约书亚树国家公园附近的二十九棕榈树小镇（Twentynine Palms）都会庆祝"开拓节"（www.visit29.org），在这期间，还会举办具有西部传统特色的嘉年华会，包括巡游、掰手腕和红辣椒烩宴等。

11月

冬季严寒刺骨。游览国家公园的最佳选择是犹他州南部、亚利桑那州和加利福尼亚州沙漠等地，气候宜人，风景美丽。

死亡谷49人

（Death Valley'49ers）

在11月上中旬，火炉溪（Furnace Creek）都会举办这一具有历史意义的露营活动（www.deathvalley49ers.org），精彩看点包括牛仔诗歌、篝火歌咏会、淘金比赛以及西部艺术展。如果参加活动，不妨早点到场观看拓荒马车冲刺入场的壮观景象。

12月

大部分公园都处于严冬笼罩之下。高海拔道路和公园都已关闭，游客中心和商店营业时间缩短。不妨考虑雪鞋行走和越野滑雪。

国家奥杜邦学会圣诞观鸟活动

每年圣诞节期间，成千上万的观鸟爱好者都会前往荒野寻找并记录鸟类，参加奥杜邦学会每年举办的鸟类数量调查。许多公园都会组织调查活动，并依靠志愿者的服务来达成目标。想了解更多信息，可浏览国家公园管理局网站。

获得灵感

书籍

《我们的国家公园》（*Our National Parks*，1901年）约翰·缪尔（John Muir）的著作，正是这本书促成了国家公园的诞生。

《护林员秘档：在国家公园生活、工作和死亡》（*Ranger Confidential: Living,Working & Dying in the National Parks*，2010年）担任过公园护林员的安德雷拉·兰克福德（Andrea Lankford）向你讲述公园的日常。

《迷失后院》（*Lost in My Own Backyard*，2004年）跟随蒂姆·卡希尔（Tim Cahill）神游黄石公园。

《沙乡年鉴》（*A Sand County Almanac*，1949年）奥尔多·利奥波德（Aldo Leopold）描述自然界的经典著作，体现了美国国家公园体系最核心的保护思路。

电影

《美国体验：安塞尔·亚当斯》（*American Experience:Ansel Adams*，2002年）用美国公共广播公司（PBS）的这部纪录片来激发你的摄影灵感。

《度假》（*Vacation*，1983年）适合为家庭度假暖场的喜剧电影。

《末路狂花》（*Thelma & Louise*，1991年）美国经典公路电影，虽然情节并不是令人愉快，但依然值得一看。

《荒野生存》（*Into the Wild*，2007年）跟随克里斯·麦坎德利斯（Chris McCandless）辞去工作，一路搭车前往阿拉斯加。

音乐

Classic Old-Time Fiddle（2007年）前往大雾山和仙纳度公园旅行时的完美伴侣。

Joshua Tree（1987年）无论你是否前往约书亚树公园，这张U2乐队的经典专辑都不容错过。

Beautiful Maladies（1998年）没有谁能比汤姆·韦茨（Tom Waits）更好地诠释"公路旅行"的魅力。

This Land is Your Land: The Asch Recordings,Vol. 1（1997年）伍迪·格思里（Woodie Guthrie）歌曲合辑，包括*This Land is Your Land*和*The Car Song*等曲目。

网站

Lonely Planet（www.lonelyplanet.com）酒店预订、旅行者论坛以及其他。

RoadsideAmerica.com（www.roadsideamerica.com）不要错过那些奇妙的路边风景。

The National Parks（www.pbs.org/nationalparks）美国公共广播公司拍摄的肯·伯恩斯（Ken Burns）经典国家公园纪录片的官方网站。

没时间?

通过以下内容，快速了解美国国家公园。

- **书籍**《亚当·安塞尔在国家公园》（*Adam Ansel in the National Parks*，2010年）会让你有一种身临其境的感觉。
- **影视** 肯·伯恩斯（Ken Burns）制作的12小时美国公共广播公司迷你剧《美国国家公园全纪录》（*The National Parks,America's Best Idea*，2009年）是必不可少的预热步骤。
- **音乐** 哈利·史密斯（Harry Smith）的《美国民间音乐选集》（*Anthology of American Folk Music*），了解美国的蓝调、民谣和乡村音乐根源。
- **网站** 国家公园管理局网站（www.nps.gov），获取从徒步到观星等各项活动的丰富信息。

黄石下瀑布，黄石国家公园

行前参考

门票

免费（如大雾山）至每车$30（如约塞米蒂）不等，有效期为连续7天。

“美丽美国”年票

每车$80，可自购票日起的12个月内进入所有国家公园。通过国家公园管理局购买（America the Beautiful Annual Pass；☎888-275-8747，转3；www.nps.gov）。

自动柜员机

大部分公园都至少有一台自动柜员机，公园大门附近的城镇都可以找到。

信用卡

主流信用卡（如Visa和MasterCard等）基本都能用，但森林管理处（Forest Service）、土地管理局（BLM）和其他营地通常仅接受现金以及支票。

手机

公园内信号不佳。

Wi-Fi

部分公园木屋设有无线网络。在公园外，大部分咖啡馆、餐厅和酒店可提供免费无线网络。连锁酒店无线网络需付费。

小费

餐厅服务员小费为餐费的15%~20%，搬运工小费为$2/包，酒店服务生为每晚$2~5。

何时去

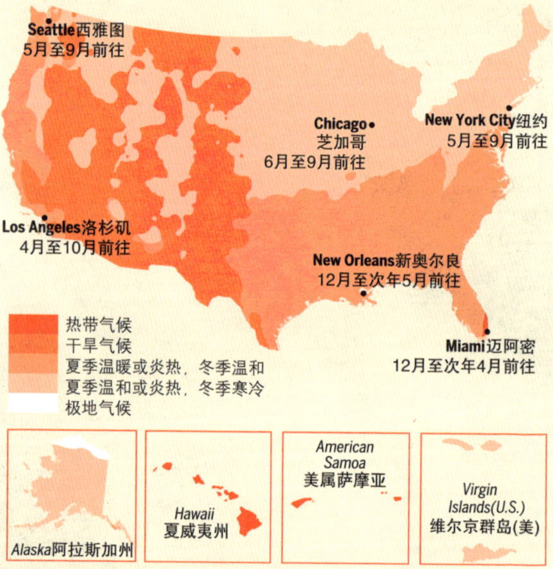

旺季

（6月至9月初）

➡ 落基山脉、内华达山脉和喀斯喀特山脉的高海拔地区保证开放。

➡ 7月和8月人多，必须提前预订。

平季

（5月至6月中旬和9月中旬至10月）

➡ 约塞米蒂和大雾山的瀑布群正值春季水量最充沛时。

➡ 高海拔道路在春季依然封闭。

淡季

（9月中旬至次年5月）

➡ 越野滑雪和雪鞋行走是落基山脉和内华达山脉的绝妙项目。

➡ 亚热带的大沼泽地国家公园正值旺季。

提前计划

行前12个月 预订营地和历史酒店（木屋）等住宿。

行前6个月 如果在暑期到访，则需预订公园附近城镇的酒店房间，预订机票。

行前3个月 如果野外露营，则需开始相关训练。如果没有预订住宿，也需要做好露营训练。

行前1个月 确保租到车辆。如果计划驾驶自己的车辆远行，提前做好安全检查和保养。

带什么

防雨外套 易于携带的薄外套，午后雷雨在夏季十分寻常。

多层外套 多层服装保暖效果出众，而且方便增减。

双筒望远镜 观察野生动物的必备工具。

驱虫剂 夏季前往高海拔地区的必备物品，防止蚊虫叮咬。如果前往低海拔地区的丛林也需预备。

露营折叠椅 放松身心的同时保持风度。

防晒物品 帽子、太阳镜和防晒霜。

急救包 商店购买或自行准备。

手电 露营者的必备品。

汇率

人民币	CNY1	US$0.15
港币	HKD1	US$0.13
澳门元	MOP1	US$0.13
新台币	TWD1	US$0.03
新加坡元	SGD1	US$0.70
马来西亚林吉特	MYR1	US$0.22

最新汇率请查询www.xe.com。

每日预算

经济：少于$100

- 营地：$10～25
- 公园门票：免费至$30
- 在公园大门附近的城镇可自己烹煮食物，公园内的商店物品价格较贵。
- 搭乘公园穿梭巴士，使用免费游客设施。
- 燃油费用取决于驾驶距离和车辆情况。

中档：$100～250

- 经济型或连锁酒店的双人间或者家庭旅馆：$50～200
- 咖啡馆用餐：$15～25，快餐店和当地餐厅：$25～50
- 参加活动：$15～50
- 标准车型租车费用：$30起，不含保险和燃油

高端：高于$250

- 条件更好的家庭旅馆和四星级酒店：$200以上
- 公园入口附近城镇的高端餐厅用餐：$50

抵达国家公园

信息 在公园入口处的服务台拿一份公园报纸并仔细阅读，里面有许多实用信息。

营地 如果你打算前往先到先得的营地，到达后就直奔营地。如果是周五，那么要在上午10点前到达。

停车 不在公园内过夜的人通常都会遭遇停车难题。早点到达，找好停车的地方，尽量乘坐免费穿梭巴士。

游客中心 开始探索公园的最佳起点。在这里可以购买书籍和地图，向管理员了解信息，查询天气预报以及步道和公路状况等。

当地交通

小汽车 公园之间旅行的最方便工具，一些公园道路为砂石路，部分公园内的交通会比较拥堵。

公园穿梭巴士 许多公园都设立了方便的穿梭巴士，在主要游客景点和步道起点设有站点。

自行车 一些公园有出租点。在已开发地区是不错的交通方式，在其他地方，道路可能陡峭险峻不利骑行。

住宿

露营地 所有公园都设有需预订和先到先得类型的营地，通常配备冲水厕所，但鲜有热水淋浴。为房车准备的充电设施通常只有在公园外才能找到。

公园内木屋 奇妙的体验，通常没有电视，部分木屋有Wi-Fi。

家庭旅馆 在公园外部的城镇较为普遍，条件不错且通常有Wi-Fi。

酒店 公园内较少见，大部分都位于公园入口附近的城镇，几乎都有Wi-Fi。

网络资源

美国国家公园管理局（National Park Service; www.nps.gov）拥有全美国家公园的综合导览。

Lonely Planet（www.lonelyplanet.com）酒店预订、旅行者论坛以及其他。

美国

地区速览

落基山脉（见267页）

在高海拔地区欣赏如画的风景，探寻开拓历史、清澈的湖泊、天然的喷泉和明星滑雪度假村。

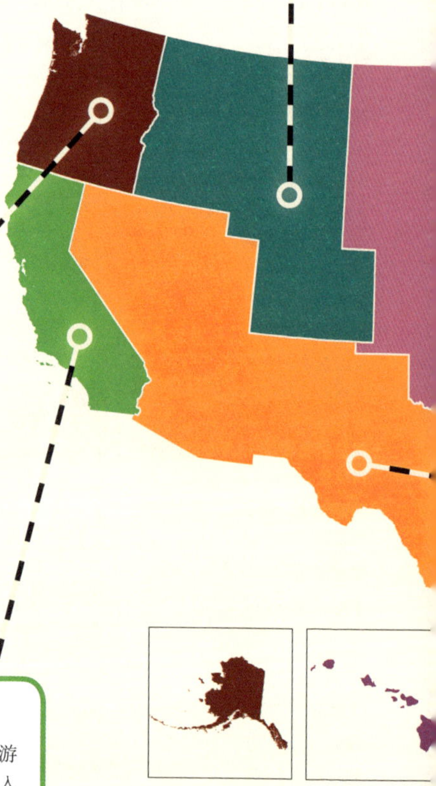

西北太平洋沿岸地区（见213页）

让自己沉醉于白雪皑皑的火山、热气腾腾的温泉、风声呼呼的海滩和植物青青的雨林。

加利福尼亚州（见51页）

穿越加州的9座国家公园，乘船巡游惊涛拍岸的太平洋，或者攀登高耸入云的内华达山脉。

大湖区和大平原（见331页）

微风轻拂着湖畔沙滩和灯塔，北美野牛和大角羊畅快奔跑。尽情欣赏狂野的西部风情、美洲土著居民的传统以及一望无边的金色草原。

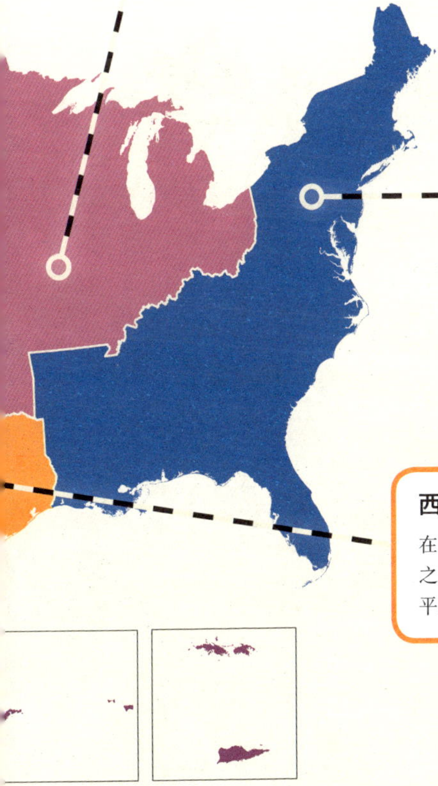

东部地区（见361页）

探寻遍布着古老渔村、美丽秋叶和南北战争战场的海岸线。充满田园风情的阿巴拉契亚山脉和法裔乡村的自然风光，让人大饱眼福。

西南地区（见127页）

在大峡谷边缘、纪念碑山谷的孤峰之间或格兰德河畔感受无垠的地平线。

其他（见427页）

壮丽的火山、茂密的亚热带森林、纯净的珊瑚礁、田园诗般的海滩和独一无二的海岛野生动植物：美属维尔京群岛、夏威夷和美属萨摩亚一定会让你不虚此行。

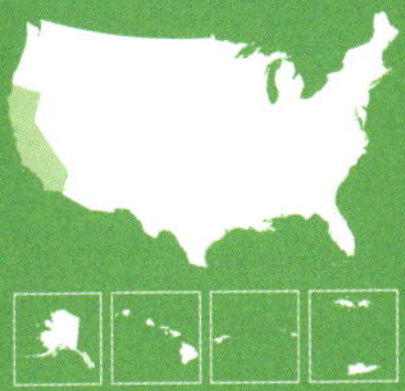

加利福尼亚州

雷鸣般的瀑布、冰蚀谷以及全世界最高、最大和最古老的树木，加利福尼亚拥有的自然景观远不止于此。加利福尼亚州的环境得天独厚：从美国本土的最高峰惠特尼山（Mt Whitney）开始，地势不断下降，一直到国内海拔的最低点恶水盆地（Badwater Basin）。干燥贫瘠的莫哈维沙漠（Mojave Desert）延伸至太平洋的海藻林中。北部海岸上生长着成排的高大红杉树。

加利福尼亚州的生态系统丰富多样，当然也拥有数量最多的美国国家公园。设立于1890年的约塞米蒂和红杉国家公园是全州最早的一批国家公园，如今又新增了7座：国王峡谷国家公园、死亡谷国家公园、约书亚树国家公园、海峡群岛国家公园、红杉木国家公园、拉森火山国家公园和尖石林国家公园。

海峡群岛国家公园，圣巴巴拉岛

BILL PERRY/SHUTTERSTOCK ©

加利福尼亚州

Caldwell
考德威尔
Boise
博伊西
Nampa
楠帕
Burns
OREGON
俄勒冈州
IDAHO
爱达荷州
Lakeview
Crescent City
克雷森特城
Modoc National Forest
莫多克国家森林
Klamath National Forest
克拉马斯国家森林
Weed
Pit River
皮特河
Alturas
阿尔图拉斯
Shasta National Forest
沙士达山国家森林
Eureka
尤里卡
Six Rivers National Forest
六河国家森林
Redding雷丁
Winnemucca
温尼马卡
Elko
埃尔科
Susanville
苏珊维尔
Black Rock Desert
黑岩沙漠
UTAH
犹他州
Red Bluff
雷德布拉夫
Lost Coast
迷踪海岸
Leggett莱吉特
Sacramento River
萨克拉门托河
Plumas National Forest
普卢默斯国家森林
NEVADA
内华达州
Mendocino National Forest
门多西诺国家森林
Nevada City
内华达市
Reno
里诺
Mendocino
门多西诺
Clear Lake
克里尔湖
Lake Tahoe
塔霍湖
Carson City
卡森城
Ely
伊利
Sacramento
萨克拉门托
South Lake Tahoe
南塔霍湖
Humboldt-Toiyabe National Forest
洪堡–托伊亚比国家森林
Santa Rosa
圣罗莎
Sonoma
索诺马
Point Reyes National Seashore
雷耶斯角国家海岸公园
Inyo National Forest
因约国家森林
Oakland
奥克兰
Sonora
索诺拉
Tonopah
托诺帕
San Francisco
圣弗朗西斯科(旧金山)
Stockton
斯托克顿
Caliente
San Jose
圣何塞
San Joaquin River
萨克拉门托河
Bishop
毕晓普
Santa Cruz
圣克鲁兹
Beatty
Fresno
弗雷斯诺
Monterey
蒙特雷
Ventana Wilderness
本塔纳荒野
CALIFORNIA
加利福尼亚州
Sequoia National Forest
红杉国家森林
Las Vegas
拉斯维加斯
ARIZONA
亚利桑那州
San Luis Obispo
圣路易斯–奥比斯波
Los Padres National Forest
罗斯帕雷斯国家森林
Bakersfield
贝克尔斯菲尔德
Baker
贝克
Mojave National Preserve
莫哈维国家保护区
Colorado River
Kingman
金曼
Mojave
莫哈维
Barstow
巴斯托
Santa Barbara
圣巴巴拉
Victorville
维克多维尔
Needles
尼德尔斯
Los Angeles
洛杉矶
Lake Havasu City
Malibu
马里布
Anaheim
阿纳海姆
Long Beach
长滩
Indio
印第奥
Laguna Beach
拉古纳海滩
Blythe
布莱斯
Oceanside
欧申赛德
Salton Sea
索尔顿湖
La Jolla
拉霍亚
San Diego
圣迭戈
Yuma
尤马
UNITED STATES
美国
Tijuana
蒂华纳
Mexicali
墨西加利
MEXICO
墨西哥
PACIFIC OCEAN
太平洋
0 200 km
0 100 miles

1 海峡群岛国家公园

(Channel Islands National Park)

偏远崎岖的群岛紧邻加利福尼亚海岸。(见64页)

2 死亡谷国家公园

(Death Valley National Park)

鸣沙山、阴凉的绿洲和独特的野生动物。(见70页)

3 约书亚树国家公园

(Joshua Tree National Park)

这里生长着古怪的约书亚树,同时也是攀岩爱好者的天堂。(见76页)

4 国王峡谷国家公园

(Kings Canyon National Park)

巨大的红杉树、花岗岩峭壁以及全美最深的峡谷之一。(见78页)

5 拉森火山国家公园

(Lassen Volcanic National Park)

仿佛另一个世界,绝对另辟蹊径,一定会让每一个造访者印象深刻。(见90页)

6 尖石林国家公园

(Pinnacles National Park)

巨石坍塌形成的洞穴、濒危的美洲秃鹫和高耸的尖塔形山峰。(见94页)

7 红杉木国家公园

(Redwood National Park)

世界上最高的树木生长在雾霭缭绕的加利福尼亚北部海岸。(见96页)

8 红杉国家公园

(Sequoia National Park)

巨大的山脉和一片片红杉树森林。(见102页)

9 约塞米蒂国家公园

(Yosemite National Park)

瀑布、花岗岩群峰和梦幻般的美景。(见114页)

☑ 不要错过

约塞米蒂山谷

拥有许多著名的景点:半圆丘(Half Dome)、约塞米蒂瀑布(Yosemite Falls)、酋长岩(El Capitan)和皇家拱门(Royal Arches),都位于**约塞米蒂国家公园**。

攀岩

从无绳安全攀登到裂隙攀岩,再到多段攀登,**约书亚树国家公园**中已有超过8000条的攀岩路线。

在红杉木国家公园徒步

在**红杉木国家公园**中伸长你的脖子仰望全国最高的参天大树。

摩洛岩(Moro Rock)

沿着四分之一英里长的阶梯登上观景台,**红杉国家公园**内大西部分水岭(Great Western Divide)的美景一定会让你惊叹不已。

朱姆沃尔特草地(Zumwalt Meadow)

来到**国王峡谷国家公园**内的国王河(Kings River)旁,内华达山脉的景色可一览无余。

约塞米蒂瀑布

三级层叠，北美最高的瀑布

Classic Trips
经典线路

约塞米蒂、红杉和国王峡谷国家公园

循着巍峨的内华达山脉盘旋而上，满眼皆是冰川山谷和古老的森林。爬上岩石，搭起帐篷，或是将野花与野生动物留在镜头中。

线路亮点

5~7天
450英里/725公里

最适合

何时去
4月和5月看瀑布；6月至8月欣赏山中高地。

最佳摄影点
在隧道观景台上看约塞米蒂河谷全景。

最佳风景道
通向雪松林的国王峡谷观光小道。

Classic Trips
经典线路

约塞米蒂、红杉和国王峡谷国家公园

奇峰下的冰蚀山谷使约塞米蒂成为老少咸宜的乐园。在这里，你可以见证撼天动地的大瀑布，可以攀登花岗岩的穹丘，也可以在夏季于野花遍地的高地草甸上露营。拥有全美最深的峡谷之一和地球上最高大的树木，红杉与国王峡谷国家公园将会证明你绕道向南深入内华达山脉的抉择是何等的正确。内华达山脉被自然主义者约翰·缪尔（John Muir）誉为“光之岭”。

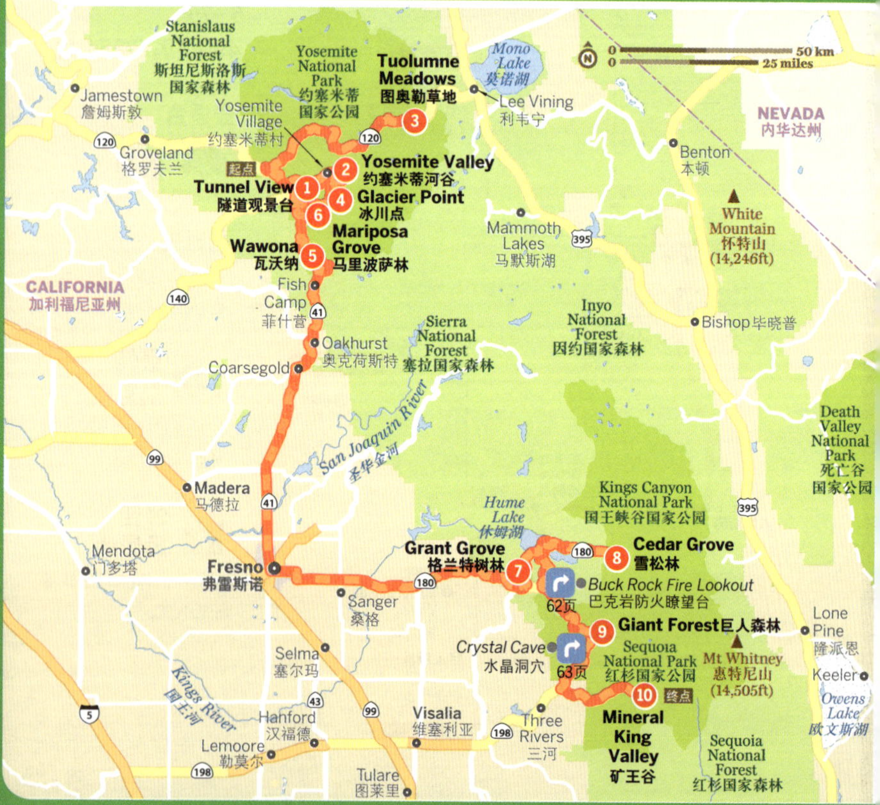

❶ 隧道观景台

(Tunnel View)

沿着140号公路向东，从拱岩(Arch Rock)入口进入**约塞米蒂国家公园**(Yosemite National Park; ☎209-372-0200; www.nps.gov/yose; 7日通票$20/车; 👪)。在**隧道观景台**停下来，初识约塞米蒂河谷；几个世纪以来，无数画家、诗人、博物学家和探险家在这里获得了灵感。右侧，布里达尔维尔瀑布(Bridalveil Fall)在暮春时节由于冰雪融水而汹涌澎湃，但待到夏末却仅能低声呢喃，清风时常将水雾带向空中。松林与草地在你的脚下延伸，铺满山谷；而左边则是酋长岩(El Capitan)的陡峭岩面；在正前方的远处，标志性的花岗岩半圆丘(Half Dome)清晰可见。

行驶路上 » 并入Wawona Rd路，它将带你继续下行，进入约塞米蒂河谷；要小心，这里到处都是令人困惑的交叉单行道。在Southside Dr上沿默塞德河(Merced River)向东，驶过布里达尔维尔瀑布岔道。在距离隧道观景台约6英里处左转，驶过哨兵桥(Sentinel Bridge)，进入约塞米蒂村的日间停车场。乘免费班车环游山谷。

线路亮点

❷ 约塞米蒂河谷

(Yosemite Valley)

从谷底向上看，这个壮观的山谷被蜿蜒的默塞德河切割，不但鸟儿欢鸣，更引人欲歌：草甸泛起涟漪，青松挺拔玉立，凉爽平静的水塘倒映出花岗岩巨石的英姿，瀑布般倾泻而下的冰冷激流如缎带般飘摇。在热闹的**约塞米蒂村**，从**约塞米蒂河谷游客中心**(Yosemite Valley Visitor Center; ⏲5月末至9月初 10:00~18:00，9月初至次年5月末 9:00~17:00; 👪)的内部开始参观，这里陈列着发人深省的历史和自然展品，此外还免费放映《约塞米蒂之魂》(*Spirit of Yosemite*)。在附近的**约塞米蒂博物馆**(Yosemite Museum; ⏲9:00~17:00)里，西部风景油画与美洲原住民制作的篮子和珠饰服装比邻而居。

山谷里著名的瀑布在5月是震耳欲聋的奔流，但到了7月末就变成了涓涓细流。三级层叠的**约塞米蒂瀑布**(Yosemite Falls)是北美最高的瀑布，而**布里达尔维尔瀑布**也很难让人忘怀。**春天瀑布**(Vernal Fall)旁，难行且经常湿滑的台阶会带你(喘息着)直达瀑布的顶端，彩虹有时会在水雾中突然出现在那里。继续沿这条迷雾小径(Mist Trail)徒步向上，直至**内华达瀑布**(Nevada Fall)的顶端，这是一段令人陶醉的徒步之旅，往返共6英里长。

仲夏时节，在咖喱村(Curry Village)租个筏子，顺**默塞德河**漂流而下。石匠桥(Stoneman Bridge)和哨兵河滩(Sentinel Beach)间的宁静缓流很适合孩子们。或者，带上全家去可亲自动手实践的**快乐岛自然中心**(Nature Center at Happy Isles; ⏲5月底至9月 通常 9:30~17:00; 👪)，看看那里的野生动物标本；中心位于咖喱村东面。

行驶路上 » 从约塞米蒂村出发，沿Northside Dr西行，途中经过约塞米蒂瀑布和酋长岩。行驶6英里之后，右转进入大橡树平地路/120号公路(Big Oak Flat Rd/Hwy 120)。约10英里之后，公路盘旋于山谷之上，进入森林。在仙鹤平地(Crane Flat)加油站附近右转，沿Tioga Rd/120号公路东(仅夏秋开放)继续向前直行，会经过通往赫奇赫奇(Hetch Hetchy)的岔道；沿大橡树平地路/120号公路西行，可离开公园。

线路亮点

❸ 图奥勒草地

(Tuolumne Meadows)

离开约塞米蒂河谷拥挤的人群，沿着Tioga Rd逃往内华达山脉的高地地区。这条路曾是19世纪的马车道和美洲原住民的商道。**警告!** Tioga Rd在冬季会因为降雪而完全关闭，通常只能从5月或6月开放到10月。

离开约塞米蒂河谷大约45英里，在**欧姆斯泰德观景点**(Olmsted Point)稍作停留。俯瞰冰川雕琢之作——仿如月球表面般的花岗岩景观；极目远眺泰纳亚峡谷(Tenaya Canyon)

深处，窥看半圆丘的背影。向东几英里外，一片半月形的沙滩围绕着**泰纳亚湖**（Tenaya Lake），诱惑你在公园最寒冷的湖里来一场勇敢者的游泳。日光浴者占据了湖泊北岸边缘的岩石。

距离约塞米蒂河谷约90分钟车程的**图奥勒草地**（Tuolumne Meadows）是内华达山脉最大的亚高山草甸，这里野花遍野、溪流潺潺、花岗岩峰犬牙交错，海拔8600英尺处的气温凉爽宜人。徒步旅行者和登山爱好者会发现，这里小径纵横，还有正在等待被你征服的花岗岩圆丘；要不，就打开野餐篮，在溪流滋养着的草地上享受大餐吧。

行驶路上 » 从图奥勒草地原路返回约塞米蒂河谷，全程50英里，左转上El Portal Rd，接着右转进入Northside Dr，然后再右转驶上Wawona Rd。沿着狭窄的Wawona Rd/41号公路向上离开山谷，9英里后，在Chinquapin路口左转进入Glacier Point Rd，再驱车15英里即可到达冰川点。

❹ 冰川点
（Glacier Point）

只要1个小时，你就能从约塞米蒂河谷直升到让人晕头转向的冰川点。**警告！**Glacier Point Rd会因冬季降雪而关闭，通常到5月才会开放通行。在11月至次年4月期间，远至獾隘口（Badger Pass）滑雪区的路段仍旧开放，但是可能会要求使用雪地轮胎和防滑链。

位于谷底之上3000余英尺的**冰川点**（7214英尺）令人惊叹，身处于此，几乎

在半圆丘和约塞米蒂河谷及周边徒步

约塞米蒂国家公园里有超过800英里的徒步路径，适合任何水平的徒步旅行者。在谷底或巨大的红杉树下试试轻松的半英里漫步，或者挑战一下自己，花上一整天的时间进行徒步探险，在山间高地寻找景点、瀑布和湖泊。

公园中最受欢迎的几条徒步路径均以约塞米蒂河谷为起点，其中最著名的要数前往**半圆丘**顶端的路径（往返17英里）。该路线中包括约翰·缪尔小径（John Muir Trail）的一部分，艰苦难行，最好用两天时间来完成，晚上可以在小约塞米蒂河谷（Little Yosemite Valley）过夜。只有在夏天，护林员安装好固定绳索之后才能登顶；根据每年的雪情不同，最早可能是5月末，最晚可至7月，而通常在10月绳索就会被卸下。为了解决人多绳少的问题，公园现在要求日间徒步者持有许可证，但令人头疼的是，即便如此，徒步者仍需多人共用绳索。**高级许可证**（☎877-444-6777；www.recreation.gov）在早春开始通过抽签出售。除此以外，提前两天还有一次抽签的机会，但此时许可证的数量也很少。许可证的管理规定和价格一直在变化；查询公园网站（http://www.nps.gov/yose）了解最新详情。

相对简单、对体力要求较低的**迷雾小径**也同样能让你玩得开心，沿途可达春天瀑布（往返3英里）、内华达瀑布的顶端（往返6英里），或是如田园诗般的小约塞米蒂河谷（往返8英里）。向上通往冰川点（Glacier Point）的**四英里小径**（Four Mile Trail；往返9英里）难走一些，但途中的壮丽风光绝对让人不虚此行。如果你是带着孩子来的，那么愉快又简单的若干**山谷步道**就恰到好处了，镜湖（Mirror Lake；往返2英里）、震耳欲聋的约塞米蒂瀑布（往返1英里）脚下的观景点和水雾飞扬的布里达尔维尔瀑布（往返半英里）脚下的观景点都是不错的选择。

可以平视半圆丘了。去看一下1903年约翰·缪尔和美国总统泰迪·罗斯福在这里露营之时所见的美景吧：处处瀑布的约塞米蒂河谷和远处群峰掩映下的图奥勒草地。想要远离人群，就沿着全景步道（Panorama Trail）徒步一小段距离，该步道就在拥挤的主观景点以南。

在从冰川点回来的路上，留出时间徒步2英里爬上**哨兵丘**（Sentinel Dome），或是到**塔夫特观景点**（Taft Point）体验不可思议的360度山谷风光。

行驶路上 » 折返下山，经过獾隘口，在Chinquapin路口左转，沿Wawona Rd /41号公路蜿蜒向南，驶过茂密的森林。曲曲折折大约13英里后，你将到达瓦沃纳（Wawona），这里有酒店、游客中心、杂货店和加油站，都在你的左侧。

5 瓦沃纳

（Wawona）

在瓦沃纳，从山谷往南行驶45分钟，可以顺道去看看**约塞米蒂开拓者历史中心**（Pioneer Yosemite History Center），这里的廊桥、拓荒时期的建筑以及历史上著名的美国富国银行办事处都值得一看。在夏天，你可以乘坐一小段颠簸的马车，顿时有穿越时空之感。还可以看看位于19世纪画家托马斯·希尔的工作室（重建）内的**瓦沃纳游客中心**（Wawona Visitor Center; ⌚5月中旬至10月 8:30~17:00），里面挂满了浪漫的内华达山脉风景油画。夏日夜晚，在瓦沃纳酒店（Wawona Hotel）的大堂里品一杯鸡尾酒，这是钢琴家汤姆·鲍普（Tom Bopp）当年在约塞米蒂弹奏乐曲的地方。

行驶路上 » 夏日，把车停放在瓦沃纳，然后乘坐免费班车去马里波萨林（Mariposa Grove）。开车的话，就沿Wawona Rd /41号公路向南行驶4.5英里，到达公园南入口旁边的四向站点。沿Mariposa Rd（冬季关闭）继续直行3.5英里到达停车场——如果车位已满，你就只能折返了。

冬日乐园

当温度下降、白雪飘临，在内华达山脉的诸多国家公园周边仍有数不清的好玩的户外运动。在约塞米蒂，你可以带上一些雪橇或一块滑雪板，从獾隘口顺坡滑下；到约塞米蒂河谷周围艰难跋涉，或去杜威观景点（Dewey Point），在护林员的带领下穿上雪鞋出游；要不，就在咖喱村尝试溜冰。至于更南面的红杉与国王峡谷国家公园，全家都可以在那里来一趟雪鞋行，或是在巨杉林间来一次越野滑雪。前往公园的冬季之旅，出发之前要记得在公园的官方网站或打电话查询当前路况。别忘了给你的车换上防滑轮胎，还要随车携带防滑链。

6 马里波萨林

（Mariposa Grove）

漫步于马里波萨林及其周边是件让人眼花缭乱的事情，这里是1800岁的灰熊巨人（Grizzly Giant）和其他500多棵巨型红杉的家园，而你，只有仰望它们的份儿。天然小径穿过这个人气颇高的树林，但在清晨或傍晚，于度假人群和电动有轨电车之旅带来的喧闹之上，你所能听到的只有自己的心声。尽管在1895年曾经历过野蛮的砍伐，那棵可容人步入的加州隧道树（California Tunnel Tree）仍然幸存了下来，全家一起在它面前摆个造型拍个照吧。如果你有精力徒步往返5英里，就可以探访更高处的林地，位于一座拓荒者小屋里的**马里波萨林博物馆**（Mariposa Grove Museum; ⌚5月至9月 10:00~16:00）展示了红杉生态。

行驶路上 » 从约塞米蒂的南入口站出发，行驶120英里可以到达国王峡谷国家公园，需要3小时。沿41号公路向南60英里到达弗雷斯诺（Fresno），然后向东走180号公路，再行驶50英里，离开中央山谷（Central Valley），再次进入群山之中。在198号公路交叉路口处靠左行驶，继续沿180号公路驶向格兰特树林（Grant Grove）。

Classic Trip
经典线路

JOHN ELK / GETTY IMAGES ©

JOHN ELK / GETTY IMAGES ©

JON ARNOLD IMAGES / GETTY IMAGES ©

7 格兰特树林

(Grant Grove)

穿越**红杉与国王峡谷国家公园**(☎559-565-3341; www.nps.gov/seki; 7天通行许可 每车 $20; 👪),道路沿线的景色只是这对孪生公园美景的皮毛。想要看到真正的宝藏,你还得下车步行。在格兰特树林村(Grant Grove Village)的大树桩(Big Stump)入口站的北面左拐,沿弯弯曲曲的小路下山,进入**格兰特将军树林**(General Grant Grove),在那里的一条铺面小径旁,有几棵具有地标意义的巨型红杉树。一棵名为"陨落的君王"(Fallen Monarch)的红杉可以让人直穿而过,它非常巨大,被火烧空的树干曾经扮演过小屋、旅馆、酒吧和马厩等角色。想要看到国王峡谷(Kings Canyon)和大西部分水岭(Great Western Divide)的群峰,就沿着一条窄小曲折的支路(冬季关闭,野营车和旅行拖车禁行)从John Muir Lodge后面出发,向上前往**全景观景点**(Panoramic Point)。

行驶路上 » 国王峡谷国家公园的主要景点区——格兰特树林和雪松林(Cedar Grove)——由狭窄蜿蜒的180号公路连接;该公路急剧下行,直达国王峡谷。这

上图: 马里波萨林
右图: 约塞米蒂国家公园
下图: 图奥勒草地

是一条出众的30英里景观路，沿途到处都是迷人的风光。警告！80号公路从休姆湖（Hume Lake）岔道拐向雪松林的路段冬季关闭（通常为11月中旬至次年4月中旬）。

线路亮点

8 雪松林

(Cedar Grove)

蛇行绕过瀑布边轮廓分明的岩墙，180号公路便一头扎向国王河（Kings River），河中汹涌的激流冲撞着花岗岩峭壁，奔离北美最深的峡谷之一。中途停一下，在**会合点观景台**（Junction View overlook）饱览满眼的美景，然后继续沿河驶向**雪松林村**（Cedar Grove Village）。村东的**朱姆沃尔特草地**（Zumwalt Meadow）是观察鸟类、北美黑尾鹿和黑熊的好地方。如果天气炎热，而你的装备也正好在手边，就从路之尽头（Road's End）溜达到**缪尔石**（Muir Rock）去吧，这是一块巨大的平顶河石，约翰·缪尔曾在这里进行他的户外讲座，现在是一个很受欢迎的夏季游泳水塘。一条非常热门的日间徒步线路也从路之尽头开始，单程4.5英里，最终攀升至咆哮的**迷雾瀑布**（Mist Falls）。

行驶路上 » 从路之尽头折返，行驶约30英里后取道180号公路。左转上Hume Lake Rd，绕湖驶过诸多游泳场，右转进入10 Mile Rd，这里的露营地由美国林务局（US Forest Service，简称USFS）管理。在198号公路左拐，沿Generals Hwy（冬季有时关闭）向南行驶约23英里，你的左侧就是Wolverton Rd岔路。

另辟蹊径：巴克岩防火瞭望台

起点：8 雪松林

要登上加利福尼亚最让人难忘的一座火警瞭望台，可取道Generals Hwy东面的Big Meadows Rd，由此进入位于格兰特树林和巨人森林（Giant Forest）之间的红杉国家森林。跟随指示牌去往有人值班的**巴克岩防火瞭望台**（www.buckrock.org；Forest Rd 13S04；免费；⏲7月至10月 通常 9:30~18:00）。这座火警瞭望台建于1923年，至今仍在使用。从一个玩具屋大小的小房子里可俯瞰周围群山的全景；小房子位于8500英尺高的花岗岩山顶，你可由172级窄小的台阶沿路而上。眩晕者不宜。

线路亮点

9 巨人森林

(Giant Forest)

试试拥抱这里的大树吧。**巨人森林**占地3平方英里，保卫着这个公园里体积最为惊人的庞然大物。把车停在Wolverton Rd旁，步行下山，可找到地球上最大的活树——**谢尔曼将军树**（General Sherman Tree），它高275英尺，直插云霄。带着一双酸疼的胳膊和十根黏糊糊的手指，你很容易就会在周边众多的森林小径中跟人群走散。这里的小径网络四通八达，向南延伸到新月草甸（Crescent Meadow），单程5英里。

驾车沿Generals Hwy向南行驶2.5英里，到达**巨人森林博物馆**（Giant Forest Museum；⏲通常 9:00~16:30，5月中旬至10月中旬 至18:00；👪）。在这里可以学习有关红杉生态和火循环的知识。

从博物馆外面开始，Crescent Meadow Rd穿过巨人森林，形成了一条正好经过**隧道木**（Tunnel Log）的6英里长的环线。想要看到大西部分水岭的360度全景，则要攀登0.25英里长的陡峭阶梯，到达**摩洛岩石**（Moro Rock）。

警告！Crescent Meadow Rd在冬季雪后关闭；夏季可乘坐公园的免费班车在环线周围游览，也可在巨人森林博物馆和Wolverton Rd停车区域之间游览，远比自己开车要好。

行驶路上 » 道路变窄，在经过将近20英里的下坡路后Generals Hwy进入了内华达山脉山麓地区，途经竞技场观景点（Amphitheater Point），过山麓游客中心（Foothills Visitor Center）后离开公园。在到达三河（Three Rivers）镇之前，左转进入Mineral King Rd，这条25英里的风景路（部分路面未铺设，野营车和旅行拖车禁行）盘旋上行至矿王谷（Mineral King Valley），一路上的美景令人目不暇接。

另辟蹊径：水晶洞穴

起点：9 巨人森林

紧邻Generals Hwy，在巨人森林博物馆以南约2英里处右转，驶入蜿蜒的6.5英里长的Crystal Cave Rd，前往**水晶洞穴**（www.sequoiahistory.org；团队游 成人/儿童 $15/8起；⏲5月至11月 团队游 视天气而定；🚻）。该洞穴有1万年的历史了，是由地下河冲刷而成的，漫步其中的感觉奇妙无比。钟乳石像匕首一般倒悬在洞顶，这些上万年的乳白色碳酸钙堆积物姿态各异：有的像缥缈的窗帘，有的像穹顶，有的像石柱，还有的像盾牌。最好带件薄夹克——洞穴里的温度仅为50℉（10℃）。必须提前在罗奇波尔（Lodgepole）或是山麓游客中心购买团队游票。

10 矿王谷

（Mineral King Valley）

要经过将近700个发卡急弯的考验，才能走完这条1.5小时车程的崎岖公路，上行到达冰川造就的**矿王谷**（7500英尺），这是一个19世纪的银矿开采营地和伐木村落，后来变身为山地度假胜地。通向高地的徒步小径始于Mineral King Rd的尽头，在那里，历史性的私人小屋散布于谷底，谷底两侧林立着诸多高大的山脉。你的最终目的地就在护林站过后的1英里开外，在那里，矿王谷将毫无保留地展现它那神秘的美，花岗岩群峰在等你征服，高山湖泊在向你招手。

警告！ Mineral King Rd通常只在5月中旬至10月下旬开放。初夏，土拨鼠喜欢爬出来啃咬停在那里的汽车，记得将汽车底盘以下的部分用防水布包裹起来，或用鸡笼铁丝网（可以在Silver City Resort租赁）将你的汽车围起来。

JOHN ELK/GETTY IMAGES ©

加州隧道树，马里波萨林

所属州
加利福尼亚州

门票
免费

面积
390平方英里/
1010.1平方公里

适合

班尼特角(Point Bennett)的象海豹，圣米格尔岛

BOB EVANS / GETTY IMAGES ©

海峡群岛国家公园 CHANNEL ISLANDS NATIONAL PARK

海峡群岛国家公园的岛屿如同珍珠一般散落在海岸周围，是加利福尼亚州远离现代文明社会的世外桃源。它们位置偏僻、地形崎岖，被称作“加利福尼亚州的加拉帕戈斯群岛(California's Galápagos)”。

数千年来，海峡群岛与世隔绝，它既是独一无二的动植物天堂，也有着丰富的考古资源。小岛周围生活着丰富多样的海洋生物，从珊瑚礁到体形巨大的象海豹，同时也是海上皮划艇、水肺潜水和浮潜的绝佳地点。

海峡群岛国家公园紧邻加利福尼亚州的南部海岸，由5座岛屿及其周围的海域组成：圣米格尔岛（San Miguel）、圣罗莎岛（Santa Rosa）、安娜卡帕岛（Anacapa）、圣巴巴拉岛（Santa Barbara）和圣克鲁斯岛（Santa Cruz）。

从大陆坐船去**安娜卡帕岛**，只需1小时航程。这里是岛屿一日游的最佳目的地，不仅适宜轻松徒步，还能观赏到令人难忘的美景。从**灵感台**（Inspiration Point）可以远眺安娜卡帕岛两个小一些的附岛以及圣克鲁斯岛。在海边悬崖上可以望见海豹和海狮。

圣克鲁斯岛（Santa Cruz）是海峡群岛中最大的岛，是露营、海上皮划艇和徒步的理想地点。

去其他岛的话，在海峡间航行的路程较长，需花费几天的时间游览。**圣米格尔岛**经常是大雾弥漫。面积不大的**圣巴巴拉岛**上居住着成群的海鸟和海豹。**圣罗莎岛**也是如此，而且还是托里针叶松的保护区。

何时去

春季，野花开放，是绝佳的旅游季节；夏天和秋天非常干燥，但秋天是最风平浪静的季节；冬天会有风暴。

浮潜、潜水和皮划艇

圣巴巴拉岛、安娜卡帕岛和圣克鲁斯岛东部的水域非常适合进行水下活动。在这里你可以看到海底洞穴、小海湾和海藻林。

观看野生动物

圣米格尔岛的**班尼特角**（Point Bennett）是世界上野生动物密度最大的地方之一，一共有超过30,000头海豹和海狮栖息在这里。**圣巴巴拉海峡**（Santa Barbara Channel）生活着超过30种海洋哺乳类动物，包括海豚、加利福尼亚海狮、灰鲸和象海豹。

安娜卡帕岛

MARK CONLIN / GETTY IMAGES ©

珊瑚礁，安娜卡帕岛

VIKKI HUNT / SHUTTERSTOCK ©

座头鲸，圣巴巴拉岛

实用信息

旅行者需随身携带所有生活必需品，群岛上没有住宿点或者其他服务。国家公园的**游客中心**（☎805-658-5730；www.nps.gov/chis；1901 Spinnaker Dr, Ventura；⏰8:30~17:00）位于文图拉港（Ventura Harbor），紧邻Hwy 101公路。文图拉港位于洛杉矶以北70英里（113公里）处，圣巴巴拉市以南30英里（48公里）。

开往群岛的客船从文图拉港发船。最大的游览船公司是**Island Packers**[☎805-642-1393；www.islandpackers.com；1691 Spinnaker Dr, Ventura；3小时航程，成人/儿童（3~12岁），费用为$36/26起]，须提前预订。

通行

要登岛只能乘坐公园运营的船只、飞机或者私人船只。

各岛都没有交通设施。要去任何区域只能靠步行、皮划艇或者乘坐私人船只（没有自行车）。

住宿

国家公园的5座岛上的露营地全年开放。现在每座岛屿上都已经建立了一处露营地，由美国国家公园管理局（National Park Service）统一管理，分别位于圣巴巴拉岛的登陆海湾（Landing Cove）、安娜卡帕岛靠东的附岛、圣克鲁斯岛的蝎子牧场（Scorpion Ranch）、圣罗莎岛上的沃特峡谷（Water Canyon）和圣米格尔岛的凯勒港（Cuyler Harbor）。圣克鲁斯岛和圣罗莎岛上的偏远地区也开发了数量有限的露营地，都须提前预订，可通过网页recreation.gov预订。

所属州
加利福尼亚州

门票
7日通票 $20/车

面积
5270平方英里/
13,649.2平方公里

适合

郊狼，死亡谷国家公园

死亡谷国家公园 DEATH VALLEY NATIONAL PARK

光听名字，就能想象得出这里严酷的条件和如同地狱一般的景象——压抑、贫瘠、荒无人烟。但是当你走近它时，流水侵蚀而成的峡谷、风吹拂成的沙丘、棕榈树成荫的绿洲、怪石嶙峋的山峦以及各种各样的野生动物便会一一展现。

在这片土地上，极端现象非常常见，它拥有多项美国之最的纪录：最高气温（134℉或57℃），最低点（恶水，处于海平面以下282英尺/86米），同时也是美国除阿拉斯加州外最大的国家公园（面积超过5000平方英里/12,950平方公里）。春季野花盛开的时候是旅游旺季。

观景台

扎布里斯基角（Zabriskie Point）位于火炉溪（Furnace Creek）的东南面，可以看到山谷和荒原上的绝美日落，金色的阳光洒满荒原上被侵蚀而成连绵起伏的褶皱和沟壑，景色十分壮观。再往东南方向走20英里（32公里）就是**丹特全景**（Dante's View），在这里可以同时看到美国本土的最高点［惠特尼山（Mt Whitney），14,505英尺/4421米］和最低点（恶水）。**恶水**（Badwater）是一片亘古不变、起伏不平的盐滩，位于火炉溪以南17英里（27公里）。

史考特城堡（Scotty's Castle）

火炉溪往西北方向走55英里（88.5公里），就到了奇特的**史考特城堡**（☎877-444-6777；www.recreation.gov；导览游 成人/儿童 $15/7.50起；⏲入场时间 8:30~16:15，导览游时间不定，5月中旬至8月中旬 周二至周四关闭）。导游会打扮成历史人物的样子，再现老西部传说中的骗子"死亡谷的史考特"（建议提前预订）。

徒步和景观自驾

走一小段，就能看到**金色峡谷**（Golden Canyon）和**天生桥**（Natural Bridge）。再转向9英里（14.5公里）长的**艺术家车道**（Artist's Drive）穿过狭窄的山谷，最好过了午后再游览这里，此时被侵蚀而成的山峦会呈现出如同焰火一般绚丽的色彩。

火炉溪的东北部、烟囱井度假村（Stovepipe Wells Village）附近是如同撒哈拉沙漠一般的**麦斯奎特平原**

如何得此恶名？

1849年至1850年的冬天，一群拓荒者在如今这个叫作"死亡谷"的地方迷了路。除一人牺牲外，其他的几个人被两名小伙子［威廉姆斯·刘易斯·曼利（William Lewis Manly）和约翰·罗杰斯（John Rogers）］营救了出来。当幸存者们死里逃生，爬出山谷后，其中一个人转过身，望向身后的山谷感叹："再见，死亡谷。"

扎布里斯基角（Zabriskie Point）的日落

麦斯奎特平原沙丘（Mesquite Flat sand dunes）

实用信息

火炉溪是国家公园的中心。这里有杂货店、加油站、邮局、自动柜员机、自助洗衣店和付费淋浴。向**游客中心**（☎760-786-3200; www.nps.gov/deva; ⏲10月中旬至次年6月中旬8:00~17:00，6月中旬至10月中旬 9:00~18:00）出示门票收据可以得到免费的地图和报纸。

从火炉溪向西北方向驾驶30分钟可到达**烟囱井度假村**，这里有杂货店、价格高昂的加油站、自动柜员机和付费淋浴。公园内移动电话的信号时断时续，有时甚至完全没有。

如果想在国家公园内驾驶四轮驱动车游玩，可以向Inn at Furnace Creek旁边的**Farabee's Jeep Rentals**（☎760-786-9872; www.farabeejeeps.com; 吉普租赁 $195~235/天; ⏲9月中旬至次年5月下旬）了解相关信息。

沙丘（Mesquite Flat sand dunes）——在月圆之夜，这里可以欣赏到无与伦比的美景。你可以翻越这片沙丘，接着沿**马赛克峡谷**（Mosaic Canyon）光滑的大理石石壁攀爬。

雷普韦恩（Grapevine）路口向西5英里（8公里），可以绕着**尤比希比火山口**（Ubehebe Crater）和其他几个更新的火山口徒步。

驾车欣赏**移民峡谷**（Emigrant Canyon）沿路风光，可从烟囱井以西8英里（12.8公里）处出发，经过通往几座废弃小镇的岔路后，再走3英里（5公里）的未铺砌步道，到达历史悠久的蜂窝状建筑**烧炭窑**（Charcoal Kilns），不远处就是**野玫瑰峰**（Wildrose Peak，9064英尺/2763米）的徒步登山口，全程往返共8.4英里（13.5公里）。公园西边是**帕纳明特泉**（Panamint Springs），虽地处偏远，但从这里可看到一览无余的全景。它和小小的达尔文瀑布（Darwin Falls）间的往返徒步距离是2英里（3.2公里）。

史考特城堡（Scotty's Castle）

食宿

死亡谷里有9处发展成熟的露营地，都是采用“先到先得”制。只有火炉溪露营地（Furnace Creek Campground）在10月中旬至次年4月中旬接受预订（www.recreation.gov）。

国家公园内的住宿经常客满，尤其在周末以及春天野花盛开的时候。离这里最近且有一些路边汽车旅馆的地方是内华达州的比蒂（Beatty，火炉溪东北方向40英里/64公里处）、内华达州的拉斯维加斯（Las Vegas，东南125英里/201公里处）和加利福尼亚州的里奇克莱斯特（Ridgecrest，西南125英里/201公里处）有更多住宿选择。

Ranch at Furnace Creek 为家庭出行量身打造，这座度假村里分布着多栋汽车旅馆风格的建筑，经过大力整修后，舒适的客房被统一粉刷成沙漠的颜色，浴室也进行了升级改造。法式的玻璃落地门通向门廊，门廊上均配有舒适的露台家具。度假村里设有一个游乐场、一处温泉游泳池、多个网球场、几家餐厅和商铺，还有一座硼砂博物馆（Borax Museum）。活动包括骑马、打高尔夫、骑山地自行车和去温泉泳池游泳。

烟囱井度假村（Stovepipe Wells Village；☎760-786-2387；www.escapetodeathvalley.com；Hwy 190, Stovepipe Wells；房车 $33，房间 $117~176）这家位于海平面的旅游村重新装修过，共有83间客房，配有高质量的亚麻寝具、以死亡谷为主题的艺术装饰、风格活泼的美洲原住民风格的床罩，还有咖啡壶和电视机。小型泳池很不错，牛仔风格的餐厅**Toll Road Restaurant**（晚餐主菜 $13~26；⏰7:00~10:00和18:00~22:00）每天供应早餐和晚餐。

所属州
加利福尼亚州

门票
7日通票 $20/车

面积
1240平方英里/
3212.6平方公里

适合

约书亚树

FRANK KRAHMER / GETTY IMAGES ©

约书亚树国家公园 JOSHUA TREE NATIONAL PARK

这里就如同苏斯博士在书中虚构出来的世界，奇形怪状的约书亚树（实际上是一种和树一样大小的丝兰）欢迎着旅行者们来到这座位于索诺兰沙漠和莫哈韦沙漠交界处的荒野公园。

约书亚树国家公园一直深受攀岩爱好者和日间徒步爱好者的喜爱，尤其是在春天，那时候树上会开出一朵朵奶油色的花。这里景色奇特，四处可见裸露的巨大岩壁，曾经赋予无数艺术家以灵感，其中包括最著名的摇滚乐队U2。公园中绝大多数的景点，包括所有的约书亚树，都集中在公园的北面。

景点和活动

高耸的仙境岩（Wonderland of Rocks）位于公园北部，它和隐谷（Hidden Valley）一样，吸引着攀岩爱好者们。在基斯观景台（Keys View）极目远眺，可以看到圣安德烈亚斯断层（San Andreas Fault），尤其是在日落时分，景色分外美丽，天晴的时候，甚至能望见远处的墨西哥。

在**基斯牧场**（Keys Ranch；☎760-367-5522）可了解拓荒史。

徒步爱好者可探索沙漠中的扇形棕榈树绿洲，如49 Palms Oasis（往返3英里/4.8公里）和Lost Palms Oasis（往返7.2英里/11.6公里）。也不乏适合儿童的路线，包括Barker Dam（1.1英里/1.8公里环线），途中可看到美洲原住民的岩石雕刻、头骨石（Skull Rock，1.7英里/2.7公里环线）及仙人掌花园（Cholla Cactus Garden，0.25英里/400米环线）。

还有18英里（29公里）长的四驱车观光路——Geology Tour Road，道路颠簸，在这条路上也可骑山地自行车。

住宿

国家公园内只有露营地，实惠的中档汽车旅馆位于62号公路（Hwy 62）两旁。

约书亚树国家公园露营地（www.nps.gov/jotr；帐篷和房车营地 $10~15；👪🐾）共有8处露营地：Cottonwood和Black Rock提供饮用水、抽水马桶和垃圾站，Indian Cove和Black Rock接受预订，其他的营地都是先到先得。所有的营地都没有洗澡的地方。

荒野露营（不允许点营火）的允许范围是距离任意步道起点或道路至少1英里（1.6公里），或距水源100英尺（30米）。需在位于公园各步道起点的12处野外露营地进行自助登记，无须付费。

就餐

Crossroads Cafe（☎760-366-5414；61715 Twentynine Palms Hwy, Joshua Tree；主菜 $5~12；⏰周一至周六 7:00~21:00，周日 至20:00；🌿）提供富含碳水化合物的早餐、新鲜的三明治和田园沙拉，无论你是肉食爱好者（汉堡、鲁宾三明治）还是素食主义者（菠菜沙拉），都会喜欢这里。

Pie for the People（☎760-366-0400；www.pieforthepeople.com；61740 Twentynine Palms Hwy, Joshua Tree；比萨 $11~25；⏰周一至周四 11:00~21:00，周五和周六 至22:00，周日 至20:00；👪）供应薄皮比萨，可外带，也提供外送。可以坐在用木头和波纹金属搭建的饭厅裸露的椽子下或者在后院的树下享用你的馅饼。

所属州
加利福尼亚州

门票
7日通票 $20/车

面积
721平方英里/
1867.4平方公里

适合

在国王峡谷国家公园里骑马

DANITA DELIMONT / GETTY IMAGES ©

国王峡谷国家公园

KINGS CANYON NATIONAL PARK

远古冰川加上湍急河流的共同侵蚀，在花岗岩上蚀刻出了国王峡谷，它是北美洲最深的峡谷之一，深度超过8000英尺（2438米）。

国王峡谷国家公园坐落在内华达山脉南部，拥有不计其数的野外路线，通往各处花岗岩山峰、高山湖泊、高山草地和瀑布。1873年，具有开拓精神的自然主义者约翰·缪尔（John Muir）曾被这里美不胜收的风景深深打动，缪尔到访的若干年后，这里终于在1940年被官方认定为国家公园。

0 20 km
0 10 miles
395
Sierra National Forest 塞拉国家森林
Mt Darwin 达尔文山 (13,829ft)
Mt Gilbert 吉尔伯特山 (13,104ft)
Inyo National Forest 因约国家森林
Courtright Reservoir 考特赖特水库
North Fork Kings River 国王河北部支流
Black Giant 布莱克捷安特山 (13,330ft)
North Palisade 北帕利塞德山 (14,242ft)
Mt Reinstein 莱因斯坦山 (12,605ft)
Wishon Reservoir 威肖水库
Sierra National Forest 塞拉国家森林
Kings Canyon National Park 国王峡谷国家公园
Mt Pinchot 平肖山 (13,495ft)
Giant Sequoia National Monument (Sequoia National Forest) 巨杉国家纪念地（红杉国家森林）
John Muir Wilderness 约翰·缪尔荒野
Middle Fork Kings River 国王河中部支流
South Fork Kings River 国王河南部支流
Mt Baxter 巴克斯特山 (13,125ft)
Road's End Wilderness Permit Station 路之尽头野外入山许可证管理站
Paradise Valley 天堂谷
Woods Creek Trail 伍兹溪步道
Diamond Peak 钻石峰 (13,126ft)
Kings River 国王河
Monarch Wilderness 帝王荒野
Fin Dome 芬恩圆丘 (11,693ft)
Black Mountain 布莱克山 (13,289ft)
Kings Canyon Scenic Byway 国王峡谷景观路
7 Boyden Cavern 博伊登钟乳石洞
Cedar Grove Visitor Center 锡达格罗夫游客中心
Knapp's Cavern 克纳普洞窟
Mist Falls 迷雾瀑布
Rae Lakes 莱伊湖
General Grant Grove 格兰将军树林
180
Hume Lake 休姆湖
4
Sequoia National Forest 红杉国家森林
Cedar Grove Village 锡达格罗夫村
6
2
8
The Sphinx 斯芬克斯山(9143ft)
Roaring River Falls 咆哮河瀑布
5
Muir Rock 缪尔岩
Bubbs Creek Trail 巴布溪步道
Mt Bradley 布拉德利山 (13,289ft)
Panoramic Point 全景点
1 Grant Grove Village 格兰格罗夫村
Zumwalt Meadow 朱姆沃尔特草地
Avalanche Peak 雪崩峰 (10,300ft)
Mt Ericsson 埃里克森山 (13,608ft)
Kings Canyon Visitor Center 国王峡谷游客中心
Big Stump Entrance 大树桩入口
Jennie Lakes Wilderness 詹妮湖荒野
Roaring River 咆哮河
3 Redwood Canyon 红杉木谷
Stony Creek Village
Mt Brewer 布鲁尔山 (13,570ft)
Sequoia National Forest 红杉国家森林
Redwood Canyon 红杉木谷
198
Lodgepole Village 洛奇波尔村
Black Kaweah 布莱克卡维亚山 (13,681ft)
Eagle Scout Peak 伊戈尔·斯考特峰 (12,040ft)
Mt Kaweah 卡维亚山 (13,806ft)
North Fork Kaweah River 卡维亚河北部支流
Sequoia National Park 红杉国家公园
Sawtooth Peak 锯齿峰 (12,348ft)
Mineral King Rd
Kern River 克恩河
Three Rivers 三河
Mineral Peak 矿藏峰 (11,615ft)
Lake Kaweah 卡维亚湖
198

朱姆沃尔特草地

顶级体验

❶ 格兰将军树林（General Grant Grove）

这片红杉树林一定会让你深深震撼。走在半英里（800米）长的**格兰将军树步道**（General Grant Tree Trail）上，你可以看到许多成年的红杉树，包括27层楼高的**格兰将军树**（General Grant Tree），这棵体形巨大的树是世界上现存的第二大的树，也是为了纪念在战争中牺牲的美国士兵。自1926年起，这棵树还成为官方认定的国家圣诞树。沿着步道会经过**没落君主**（Fallen Monarch）——一棵被火烧成空心的巨杉，这棵巨杉曾经作为小屋、酒店、酒馆和马厩使用。

如果想远离嘈杂的人群，可以去僻静一些的**北丛林环线**（North Grove Loop），这条环线总长1.5英里（2.4公里），延伸在威严的红杉树、长青的松树和气味芳香的香雪松组成的穹顶下，丛林中的野花盛开，小溪潺潺流过。

1890年，美国国会第一次认定这片原始的红杉树林为格兰将军国家公园。50年之后的1940年，为阻止在国王河（Kings River）上建大坝，这片小区域被并入了大得多的国王峡谷国家公园。

❷ 朱姆沃尔特草地（Zumwalt Meadow）

这片青翠的草地紧挨着国王河，站在峡谷高耸的花岗岩石峭壁之上，可以看到非凡的美景。天空初晓，空气中传来阵阵鸟鸣声，太阳的光线将峡谷的峭壁照亮，还经常能看到北美黑尾鹿和黑熊来到宽阔的草地上、野花丛中和浆果灌木丛中寻找食物。沿着一条部分掩于树荫中的自然步道参观，可以快速领略到峡谷之美。

❸ 红杉木谷 (Redwood Canyon)

红杉木谷是世界上最大的红杉树林之一，林中生长着超过15,000棵红杉树。隐蔽的森林位于国家公园内一处不起眼的角落，因为通往这里的步道绝大多数是中等难度，所以游客不多，你可以尽情陶醉在巨树之中。其实在这里是看不到加利福尼亚海岸红杉树的——因为早期拓荒者误把这些巨杉树当作海岸红杉树，才有了这个不正确的名称。

登山口位于一段2英里（3.2公里）长的崎岖土路尽头（冬天会关闭），起点在Generals Hwy公路上标示"Hume Lake/Quail Flat"的交叉路口对面，即格兰格罗夫村（Grant Grove Village）东南5英里（8公里）处。

❹ 博伊登钟乳石洞 (Boyden Cavern)

与红杉国家公园的水晶洞（Crystal Cave）比起来，**博伊登钟乳石洞**要小一些，内部景观也略逊一筹，去这个奇幻美丽的洞穴（☎888-956-8243; www.caverntours.com/BoydenRt.htm; Hwy 180; 导览游 成人/儿童 $14.50/8.75起; ⏲4月下旬至9月; 👪）游览不需要提前订票。夏季旅游高峰期的10点到17点之间，每小时有一趟45分钟以上的导览游。去石洞的入口需要沿着修好的路爬一段陡坡。

❺ 咆哮河瀑布 (Roaring River Falls)

沿一段铺装步道走5分钟即可到达国家公园内最容易到达的一处瀑布——40英尺（12米）高的激流直落入一个花岗岩的水潭内。每当暮春和（也许）初夏时，这处瀑布的气势不会让人失望。停车场和登山口在路的南侧（距离村庄以东3英里/4.8公里），相对更靠近路之尽头（Roads End）。

❻ 克纳普洞窟 (Knapp's Cavern)

20世纪20年代，圣巴巴拉的一名富商乔治·克纳普（George Knapp）建造了这座简易的木瓦小屋，用于储存他在国王峡谷中进行奢华垂钓野营之旅时所需用具。从一个路边指示牌处出发，锡达格罗夫村（Cedar Grove Village）以东2英里（3.2公里）处，沿着一条不长的小路就到达了这处隐蔽的建筑——它是雪松林（Cedar Grove）中最古老的建筑。最好日暮时分来，这时候这座由冰川塑造的峡谷中景色非常壮观。

❼ 国王峡谷景观路 (Kings Canyon Scenic Byway)

驾车经过一系列急转弯、令人头昏眼花的下坡路和陡峭的花岗岩悬崖，就到达北美洲最深的峡谷底部，这绝对是一次令人难忘的体验。180号公路（Hwy 180）很窄且迂回曲折，连接着国家公园内两处最主要的游客区——格兰格罗夫（Grant Grove）和锡达格罗夫（Cedar Grove）。180号公路通往雪松林的道路在冬季会封闭（一般是11月中旬至次年4月下旬），但是到休姆湖路（Hume Lake Rd）之间的道路全年开放。

❽ 缪尔岩 (Muir Rock)

据说约翰·缪尔在国王峡谷中远足的时候，曾经在这块河边平坦的大圆石上发表过演讲。从路之尽头的停车场出发，走上不到1英里（1.6公里）会经过朱姆沃尔特草地。盛夏季节，这里的河滩上经常聚集着一些欢欣雀跃的游泳爱好者。融雪的时候，河水上涨，水流湍急，非常危险，禁止下水（向路之尽头的管理员工作站咨询当时的水况是否适合下水）。

全景点 (Panoramic Point)

想要看到国王峡谷中令人无比赞叹的美景，就要沿着这段狭窄、陡峭、蜿蜒的全景点路（Panoramic Point Rd，拖车式房车和普通房车均不建议开上来）一路向山上走2.3英里（3.7公里）。接着从停车场出发沿着一条铺装步道走一小段就可以到达观景点，陡峭的峡谷和大西部分水岭上白雪皑皑的山峰会统统展现在你的面前。冬季时，道路会改成一条越野滑雪和雪鞋道，这时候会禁止车辆通行。

从紧邻180号公路的格兰格罗夫村（Grant Grove Village）处的游客中心出发，沿着铺砌的岔道向东走0.1英里（160米）后左转，就在John Muir Lodge的右侧。

古老的红杉树林

JOHN ELK / GETTY IMAGES ©

迷雾瀑布

迷雾瀑布徒步

这是一条令人满足的长路线，沿着河边走，然后沿着天然的花岗岩台阶拾阶而上，沿途可以欣赏到国王峡谷中最美丽的景色。如果冬天积雪量大，暮春的时候，瀑布雷鸣般的水流可能会持续到初夏。

需时 3~5小时

距离 往返9.2英里/14.8公里

难度 中等

起点/终点 路之尽头

附近城镇 锡达格罗夫村

抵达方式 汽车

路线简介 一条非常受欢迎的日间徒步路线，单程要攀登4.6英里（7.4公里），沿着蜿蜒的小路穿过森林会来到国王河边，最后到达水流喷薄而出的迷雾瀑布。

出发前需带好充足的饮用水和防晒霜，到达瀑布前要攀登600英尺（183米）的高度。最好一清早就出发，因为在夏天的午后，回程的路会酷热难耐，这样你也可以避开人群高峰。

从**路之尽头**的荒野许可证管理站（Roads End wilderness permit station）出发，走过**库珀溪**（Copper Creek）上的一座人行小桥，接着沿着砂石小路穿过稀疏的雪松和松树林，山谷里的地面上四处可见一些雪崩时滚下来的大圆石，注意这里有黑熊出没。最后，这条小路会通往一处荫翳凉爽的低洼地带，这里生长着蕨类植物和芦苇。继续向前走，你会来到一处明显标记着"Woods Creek Trail"（伍兹溪步道）的三岔路口，这里距离路之尽头不到2英里（3.2公里）。

向左（北）转，朝Paradise Valley（天堂谷）方向走，从这里开始向上攀登，这条路线和奔腾的瀑布平行，瀑布位于鹅卵石遍布的国王河上。石阶通向一处球形大理石的瞭望台，瞭望台上南面的视野开阔，可将**雪崩峰**（Avalanche Peak）和你身后形状古怪尖尖的**斯芬克斯山**（Sphinx）尽收眼底。沿着堆石界标向上走过岩壁，继续穿过一片阴暗的森林，到达国家公园最大的瀑布之一——**迷雾瀑布**（Mist Falls）。警告：不要在瀑布上方涉水或者在瀑布下方游泳，坠落的岩石以及激流都会造成危险，尤其是在融雪的时候。夏

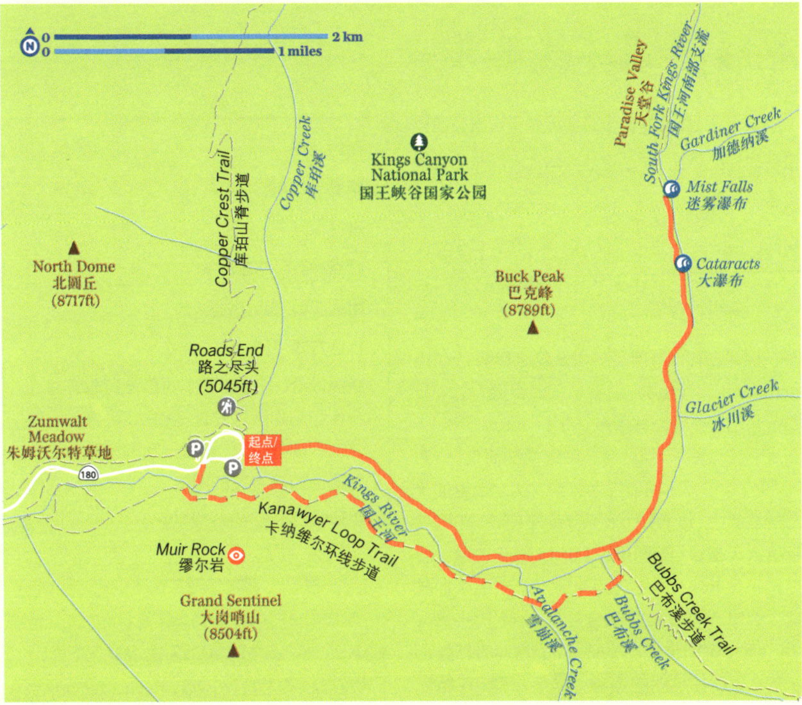

末时分，瀑布下游水流平稳，这时候可能适合下水游泳——但是，须谨慎判断。

往回走2.5英里（4公里），下山回到三岔路口。不要直接回路之尽头，向左转，走过架在国王河上的小桥，下了桥就是巴布溪步道（Bubbs Creek Trail），往前走不到400米，右转来到卡纳维尔环形步道（Kanawyer Loop Trail），这条路大部分都很平坦。接着再走过雪崩溪（Avalanche Creek）上临时的圆木桥，下桥后就走出了树林，赫然出现在眼前的，是国王峡谷南面崖壁上不规则的碎石坡。

过河之后，你就能看到**缪尔岩**（Muir Rock）和它在夏末时节可以游泳的水潭，接着向上短暂攀登后来到河边小路（River Trail）的交叉路口。之后右转走过一座红色的人行桥，桥的下方也有一个夏末很受游泳者欢迎的可以游泳的水潭。沿着这条路返回高速公路，最后右转回到路之尽头停车场。

瑞伊湖环线徒步

这条历时5天的徒步路线无疑是国家公园里最受欢迎的路线之一，途经内华达山脉中几处风景最美的景点。

需时 5天

距离 40英里/64.4公里

难度 难

起点/终点 路之尽头

附近城镇 锡达格罗夫村

抵达方式 汽车

路线简介 国王峡谷中的最佳背包环线，会途经阳光照耀的森林和草地，穿过一处令人兴奋的山口，路过一系列山脉中如同皇冠上的珠宝般的湖泊，以及体验著名的约翰·缪尔步道（John Muir Trail）中的一部分。

第1天：路之尽头（ROADS END）至中天堂谷（MIDDLE PARADISE VALLEY）（4~6小时，7英里/11.3公里）

瑞伊湖环线徒步第一段从**路之尽头**（5045英尺/1538米）出发，沿着伍兹溪步道（Woods Creek Trail），到**迷雾瀑布**（Mist Falls），总长4.5英里（7.2公里）。到达瀑布后继续往前走，一系列"之"字形盘山路会把你带到河流之上更加茂密的丛林中。瀑布以北不到2英里（3.2公里），就进入**天堂谷**（Paradise Valley），这时道路会变得平缓起来。国王河的南部支流流经森林覆盖的草地，你可以在**下天堂谷**（Lower Paradise Valley，6600英尺/2012米）的背包客露营地扎营。继续在美丽的河谷中向上攀登，在距离**中天堂谷**（Middle Paradise Valley，6700英尺/2042米）1英里（1.6公里）的地方，会出现一片混合针叶林。

第2天：中天堂谷至伍兹溪（WOODS CREEK）（4~6小时，7英里/11.3公里）

步道先是沿着一片葱茏的草地不断上坡，然后下坡，直到**上天堂谷**（Upper Paradise Valley，6800英尺/2073米）的河边。国王河南部支流（South Fork）和伍兹溪交汇处的森林里有一处露营地，距离中天堂谷1.5英里（2.4公里）。

走过一座人行桥，沿着蜿蜒的小道一直向上走，会穿过伍兹溪上一处森林覆盖的山谷。从河流交汇处向前走不到4英里（6公里），来到**城堡丘草地**（Castle Domes Meadow，8200英尺/2500米），漫步穿过草原，又会进入一片松林。见到**John Muir Trail（JMT）junction**（约翰·缪尔步道交叉路口，8500英尺/2591米）的路标后，右转，走过伍兹溪上一座铺着木板的悬索桥，桥的南面就是背包客露营地。

第3天：伍兹溪至中瑞伊湖（MIDDLE RAE LAKE）（4~6小时，6.5英里/10.5公里）

约翰·缪尔步道（JMT）位于伍兹溪的南部支流（South Fork）西岸，沿着露天的山坡一路向南，沿途可以欣赏花岗岩高原上的美景。渡过一条小溪，继续向山谷上方前行，经过一段崎岖难行的路段后，到达一小片草地。接着又会遇到一处河流交汇口，一条更大的溪流将下方的岩石冲出一条裂缝。沿着稀稀落落生长着狐尾松的旱坡地上的小路继续向前方的**朵拉湖**（Dollar Lake，10,220英尺/3115米）前进，这里离伍兹溪河流交汇口的距离大约是3.5英里（5.6公里）。朵拉湖（严禁在此露营）上方可以看到**芬恩圆丘**（Fin Dome，11,693英尺/3564米），展示了壮观的山地风景。

在朵拉湖西岸，约翰·缪尔步道继续一路向上可以到达一个更大的湖——**阿罗黑德湖**（Arrowhead Lake，10,300英尺/3139米）。继续慢慢向上走，到达美丽的**下瑞伊湖**（Lower Rae Lake，10,535英尺/3211米）。平缓的步道会途经几条小的支流，以及一条通往一个季节性的管理员工作站的小路。继续向前走，会看见一个有指示路标的岔道，指向位于**中瑞伊湖**（10,540英尺/3213米）东岸的露营地。

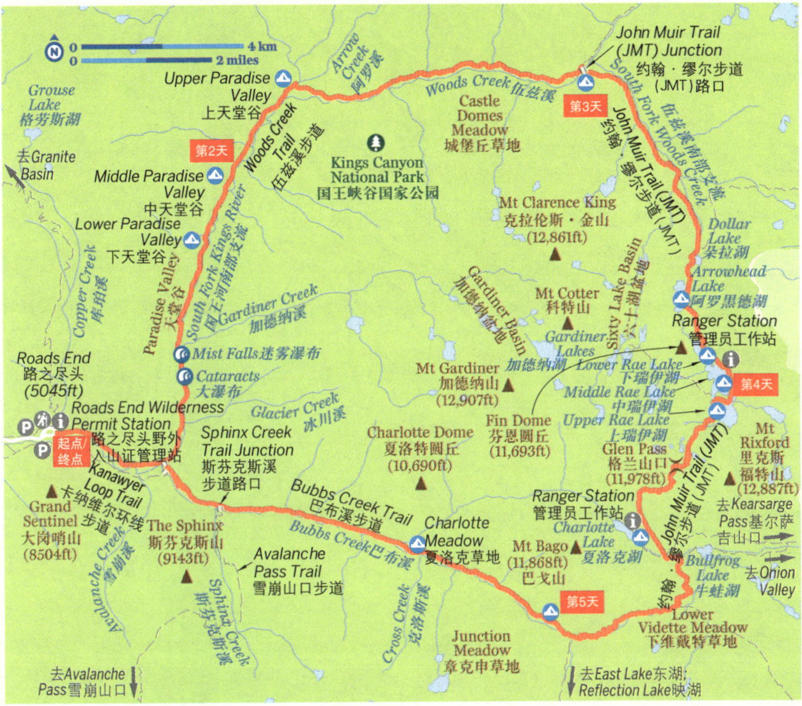

第4天：中瑞伊湖至章克申草地（JUNCTION MEADOW）（5~7小时，9英里/14.5公里）

返回约翰·缪尔步道后右（南）转。沿着**上瑞伊湖**（Upper Rae Lake，10,545英尺/3214米）的北岸前进，渡过两湖之间的溪流，来到一处有标识的道路交叉路口，其中一条路指向西北方向的六十湖盆地（Sixty Lake Basin），还是沿着约翰·缪尔步道向南直走，沿着上瑞伊湖西面的“之”字形山路向上攀登。越往上，山路越蜿蜒，穿过这段碎石坡就可以到达一处盆地，格兰山口（Glen Pass）就在前方。

经过几个小湖泊后，沿着一系列“之”字形山路登上碎石坡，去窄马鞍形的**格兰山口**（Glen Pass，11,978英尺/3654米），这里距离中瑞伊湖3英里（4.8公里）。

崎岖的山路虽然多碎石，但是路况良好，从格兰山口沿着一个碎石陡坡下山，前往一个位于林木线上的壶穴湖（pothole tarn）。在这里稍作歇息，可以过滤准备一些饮用水——下一处可靠的水源远在数英里之外的牛蛙湖（Bullfrog Lake）出口。接着沿着狭窄的峡谷向下走，道路开始转向南方后，可以俯瞰夏洛特湖（Charlotte Lake）。格兰山口和基尔萨吉山口（Kearsarge Pass）之间有一条2.5英里（4公里）长的通道，这条小道不远处有一个十字路口，分别通往很多人去的夏洛特湖（西北）和基尔萨吉山口（东北）。继续直行（南）。

在巴布溪（Bubbs Creek）的源头翻过一座小丘后下坡，途中会遇见一个交叉路口，其中有一条往东北方向的路去牛蛙湖和基尔萨吉湖（Kearsarge Lake）。从牛蛙湖的出口到**下维戴特草地**（Lower Vidette Meadow，9480英尺/2890米）一路下坡，风景优美，两次穿过从牛蛙湖而来的溪流。离开约翰·缪尔步道后，右（西南）转走上巴布溪步道（Bubbs Creek Trail）。此时你的两侧是峡谷中高耸的花岗岩石壁，一直向下走，就到了水流湍急的巴布溪，接着继续往前去**章克申草地**（Junction Meadow，8500英尺/2591米）。途中你会经过一个标注着“East and Reflection Lakes Trails”（东湖和映湖步道）的交叉路口，前方就是位于草地上的露营地。

格兰将军树林

第5天：章克申草地至路之尽头（5~7小时，10.5英里/16.9公里）

从章克申草地的西面出发，沿着巴布溪步道前往山谷中的夏洛特溪（Charlotte Creek）。越过夏洛特溪后，还要继续往山下走一段超过3英里（4.8公里）的路去**斯芬克斯溪步道交叉路口**（Sphinx Creek Trail junction，6240英尺/1902米）。

保持直行，巴布溪步道的这段路是陡峭的下坡，从这里可以看到**国王峡谷**的美景以及头顶上高耸着的**斯芬克斯山**（Sphinx，9143英尺/2787米）尖塔形的山峰。最后到达峡谷的底部，穿过纵横交错的巴布溪。国王河南部支流上的钢制**贝雷桥**（Bailey Bridge）另一边就是天堂谷步道交叉路口。向左（西）转走不到2英里（3.2公里）就可以回到第1天出发的地点——**路之尽头**。

实用信息

位于格兰格罗夫村的大树桩入口(Big Stump Entrance)是国王峡谷国家公园唯一的入口，从此向北3英里(4.8公里)处就是**国王峡谷游客中心**(Kings Canyon Visitor Center; ☎559-565-4307; Hwy 180, Grant Grove Village; ⏰5月下旬至9月上旬 8:00至正午和13:00~17:00，淡季营业时间缩短)，这里可以买到多种书籍和地图。工作人员签发荒野许可证(wilderness permit，一般在中心关门前30分钟停止业务)。

持车辆7日通票(每车$20)可游览国王峡谷国家公园、隔壁的红杉国家公园(Sequoia National Park)和邻近的红杉国家森林的休姆湖区(Hume Lake District)。

自驾车只能从公园西边进入。除了徒步道，没有道路可以穿越内华达山脉。公园内没有公共交通。

食宿

格兰格罗夫(Grant Grove)和锡达格罗夫(Cedar Grove)中有店铺出售木柴、露营必需品和包装食品，以及少量的水果和蔬菜。锡达格罗夫村里有一家小吃店供应热气腾腾的饭菜，格兰格罗夫里有一家餐馆和咖啡摊。

露营

公园内所有的露营地都是先到先得。红杉国家森林露营地(Sequoia National Forest Campground)、休姆湖露营地(Hume Lake Campground)、Princess露营地和Landslide露营地可以预订(夏季时强烈推荐)。

只允许在设置好的火圈里点篝火。野火高发的季节，可能会禁止一切营火。

休姆湖露营地

(预订☎877-444-6777, 518-885-3639; www.recreation.gov; Hume Lake Rd; 帐篷和房车营地 $24~26; ⏰5月中旬至9月中旬; 🐾)虽然经常客满，但是气氛悠闲。这处露营地提供75个相对来说比较宽松、树荫遮盖的露营点，其中一部分可以看到湖景。这里位于湖泊的北岸，一定要提早预订。

Sunset Campground

(Generals Hwy; 帐篷和房车营地 $18; ⏰5月中旬至9月上旬; 🐾)露营地位于一片常青树林中，是格兰格罗夫(Grant Grove)中规模最大的一处营地，共有150个扎营点。夏天的时候，公园会组织篝火节目，距离村庄约有5分钟的步行距离。

Sheep Creek Campground

(Hwy 180; 帐篷和房车营地 $18; ⏰5月中旬至10月中旬)这里距离游客中心和村庄仅几步之遥，是锡达格罗夫(Cedar Grove)中的第二大露营地。有滨水的林荫环线，尤其受到开房车的旅行者欢迎。但是，别指望晚上能特别安静哦。

旅馆

John Muir Lodge

(☎559-335-5500, 866-807-3598; www.visitsequoia.com; 紧邻Hwy 180, Grant Grove Village; 房间 $170起; ⏰全年; 📶)一座富有情调的木头建筑，墙上挂着有历史感的黑白照片。这家酒店全年无休，是理想的住处，你会有身处丛林的感觉。宽敞的门廊下摆放着木头摇椅，朴素的客房中采用粗糙的木头家具和拼接图案的床单。寒冷的夜里，围在大壁炉前一起玩玩桌游，非常温馨。

Cedar Grove Lodge

(☎559-565-3096, 866-807-3598; www.visitsequoia.com; Hwy 180, Cedar Grove Village; 房间 $130起; ⏰5月上旬至10月中旬; ❄📶)峡谷中唯一一处室内住宿地。旅馆临河，提供21间很一般的汽车旅馆式的客房。近期经过翻修之后，已经更换了一些过时的装饰。一层的3间客房均有树荫遮盖的可以看到河景的露台和厨房，所有的房间均配有电话和电视机。

所属州
加利福尼亚州

门票
7日通票 \$20/车
（冬季 \$10）

面积
166平方英里/
429.9平方公里

适合

浜帕斯地狱

FEARGUS COONEY / GETTY IMAGES ©

拉森火山国家公园 LASSEN VOLCANIC NATIONAL PARK

在位于喀斯喀特火山群最南端的拉森火山国家公园中，汩汩冒泡的泥温泉，喷出有毒硫黄的温泉口，冒着蒸气的火山喷气孔、五彩斑斓的火山渣锥和火山口湖，都会让你感觉仿佛置身别的星球。

比起其他更著名的国家公园，拉森火山国家公园是个相对冷门的目的地，所以你在这里不会看到游人如织的景象，而这里也有巍峨的山峰等待你去征服，碧蓝的湖泊供你游泳，森林中的露营地让你支起帐篷，沿着浜帕斯地狱（Bumpass Hell）的木头栈桥走一趟，一定会让你惊叹不已。

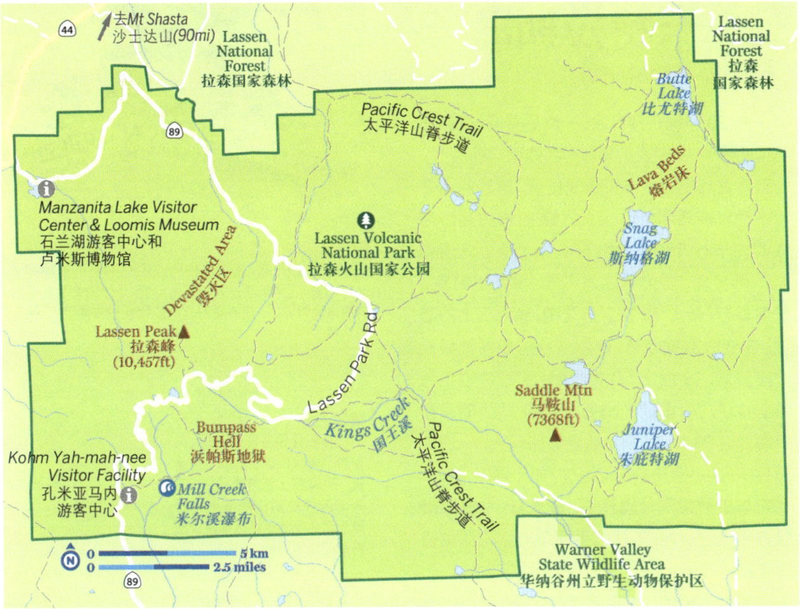

景点和活动

这是一片干燥、闷热、荒芜的土地，与四周清凉的针叶林地带形成了鲜明的对比（这里指的是夏天，冬天里的大雪会让你在公园里寸步难行）。

从西南边的入口进入，一进公园门你就会顿时感觉来到了另一个世界。

89号公路（Hwy 89）横穿公园，**拉森峰**（Lassen Peak）的三面都被这条公路环绕，沿路既可观赏到不可思议的地热地层和纯净的湖泊，还可到达美丽的野餐区和野外远足点。

国家公园内共有150英里（241公里）长的**徒步路线**，包括一段17英里（27公里）长的太平洋山脊步道（Pacific Crest Trail）。有经验的徒步爱好者可以挑战拉森峰步道（Lassen Peak Trail，至少4.5小时，往返5英里/8公里）。首段1.3英里（2公里）的路线可攀登上壮景（Grandview）观景点，适合全家参与。从山顶上可以观赏到360度的震撼美景。天冷的时候，你需要带上雪地装备和攀冰装备。

孔米亚马内（Kohm Yah-mah-nee）游客中心旁边，有一条更平缓的徒步道，总长2.3英里（3.7公里），途经草地和森林，最后到达米尔溪瀑布（Mill Creek Falls）。向北走到89号公路上，沿路你都会闻着硫黄味欣赏奇观——不断冒泡的泥温泉、发出嘶嘶声的蒸气孔、喷泉和火山喷气孔。

食宿

如果你沿着89号公路从公园的北面进公园门，过了沙士达山市（Mt Shasta City）之后，加油站、餐馆和住宿都不会再有了。最好提前准备好路上和露营要用的必需品。

拉森峰

拉森峰（Lassen Peak）拥有世界上最大的火山穹丘，海拔10,457英尺（3187米），比周围的地理景观高出2000英尺（610米）。它是一座活火山，最近的一次喷发发生在1917年，火山向大气中喷发出巨大的烟云，蒸气和火山灰高达7英里（11.3公里）。次年，为了保护新形成的地貌，这里被认定为国家公园。如今，当时在火山爆发中被毁坏的地区[包括山峰东北侧地如其名的毁灭区（Devastated Area）]正在以惊人的速度恢复当初的面貌。

阿尔卡特拉斯岛
(恶魔岛,Alcatraz)

在33号码头预订渡轮,然后乘船横跨1.5英里的海湾,去探索美国最声名狼藉的前监狱。一路看着壮观的城市天际线景象,这趟跨海之行本身就能值回票价。到达 ❶ **船坞码头**后你需要先步行580码(约530米)登上岛顶和监狱所在地,如果你体力不佳,每两小时有1班电车。在爬上 ❷ **警卫室**之前,留意岛上的陡坡。在变成监狱以前,阿尔卡特拉斯岛曾经是一座要塞,19世纪50年代时,军方将岩石海滩凿成了几乎垂直的峭壁。从那以后,船只都只能停泊在唯一的一处孤零零的码头,一道关口(由一座吊桥及护城河组成,如今是警卫室)将它与主要建筑分隔开来。进入其中,低头凝望地板上的格栅,下面就是阿尔卡特拉斯最初的监狱。

志愿者们精心照料着绚丽的 ❸ **警官行列花园**,一处井然有序的玫瑰花园,其繁花盛开,环绕着被焚毁的 ❹ **典狱长室**。终于登上山顶,来到 ❺ **主监狱**的大门前,从这里看出去处处是美景,包括 ❻ **金门大桥远景**。留意行政办公楼大门上方的 ❼ **历史标记和涂鸦**,然后再进入阴冷潮湿的监狱,去寻找阿尔卡特拉斯最臭名昭著的越狱者 ❽ **弗兰克·莫里斯的牢房**。

重要提示

- 如果计划在日间自行参观需至少提前两周预约,参加夜间管理员导览游则要更早预订。有关花园团队游的信息,详见www.alcatrazgardens.org。
- 做好徒步的心理准备:从码头到牢房之间是一段很陡的上坡路。大部分人会在岛上花费2~3小时。只要确保赶得上回船就好,回程可搭乘任意渡轮。
- 岛上除了水没有任何食物,但你可以自己带一些。只有渡轮码头允许野餐。岛上天气变化很快,常常有风,因此最好多穿几件衣服,以便随时穿脱。

EMMA DURNFORD / GETTY IMAGES ©

历史标记和涂鸦

1969~1971年,美洲原住民占领了岛屿,并在水塔上涂抹下这样的宣言:"印第安人的自由土地。"仔细查看监狱大门顶上的鹰与国旗标志,还能看到红白条纹处被改成了"Free"(自由)的字样。

典狱长室

在原住民占领期间,大火摧毁了典狱长室和其他一些建筑。政府因此责怪原住民,而美洲原住民则指责是尼克松政府派人制造了这起事件以便博取公众的同情。

DAVID CLAPP / GETTY IMAGES ©

船坞码头

一张巨大的墙面地图会帮助你辨清方向。在附近的64号楼(Bldg 64)里有简短的影片和展览,一方面回顾了监狱历史,另一方面也提供了原住民占领事件的相关细节。

FRANCKREPORTER / GETTY IMAGES ©

金门大桥远景

金门大桥的身影在地平线上铺展开来。最好的观景点有两处：一个是岛顶监狱入口附近的雄鹰广场(Eagle Plaza)，另一个是贴近水平面的龙舌兰小道(Agave Trail；仅在9月至次年1月开放)。

监狱

20世纪中期，这座全美戒备最森严的监狱里关押着当时最为恶名昭彰的罪犯，其中包括阿尔·卡彭和罗伯特·斯特劳德(Robert Stroud)，后者绰号"阿尔卡特拉斯的鸟人"[Birdman of Alcatraz；他在莱文沃斯(Leavenworth)监狱时真的在进行鸟类学研究]。

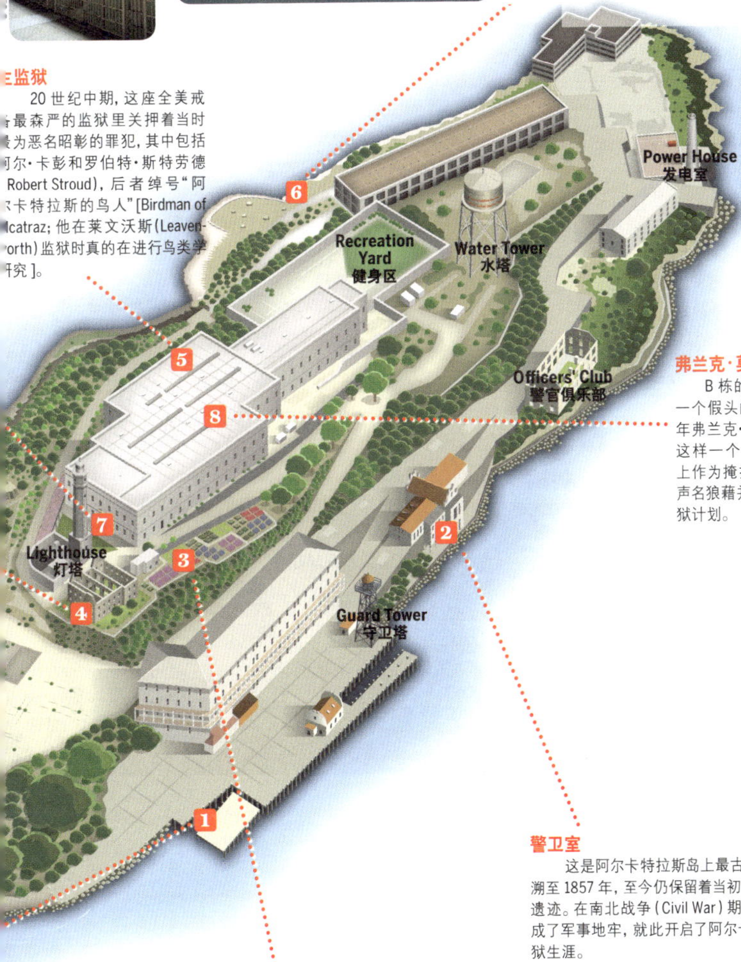

弗兰克·莫里斯的牢房

B栋的138监室里有一个假头的复制品，1962年弗兰克·莫里斯就是将这样一个假人头放在床上作为掩护，实施了他那声名狼藉并最终成功的越狱计划。

警卫室

这是阿尔卡特拉斯岛上最古老的建筑，可追溯至1857年，至今仍保留着当初吊桥和护城河的遗迹。在南北战争(Civil War)期间，这个基地变成了军事地牢，就此开启了阿尔卡特拉斯岛的监狱生涯。

警官行列花园

19世纪时，为了美化岛屿，士兵带来了一些泥土，建起了花园。后来，得到信任的囚犯被允许承担园丁的工作——艾略特·米切纳(Elliott Michener)说这让他免于陷入疯狂。如今，历史学家、鸟类学家和考古学家们共同决定要在花园里种植哪些品种的花卉植物。

MORTEN FALCH SORTLAND / GETTY IMAGES ©

所属州
加利福尼亚州

门票
7日通票 $10/车

面积
40平方英里/
103.6平方公里

适合

高峰区

DAVID MADISON / GETTY IMAGES ©

尖石林国家公园

PINNACLES NATIONAL PARK

高耸的尖塔形山峰在丛林覆盖的群山中独树一帜，尖石林国家公园因此而得名。嶙峋的独块巨石、陡峭的峡谷以及远古的火山遗迹共同构成了地理奇观。

虽然地处偏僻，规模不大的尖石林国家公园仍然是个非常值得特地前往的地方。在这里，你可以看到濒危动物加州秃鹫在高耸的岩石上翱翔。其他吸引人之处还包括徒步、攀岩和两处由大石块堆积而成的岩堆洞穴。游览公园的最佳时间在春季或者秋季——夏季高温潮湿，气候极端。

岩堆洞穴
(Talus Caves)

露台洞穴(Balconies Cave)全年开放。不建议幽闭恐惧症患者来这里登山，因为洞内很狭小，而且伸手不见五指，需使用手电筒照明，稍不小心还会迷路。

洞穴位于以公园西入口为起点的2.5英里(4公里)长的徒步环线上。离东入口更近的**熊谷洞穴**(Bear Gulch Cave)会根据季节关闭，以保护聚居在汤森(Townsend)地区的大耳蝙蝠。

徒步

如果要真正领略公园中最美的景色，需要徒步。这里既有长度不等的中等难度的环线，也有向高峰区攀登难度较大的路线，包括攀登狭窄的悬崖顶。拂晓或者傍晚时分，你可以看到濒危动物加州秃鹫在头顶翱翔。早早出发，挑战一段通往查龙峰(Chalone Peak)顶的徒步路线(往返共9英里/14.5公里)，在山顶上饱览全景。

春季或者秋季的时候，国家公园管理人员有时会在周末的晚上组织满月徒步和观星活动，需要预订。提前致电☎831-389-4485，或者在游客中心查询名额。

露营

公园东入口附近有**露营地**(www.recreation.gov)，营地的泳池只在特定季节开放。这里紧邻25号公路(Hwy 25)，在101号公路(Hwy 101)上的金城(King City)西北方，距离大约30英里(48公里)。

到达和离开

尖石林国家公园分东西两侧，且两侧没有车道相通。西入口(⌚7:30～20:00)开发较少，在索莱达(Soledad)出101号公路，再沿146号公路(Hwy 146)向东北方向行驶14英里(22.5公里)即可到达。东入口(⌚24小时)处没有游客中心和露营地，沿着途经圣贝尼托县(San Benito County)略显荒凉的25号公路便可到达，位置在霍利斯特(Hollister)东南方，金城(King City)东北方。

所属州

加利福尼亚州

门票

免费

面积

172平方英里/

445.5平方公里

适合

巨大的红杉树

红杉木国家公园

REDWOOD NATIONAL PARK

很久很久以前，这些世界上最高的树就矗立在这里了，它们比罗马帝国还要老500多岁。一定会让你感到深深的震撼。

红杉木国家公园只是整片公共林地中的一部分。当你看到在雾气弥漫的加州北海岸上矗立着的远古海岸红杉树时，一定会惊叹不已。你不仅可以在林地草原上碰到正在觅食的毛皮粗长而蓬乱的罗斯福马鹿，还可以去荒芜的沙滩边看看蓄潮池。

从南侧游客中心的北面出发，向东沿Bald Hills Rd路走2英里（3.2公里），去公园中最壮观同时也是游客最多的景点**伯德·约翰逊夫人林**（Lady Bird Johnson Grove），可沿着一段平缓的1英里（1.6公里）环线参观。沿Bald Hills Rd路继续走5英里（8公里）去往下处目的地**红杉木溪观景台**（Redwood Creek Overlook），这是一段上坡路。站在山顶（2100英尺/640米）可俯瞰森林和分水岭的景色（得是没雾的时候）。再往前就是**高树树林**（Tall Trees Grove）的岔道入口，这片森林里生长着若干全世界最高的树木。公园管理员每天批准50辆车进入。许可证和配套的钥匙可在游客中心领取。往返共需要4小时，包括一段在崎岖的土路（限速15英里/小时，24公里/小时）上的6英里（9.6公里）车程，一段单程1.3英里（2公里）的陡峭徒步道，要攀登800英尺（244米）的高度才能到达高树树林。

另有一些更长的路线，包括让人惊叹的**红杉木溪步道**（Redwood Creek Trail），这条步道也通向高树树林。需先获得免费的荒野许可证，才可在这里徒步和露营（强烈推荐，这是加州北海岸最佳野外露营地）。阵亡将士纪念日（Memorial Day）到劳工节（Labor Day）这段时间里，徒步是最轻松的，因为夏季会有人行桥，否则就得溯溪才能过河，这十分危险，有时会让人无功而返。

住宿

Elk Meadow Cabins（☎866-733-9637; www.redwoodadventures.com; 7 Valley Green Camp Rd, Orick; 小屋 $179~279; 📶🐾）舒适的小屋配有厨房和现代化的设备，位于公园正中，位置绝佳。清晨，可能会有麋鹿来到屋前的草地上。一间小屋可容纳6至8人。

实用信息

与绝大多数国家公园不同，红杉木国家公园是免费的，这里也没有设置任何高速公路入口，所以必须携带地图。可从克雷森特城（Crescent City）的公园总部或者奥里克（Orick）的游客中心获得免费的地图。公园管理人员会发放参观高树树林的许可证，背包客也可从那里租到防熊的储物箱。

丰富多样的地貌

从白雪皑皑的山巅到酷热难耐的沙漠，从金黄色的沙滩到云雾弥漫的红杉树森林，加州多样的生态系统和动植物资源让人眼花缭乱。

缪尔树林国家纪念地（Muir Woods National Monument）

你可以漫步在生长着世界上最高大树木550英亩（2.2平方公里）的缪尔树林国家纪念地（☎415-388-2595; www.nps.gov/muwo; 1 Muir Woods Rd, Mill Valley; 成人/儿童 $10/免费; ⏰8:00至日落）中，这里位于金门大桥（Golden Gate Bridge）西北10英里（16公里）。初级的徒步环线会经过大教堂树林（Cathedral Grove）中有千年历史的海岸红杉林。入口处的一家咖啡馆（☎415-388-7059; www.muirwoodstradingcompany.com; 1 Muir Woods Rd, Mill Valley; 餐点 $3~11; ⏰每天 9:00开始，16:00~19:00停止营业; 🚸）提供简便午餐、点心和饮品。周中、清晨或者日落之前，游客较少。沿101号公路（Hwy 101）行驶到1号公路（Hwy 1）出口，然后根据指示牌行驶。

4月至10月间，每到周末和节假日（夏季旅游高峰期每天都有），101号公路和索萨利托（Sausalito）的渡轮码头之间会有缪尔树林穿梭班车（Muir Woods Shuttle; Route 66F; www.marintransit.org; 往返 成人/儿童 $5/免费; ⏰4月至10月 周末和节假日）。

雷耶斯角国家海岸（Point Reyes National Seashore）

雷耶斯角国家海岸（www.nps.gov/pore）免费 所在的半岛风高浪急，延伸入海10英里（16公里），且与大陆处在完全不同的地壳板块，这片滨海区保护着超过100平方英里（259平方公里）的沙滩、潟湖和树木丛生的山峦。奥利马（Olema）向西1英里（1.6公里）可到熊谷游客中心（Bear Valley Visitor Center; ☎415-464-5100; www.nps.gov/pore; ⏰周一至周五 10:00~17:00，周六和周日 9:00开始），在这里可以获得地图和实用信息，还可以观看自然历史展览。地震步道（Earthquake Trail）的起点也在附近，这条路线总长为0.6英里（1.3公里），会途经圣安德烈亚斯断层（San Andreas Fault）区。

矗立在半岛最西头的雷耶斯角灯塔（Point Reyes Lighthouse; ☎415-669-1534; ⏰灯塔 周五至周一 10:00~16:30，14:30~16:00）免费 是冬季观鲸的绝佳地点。托马莱斯点步道（Tomales Point Trail）紧邻Pierce Point Rd路，全程往返共10英里（16公里），要登上狂风怒号的绝壁，路过图莱麋鹿群，到达半岛的最北端。如果想划船去托马莱斯湾（Tomales Bay），可以参加从因弗内斯（Inverness）和马歇尔（Marshall）出发的Blue Waters Kayaking（☎415-669-2600; www.bluewaterskayaking.com; 租赁/团队游 $50/68起; 🚸）。

HI Point Reyes Hostel（☎415-663-8811; www.norcalhostels.org/reyes; 1390 Limantour Spit Rd; 铺 $26~29，房间 $87~130，都配有公共浴室; @）是公园内唯一的旅馆，喜欢亲近大自然的旅行者可以在这里住宿，位于游客中心往大陆方向8英里（12.9公里）处。Cottages at Point Reyes Seashore（☎415-669-7250, 800-416-0405; www.cottagespointreyes.com; 13275 Sir Francis Drake Blvd; 房间 $129~239; 📶🏊🐾）位于沿海城市因弗内斯的一处树林中，环境清幽，适合全家出游。在West Marin Chamber of Commerce（☎415-663-9232; www.pointreyes.org）可以查询到更多舒适的旅

1. 缪尔树林国家纪念地
2. 雷耶斯角灯塔

1

2

馆、农舍和民宿的客房情况。

奥利马向北2英里（3.2公里）外的小镇雷耶斯角站（Point Reyes Station）可以找到温馨的面包坊、咖啡馆和餐馆。购买野餐便当可以去Tomales Bay Foods & Cowgirl Creamery（www.cowgirlcreamery.com; 80 4th St; 三明治 $6~12; 周三至周日 10:00~18:00; ）以及小镇向西2英里（3.2公里）的Perry's Deli（http://perrysinvernessparkgrocery.com; 12301 Sir Francis Drake Blvd, Inverness Park; 三明治 $5~11; 周一至周四 7:00~20:00, 周五和周六至21:00, 周日 8:00~20:00）。

熔岩床国家纪念地

（Lava Beds National Monument）

这里既是美洲原住民在加州的最后一处主战场，也是有着50万年历史的火山遗迹，安宁平静的熔岩床国家纪念地（530-667-8113; www.nps.gov/labe; 7日通票 $15/车）是对数百年动荡的纪念。公园中可以看到熔岩流、火山渣锥、火山口和不可思议的熔岩管。你可以参观莫多克战争（Modoc War）的战场，也可以欣赏远古的原住民石刻和洞穴壁画。到游客中心（530-667-8113; www.nps.gov/labe; Tulelake; 5月下旬至9月上旬 8:00~18:00, 9月中旬至次年5月中旬 至17:00）可以咨询相关信息以及获得地图，也可以买到基本的洞穴探险装备（可以免费借手电筒）。附近有一处基本的露营地（帐篷和房车营地 $10; ），提供饮用水。公园向东北20英里（32公里）是尘土飞扬的小镇图雷克（Tulelake），紧邻139号公路（Hwy 139），这里有基本的汽车旅馆、路边餐馆和加油站。

圣莫尼卡山脉国家休闲区

（Santa Monica Mountains National Recreation Area）

这里是徒步旅行者、徒步登山者和山地自行车爱好者的天堂，尤其是圣莫尼卡山脉国家休闲区（www.nps.gov/samo）免费的西北面，这里的自然环境更加壮观和原生态——有让人惊叹的红岩峡谷和拥有绝美海景的花岗岩裸石。当然，最佳的徒步路线位于太平洋帕利塞德（Pacific Palisades）、

WITOLD SKRYPCZAK / GETTY IMAGES ©

DANITA DELIMONT / GETTY IMAGES ©

1. 美洲原住民的石刻，熔岩床国家纪念地 2. 盛开的丝兰，圣莫尼卡山脉国家休闲区

托潘加（Topanga）和马里布（Malibu）。脊椎步道（Backbone Trail; www.nps.gov/samo/planyourvisit/backbonetrail.htm）是山脉中最长的一条徒步路线，连接着每座州立公园，从各州立公园出发都可到达这里。步道总长68英里（109公里），起点是威尔罗杰斯（Will Rogers），最后到达穆古角州立公园（Pt Mugu State Park）。1月至4月间，国家公园管理局每月会挑两个周六组织这条路线的徒步。感兴趣的徒步爱好者需要先登记报名，然后抽签确定能否加入。

这里共有两个游客中心。圣莫尼卡山脉安东尼·C.贝伦森协作游客中心（Santa Monica Mountains Anthony C. Beilenson Interagency Visitor Centre; ☎805-370-2301; 26876 Mulholland Hwy, Calabasas; ⏲9:00~17:00）还有一个书店。塞维瓦美洲原住民文化中心（Satwiwa Native American Indian Culture Center; Rancho Sierra Vista/Satwiwa, Newbury Park）每周末9点至17点，会有原住民嘉宾或者公园管理员提供咨询服务。全年都会组织研讨会、各类节目和艺术展览。

所属州

加利福尼亚州

门票

7日通票 $20/车

面积

631平方英里/

1634.3平方公里

适合

冬季的红杉国家公园

HARALD SUND / GETTY IMAGES ©

红杉国家公园

SEQUOIA NATIONAL PARK

这里的树木有20层楼高，历史和《圣经》一样悠久，这座非凡的国家公园拥有五星级的地质景观、滋养灵魂的树林和生机勃勃的野花草地。

这里与国王峡谷国家公园相邻，有内华达山脉最大、数量最多的巨杉。巨杉表皮粗粝，带着火烧的痕迹，每棵树都可以容纳两车道公路从中穿过。这里的山脉也同样巨大——包括西坡的惠特尼峰（Mt Whitney, 14,505 英尺 /4421 米）——它是美国本土 48 州的最高峰。每年造访这座国家公园的游客数量不足约塞米蒂国家公园的一半。不过也正因为北面有个更出名的邻居，所以在这里的地理景观中更容易找到独处的乐趣。

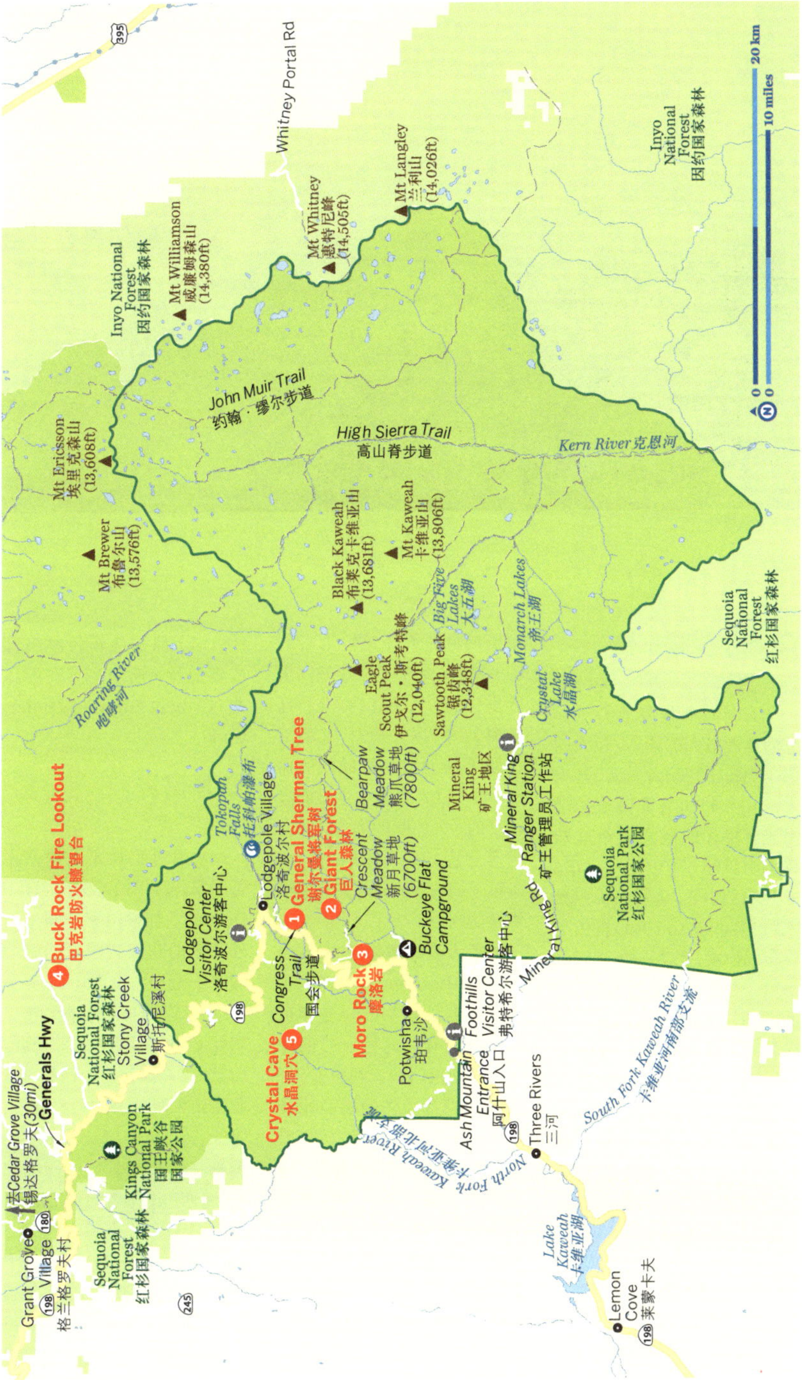

Whitney Portal Rd
395
Inyo National Forest
因约国家森林
Mt Williamson
威廉姆森山
(14,380ft)
Mt Whitney
惠特尼峰
(14,505ft)
Mt Langley
兰利山
(14,026ft)
Inyo National Forest
因约国家森林
John Muir Trail
约翰·缪尔步道
High Sierra Trail
高山脊步道
Kern River 克恩河
Mt Ericsson
埃里克森山
(13,608ft)
Mt Brewer
布鲁尔山
(13,576ft)
Black Kaweah
布莱克卡维亚山
(13,681ft)
Mt Kaweah
卡维亚山
(13,806ft)
Big Five Lakes
大五湖
Monarch Lakes
帝王湖
Sequoia National Forest
红杉国家森林
Roaring River
咆哮河
Eagle Scout Peak
伊戈尔·斯考特峰
(12,040ft)
Sawtooth Peak
锯齿峰
(12,348ft)
Crystal Lake
水晶湖
Bearpaw Meadow
熊爪草地
(7800ft)
Mineral King
矿王地区
Mineral King Ranger Station
矿王管理员工作站
Tokopah Falls
托科帕瀑布
Lodgepole Village
洛奇波尔村
1 General Sherman Tree
谢尔曼将军树
2 Giant Forest
巨人森林
Crescent Meadow
新月草地
(6700ft)
Buckeye Flat Campground
Sequoia National Park
红杉国家公园
4 Buck Rock Fire Lookout
巴克岩防火瞭望台
Lodgepole Visitor Center
洛奇波尔游客中心
Congress Trail
国会步道
3 Moro Rock
摩洛岩
Potwisha
珀韦沙
Foothills Visitor Center
弗特希尔游客中心
Mineral King Rd
198
5 Crystal Cave
水晶洞穴
Sequoia National Forest
红杉国家森林
Stony Creek Village
斯托尼溪村
Generals Hwy
去Cedar Grove Village
锡达格罗夫(30mi)
Grant Grove Village
格兰特格罗夫村
180
Kings Canyon National Park
国王峡谷国家公园
Sequoia National Forest
红杉国家森林
245
Ash Mountain Entrance
阿什山入口
Three Rivers
三河
North Fork Kaweah River
卡维亚河北部支流
South Fork Kaweah River
卡维亚河南部支流
Lake Kaweah
卡维亚湖
Lemon Cove
莱蒙卡夫
0 10 miles
0 20 km

摩洛岩的日落

顶级体验

❶ 谢尔曼将军树
(General Sherman Tree)

它是目前世界上仍然存活的体形最大的树木，巨大的谢尔曼将军树高耸入云，甚至无法用相机将它完整地拍摄出来。将你的敬意献给这株树干周长超过100英尺(30.5米)的巨树吧。从紧邻沃尔弗顿路(Wolverton Rd)的山上停车场出发，沿着一条铺砌的小道(轮椅也可通行)向下走0.5英里(800米)即可到达。接着走上**国会步道**(Congress Trail)，这是一条铺砌的环线，总长2英里(3.2公里)，沿途可以参观谢尔曼将军树和其他知名的大树，包括可以看穿树干内部的望远镜树(Telescope Tree)。

❷ 巨人森林
(Giant Forest)

1875年，在内华达山脉中游览的自然资源保护论者约翰·缪尔，走入了这片如同大教堂一般的巨杉森林，并将这里命名为“巨人森林”。侥幸逃脱了19世纪末被砍伐的命运，如今巨人森林中生长着高密度的令人惊叹的远古红杉，大雾弥漫的森林中时常回荡着孩子们的欢呼声和鸟儿啁啾婉转的叫声。

巨人森林博物馆(Giant Forest Museum)是一座老少皆宜的小型博物馆，从这里可以学习到有关这些巨杉的趣味生态学入门知识和历史。可触摸和亲自操作的展品让参观者了解到这些存活三千年以上的庞然大物的生长阶段，以及林火生态学——当年的火灾让树种得以在沃土中无竞争地生长。博物馆位于一栋20世纪20年代的历史建筑内，这栋建筑与约塞米蒂国家公园内的阿赫瓦尼酒店(Ahwahnee Hotel)都出自著名建筑师吉尔伯特·斯坦利·安德伍德(Gilbert Stanley Underwood)之手。

❸ 摩洛岩
(Moro Rock)

尽管外形比不上约塞米蒂国家公园里的半圆丘(Half Dome)，红杉国家公园里这处著名的花岗岩圆顶的魅力却毫不逊色。沿着0.25英里(400米)长的阶梯拾阶而上，攀登上300英尺(91.5米)高的山丘。站在摩洛岩的顶部可以欣赏到大西部分水岭(Great Western Divide)让人赞叹的美景——南北贯穿公园的中心，将西边卡维亚河(Kaweah River)与东边克恩河(Kern River)流域一分为二。因为中部山谷(Central Valley)受到污染，所以这处绝佳位置的视线有时会被厚厚的雾霾遮挡，

巨杉

夏季的时候尤为严重。

登山口处的老照片展示着摩洛岩上最早的阶梯——一座建于1917年摇摇欲坠的木梯。你一定会感激现在的阶梯——1931年平民保育团（Civilian Conservation Corps）在花岗岩上凿出了将近400级台阶并装上了结实的扶手。

巨人森林博物馆馆前是蜿蜒狭窄的摩洛岩—新月草原路（Moro Rock-Crescent Meadow Rd）的起点，全程共2英里（3.2公里）。

❹ 巴克岩防火瞭望台（Buck Rock Fire Lookout）

这座防火瞭望台建于1923年，现在还在使用，你应该找不到比它保存得更好的瞭望台了。这里的172级台阶通向位于海拔8500英尺（2591米）高的花岗岩圆顶上的狭小木屋。野火多发季节，会有工作人员驻扎在这里。开车从Generals Hwy出发，向东转到Big Meadows Rd路（FR-14S11），大约2.5英里（4公里）后，向北转到一条土路（FR-13S04）上，接着再开3英里（4.8公里）到达停车区域。

❺ 水晶洞穴（Crystal Cave）

1918年，两个打算去钓鱼的公园工作人员意外地发现了水晶洞穴。这座独一无二的大理石洞穴由地下河侵蚀而成，据推测历史超过了一万年。洞顶的钟乳石如同一把把悬挂的匕首，乳白色的大理石形成了世间难得一见的帘幕、穹顶、圆柱和盾牌。洞内也为蜘蛛、蝙蝠和小型水生昆虫提供了独一无二的栖息地，生物多样性的程度在全世界都十分罕见。

巨杉

在加州你可以看到世界上最古老的树（狐尾松，bristle-cone pine）以及世界上最高的树（海岸红杉，coast red-wood），但是要论谁的体形最大，当属巨杉（Sequoia-dendron giganteum）了。巨杉只生活在内华达山脉的西坡，多分布在红杉国家公园、国王峡谷国家公园和约塞米蒂国家公园内。约翰·缪尔曾把它们称作“大自然的森林杰作”（Nature’s forest masterpiece），相信所有仲长脖子感受过它们巨大体积的人都会体会到同样的敬意。这些大树可以生长到大约275英尺（83.8米）高，周长达到100英尺（30.5米），树皮就能有2英尺（60厘米）厚。

木板路，红杉国家公园

帝王湖

帝王湖徒步

一路伴着不同寻常的美景，这条迂回曲折的越野路线最后会到达嶙峋陡峭的锯齿峰山下的两座高山湖泊。尽管路线不长，但是沿途攀登的悬崖峭壁相当惊险。

需时 4~6小时

距离 往返8.4英里/13.5公里

难度 难

起点/终点 锯齿（Sawtooth）/帝王（Monarch）登山小路起点停车区

附近城镇 银城（Silver City）

交通 汽车

路线简介 这是一条颇具挑战的越野徒步路线，目的地是锯齿峰（Sawtooth Peak）下的一处高山湖泊。如果你喜欢土拨鼠，这里绝对是你的天堂。

一段陡峭的岩壁拉开了这段高海拔徒步登山的序幕。大概0.5英里（800米）后，来到林谷步道（Timber Gap Trail）交叉路口，回头向下可以看到Mineral King Rd路，向南可以望见白雪皑皑的山峰。向右转，按照“Sawtooth Pass”（锯齿山口）路标向前走。**土拨鼠草地**（Groundhog Meadow）上星星点点地生长着玉米百合和印第安火焰草。沿途你会发现土拨鼠无处不在，花岗岩上总能看见它们的身影，也能听见它们尖厉的叫声，这片草地便是因此而得名。

走出草地之后，踩着石头蹚过潺潺流淌的帝王溪（Monarch Creek），河对岸的一片树荫是享用野餐的理想地点。从这里开始，有一段较为平缓的“之”字形小路上山，沿途可以欣赏到让人起鸡皮疙瘩的美景。接着翻越一片生长着红冷杉和松树的森林的缓坡，在此你还不至于气喘吁吁，尽管你所在的海拔更高了。山中时不时能看到蓝色的松鸡出没。

步行大约2.5英里（4公里）之后，就会来到一处标示着“Crystal Lake Trail”（水晶湖步道）路牌的交叉路口，右手边的这条路难度较大，十分陡峭。我们选左边的这条路，继续往锯齿山口（Sawtooth Pass）走。就这样翻越到了山脊的另一侧，道路绕过**奇瓦瓦洼地**（Chihuahua Bowl）——这是一处花岗岩盆地，也是雪崩多

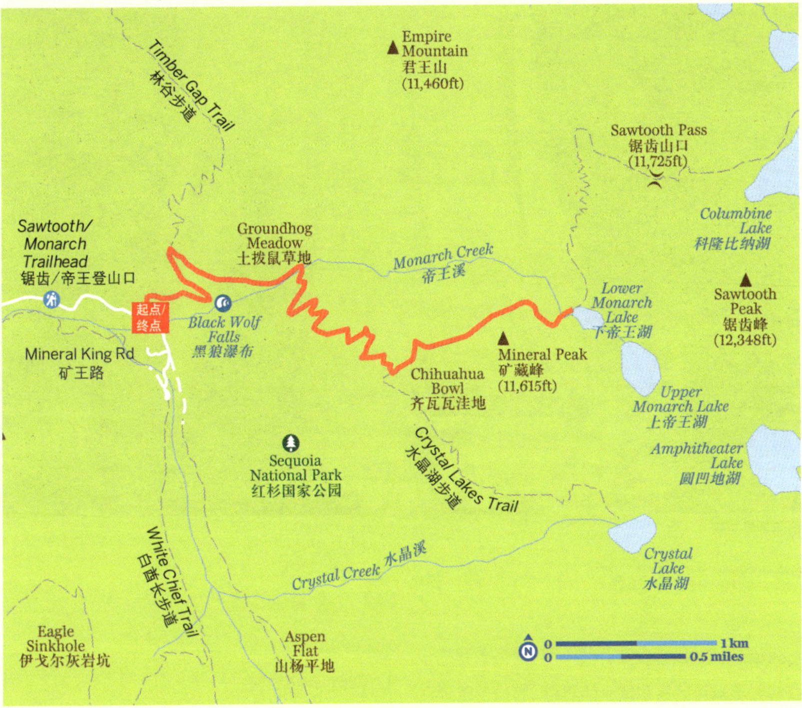

发地，以一个墨西哥采矿区命名。林木线在这里越来越稀少，直至消失，此时视野也开阔起来，帝王溪峡谷（Monarch Creek canyon）、林谷（Timber Gap）以及大西部分水岭（Great Western Divide）的群峰可一览无余。

与众不同的锯齿峰（12,348英尺/3764米）近在眼前。走过一大片碎石坡和几处溪流的交汇口，到达**下帝王湖**（Lower Monarch Lake，10,400英尺/3170米），它的南面矗立着圆顶的矿石峰（Mineral Peak，11,615英尺/3540米）。铺装路面到这里就结束了。但是如果要去**上帝王湖**（Upper Monarch Lake，10,640英尺/3243米），可以沿着一条陡峭的小路上山。完善的背包客露营地位于下帝王湖，如果要在露营地过夜，需要持有荒野许可证（wilderness permit）。

修整好之后，可按原路返回。如果你想挑战难度极高的越野登山，体验急速下降的陡坡和攀岩，可以绕道去碎石堆覆盖的**锯齿山口**（11,725英尺/3574米）或者返程时换一条路，从**水晶湖**（10,900英尺/3322米）回去。但是，一定要提前在矿王（Mineral King）管理员工作站了解好路线和安全提示。

谢尔曼将军树

谢尔曼将军树至摩洛岩徒步

与热门的国会步道环线不同，这条单程徒步路线沿途可以欣赏到巨大的红杉、碧绿的草地和尖锥形山峰的摩洛岩（Moro Rock）。试着享受这段孤独的旅程，说不定还能看到黑熊呢。

需时 3~4小时

距离 单程6英里/9.66公里

难度 中等

起点 沃尔弗顿路（Wolverton Rd）停车场/穿梭班车站点

终点 摩洛岩停车场/穿梭班车站点

附近城镇 洛奇波尔村（Lodgepole Village）

交通 穿梭班车、汽车

路线简介 完成这条单程的徒步路线要经过惊险的攀岩，走过宁静的草地，穿越巨大的红杉，最后在摩洛岩登顶。

需要注意的是，要想不步行折返，只有当国家公园免费的穿梭班车运营时（通常在5月下旬至9月下旬）才可行。

以谢尔曼将军停车场和紧邻沃尔弗顿路（Wolverton Rd）的穿梭班车站点（就在Generals Hwy的东边）为起点，一条铺砌的步道沿着下坡穿越高耸入云的红杉林。从山上往下俯瞰，这里是观赏**谢尔曼将军树**（General Sherman Tree）的绝佳地点。向上攀登到和巨木的树干一般高度后折返，沿着国会步道环线（Congress Trail loop）西边的岔道下山[如果你错选了东边的岔道，向右转，之后在谢尔曼将军树南面大约0.5英里（800米）处的两条小路交叉口向左转]。

麦金莱树（McKinley Tree）旁边有一处五岔路口，继续沿着一条土路向南直走[朝**牛棚小屋**（Cattle Cabin）的方向]。沿途不仅要穿越一丛丛蕨类植物和玉米百合，还会经过底部空心的**屋树**（Room Tree）和丛生的**创始人树群**（Founders Group）。再往前行来到浅绿色的草地——C形的**环草地**（Circle Meadow）时，人群渐渐稀少，你的耳边只听见阵阵的微风和啁啾的鸟鸣。沿着草地的东边走，又可以到达一片树林，它的名字非常形象，叫作**海格力斯之柱**（Pillars of Hercules）。走到树林当中，抬头欣

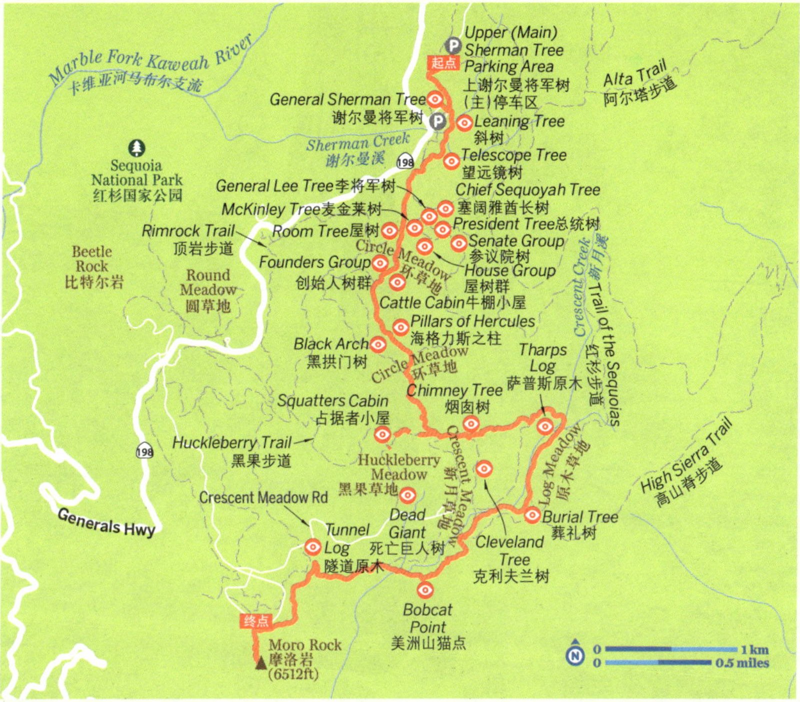

赏这英雄般的壮观景象。

往前走，会经过巨大的**黑拱门树**（Black Arch Tree），它被大火烧出了一个大洞。继续向南，稍向右转，在下一个两条小径的交会处左转。来到一处三岔路口，眼前会出现郁郁葱葱的新月草地（Crescent Meadow）。保持直行，碰到下一处路口继续直行，或者右转，沿着“Huckleberry Meadow”（黑果草地）的路牌绕道去**占据者小屋**（Squatters Cabin），这段路往返共0.6英里（970米）。新月草地的北面矗立着树干中空的**烟囱树**（Chimney Tree）。继续向东走经过曾经是拓荒者小屋的**萨普斯原木**（Tharp's Log），接着向右（南）转，沿着**原木草地**（Log Meadow）东边的铺砌步道直行。

到达新月草地停车场前，向左转之后右转，走上标有“High Sierra Trail”（高山脊步道）路牌的道路，一路向西走可以看到不可思议的山脊景色。在**美洲山猫点**（Bobcat Point）驻足眺望大西部分水岭和卡维亚峡谷（Kaweah Canyon）。往前走不到0.2英里（320米），走过新月溪（Crescent Creek）上的原木，到达糖松步道（Sugar Pine Trail）。向左（西）转，再走0.9英里（1.45公里）就可到达**摩洛岩**（Moro Rock），登上这座花岗岩的圆顶感受公园中最震撼的美景，接着乘坐穿梭班车回到你的起点处。

欣赏红杉国家公园中的巨型树

入口和通行

驾车只能从公园的西面进入，除了徒步道，没有道路可以穿越内华达山脉。主要入口位于山麓丘陵地带的阿什山（Ash Mountain），公园所有的入口都是全年全天24小时开放。而有一些道路——包括三河（Three Rivers）另一侧的Mineral King Rd路和红杉国家公园中紧邻Generals Hwy公路的Big Meadows Rd路——在冬季都会关闭。具体的开放和关闭日期会根据道路所在的不同区域以及每年不同的天气情况而有所区别。最偏远和最危险的道路在秋天的第一场雪到春末或夏初的融雪期内都不可通行。

持7日通票（$20/车），可游览红杉国家公园、国王峡谷国家公园和附近的红杉国家公园的休姆湖(Hume Lake)区。

食宿

洛奇波尔(Lodgepole)、格兰格罗夫(Grant Grove)和锡达格罗夫(Cedar Grove)的市场里出售种类有限的杂货。洛奇波尔和锡达格罗夫的快餐店供应基本且实惠的食物。格兰格罗夫有一家简单的餐馆和咖啡摊。

红杉国家公园南入口外有个叫三河的小镇,横穿这座小镇的198号公路(Hwy 198)沿线大多是一些老旧的小木屋、连锁的汽车旅馆以及具有美国南方特征的餐馆。

露营

洛奇波尔露营地、珀韦沙露营地(Potwisha Campground)和Buckeye Flat露营地以及国家森林里的Stony Creek露营地都可预订,其他的露营地则是采取“先到先得”制。

对于那些接受预订的露营地,可以登录网页recreation.gov或者致电☎877-444-6777,☎518-885-3639进行预订,强烈建议要在夏季(5月下旬至9月)出游的旅行者提前预订露营地。

Lodgepole Campgrounds

(Generals Hwy;帐篷和房车营地 $22;⏲3月下旬至10月中旬)靠近巨人森林(Giant Forest)区域,共有超过200个紧凑的露营位,因为靠近卡维亚河可以游泳的水潭以及洛奇波尔村的各类设施,所以这里很快就会满员。有大约12个位置比较私密,都无须预约。

Potwisha Campground

(Generals Hwy;帐篷和房车营地 $22;⏲全年;🐾)这是一处非常受欢迎的露营地,不仅有树荫,还靠近卡维亚河的游泳地点。共有42个露营位,位于阿什山入口东北方3英里(4.8公里)处。

Buckeye Flat Campground

(紧邻Generals Hwy;帐篷营地 $22;⏲3月下旬至9月下旬;🐾)这处露营地仅提供帐篷露营。位于阿什山入口东北约6英里(9.6公里)的一处露天橡树林中,沿着蜿蜒的小路即可到达,禁止房车和拖车进入。

Cold Springs Campground

(Mineral King Rd;帐篷营地 $12;⏲5月下旬至10月下旬;🐾)从矿王管理员工作站走一小段路即到。这处露营地位于宁静的小溪边,被针叶树和山杨的森林围绕,还能欣赏到山脊的景色。在这个海拔7500英尺(2286米)的露营地过夜,可以帮助你适应高海拔的徒步活动。夏季的周末常常爆满,包括比较隐蔽的非预订位。

旅馆

Wuksachi Lodge

(☎559-565-4070, 866-807-3598; www.visitsequoia.com; 64740 Wuksachi Way, 紧邻Generals Hwy;房间 $185~290;⏲全年;📶)Wuksachi Lodge建于1999年,是这个国家公园内最高档的住宿和用餐地点。但是不要兴奋得太早哦——虽然用木头建造的大堂中央设计了一个令人愉快的石头壁炉,还可观赏到森林的景色,但是汽车旅馆式的客房(配有咖啡机、迷你冰箱、橡木家具,墙板很薄)却给人一种身在福利院的感觉。Wuksachi Lodge靠近洛奇波尔村,位置无可挑剔。

Silver City Mountain Resort

(☎559-561-3223; www.silvercityresort.com; Mineral King Rd;小屋 带/不带浴室 $195/120起,度假屋 $250起;⏲5月下旬至10月下旬;📶)这里是方圆几块区域内用餐和住宿的唯一选择。这处充满乡土风情的老式度假村里提供多种客房,从20世纪50年代的小屋到现在的8人度假屋,任君选择。需自备床单和毛巾(否则,每间小屋要另付$45)。度假村里配有一张乒乓球桌、一处室外运动场和一个小池塘。位于管理员工作站向西3.5英里(5.6公里)处。绝大多数的小屋里没有通电,度假村里的发电机一般会在22点关闭。

所属州

加利福尼亚州

门票

7日通票 $30/车

（11月至次年3月 $25）

面积

1169平方英里/

3027.7平方公里

适合

夕阳下的半圆丘

DOUG STEAKLEY / GETTY IMAGES ©

约塞米蒂国家公园 YOSEMITE NATIONAL PARK

如此多的自然景观齐聚一堂，真叫人难以置信。在众多美国国家公园中，约塞米蒂如同一位令人惊艳的美人，到访过这里的人们无一例外都会被她折服。

正是约塞米蒂的美丽，让人们萌生出了建一座公园将这里保护起来的想法。包括约翰·缪尔（John Muir）和安塞尔·亚当斯（Ansel Adams）在内的无数作家和艺术家在此获得灵感，创作出了自己最好的作品。而对于土著的米沃克人来说，这里不仅是树林之神和河神的土地，也是千百年来祖先们流传下来的美丽家园。

可不要被公园每年400万的游客数量吓退哦，将你的目光稍稍从人山人海的游客中挪开，去寻找国家公园内静谧的角落，探寻它广阔而人迹罕至的原野，你会被这无与伦比的壮美景色深深打动。

Fales Hot Springs
Humboldt-Toiyabe National Forest
洪堡-托伊亚比国家森林
Bridgeport
Stanislaus National Forest
斯坦尼斯洛斯国家森林
Emigrant Lake
移民湖
Cascade Falls
喀斯喀特瀑布
Mono Village (historical)
莫诺村(旧)
Huckleberry Lake
黑果湖
Twin Lakes
双湖
Matterhorn Peak
马特洪山
(12,264ft)
Tilden Lake
蒂尔登湖
Virginia Peak
弗吉尼亚峰
(12,001ft)
Mono City
莫诺城
Spotted Fawn Lake
斑鹿湖
Piute Mountain
派尤特山
(10,541ft)
Laurel Lake
劳雷尔湖
Lake Vernon
弗农湖
Lake Eleanor
埃利诺湖
Benson Lake
班森湖
Saddlebag Lake
鞍袋湖
Inyo National Forest
因约国家森林
Hetch Hetchy Dome
赫奇赫奇圆丘
(6197ft)
Mt Conness
康内斯山
(12,649ft)
Hetch Hetchy Reservoir
赫奇赫奇水库
Yosemite National Park
约塞米蒂国家公园
Tuolumne Falls
图奥勒瀑布
Tioga Pass
泰奥加山口
(9945ft)
Mt Dana
戴纳山
(13,057ft)
White Wolf
Tuolumne Peak
图奥勒峰
(10,845ft)
8 Tuolumne Meadows
图奥勒草地
Tioga Rd
Mt Gibbs
吉布斯山
(12,764ft)
Aspen Valley
Cathedral Lakes
大教堂湖群
Tuolumne River
图奥勒米河
Big Oak Flat Entrance
大橡树平地入口
Yosemite Creek
约塞米蒂溪
Olmsted Point
奥姆斯特德点
Tenaya Lake
泰纳亚湖
Cathedral Range
大教堂山岭
Crane Flat
Ahwahnee Hotel
阿赫瓦尼酒店
Donohue Peak
多诺霍峰
(12,023ft)
Yosemite Falls
约塞米蒂瀑布 6
7
Merced Lake
默塞德河
Half Dome
2 半圆丘
Yosemite Village约塞米蒂村
El Capitan酋长岩 5
1
Mt Ansel Adams
安赛尔·亚当斯山
(11,760ft)
Tunnel & Valley Views 4
隧道和河谷观景台
Vernal & Nevada Falls
春天瀑布和内华达瀑布
Mt Clark
克拉克山
(11,522ft)
Glacier Point
冰川点
Twin Island Lakes
双岛湖
Bridalveil Fall
新娘面纱瀑布
El Portal
埃尔波特尔
Forester Peak
福利斯特峰
(12,058ft)
Yosemite Valley
约塞米蒂河谷
Clark Range
克拉克山岭
Illilouette Creek
伊力卢埃特溪
Badger Pass
巴杰山口
(7477ft)
Curry Village
库里村
Yosemite West
约塞米蒂西
Merced Peak
默塞德峰
(11,726ft)
Ostrander Lake
奥斯特兰德湖
Buena Vista Peak
比娜·维斯塔峰
(9709ft)
Sierra National Forest
塞拉国家森林
Wawona
瓦沃纳
Sierra National Forest
塞拉国家森林
3 Mariposa Grove
马里波萨林
Ahwahnee
阿赫瓦尼
Yosemite Forks
约塞米蒂福克斯
108
182
395
395
120
120
120
140
41
41
49
0 10 km
0 5 miles

顶级体验

❶ 约塞米蒂河谷 (Yosemite Valley)

约塞米蒂河谷是国家公园皇冠上的宝石。大多数人心目中的约塞米蒂美景都聚集于此：半圆丘(Half Dome)、约塞米蒂瀑布(Yosemite Falls)、酋长岩(El Capitan)、皇家拱门(Royal Arches)——就是这些让人惊叹的美景每年吸引超过400万名游客造访。约塞米蒂村和库里村(Curry Village)的主要设施也大多位于这里——游客中心、博物馆、剧院和安塞尔·亚当斯画廊(Ansel Adams Gallery)。

❷ 半圆丘 (Half Dome)

海拔8842英尺(2695米)，高出河谷底部将近1英里(1.6公里)，半圆丘是公园的灵魂所在，同时也是地球上最壮美和不朽的(更不用说是最著名的)圆顶。

虽说是因外形而得名，但这个形状却多半来源于人们的错觉。从河谷里看，半圆丘仿佛一个巨大的球体生生被劈去了一半，但是从冰川点(Glacier Point)或者沃什伯恩点(Washburn Point)的角度望去，这里实际上是一段单薄的山脊，后坡几乎和传奇的正面一样陡峭。

半圆丘矗立在特纳亚峡谷(Tenaya Canyon，一处经典的冰川侵蚀地貌)之中。穿过峡谷，北圆丘(North Dome)和篮圆丘(Basket Dome)赫然耸立——两处都是完整的圆顶。与之不同的是，因为一个小型的冰川破坏了圆顶的底部，半圆丘的北面沿着裂缝分崩离析，由此形成了93度的垂直悬崖(北美洲最陡峭的悬崖)，吸引着世界各地的攀岩爱好者前来挑战。持许可证的远足者可以从河谷经过一系列徒步步道登上顶峰。

❸ 马里波萨林 (Mariposa Grove)

在大教堂般的远古树林(这里生长着大约500棵高耸入云的耐寒树木)中踏上松针满地的小道。当夜幕降临，人群散去，你可以独自来到这些历经了千年的大树中冥想沉思。虽然大火烧伤了加州隧道树(California Tunnel Tree)的树干，但这棵树仍在生长，你可以穿过它的树干。你也可以围着大灰熊树(Grizzly Giant)的树干走一圈。冬季是森林的休眠期，这时道路会封闭，你可以带上雪鞋和滑雪橇来，滑雪营地位于一棵大树下。树林现还在关闭修整，会于2017年秋季重新与旅行者见面。

❹ 隧道和河谷观景台

下车不用走很远，你就可以欣赏到约塞米蒂公园最美丽的景观。站在41号公路(Hwy 41)的**隧道观景台**(Tunnel View)可以看到河谷的全景，这里有一个繁忙的停车场，位于瓦沃纳隧道(Wawona Tunnel)的东部。只要行驶很短的距离即可到达河谷底部。河谷里最著名的景点尽现眼前：左手边是酋长岩(El Capitan)，右手边是新娘面纱瀑布(Bridalveil Falls)，脚下是碧绿的河谷，前方正中心是壮观的半圆丘(Half Dome)。

在**河谷观景台**(Valley View)可以从下到上(而不是从上到下)欣赏河谷的景色，这里位置很好，你可以踏入默塞德河(Merced River)，跟新娘面纱瀑布、大教堂岩(Cathedral Rocks)和酋长岩挥手告别。仔细看，还可以远远地看到半圆丘的顶端。

奥姆斯特德点(Olmsted Point)是一处引人注目的观景点，周围被冰川侵蚀的花岗岩地貌让你感觉如同身处月球，下方是特纳亚峡谷到半圆丘背面的壮美景色。位于梅湖(May Lake)岔道和特纳亚湖(Tenaya Lake)之间。

❺ 酋长岩 (El Capitan)

酋长岩是世界上最大的独块巨石之一，高度接近3600英尺(1097米)。陡峭的岩壁让它成为世界级的攀岩胜地，吸引了许许多多有经验的攀岩爱好者。直到1958年，酋长岩才被攀岩者“征服”。从此之后，便迎来了络绎不绝的挑战者。仔细观察，你可能会看到攀岩者们正在沿着酋长岩的裂缝和壁架(包括著名的“Nose”)向上攀爬。晚上，将车停在路边，调暗前灯，当眼睛适应之后，你很容易就能看到岩壁上星星点点的头灯。静静地听，它们还在说话呢。

DOUGLAS STEAKLEY / GETTY IMAGES ©

酋长岩

❻ 约塞米蒂瀑布

(Yosemite Falls)

约塞米蒂瀑布是世界上最壮观的自然景观之一，也是一处真正的奇观。自然主义者约翰·缪尔在书中浓墨重彩地描写了瀑布不断变化的性格、隆隆的巨响、随风的摆动以及四季的变幻。无论你身在何处（一般来讲，当你身处河谷当中，它经常会突然出现在你眼前），当你看到这处高达2425英尺（739米）的瀑布的时候，一定会不由自主地停下脚步。

❼ 阿赫瓦尼酒店

(Ahwahnee Hotel)

优雅的阿赫瓦尼酒店几乎和半圆丘一样出名，从1927年开业以来，它吸引了许许多多富有的旅客走进它高耸的大门。当然，并不只是有钱人才可以领略它的魅力。事实上，来到约塞米蒂河谷却错过**Great Lounge**（又称大厅），那么行程就是不完整的。这里装修华美，配有多彩的玻璃窗户、带有雕刻的瓷砖、印第安挂毯和土耳其地毯。

酒店的位置绝佳，因为这里不仅阳光充足，还能欣赏到半圆丘（Half Dome）、约塞米蒂瀑布（Yosemite Falls）和冰川点（Glacier Point）的美景。

❽ 图奥勒草地

(Tuolumne Meadows)

开车沿着约塞米蒂河谷一路向上到达图奥勒草地（Tuolumne Meadows）后，就如同进入了另一片天地——尽管两地之间的距离不过55英里（88.5公里）。离开了瀑布环绕和陡峭的花岗岩岩壁的河谷，你走进了另一片亚高山带草甸。这里有怪石嶙峋的山峰、光滑的花岗岩圆顶、淡蓝色的湖水和野花盛开的如茵草地，犹如仙境一般。7月是花朵盛开的季节，此时，赏花是游览约塞米蒂公园的亮点（图奥勒草地仅在夏季对外开放，具体的日期根据融雪的情况略有不同）。

耀石之湖 (Lake of Shining Rocks)

特纳亚湖（Tenaya Lake，8150 英尺 /2484 米）是约塞米蒂最大（同时也是最美）的天然湖泊之一。这座湖以酋长特纳亚的名字命名，他是阿瓦尼奇人的酋长，曾帮助过官兵，又在 19 世纪 50 年代初期被白人军队赶出这片土地。特纳亚酋长坚决拒绝使用自己的名字为这个湖命名，因为湖已经有一个名字——Pywiack（意为“耀石之湖”），得名于湖岸上光滑的花岗岩。湖的南岸有一条 2 英里（3.2 公里）长的风景优美的徒步环线，可以花上 1 小时走一走。

约塞米蒂河谷

迷雾步道上的远足者走过春天瀑布（Vernal Fall）

春天瀑布和内华达瀑布徒步

别错过这条日间徒步路线（尤其春季）。你不仅可看到约塞米蒂公园里最壮观的两座瀑布——春天瀑布和内华达瀑布，且在步道的某处，约塞米蒂瀑布（Yosemite Falls）和伊力卢埃特瀑布（Illilouette Fall）会同时出现在你眼前。如你更喜欢短程旅行，可以在春天瀑布上方就停下脚步。

需时 4~6小时

距离 往返6.5英里/10.5公里

难度 中–高

起点/终点 春天瀑布（Vernal Fall）和内华达瀑布（Nevada Fall）/约翰·缪尔步道起点（John Muir Trailhead）

附近的交叉路口 Happy Isles

交通 穿梭班车16站台

路线简介 这是游人们最常走的一条半环线，沿途可以观赏到整个公园最美丽的景色。沿着"大阶梯"（Giant Staircase）攀登，一路沿着默塞德河走会遇到内华达瀑布和春天瀑布。

这条环线用两种方式走都可以：沿**迷雾步道**（Mist Trail）上山，再从**约翰·缪尔步道**（John Muir Trail）下山（顺时针方向），反过来走也一样。迷雾步道的花岗岩岩壁既密集又陡峭，从这里登山会比下山容易些，所以建议最好按顺时针方向走。接着你就可以在约翰·缪尔步道慢慢消磨时间——下山的时候，你会看到两座令人惊叹的瀑布。内华达瀑布顶上的一块平坦花岗岩是一处无与伦比的午餐地点（只要你想，坐到悬崖边都可以），你的头顶上矗立着花岗岩圆顶**自由顶**（Liberty Cap，7076英尺/2157米）。

从Happy Isles的穿梭班车站出发，走过横跨在默塞德河（Merced River）上的公路桥，在步道起点右转，沿着河岸向上游前进。当道路变得陡峭之后，从你的右边可以远观伊力卢埃特瀑布（在夏天的时候通常会干涸），它从370英尺（113米）高的悬崖上奔流而下。站在一处瞭望台上，朝西可以看见约塞米蒂瀑布。再走0.8英里（1.3公里）就到了**春天瀑布人行桥**（Vernal Fall Footbridge），这里是欣赏317英尺（97米）高的春天瀑布的最佳位置。

从春天瀑布人行桥再往前走一小段（经过饮水龙头和厕所），就是约翰·缪尔步道和迷雾步道

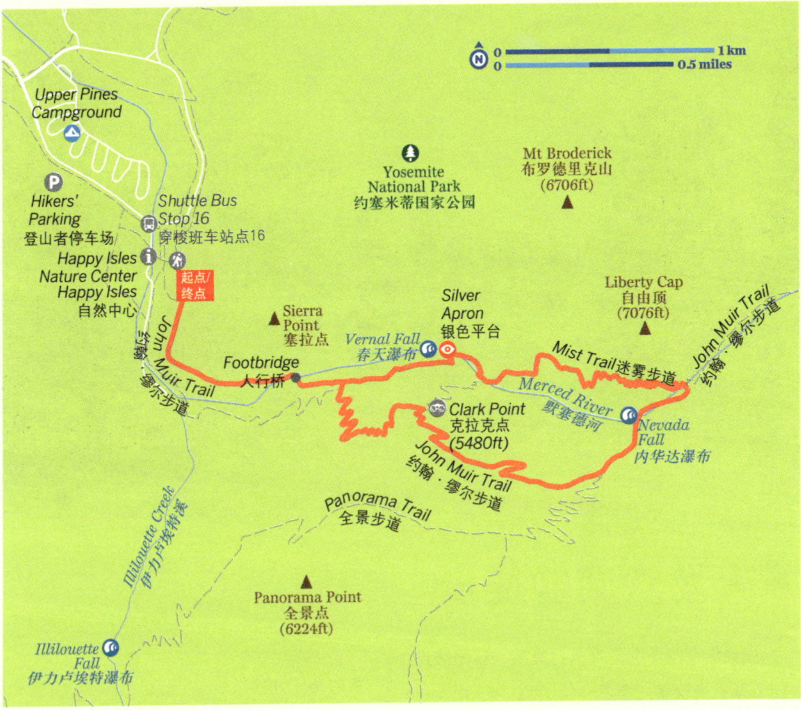

的交叉路口。我们要按顺时针方向走，向左拐，接着沿着迷雾步道的花岗岩台阶攀登一处0.3英里（483米）长的陡坡，最后到达**春天瀑布**的顶端。如果你是春季去，瀑布飞溅出的水花会把你弄得浑身湿透，记得需穿防水衣物，快要登顶之前看看身后，说不定瀑布的水汽中会出现彩虹。

瀑布之上，默塞德河的河水沿着一段叫作**银色平台**（Silver Apron）的长花岗岩汩汩向下，先流入平静的绿宝石池（Emerald Pool），之后陡然落入悬崖。不管这里看起来多么有趣，禁止入水！绿宝石池中的暗流已经将很多游泳者卷入瀑布。

从银色平台再往上，还要攀登一段总长1.3英里（2公里）的花岗岩台阶和陡峭的“之”字形山路，最后到达迷雾步道的最高点［瀑布东北方0.2英里（322米）］，这里与约翰·缪尔步道相接。从这个交叉口出发，可以沿着迷雾步道走2.5英里（4公里），或是沿着约翰·缪尔步道走4英里（6.4公里）返回Happy Isles车站。

走上约翰·缪尔步道之后，往前不远处就是一座横跨默塞德河的人行桥（海拔5907英尺/1800米），桥下可以看见潺潺的流水流经一处斜坡后，落入594英尺（181米）高的悬崖下，这就是**内华达瀑布**（Nevada Fall）。内华达瀑布是“大阶梯”（Giant Staircase，如果你从冰川点远眺这里，就知道为什么要叫这个名字了）的第一段。找一处平坦的花岗岩一边吃午餐一边看看风景，注意：会有胆大的暗冠蓝鸦和松鼠趁你不备，迅速叼走你的牛肉干。

沿着约翰·缪尔步道回内华达瀑布的路上，还有机会匆匆看一眼无与伦比的约塞米蒂瀑布。徒步道会途经全景步道（Panorama Trail）交叉路口，还会穿过一处悬崖，从这里可以看到内华达瀑布蜿蜒流下峡谷的绝美景色。你很快就会走到**克拉克点**（Clark Point），这里还有一个交叉路口，其中一条小道可以通往迷雾步道。从这里再走大约2英里（3.2公里）的下山路，经过一片花旗松和黄鳞栎，回到Happy Isles车站。

如果是夏季来徒步，一定要早点出发，以避开人流高峰和正午的高温。

从大教堂湖的岸边眺望大教堂峰

大教堂湖群徒步

如果你在图奥勒草地只打算挑一条路线走一走，那么选这条一定不会错。两座湖当中海拔较低的大教堂湖（Cathedral Lake，9588英尺/2922米），位于一处令人炫目的冰斗冰川中，形状如同一座完美的花岗岩露天剧院，旁边伴着大教堂峰（Cathedral Peak，10,911英尺/3326米）的标志性尖顶。

从湖的西南部出发，花岗岩的下坡路十分陡峭，可以从这里远眺特纳亚湖（Tenaya Lake）波光粼粼的湛蓝色湖水。尽管只要两个小时就能到达下湖，但是四周的花岗岩山坡、草地和山峰，很容易就吸引你花上一天流连其间。继续出发去高处的湖泊（9585英尺/2922米）还有不到1个小时的路程，往返路程总长也将达到8英里（12.9公里），包括在大教堂湖（Cathedral Lake）休息的时间。不得不说，如果拿上大教堂湖和下大教堂湖相比，上湖的景色确实略逊一筹，不过要是和其他湖相比，也绝对算得上是佼佼者了。

去大教堂湖群步道起点，可以沿着Tioga Rd路[位于图奥勒草地游客中心向西0.5英里（800米）处]的路肩停车。因为这条路线非常受欢迎，所以停车位很快就会满，建议提早到达或者乘坐免费的穿梭班车。下湖周围可以露营（尽管有些地图上标示这里不可以露营），但是一定要确定好露营的位置是否距离水源和步道超过

需时 5~7小时

距离 往返8英里/12.9公里（上大教堂湖）

难度 中等

起点/终点 大教堂湖群步道起点

附近城镇 图奥勒草地（Tuolumne Meadows）

交通 图奥勒草地远足者巴士，图奥勒草地穿梭班车7站台

路线简介 如果要评选约塞米蒂国家公园中最美的徒步路线，大教堂湖群徒步路线肯定入围。这条路线一直是向上攀登的状态，会穿过混合针叶林，最后到达两座波光粼粼的高山湖，湖边可以欣赏大教堂峰的壮丽景色。

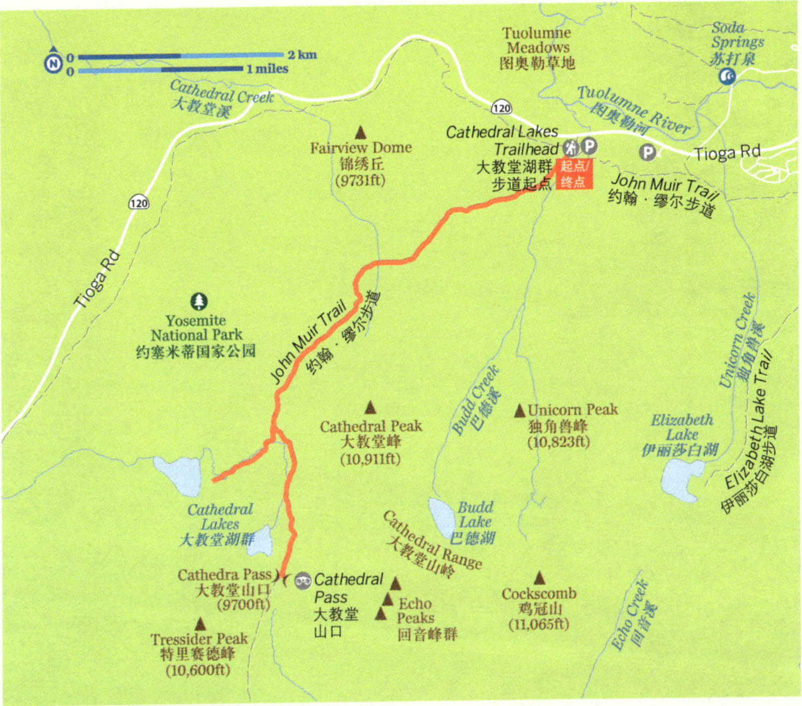

100英尺(30米)，而且须选择已经有人使用过的位置以降低对环境的破坏。上湖附近和山口旁边可能是更好的露营地点。

从Tioga Rd路上的大教堂湖群步道起点(Cathedral Lakes Trailhead)出发，沿着约翰·缪尔步道向西南方向前进。一开始，你就需要翻越一片生长着美国黑松、大果铁杉和少量白皮松的森林。攀登超过400英尺(122米)之后，道路会变得平缓起来，同时，会看见一块巨大的花岗岩平板(大教堂峰的北侧)赫然耸立在道路的左侧。不出一会儿，你的目光越过右手边的树林就能看见锦绣丘(Fairview Dome, 9731英尺/2966米)。

很快又是一次上坡，攀登的高度接近600英尺(183米)，之后是一段平坦路，此时可以看到大教堂峰(Cathedral Peak)无与伦比的美景。在距离步道起点3英里(4.8公里)的地方，你会遇到一个交叉路口，沿其中西南走向的小路走0.5英里(800米)就可以到达大教堂湖(Cathedral Lake)。到达花岗岩湖岸之前，你会经过一片美丽的草地(穿过草地的时候，你一转身就能看到大教堂峰的正面)。须沿着徒步道环湖游览，从湖的西南面欣赏美景。

如要参观上湖，需要沿路返回主道后向右(东南)转，走0.5英里(800米)之后，就能看到湖面了。如果你希望走得更远，在经过上湖之后可以继续往前走，到达大教堂山口(Cathedral Pass, 9700英尺/2957米)，从这里可以观赏大教堂峰侧面以及艾科恩尖峰(Eichorn Pinnacle, 大教堂峰西面形似鱼鳍的山峰)的美景，绝对不虚此行。这条岔道会增加大约0.6英里(965米)的路程。

LORNE RESNICK / GETTY IMAGES ©

默塞德河

入口

公园一共有4个主要入口。西边的入口分别是大橡树平地入口（Big Oak Flat Entrance, Hwy 120 West）和拱岩入口（Arch Rock Entrance, Hwy 140）。东边的入口是瓦沃纳（Wawona）附近的南入口（South Entrance, Hwy 41）和泰奥加山口入口（Tioga Pass Entrance, Hwy 120 East）。

泰奥加山口（9945英尺/3031米）是山脉中海拔最高的车道，Tioga Rd/Hwy 120 East经常只在6月上旬至11月中旬开放（每年开放的日期有所不同）。如果冬季雪量较大，道路可能会推迟到7月才开放，所以如果春季开车去国家公园，需提前了解道路的状况。

游客中心

游客中心里会有公园管理员值班，他们会为旅行者解答问题以及建议最合适的徒步路线、活动和景点。中心里还有很棒的关于公园历史和当地环境的展览，能买到一系列地图、徒步登山指南、地质学和生态学的书籍，以及纪念品。位于大橡树平地和瓦沃纳的游客中心要小一些，你也可以前往咨询、确定方位以及购买有用的书籍和地图。

大橡树平地信息站（Big Oak Flat Information Station；☎209-379-1899；⏲5月下旬至9月 8:00~17:00）也有办理荒野许可证的柜台。

图奥勒草地游客中心（Tuolumne Meadows Visitor Center；☎209-372-0263；⏲6月至9月 9:00~18:00）靠近露营地入口。

瓦沃纳游客中心（Wawona Visitor Center；☎209-375-9531；⏲5月至9月 8:30~17:00）在Chilnualna Falls Rd上。签发荒野许可证。

约塞米蒂河谷游客中心（Yosemite Valley Visitor Center；☎209-372-0200；Yosemite Village；⏲9:00~17:00）是总部，不仅有展览，剧院里还会放映免费电影。靠近Camp Curry露营地，位于一个日间停车场中。

实用信息

约塞米蒂村、库里村和瓦沃纳的商店都有自动柜员机。在入园前最好把油箱加满。瓦沃纳和Crane Flat全年可以买到汽油，图奥勒草地夏季也可以买到汽油，但是油价都很贵。园内的移动信号时好时坏，可以从免费的公园报纸上查看哪里有Wi-Fi热点以及即付即用的互联网终端。

住宿

约塞米蒂国家公园内共有13处露营地，其中有一些接受预订，其他的则是采取"先到先得"原则。

预订公园内的露营地可通过**Recreation.gov**（☎877-444-6777, 518-885-3639；www.recreation.gov；⏲11月至次年2月 7:00~19:00，3月至10月 至21:00）。

从3月中旬到10月中旬或者11月之间，公园内的好几处露营地都接受或者要求预订（最早可提前5个月）。网上预订一般在几分钟内就会被一抢而空。夏季的时候，大多数的露营地都会爆满，而且很吵。

所有的露营地都设有防熊的储物柜和火圈，大多数可提供饮用水。

除了露营地，约塞米蒂国家公园内几乎所有的住宿都是由特许经销商经营和管理。在本次调研期间，公园里的特许经销商正在进行改革，所以可以到公园的网页（www.nps.gov/yose/planyourvisit/eatingsleeping.htm）上查看预订房间的联系方式。如果你没有提前预订，约塞米蒂河谷游客中心和所有旅馆的前台都有免费电话机供你咨询公园内其他旅馆是否有空房。但是，一定要切记，仲夏的时候一般很难找到空房。

就餐

约塞米蒂河谷里有不少餐馆和其他用餐选择，瓦沃纳、巴杰山口（Badger Pass）、冰川点（Glacier Point）、White Wolf（露营地）和图奥勒草地只有特定季节有。约塞米蒂河谷、瓦沃纳、Crane Flat（露营地）和El Portal（露营地）全年都能找到杂货店，图奥勒草地只有特定季节有。

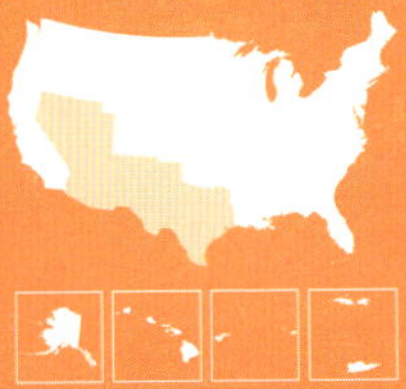

西南地区

巨大的拱门、干旱的沙丘、绵延的峡谷和古老的岩画——对许多人来说，美国西南部是这个国家最富视觉冲击力的地区。无论你是在欣赏一棵巨大的树形仙人掌，还是狭窄峡谷上的光滑砂岩壁，有一件事是毋庸置疑的：水主宰着这里的一切。

在地图上沿着科罗拉多河会发现一连串沙漠中的明珠：拱门、峡谷地和大峡谷——宏伟的景观辽阔得让人目不暇接。继续往西，还会遇到两处奇观：拥有鬼斧神工般的“华尔街”的锡安，以及拥有超现实主义色彩奇形岩的布莱斯。你可能会发现西南地区最早期居民古普韦布洛人的遗迹遍布整个地区，但其中最让人叹为观止的莫过于弗德台地岩石屋。

马蹄湾（Horsehoe Bend），科罗拉多河

西南地区

⑩ 拱门国家公园

（Arches National Park）

荒凉、裸露，让人过目难忘的壮观。（见138页）

⑪ 大弯国家公园

（Big Bend National Park）

辽阔、粗犷的自然美景。（见144页）

⑫ 布莱斯峡谷国家公园

（Bryce Canyon National Park）

众神的露天剧场。（见150页）

⑬ 峡谷地国家公园

（Canyonlands National Park）

高原沙漠荒野雕刻出蜿蜒的峡谷。（见162页）

⑭ 圆顶礁国家公园

（Capitol Reef National Park）

拱门、圆顶和巨石点缀在这条蜿蜒160英里的地带上。（见168页）

⑮ 卡尔斯巴德洞窟国家公园

（Carlsbad Caverns National Park）

嶙峋的钟乳石营造出地下仙境。（见170页）

⑯ 大峡谷国家公园

（Grand Canyon National Park）

古老而辽阔的壮丽景观。（见172页）

⑰ 大盆地国家公园

（Great Basin National Park）

惠勒峰、冰川湖和坚挺如石的松树。（见184页）

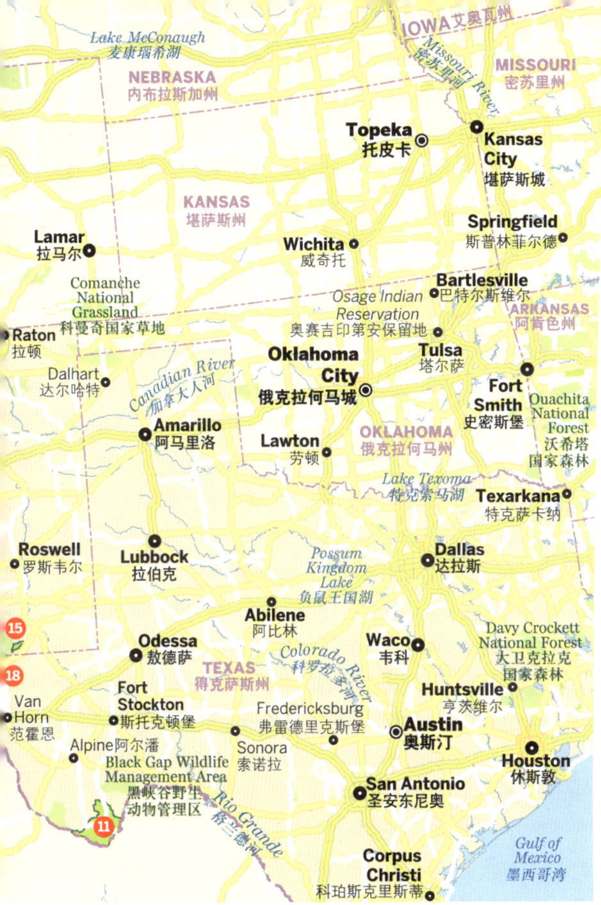

⑱ 瓜达卢佩山国家公园

（Guadalupe Mountains National Park）

高原地区原始荒野的壮丽景观。（见186页）

⑲ 弗德台地国家公园（Mesa Verde National Park）

古普韦布洛人在古老的悬崖峭壁和翠绿的山谷中建造的居所留存至今。（见188页）

⑳ 化石森林国家公园

（Petrified Forest National Park）

历经时间的洗礼，遍布化石和色彩绚烂的砂石景观。（见196页）

㉑ 仙人掌国家公园（Saguaro National Park）

树般大小的仙人掌、美丽的步道和丰富的沙漠植物。（见198页）

㉒ 锡安国家公园（Zion National Park）

迷宫般的峡谷、哭泣的岩石、空中花园和砂岩洞穴。（见200页）

不要错过

徒步穿越（Hiking Rim to Rim）

沿着经典路线徒步穿越**大峡谷国家公园**。

灵感台（Inspiration Point）

在**布莱斯峡谷国家公园**观赏寂静之城的奇形石景观。

绝壁宫殿（Cliff Palace）和阳台屋（Balcony House）

在**弗德台地国家公园**游览古普韦布洛人古老而神秘的悬崖住宅。

纳罗斯峡谷（The Narrows）

在**锡安国家公园**沿着维尔京河（Virgin River）徒步进入狭窄的峡谷进行经典的徒步游。

洞穴世界（Cavernous Caves）

在**卡尔斯巴德洞窟国家公园**探索超凡的洞穴世界。

布莱斯峡谷国家公园
如沙堡般的尖顶

Classic Trips
经典线路

锡安国家公园和布莱斯峡谷国家公园

从峡谷底部到崖顶的翔鸟栖所，犹他州西南部的红岩之乡不只有赏心悦目的美景，还有对你肌肉的挑战。

线路亮点

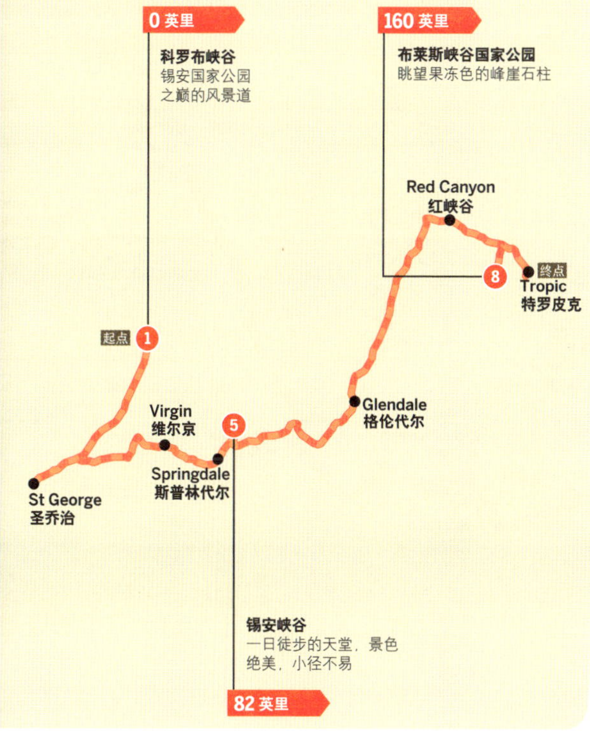

6天
178英里/286公里

最适合

何时去

4月和6月，无论海拔高低，都以温暖的天气居多。

最佳摄影点

日出时的仙境点（Fairyland Point）色彩如梦如幻。

最佳徒步线路

锡安峡谷，既有简单的河畔步行线，也有艰难的峡谷登山线。

Classic Trips
经典线路

锡安国家公园和布莱斯峡谷国家公园

站在观测点(6507英尺)的赭土之上，锡安峡谷在你面前展开。绿色河带蜿蜒蛇行于高耸的深红色峭壁之间，天使降临峰下的徒步者看起来就像蚂蚁一般大小。如果你从谷底沿4英里长的小径爬上了2148英尺处——太厉害了！但内行人都知道，沿偏僻的东梅萨小径徒步下行，看到的景色也毫不逊色。

线路亮点

❶ 科罗布峡谷 (Kolob Canyon)

从**科罗布峡谷游客中心**(Kolob Canyons Visitor Center; ☎435-586-0895; www.nps.gov/zion; Kolob Canyons Rd, 锡安国家公园; 7日通票$25/车; ⏲停车 24小时, 游客中心 6月至9月 8:00~18:00, 10月至次年5月 至16:30)进入紧邻I-15的锡安国家公园游客较少的高海拔区域。即使是旅游旺季, 在长达5英里风景秀丽的**科罗布峡谷路**(Kolob Canyon Rd)上也见不到太多车辆, 这是一条迷人的峡谷和牧场景色交替出现的高原线路。这条路的终点是**科罗布峡谷观景点**(Kolob Canyon Overlook; 6200英尺)。从那里沿**廷伯溪小径**(Timber Creek Trail; 往返1英里)上行至一处小山峰, 可看到远处松树谷山脉(Pine Valley Mountains)的美丽景色。注意, 这条路的上段可能因为11月至次年5月的降雪而封闭。

公园这一区域最好的长途徒步路线是**泰勒溪小径**(Taylor Creek Trail; 往返5英里), 沿途经过先驱者遗迹并跨越一条小溪, 且海拔变化不大。

行驶路上 » 当你驱车沿I-15以每小时超过70英里的速度行驶时, 远处的岩石阵在不断放大。圣乔治(St George)在南边41英里处。

❷ 圣乔治 (St George)

拥有一座醒目的寺庙和一些先驱建筑, 圣乔治这个摩门教大镇恰恰位于锡安的正中间。**商会**(Chamber of Commerce; ☎435-628-1658; www.stgeorgechamber.com; 97 E St George Blvd; ⏲周一至周五 9:00~17:00)能提供关于这座历史名城的信息。或者, 可以抓紧这段时间贮备食物和燃料, 因为这是本条线路中唯一一个真正的城市(人口75,561)。镇北11英里处, 占地7400英亩的**雪峡谷州立公园**(Snow Canyon State Park; ☎435-628-2255; http://stateparks.utah.gov; 1002 Snow Canyon Dr, Ivins; 每车 $6; ⏲日间出入 6:00~22:00; 👪)是犹他州西南部著名的陆地景观中的代表。非常适合小孩子的简易步道通往小的狭缝型峡谷、火山渣锥、熔岩管和起伏不平的光滑岩区域。

行驶路上 » 驶下州际公路, Hwy 9将引领你进入峡谷区。在平滑的弯道变为急转弯(这也意味着车行更缓慢)之前你将经过哈里肯(Hurricane)。而维尔京(Virgin)位于圣乔治以东27英里处。

❸ 维尔京 (Virgin)

这座小小的维尔京镇以河的名字命名, 而它之所以出名, 原因很古怪——2000年, 当地议会通过了一项很具代表性的法律, 要求每一位居民(共约600人)都要持有一把枪。不要错过**维尔京贸易站**(Virgin Trading Post; ☎435-635-3455; 1000 W Hwy 9; 村庄 $2; ⏲9:00~19:00), 那里售卖自制软糖、冰激凌和人们知道的各种西部风格的小玩意儿。停下来在复原的老西部村庄(Old West Village)中的"维尔京监狱"(Virgin Jail)和"野驴酒吧"(Wild Ass Saloon)拍一张照片。这是一个俗气却单纯的有趣地方。

行驶路上 » 沿Hwy 9, 斯普林代尔(Springdale)距此有14英里远(从圣乔治出发需55分钟)。

❹ 斯普林代尔 (Springdale)

包括**沃奇曼**(Watchman; 6555英尺)在内的惊人橙红色山脉是这个完美公园小镇的大背景。这里的咖啡厅和餐馆不拘一格, 但大都使用本地食材。长长的主街两旁, 画廊和工艺品店让人流连忘返, 其中穿插着独立汽车旅馆、度假屋和少量民宿。作为游玩锡安和周边景点的大本营, 在此大概得度过3个夜晚。旅行用品商 **Zion Rock & Mountain Guides**(☎435-772-3303; www.zionrockguides.com; 1458 Zion Park Blvd; ⏲3月至10月 8:00~20:00, 11月至次年2月 时间不定)和 **Zion Adventure Company**

（☎435-772-1001；www.zionadventures.com；36 Lion Blvd；⏲3月至10月 8:00~20:00，11月至次年2月 9:00至正午和16:00~19:00）提供公园外的峡谷探险、登山和越野车游览项目；而后者还出租夏季漂流所需的内胎。二者都组织去纳罗斯峡谷（Narrows）的穿越徒步游。

锡安峡谷巨幕剧院（Zion Canyon Giant Screen Theatre；www.zioncanyontheatre.com；145 Zion Park Blvd；成人票/儿童票 $8/6）每天3次放映时长40分钟的影片《锡安峡谷：诸神的宝藏》（*Zion Canyon: Treasure of the Gods*）。影片内容不多，但其中有大段的美景展示。

行驶路上 » 锡安国家公园的锡安峡谷（Zion Canyon）入口处就在斯普林代尔以东2英里处。注意，你目前所在的地方海拔3900英尺，是本次旅程中海拔最低（也是最热）的地方。

线路亮点

❺ 锡安峡谷

（Zion Canyon）

总长超过100英里的小径贯穿锡安国家公园的维尔京河（Virgin River）河谷部分，这里水量充沛，落叶乔木密布。在**锡安峡谷游客中心**（Zion Canyon Visitor Center；☎435-772-3256；www.nps.gov/zion；Hwy 9，Zion National Park；7日通票 $25/车；⏲5月底至9月初 8:00~19:30，4月下至5月下，9月初至10月中 8:00~18:00，10月中至次年4月中 8:00~17:00，圣诞节不营业）规划好你的线路。第一站应该是风景道（Scenic Drive），这条路直通公园的中心。4月到10月只能搭乘免费班车，但你可以在沿途任何一个景点站和小径起点上下车。

在公路的尽头，一条铺好的一英里单向**河滨步道**（Riverside Walk）将提供一次轻松的漫步。在小径的尽头，可以继续沿维尔京河徒步5英里。也可以选择一条一英里长的单向小径，前往更低一些的**翡翠池**（Emerald Pools）。在那里，水从一处表面有着沙漠岩漆的陡峭悬岩上涌出。

往返5.4英里的**天使降临小径**（Angels Landing Trail；4小时，海拔爬升1400英尺）能让你目眩神迷，沿途有狭窄的山脊和2000英尺的绝对落差，很不好走。但成功的愉悦是无与伦比的。从更高的**观景点**（Observation Point；往返8英里，海拔变化2148英尺）顶上所能看到的峡谷景观更是非同凡响。

下行穿过**纳罗斯峡谷**（Narrows）单程16英里，需要提前安排好：联系一个旅行用品商、查看一下公共汽车运行时间、了解必要的装备（见斯普林代尔部分）和从公园申请野外许可都是必需的。通过公园网站提前预订。

行驶路上 » 向东行驶，沿Hwy 9一路起伏，穿过一座又一座桥，爬过3.5英里的“之”字路，到达令人印象深刻的、画廊般的锡安—卡梅尔山隧道（Zion-Mt Carmel Tunnel）。从那里直到公园东入口，沿途峡谷壁都由风化的浅色光滑岩组成，包括棋盘台地（Checkerboard Mesa）。格伦代尔（Glendale）位于锡安峡谷西北32英里处（车程50分钟）。

❻ 格伦代尔

（Glendale）

在Hwy 9路口往北，沿Hwy 89分布着一些小城镇。开车时留意小石头商店、艺术画廊和家庭式咖啡馆。格伦代尔是一处建于1871年的摩门教小定居点。**Buffalo Bistro**（☎435-648-2778；www.buffalobistro.net；305 N Main St；汉堡包和主菜 $8~24；⏲3月中旬至10月中旬 周四到周日 16:00~21:30）里凉风习习的门廊、吱吱作响的烤肉、野猪肋骨和麋鹿汉堡、赫然在目的不拘一格的菜单，让人不禁回想起闲散不羁的西部精神。建议预约。

行驶路上 » Hwy 89笔直地穿过田园牧场；从这儿转上Scenic Byway 12，接下来是红岩相伴的一路。红峡谷在格伦代尔东北41英里处。

7 红峡谷

(Red Canyon)

当你到达**红峡谷**(☎435-676-2676; www.fs.usda.gov/recarea/dixie; Scenic Byway 12, Dixie National Forest; 免费; ⊙公园 24小时, 游客中心6月至8月 9:00~18:00, 5月和9月 10:00~16:00)时, 会看到不可思议的红色巨石就矗立在路边。这些公用场地非常方便地通向怪异的、带有强烈色彩的石阵。可以在游客中心查看一下那里清晰的地形展示, 拿张地图。一些平缓的徒步小径也从这里开始。单程0.7英里的**拱岩小径**(Arches Trail)弯弯曲曲地穿过一个峡谷, 途中经过15处拱岩。亡命之徒布奇·卡西迪曾于这里骑马穿行, 留下了一段传奇; 长8.9英里且崎岖难行的**卡西迪小径**(Cassidy Trail), 就是以他的名字命名的。

行驶路上 » 在穿过两个芽状岩石拱门之前, 一定要停下来拍张到此一游照。布莱斯峡谷国家公园(Bryce Canyon National Park)就在前方9英里处。

另辟蹊径: 柯达盆地州立公园

起点: 9 特罗皮克

许多红色、粉色和白色的砂岩柱散布于**柯达盆地州立公园**(Kodachrome Basin State Park; ☎435-679-8562; www.stateparks.utah.gov; 紧邻Cottonwood Canyon Rd; 当日 每车 $6; ⊙6:00~22:00)中, 1948年, 由于此处适宜摄影的美景, 美国国家地理学会为它起了这个名字。往返3英里的**全景步道**(Panorama Trail)相对好走, 沿途可以看到超凡脱俗的概貌。一定要沿支路小径去**印第安洞穴**(Indian Cave)看看, 那里有手绘壁画(出自牛仔之手还是印第安人之手?)和密道(Secret Passage), 后者是穿过一处窄窄的狭缝型峡谷的山坡路。**Red Canyon Trail Rides**(☎800-892-7923; www.redcanyontrailrides.com; 柯达盆地州立公园; 骑马1小时 $40; ⊙3月至11月)提供柯达盆地内的骑马旅行项目。

公园位于布莱斯峡谷国家公园的东南26英里处, 紧邻Cottonwood Canyon Rd, Cannonville的南边。

线路亮点

8 布莱斯峡谷国家公园(Bryce Canyon National Park)

布莱斯峡谷国家公园(☎435-834-5322; www.stateparks.utah.gov; Hwy 63; 7日通票 $25/车; ⊙24小时, 游客中心 5月至9月 8:00~20:00, 10月至次年4月 至16:30)里色彩柔和的沙堡似尖顶和石林, 看起来确实超出了苏斯博士(Dr Seuss; 美国儿童作家、漫画家)的想象。这个"峡谷"实际上是悬崖受蚀的结果。**边缘公路风景道**(Rim Road Scenic Drive, 单程18英里)大致上沿着峡谷边缘延伸, 途经游客中心(8000英尺)、旅馆、美妙的观景点, 终点在**彩虹点**(Rainbow Point, 9115英尺)。从5月上旬一直到10月上旬, 都有免费班车(从8:00至至少17:30)从公园以北的一处集结地出发。

最容易的步行线路应该是**边缘小径**(Rim Trail), 这条小径从仙境点(Fairyland Point)经布莱斯竞技场(Bryce Amphitheater), 通往布莱斯点(Bryce Point), 单程可达5.5英里。一些区域道路铺设完好, 可通行轮椅, 最平坦的是日出点(Sunrise Point)和日落点(Sunset Point)之间的半英里路。

一些平缓的小径通往山缘下芬芳的杜松迷宫和起伏的高山沙漠。**纳瓦霍环线**(Navajo Loop)位于日落点下521英尺处。为避开那些格外陡峭的山坡, 可沿沙漠上的**皇后花园小径**(Queen's Garden Trail), 步行向上320英

RAUL TOUZON/GETTY IMAGES ©

RICHARD MASCHMEYER/GETTY IMAGES ©

BRENT WINEBRENNER/GETTY IMAGES ©

里，即可到达日出点。从这里搭乘班车，或沿边缘小径回到你的汽车边（往返2.9英里）。

注意，高海拔意味着这里的气温比炎热的锡安国家公园要低——7月平均气温为80℉（27℃）。

行驶路上 » 位于布莱斯峡谷以东仅11英里处的特罗皮克（Tropic）海拔就已下降了2000英尺，因此气温也随之升高了10℃。

9 特罗皮克

（Tropic）

作为峡谷心脏地带的一个农业社区，特罗皮克确实为公园游人提供了一些服务。这里有一间杂货店、一些餐馆和几个汽车旅馆。在这里住两个晚上显然比住在公园内便宜。注意，这个镇完全是季节性的；有些商铺从10月一直到次年3月都是关门的。

上图：维尔京河上的桥，锡安国家公园

左图：石塔，柯达盆地州立公园

右图：纳罗斯峡谷，锡安国家公园

所属州
犹他州

门票
7日通票 $25/车

面积
116平方英里/
300.4平方公里

适合

石拱门

PNG-STUDIO / GETTY IMAGES ©

拱门国家公园

ARCHES NATIONAL PARK

在拱门国家公园，绵延巨大的拱形砂岩后面便是雪峰和沙漠景观，在这里，你可以在一片红色的砂石奇观中探索公园因之得名的那座“拱门”。

拱门国家公园据称拥有地球上密度最高的砂岩拱门：占地116平方英里，拥有超过2000座砂岩拱门。这里的砂岩拱门大小不一，如细薄优雅的景观拱门（Landscape Arch），其跨度绵延近300英尺（91米），是世界上最大的拱门之一。其他拱门较小，最小的拱门跨度只有3英尺（0.9米）长。驾车可轻松抵达公园里所有壮观的拱门。火炉（Fiery Furnace）是公园里不容错过的景区，但只有跟随向导方可进入，在这里，你可以迂回穿过狭窄的峡谷和高耸林立的岩石。

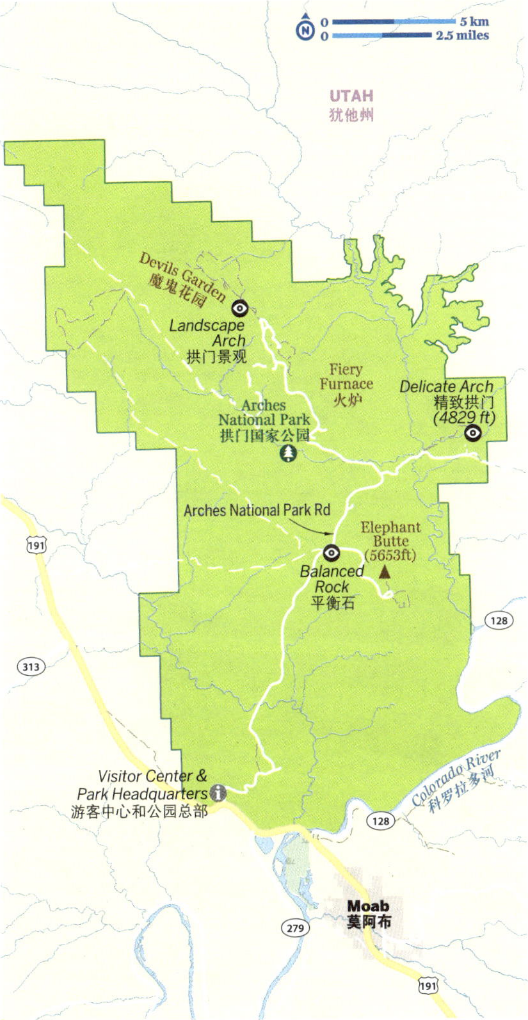

月下……

每年有接近100万名游客慕名来到这里，各种步道（尤其是比较容易走的路段，如前往蔚为壮观的景观拱门的步行路段）会非常拥挤。为避开拥挤人群，可以考虑在夜间游览，晚上更凉爽，而且砂岩会呈现幽灵一般的感觉。

顶级体验

❶ 拱门景观自驾（Arches Scenic Drive）

公园里自驾游览的主要乐趣在于行驶在平整的道路上，观赏各种奇形怪状的砂岩拱门和火红的沙漠奇观。在这里，你可以尽情拍照或进行短途步行，前往拱门和标志性的地标。如不进行任何徒步行走，全长43英里（69公里）的景观道路驾车游览（走马观花）需2~3小时。

一路上的主要景点包括摇摇欲坠立在路边的**平衡石**（Balanced Rock）。对徒步旅行者来说，沿着长3英里（5公里）、难度中等偏上的徒步环线行走，爬上平滑的砂岩，即可来到非官方的犹他州象征——**精致拱门**（Delicate Arch）。你可能之前就见过它，它几乎出现在所有犹他州旅游文字作品中。

❷ 火炉（Fiery Furnace）

继续往前，可在“火炉”异常狭窄的峡谷和迷宫一般的石林中进行为时3小时的探索（需由管理员带领），这样的徒步游通常需要提前预订。公园里不允许自由行走（话虽如此……）。准备攀爬岩石，在岩石间溜下，在狭窄的岩脊间穿梭。

徒步露营

由于缺水和高温，几乎没有旅行者选择徒步露营，尽管可以免费获得许可证。如果想要尝试，可从**游客中心**（☎435-719-2299；⏲3月至10月 7:30~18:30，11月至次年2月9:00~16:00）获得许可证。

北窗，石窗步道

BRAD MCGINLEY PHOTOGRAPHY / GETTY IMAGES ©

魔鬼花园

3 魔鬼花园
(Devils Garden)

景观自驾路线终点位于距离魔鬼花园的游客中心19英里(30公里)处。徒步小路起点标注着几条徒步路线的起始点[徒步路线长为2~7.7英里(3~12公里),往返],至少途经8个拱门,尽管大多数徒步旅行者会选择相对轻松的1.3英里(2公里)路线前往**景观拱门**(Landscape Arch)——一个似乎摆脱了地心吸引力、跨度长290英尺(88米)的庞然大物。

死马点州立公园(Dead Horse Point State Park)

面积不大但颇为壮观的死马点州立公园(www.stateparks.utah.gov; Hwy 313; 停车场白天 $10/车; 帐篷和房车营地 $25; ⏲停车时间 6:00~22:00, 游客中心开放时间 3月至10月 8:00~18:00, 11月至次年2月 9:00~16:00)已经成为很多电影的拍摄现场,这其中包括电影《末路狂花》(*Thelma & Louise*)的高潮片段。这里不适合徒步旅行,但风景迷人,值得驾车半小时前往(尤其如果沿313号公路前往峡谷地国家公园的天空之岛,见162页):注意看那些镶着白色悬崖边的红岩石峡谷、科罗拉多河、峡谷地和遥远的拉萨尔山(La Sal Mountains)。露营地可停放21辆房车但淡水有限(尽量自备),没有沐浴设备,无法充电。需要提前预订。

4 石窗步道
(Windows Trail)

如果你的时间紧,游览公园里的"窗口"(Windows)景区会是一个不错的选择,这里有令人叹为观止的拱门并且很容易到达。往返0.6英里(1公里)的步道会带你到达那些最著名的景点。站在北窗(North Window)下面,眺望远方的峡谷,或照一张南窗套住北窗的绝美照片。别忘了游览双拱门(Double Arch),它就在停车场对面。

岩画

食宿

3月至10月入住**魔鬼花园营地**(Devils Garden Campground; ☎877-444-6777; www.recreation.gov; 帐篷和房车营地 $20)需要提前预订。不要期望有树荫,也不要奢望淋浴和充电位。

另一个选择是在莫阿布(Moab,这里的活动中心——一座为山地自行车骑行、沿河跑步和四驱车自驾而建的城镇)住宿,从这里可以前往拱门国家公园和峡谷地国家公园。

在莫阿布,大多数住所都有自行车存放设施和热水浴缸。尽管汽车旅馆数不胜数,但这里仍然人满为患。3月至10月强烈建议提前预订。

至于餐饮,莫阿布的餐饮场所从背包客咖啡馆到美食餐厅,应有尽有。不妨在住宿的地方拿一本《莫阿布餐饮指南》(*Moab Menu Guide*; www.moabmenuguide.com)并按图索骥。

BLM营地(☎435-259-2100; www.blm.gov/utah/moab; Hwy 128; 帐篷营地 $15; ⌚全年)先到先得。在旺季,请与莫阿布信息中心确认哪处营地已预订满。

Cali Cochitta(☎435-259-4961, 888-429-8112; www.moabdreaminn.com; 110 S 200 East Moab; 小屋 $140~180; ❄📶)这些彼此相连的砖屋位于中心地段,提供温暖舒适、装饰雅致的房间。庭院的长木餐桌非常适合团体早餐。你也可以使用门廊的椅子、吊床或后院的热水浴缸。氛围温馨,只是旅馆老板住在营地外,你将独自享受住房乐趣。

到达和离开

公园紧邻191号公路,位于莫阿布西北5英里(8公里)处。拱门之间没有巴士往返,也没有发往拱门国家公园的公交车。

所属州
得克萨斯州

门票
7日通票 $25/车

面积
1252平方英里/
3242.7平方公里

适合

在格兰德河划独木舟

大弯国家公园

BIG BEND
NATIONAL PARK

穿越方圆1252平方英里（3243平方公里）的大弯国家公园后，你就能理解“大”的真正意义。这片土地有铺砌良好的公路和步道，更拥有令人难以置信的多样性景观，广阔得需要用尽一生时间去探索。

像许多受欢迎的美国公园一样，大弯国家公园拥有一处明星景观——奇索斯盆地（Chisos Basin），大部分游客都会集中在这里。奇索斯山脉美丽迷人，如果没有徒步游览过这片高地，那么你这趟旅程就不能算完整。

只要去了大弯国家公园，就不能错过奇瓦沙漠（Chihuahuan Desert），这片沙漠拥有奇妙的动物和适应性极强的植物。也不要错过美国和墨西哥的边界——格兰德河（Rio Grande）。这3个截然不同的自然生态系统给每个人都能带来不一样的感觉。

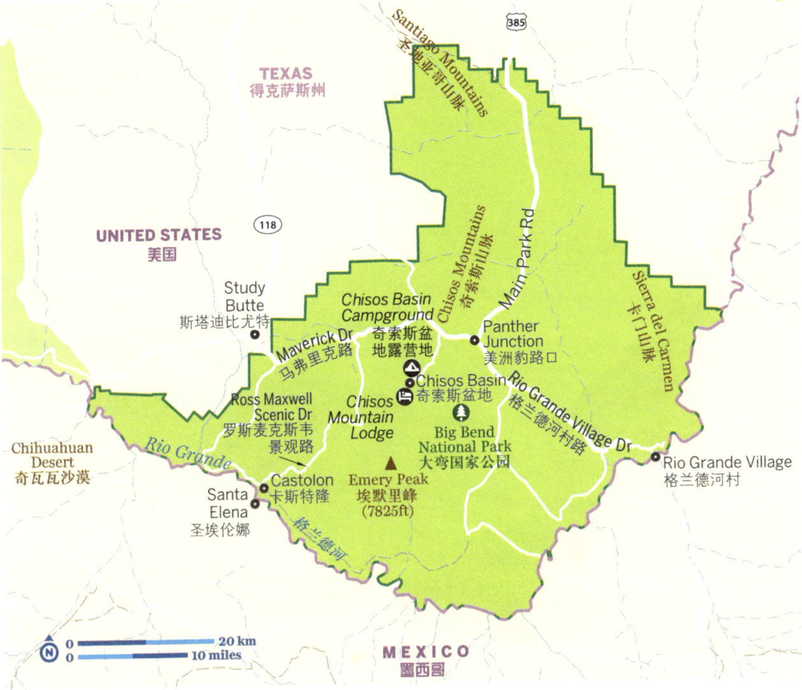

顶级体验

❶ 景观自驾（Scenic Drives）

这里拥有110英里（177公里）长的铺设道路和150英里（241公里）长的土路，景观自驾是公园里最受欢迎的活动。

马弗里克路（Maverick Drive）22英里（35公里）长的自驾路线连接西入口和公园总部，因其沙漠风光和野生动物而闻名。在Basin Junction（盆地交界处）以西，沿Grapevine Hills Rd路可到达一片布满怪异岩石的景区。

罗斯麦克斯韦景观路（Ross Maxwell Scenic Drive）这条30英里（48公里）长的路线位于公园西入口和公园总部之间的Maverick Dr中途。奇索斯山脉带来了壮观的沿路风景，沿途可以观赏到圣埃琳娜峡谷（Santa Elena Canyon）和1500英尺（457米）高的陡峭岩壁美景。

格兰德河村路（Rio Grande Village Drive）这个20英里（32公里）长的自驾路段从公园管理处延伸至卡门山脉（Sierradel Carmen），穿过

保奎拉斯峡谷（Boquillas）：进入墨西哥

多年来，大弯国家公园吸引人的地方之一在于可以穿过格兰德河进入墨西哥的保奎拉斯峡谷。这里的边境在关闭十多年之后，再次向旅行者开放。乘船即可渡河（往返 $5），到河对面后，你可以租一匹驴子（往返 $8），步行或搭载一辆卡车即可到达 1 英里（1.6 公里）外的保奎拉斯村。在那里，你需要到墨西哥移民办公室盖章。你可以在当地吃午饭，欣赏当地的手工艺品，在回到河对面之前在镇上四处溜达（为避免滞留，建议下午 5 点前离开）。边境开放时间为周三至周日早上 9 点至下午 6 点，要准备好护照。想了解更多信息，可浏览网站 www.discoverboquillas.wordpress.com。

奇瓦瓦沙漠

WITOLD SKRYPCZAK / GETTY IMAGES ©

在奇瓦瓦沙漠徒步

公园向墨西哥方向延伸。这里的自驾游最佳时间是在日出或日落时分，此时的山脉焕发出绚丽夺目的不同色彩。

❷ 徒步

这里有超过200英里（322公里）的徒步路线可供探索，难怪徒步旅行在大弯国家公园如此盛行。从可观赏到奇索斯盆地或格兰德河美景的短途简易路线，到令人神魂颠倒的可观赏岩层、印第安人象形文字及岩画的沙漠徒步路线，无论是从不徒步的旅行者或是真正的背包客，每个人都可以在这里找到适合自己的路线。

❸ 观鸟

公园里有超过450种鸟类，最佳观鸟点包括格兰德河谷(Rio Grande Valley)、山姆钉牧场(Sam Nail Ranch)、奇索斯盆地和圣埃琳娜峡谷(Santa Elena Canyon)附近的卡斯特隆(Castolon)。

大弯国家公园可能最为人所知的是这里的游隼——虽然仍属于濒危动物，但数量已经有所回升。公园里和附近有十几处已知的游隼巢。

在大弯国家公园其他知名的鸟类中，科利马莺是奇索斯山脉独有的鸟类。这种鸟在美国境内唯一的筑巢地便在大弯国家公园，它们从4月到9月中旬在这里栖息。

大弯国家公园里更为常见的动物包括金雕、仙人掌鹪鹩、乌鸦、墨西哥丛鸦、走鹃、橡树啄木鸟、峡谷红眼雀和成群的莺及蜂鸟。

时刻牢记……

在公园里遇到黑熊的概率极低，但如果运气"好到极致"，千万不要跑，相反，要制造大量的噪音，高举并挥动双手使得你看起来尽可能的庞大。如果看到幼熊，慢慢后退，不要让熊妈妈以为你要攻击。为防止熊偷吃你的晚饭，记得将所有食物、冰箱、厨具和化妆品放在汽车后备厢或防熊储物箱中，将垃圾丢在露营地和步道起点附近提供的防熊容器内。

墨西哥丛鸦

食宿

在公园中心，**Chisos Mountain Lodge**（☎432-477-2291; www.chisosmountainslodge.com; 旅馆和汽车旅馆房间 $156，小屋 $174; 📶🐾）提供广受欢迎的罗斯福小石屋（Roosevelt Stone Cottages）住宿，也可从两栋汽车旅馆风格的小屋中选择一个。住宿区内还有一家**餐厅**（Lodge Dining Room; 主菜 $10~24; ⏲7:00~10:00、11:00~16:00和17:00~20:00）和一家供应基本日用品的**露营用品店**（☎432-477-2291; ⏲8:00~21:00）。

对帐篷露营者或不需要补充水电的小型房车来说，有三处主要的露营地，其中一些可以进行预订，有些则先到先得。当所有营地都已满人时，管理员会指引帐篷露营者前往大弯国家公园的其他地方。因为是山地气候，**奇索斯盆地露营地**（Chisos Basin Campground; ☎877-444-6777; www.recreation.gov; 露营地 $14）人气最旺。

到达和离开

公园总部和**主游客中心**（☎432-477-2251; ⏲8:00~18:00）在美洲豹交叉路口（Panther Junction），这里位于Persimmon Gap入口以南29英里（47公里）处和斯塔迪比尤特（Study Butte）附近的马弗里克入口（Maverick entrance）以东22英里（35公里）处。Chevron加油站提供燃油、维修服务，还有品种不多的零食和饮料。

从美洲豹交叉路口开始，要行驶一段较短的（相对来说）10英里（16公里）路程前往奇索斯盆地。急弯和陡峭的斜坡使得Basin Rd路不适合长度超过24英尺（7米）的房车和长度超过20英尺（6米）的拖车行驶。

没有公共交通工具到达这里，公园内部也没有。最近的公共汽车和火车经过位于美洲豹交叉路口西北108英里（174公里）处的阿尔潘（Alpine）。最近的主要机场在米德兰[Midland，位于公园东北230英里（370公里）处]和埃尔帕索[El Paso，位于公园西北325英里（523公里）处]。

边境巡警设有检查站对来自大弯国家公园的车辆进行检查。如果你不是美国公民，出示护照会助你避免延误行程（即证明你并非来自墨西哥）。

所属州

犹他州

门票

7日通票 $30/车

面积

56平方英里/145平方公里

适合

清晨的布莱斯峡谷

JOE CORNISH / GETTY IMAGES ©

布莱斯峡谷国家公园

BRYCE CANYON NATIONAL PARK

布莱斯峡谷国家公园虽然是犹他州南部最小的国家公园，但却是最负盛名的国家公园之一。这里的风景超凡脱俗。冰冻和融化两者往复循环，不断侵蚀着软砂岩和石灰岩，形成独一无二的景观。

布莱斯峡谷国家公园其实是一片18英里（29公里）长的高原的东部边缘，并非真正意义上的峡谷。它的粉色悬崖（Pink Cliffs）是大阶梯（Grand Staircase，一个延伸至大峡谷的巨大地质阶地）的最高台阶。步道向下穿过1000英尺（305米）高布满短剑状岩石的圆形剧场，进入一个迷宫般的生长着芳香杜松树如雕刻般的高山沙漠。

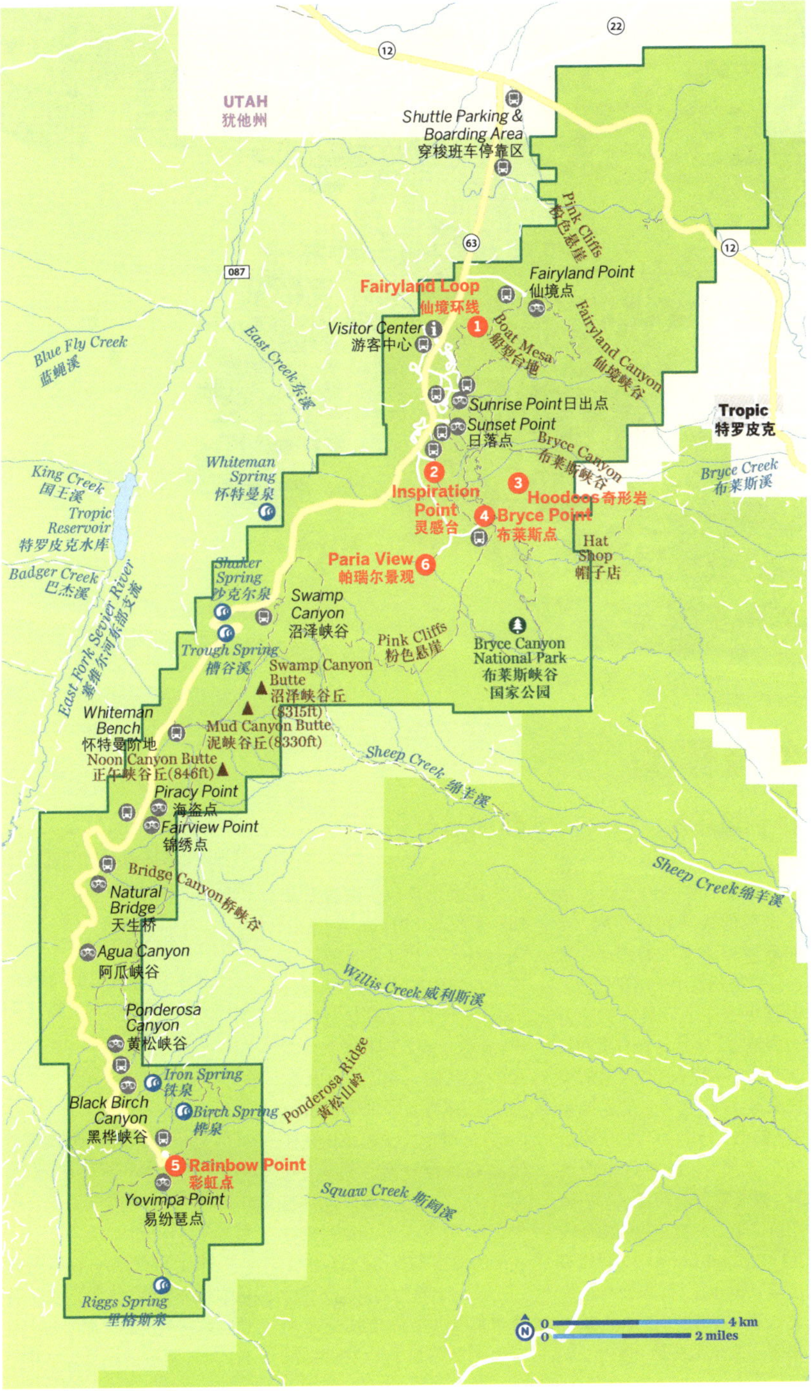
UTAH
犹他州
Shuttle Parking & Boarding Area
穿梭班车停靠区
Pink Cliffs
粉色悬崖
Fairyland Point
仙境点
Fairyland Loop
仙境环线
Visitor Center
游客中心
Boat Mesa
船型台地
Fairyland Canyon
仙境峡谷
Blue Fly Creek
蓝蝇溪
East Creek 东溪
Sunrise Point 日出点
Sunset Point
日落点
Tropic
特罗皮克
Bryce Canyon
布莱斯峡谷
Bryce Creek
布莱斯溪
King Creek
国王溪
Whiteman Spring
怀特曼泉
Inspiration Point
灵感台
Hoodoos 奇形岩
Bryce Point
布莱斯点
Tropic Reservoir
特罗皮克水库
Badger Creek
巴杰溪
Paria View
帕瑞尔景观
Hat Shop
帽子店
Shaker Spring
沙克尔泉
East Fork Sevier River
塞维尔河东部支流
Swamp Canyon
沼泽峡谷
Pink Cliffs
粉色悬崖
Bryce Canyon National Park
布莱斯峡谷国家公园
Trough Spring
槽谷溪
Swamp Canyon Butte
沼泽峡谷丘
(8315ft)
Whiteman Bench
怀特曼阶地
Mud Canyon Butte
泥峡谷丘(8330ft)
Noon Canyon Butte
正午峡谷丘(846ft)
Sheep Creek 绵羊溪
Piracy Point
海盗点
Fairview Point
锦绣点
Bridge Canyon 桥峡谷
Natural Bridge
天生桥
Sheep Creek 绵羊溪
Agua Canyon
阿瓜峡谷
Willis Creek 威利斯溪
Ponderosa Canyon
黄松峡谷
Iron Spring
铁泉
Black Birch Canyon
黑桦峡谷
Birch Spring
桦泉
Ponderosa Ridge
黄松山岭
Rainbow Point
彩虹点
Yovimpa Point
易纷琶点
Squaw Creek 斯阔溪
Riggs Spring
里格斯泉
0 4 km
0 2 miles

天生桥的降雪

顶级体验

❶ 仙境环线（Fairyland Loop）

布莱斯峡谷内冰沙色如沙堡般的尖顶和奇形岩，宛如苏斯博士书中的图画。虽然是犹他州最小的国家公园，但这里也许是最具视觉冲击力的地方，尤其是在日出和日落时分，一片橙色将这里渲染成火焰般的色彩。在边缘步道（Rim Trail）可以拍下完美的全景照片。面对这里的美景，只需要一点想象力，你就明白这里为何被称为仙境环线（Fairyland Loop）。也可以参加全日短途旅行，亲自与这片荒野里的岩柱和古老的狐尾松来一次亲密接触。

❷ 灵感台（Inspiration Point）

这个观景台俯瞰着布莱斯环形剧场（Bryce Amphitheater），其高度可能低于广受欢迎的布莱斯点（Bryce Point）观景台，但是总体来说，在这里能看到和布莱斯点相差无几的景色。不过从这里望去，下方寂静之城（Silent City）的奇形岩看起来比从任何高观景台看到的更令人叹为观止。在这里，奇形岩看起来更近，你甚至可以看到峡谷底部的细枝末节。灵感台也是一个放飞想象力的好地方。尽管布莱斯点较高，但是它位于布莱斯峡谷城和特罗皮克镇（town of Tropic）光线太亮的地方，这样的不利位置使夜晚的星光都显得暗淡。

❸ 奇形岩（Hoodoos）

布莱斯峡谷以其奇形岩而闻名于世：细窄的尖塔状岩石高达数百米，创造出一片完全超现实的景观。这种奇异的构造又被称为鳍状岩，是由经过峡谷边缘的水流冲刷雕刻成平行的沟壑和狭窄的岩石峭壁而形成。这些鳍状岩最终会被水流侵蚀成柱形。

由于布莱斯峡谷周围的地表层非常软，大量雨水会迅速将鳍状岩溶解为泥泞的小土丘。除非泥砂岩层及与之并存

帽子店峰林

的弹性石灰岩带来的力量，才可以使之避免被侵蚀成高耸的奇形岩。

❹ 布莱斯点

（Bryce Point）

如果在布莱斯峡谷的景观自驾途中只能选择一站停留，那拥有撼人心魄景观的布莱斯点无疑是最佳选择。你可以沿着布莱斯环形剧场的边缘步行，体验寂静之城的壮观美景，这是一片由密集而巨大和引人入胜的奇形岩组成的风景，你一定会发现自己的想象力绝对不会缺少用武之地。确保沿着正确小路前往真正的布莱斯点，这是一个围着栅栏从谷底隆起的岬角，位于郁郁葱葱的谷底上方1000英尺（305米）处，这个开阔处使你能以更佳的角度欣赏附近的奇形岩。这个观景台与公园内其他任何观景台的风景和色彩相比毫不逊色。解说牌上的文字讲述了埃比尼泽·布莱斯（Ebenezer Bryce）和他的妻子玛丽（Mary）的故事，而这座峡谷正是因这位摩门教先驱人物而得名。

❺ 彩虹点

（Rainbow Point）

天气晴好时，布莱斯峡谷景观自驾之旅最南部的这个观景台，可以远眺100英里（161公里）之外的绝佳风景。在观景台上可以看到令人叹为观止的峡谷田园风情。巨大的坡地、倾斜的台地和拔地而起的孤山布满地平线，旁边则有解说牌提供相应的讲解。在东北地平线上，可以找找宝瓶星座高原（Aquarius Plateau），它是大阶梯的最高一级，比布莱斯峡谷高出2000英尺（610米）。通往观景台的铺设小路距离停车场不远，可供轮椅通行。

❻ 帕瑞尔景观

（Paria View）

这是观赏日落的好地方，奇形岩被天边最后一抹晚霞染红的风景让人毕生难忘。观景台位于沼泽峡谷（Swamp Canyon）以北3英里（4.8公里）处，后者也是通往位于离主路2英里（3.2公里）以外的帕瑞尔景观观景台的标识。如果你想避开房车和巴士，你会很高兴这个小观景台似乎专为小汽车而设——但在冬季大雪未被清理时，只有越野滑雪的人才能到达这里。这里的日落风景很棒，相比之下，布莱斯峡谷的奇形岩环形剧场大多面朝东方，因此更适合在日出时观赏。这里的环形剧场虽然规模较小，但美丽程度毫不逊色，面朝西面，正对着帕瑞尔河流域。

寂静之城

布莱斯最令人印象深刻的奇形岩石林被称为寂静之城（Silent City），最好从布莱斯点或灵感台上进行观赏。

纳瓦霍环线步道

ED FREEMAN / GETTY IMAGES ©

布莱斯峡谷景观自驾

这条景观自驾路线蜿蜒向南17英里(27公里),大致与峡谷边缘平行,从海拔7894英尺(2406米)的游客中心上升至海拔9115英尺(2778米)的彩虹点,路线的尽头是高原南端。

需时 2小时

距离 往返34英里/55公里

起点/终点 游客中心

附近城镇 特罗皮克镇(Tropic)

交通 汽车

路线简介 长度横跨整个公园,这条往返路线串起了公园里最为精彩的部分。

直接前往彩虹点(距离游客中心35分钟车程),返程时在景区观景台和岔道口稍作停留。沿着停车场尽头一条不长、轮椅可通过的铺设小路,游览 ❶ **彩虹点**(Rainbow Point)。从观景台上可看到令人瞠目结舌的峡谷世界,还有辽阔地带上巨大的高原坡地、倾斜的台地和高耸的山峰。在停车场的另一端,另一条不长、可通行轮椅的铺设小路通向 ❷ **易纷琶点**(Yovimpa Point),这里是公园里风最大的地方之一。西南方向可以看到更多草木丛生的山坡和受到侵蚀较少的岩石。注意Molly's Nipple,这是一座被侵蚀的砂岩顶,经常被误认为是一座火山。地平线以下的是凯巴布高原(Kaibab Plateau),标志着亚利桑那州的边境和大峡谷。

从彩虹点出发,试一下1英里(1.6公里)长简单易行的 ❸ **狐尾松环线步道**(Bristlecone Loop Trail)。易纷琶点还是不错的野餐地点。

就在16英里(26公里)路碑以北,海拔8750英尺(2667米)的地方,在 ❹ **山桦峡谷**(Black Birch Canyon)观景台上可以看到路边险峻的悬崖。在这里你还可以首次近距离观看奇形岩——虽然在这里看到的都比较小。注意一下,这里无法通往步道,只有一个小观景台。

比前一站的海拔高一些,❺ **黄松峡谷**(Ponderosa Canyon)像彩虹点一样可以眺望远景。接下来,留意与峡谷同名的巨大黄松,一些黄松甚至高达150英尺(46米)。由奇形岩形成的小环形剧场和橙色的悬崖令人叹为观止,尤其是在清晨阳光的照耀下。如果你觉得信心满满,可以继续下一段中等难度的 ❻ **阿瓜峡谷连接线步道**(Agua Canyon Connecting Trail),这是一条需要稍微有点旅行经验的徒步者行走的陡峭小道,向下穿过森林进入一座绝妙的奇形岩环形剧场,然后转入 ❼ **缘下步道**(Under-the-Rim Trail)。

❽ **阿瓜峡谷**(Agua Canyon)是公园这端最好的停留点之一,在观景台上可以俯瞰两个头重脚轻、摇摇欲坠的大奇形岩,看起来随时都有可能倾倒,注意脚下的陡坡。山脊上是由富铁的红色岩石和白色石灰岩形成的条纹状沉积岩。

位于 ❾ **天生桥**(Natural Bridge)的停车场是彩虹点之后的最大停车场,来这里的理由非常充分:一片极其宽阔的被侵蚀的红色石灰岩从观景台边缘延伸开来。

在 ❿ **费尔维尤点**(Fairview Point)的停留点可以看到极为壮观的景象——林立的树木、辽阔的高原、蓝色的台地和绵延的山丘,一路从布莱斯边缘延伸到大阶梯(Grand Staircase)。在晴空万里的日子,你能看到160英里(257公里)外亚利桑那州的黑色台地(Black Mesas)。在弥漫着草香味的松林间走一小段路,即可到达位于 ⓫ **海盗点**(Piracy Point)的另一个观景台。这里有厕所,但没有自来水。

⓬ **沼泽峡谷**(Swamp Canyon)的观景台坐落在延伸到大峡谷的两条山脊线之间草木丛生的地方。从岔路口开始,走一小段路穿过树林,然后走过一个缓坡,前往高耸的、摇摇欲坠的橘粉色石灰岩悬崖。自然爱好者喜欢这里丰富多样的动植物,孩子们喜欢这里延伸入峡谷的陡峭小路。这里也是风景优美的 ⓭ **沼泽峡谷连接步道**(Swamp Canyon Connecting Trail)的起点。

在沼泽峡谷以北3英里(5公里)处,向右转,沿着路标来到 ⓮ **帕瑞尔景观**(Paria View)观景台。这个小观景台仅对小汽车开放——然而当冬天道路关闭时，这里就只留给越野滑雪的人。这里是观赏日落的好地方，而布莱斯大部分奇形岩环形剧场朝向东方且适合在黎明时分观看景色。这里的环形剧场朝向西方，面向帕瑞尔河分水岭。

如果你只停留一站，那么一定不要错过 ⓯ **布莱斯点**（Bryce Point）。你可以沿着 ⓰ **布莱斯环形剧场**（Bryce Amphitheater）边缘走，观看寂静之城绝佳的风景，密密麻麻的奇形岩就像封冻在岩石中的人。一定要沿着小路走到山岬的实际所在（有围栏围住的地方），尽情俯瞰1000英尺（305米）下的森林谷底。想要观赏美轮美奂的景致和令人瞠目的色彩，这里的观景台超过公园里其他任何地方。

布莱斯点标志着5.5英里（9公里）长的 ⓱ **缘边步道**（Rim Trail）和 ⓲ **捉迷藏环线步道**（Peekaboo Loop Trail）的开始。这里还有一个旱厕。

在 ⓳ **灵感台**（Inspiration Point）走一小段铺砌好的上坡小路，即可来到观看布莱斯环形剧场的另一个观景台。灵感台的位置低于布莱斯点，但看到的景色相差无几，从这里看到的寂静之城最令人叹为观止。奇形岩看起来更近，你还可以看到峡谷底部更多细节。灵感台也是一个观星的好地方。

在 ⓴ **日落点**（Sunset Point）看向布莱斯环形剧场的景致一样美轮美奂，但不要指望在这里可以独处，因为这里位于公园中心，靠近露营地、旅馆和所有游客服务点。除了寂静之城绝佳的风景，这里的 ㉑ **雷神之锤**（Thor's Hammer）也非常有名，它是一块大正方形的盖岩，平稳地立在一块细长的奇形岩顶部。这里是 ㉒ **纳瓦霍环线步道**（Navajo Loop Trail）的起点，该环线步道是公园里最受欢迎的徒步路线，你可以在这里找到公共洗手间、饮用水和野餐桌。不要被日落点这个名字欺骗了，由于朝向东方，这里的日出比日落更美。

朝向东南方向的 ㉓ **日出点**（Sunrise Point）标志着布莱斯环形剧场的最北端，这里可以观赏到绝佳的奇形岩美景、宝瓶星座高原（Aquarius Plateau）和沉船（Sinking Ship）——一座看起来像是一个升出水面的船尾的倾斜台地。仔细找找 ㉔ **柔枝松**（Limber Pine），一棵细长的树，其根部由于受到侵蚀而暴露在外面，但仍坚固地屹立在光秃秃的地面上。

缘下步道
(Under-the-Rim Trail)

需时 3天

距离 单程22.9英里/37公里

难度 中等至难

起点 布莱斯点(Bryce Point)

终点 彩虹点(Rainbow Point)

附近城镇 特罗皮克镇(Tropic)、潘圭奇镇(Panguitch)

交通 公园穿梭班车

路线简介 远离尘嚣的理想路线，这条多日游徒步路线位于悬崖下方边缘，穿过环形剧场、松树林和杨树林。

这条横跨整座公园的徒步路线从矮杜松林(6600英尺至7000英尺/2011米至2133米)穿过黄松林(7000英尺至8500英尺/2133米至2591米)，到达冷杉云杉林(8500英尺至9100英尺/2591米至2774米)。

第1天：布莱斯点至沼泽峡谷露营地的右岔路口(4~6小时，10.5英里/17公里)

从布莱斯点开始，步道往正东方向陡降，然后逐渐往南延伸。0.5英里(800米)后你会慢慢来到山脊，这里的地表由灰色变为橙色。再走0.5英里(800米)，在山脊之上就可以看到彩虹点。

当步道通往朝南的山岬，向北看即可看到粉红色悬崖(Pink Cliffs)的全景。右边(西面)就是由黄溪右支流(Right Fork Yellow Creek)形成的一条陡峭的排水沟。再走2英里(3公里)，你会经过**帽子店**(Hat Shop)，它灰色的巨石帽立在细长的砾岩顶部。在斜坡的底部，距离布莱斯点2.8英里(4.5公里)的地方就是**黄溪右支流露营地**(Right Fork Yellow Creek Campground)，这个平整的营地位于终年流动的溪边。

从营地出发，沿着小溪的左(东)岸行走0.5英里(800米)后，穿过小溪，然后向南走。当步道转向西面，你会经过左边的**黄溪团体露营地**(Yellow Creek Group Campground)。过了营地0.25英里(400米)后，你会来到黄溪(Yellow Creek)。步道沿着小溪，上升到位于小溪源头的粉红色悬崖和帕瑞尔景观观景台，海拔超过1000英尺(305米)。步道很快穿过小溪，堆石界标指出路的方向。

再走0.25英里(400米)就会来到**黄溪露营地**(Yellow Creek Campground)，营地位于小溪旁边，树影斑驳。这里是观看日落的绝佳地点。从这里开始，往西南方向爬上短促陡峭的山坡。这段高低起伏的山路长约2英里(3公里)，穿过两个环形剧场之间的斜坡。行走1.5英里(2.4公里)后，小路下降到Pasture Wash。按照堆石界标的指示，前往水流的南边，寻找陡峭的上坡弯道，步道弯弯曲曲呈“之”字形，直到离开水流。由北向南，沼泽峡谷、泥峡谷、正午峡谷丘(Noon Canyon Buttes)的美景会让你不虚此行。

下到山谷和**绵羊溪连接步道**(Sheep Creek Connecting Trail)的交界处，在这里往上行走2英里(3公里)就可去到景观自驾路线。标志清晰的山坡往南延伸0.5英里(800米)去到**绵羊溪露营地**(Sheep Creek Campground)，这里的美景仅次于黄溪露营地，在这里通常能找到饮用水。

从交界处开始，步道上升150英尺(46米)，然后下降到林立着挺拔的白杨树的沼泽峡谷。在左边(东南方向)，参天的黄松树林间有一片空地，这里就是**右支流沼泽峡谷露营地**(Right Fork Swamp Canyon Campground)。

第2天：右支流沼泽峡谷露营地至天生桥露营地(1.5~2.5小时，4.6英里/7.4公里)

营地100码(90米)之外是与1英里(1.6公里)长的沼泽峡谷连接步道(Swamp Canyon Connecting Trail)徒步路线的交会处。从这里，你会慢慢往南面爬，然后向西沿着“之”字形小路往上爬。在海拔8200英尺(2499米)高的地方，就是**沼泽峡谷露营地**(Swamp Canyon Campground)。

在营地远处，步道穿过白杨和松树林，然后

下降到锦绣悬崖（Fairview Cliffs）的底部。从这里开始，你要沿着**威利斯溪**（Willis Creek）走1英里（1.6公里），直到转到东南方向。你可能会觉得很难在几条小溪流中找到步道。记住要保持向南和向西前行。

步道拐进迪克西国家森林（Dixie National Forest），然后向东急升，攀爬到威利斯溪西南被侵蚀的砂岩斜坡。在坡顶，一条沙质的步道蜿蜒环绕在山岬的东部边缘，可以一览**粉色悬崖**（Pink Cliffs）的绝佳美景。

向下走到威利斯溪南向的支流，继续行走0.5英里（800米），即可来到**天生桥露营地**（Natural Bridge Campground），该营地用水紧缺。

第3天：天生桥露营地至彩虹点（3~5小时，7.8英里/12.5公里）

营地外0.5英里（800米），路线穿过一片鼠尾草草地后来到阿瓜峡谷（Agua Canyon）。要穿越这个峡谷并非易事：在旧一点的地形图上，路线稍微转向西，然后直接横穿峡谷，但因为洪水，现在需要徒步行走0.75英里（1公里）爬上峡谷，然后往大峡谷南面的山脊蜿蜒前行。如有疑问，遵循堆石界标的指示。“之”字形山路都被雪覆盖着，直至春末。在这个山顶上，阿瓜峡谷连接步道向上蜿蜒1.6英里（2.6公里）就来到景观自驾路线。

从连接步道路口开始，你会沿着粉红色山岬下到黄松峡谷，然后蜿蜒曲折前行来到南叉峡谷（South Fork Canyon）。一经过峡谷顶端，在你的右手边就是**铁溪露营地**（Iron Spring Campground），东向的山脊没多少营地空间。在一片白杨林间，位于峡谷上方（西南）600英尺（183米）处，**铁溪露营地**全年供应用水。

步道继续蜿蜒前行，下坡后穿过黑桦树峡谷（Black Birch Canyon）的两侧。在爬上西北方向有突出的山岬的低坡后，你会进入粉色悬崖最南端的环形剧场。

步道沿着彩虹点下面铁锤形状的山脊，慢慢往上爬，就可看到无与伦比的景致。再向上攀登最后1.5英里（2公里）就会爬上环形剧场背面（南面）的边缘。

纳瓦霍环线步道

入口

公园里唯一的车辆入口位于犹他州12号公路（Hwy 12）以南3英里（5公里）处，途经63号公路（Hwy 63）。布莱斯峡谷一年365天，每天24小时开放。公园大门始终敞开，不过晚上入口处没有工作人员。

由于严峻的交通问题，公园在旺季期间对房车和拖车实行限制性停车。如有需要，可以登录公园网站了解在5月至9月期间更多关于限停的详情。

实用信息

广播电台AM1590播报公园最新的资讯。

布莱斯峡谷国家公园游客中心

（Bryce Canyon National Park Visitor

Center; ☎435-834-5322; www.nps.gov/brca; Hwy 63; ⏰5月至9月 8:00~20:00，10月和4月 8:00~18:00，11月至次年3月 8:00~16:30）在这里可以获取天气、徒步、路况以及营地可用性等有用资讯。陈列馆有植物、动物和地质展品，还有一段引人入胜的20分钟介绍视频。公园总部和急救中心在这里，大厅里有电话和Wi-Fi。

布莱斯峡谷自然历史协会

（Bryce Canyon Natural History Association; ☎435-834-4600; www.brycecanyon.org）一个非营利社团，提供教育、科学和解说的服务。该协会还运营书店，工作人员在游客中心解疑释惑。

住宿

公园里有两个露营地和一家度假屋。然而，大多数游客住在公园北面和西面的度假屋，或者东面11英里（18公里）处的特罗皮克（Tropic）镇。如果附近的住宿点都住满了，可以考虑住在公园西面24英里（39公里）处的潘圭奇镇（Panguitch）或附近，或者位于公园以东19英里（31公里）处的柯达盆地州立公园（Kodachrome Basin State Park）。

日落露营地

（Sunset Campground; ☎877-444-6777; www.recreation.gov; Bryce Canyon Rd; 帐篷/房车营地 $15/30; ⏰4月至9月）就在日落点南面，这个拥有102个扎营点的营地比北露营地拥有更多树荫，但是除了抽水马桶之外几乎没有其他设施。可以在游客中心咨询关于营地是否可以使用的信息，并且尽早安营扎寨。其中20个帐篷营地可以提前6个月进行预订。

北露营地

（North Campground; ☎877-444-6777; www.recreation.gov; Bryce Canyon Rd; 帐篷和房车营地 $30）位于游客中心附近，这个全年开放的路边营地非常宽阔，拥有101个扎营点，有篝火圈。距离营地不远处就有淋浴设施、一家自助洗衣店和一家杂货店。夏天可以使用在最南端的垃圾投放站（$5）。房车营地可以提前6个月预订。

布莱斯峡谷度假屋

（Bryce Canyon Lodge; ☎435-834-8700, 877-386-4383; www.brycecanyonforever.com; Hwy 63, Bryce Canyon National Park; 房间和小屋 $208~256; ⏰4月至10月; @📶）建于20世纪20年代，有一个巨大的石头壁炉和裸露的木头屋顶，这座主要的公园度假屋散发出简朴的山村魅力。大多数房屋为二层楼的木头建筑，带有私人阳台。如果隔壁的邻居十分吵闹，你将充分体会到墙壁的单薄。坐落在完美的林中位置，这座怀旧风情的西方小屋配备有燃气壁炉和嘎吱作响的门廊。没有电视机，Wi-Fi只能在度假屋部分地方使用。

就餐

布莱斯附近的食物无法与这里的风景相媲美。慢吞吞的服务，开水冲泡的咖啡，蔬菜可能仅限于炸鸡肉排上的配菜。尤其对素食者来说，旅行时带上新鲜水果和蔬菜是明智之举。

布莱斯峡谷杂货店和小吃店

（Bryce Canyon General Store & Snack Bar; Bryce Canyon Rd，靠近日出点; 菜肴 $3~9; ⏰12:00~22:00）除了食品和杂货，日出点附近的杂货店还卖热狗、冷饮、袋装三明治、辣椒、汤和比萨。

布莱斯峡谷度假屋

（Bryce Canyon Lodge; ☎435-834-5361; Bryce Canyon Rd; 早餐和午餐 $10~20，晚餐 $18~35; ⏰4月至10月 7:00~22:00）虽然服务和上菜速度可能很慢，但是供应的当地食物却非常美味，从新鲜的绿色沙拉到野牛肉汉堡、焖波多贝罗和牛排，不一而足。所有食物都是现做现卖，经过认证的绿色菜单只供应环保海鲜。酒单非常不错，最重要的是，屋子里昏黄的灯光会帮你掩盖住自己风尘仆仆的狼狈样子。

所属州

犹他州

门票

7日通票 $25/车

面积

527平方英里/

1365平方公里

适合

拉萨尔山脉

ALAN MAJCHROWICZ / GETTY IMAGES ©

峡谷地国家公园 CANYONLANDS NATIONAL PARK

鱼鳍状的红色岩石、天生桥、针形石、尖顶、火山口、台地和孤丘，形成了一个斑驳而美丽的迷宫，峡谷地国家公园弥漫着颓废的美丽——一片远古的地表景观。

顶部倾斜着白色悬崖的巨大峡谷在科罗拉多河（Colorado River）与格林河（Green River）的上方蜿蜒，时隐时现，两条河位于岩壁下方1000英尺（305米）处，非常壮观。伸向天空的针形石和尖顶、幽深的火山口、蓝色的台地和雄伟的孤丘点缀着这一片土地。

这里的观景台不难到达，但如果想要深入探索这片土地，你要面对崎岖难行的土路、遥远的路途和有限的水资源。你可以徒步、漂流或驾驶四轮驱动车，但是要确保有足够的汽油、食物和水。

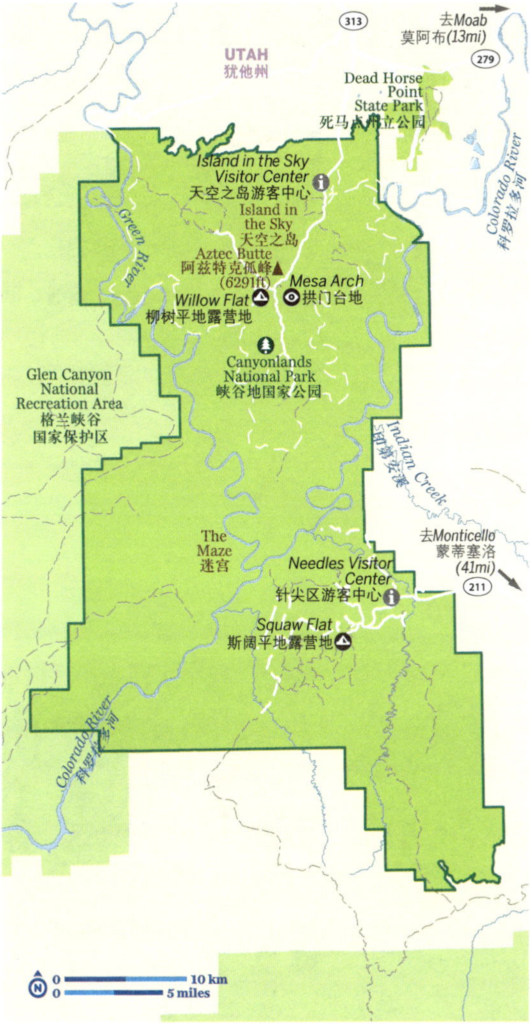

方位

科罗拉多河和格林河形成Y字形，将公园划分成三个独立的区域。各个区域之间无法在公园内部相互通行。在Y字形上方的区域是开发最好、游客最多的**天空之岛**。可以考虑将天空之岛当作公园的总游览区域，在这里，可以俯瞰峡谷其他令人难以置信的区域。**针尖区**有稀疏的奇形岩、雕刻砂岩和史诗般的四轮驱动车车道。

公园里最难以进入的区域是**迷宫**，只有四轮驱动车才能通过的小道，需要有高超的驾驶技巧。

天空之岛
(Island in the Sky)

在这名副其实的天空之岛上，你会对空间有新的理解。6000英尺(1828米)高的平顶台地四面急剧下降，可观赏远处迷人的风景。西面海拔11,500英尺(3398米)的亨利山(Henry Mountain)全景尽收眼底，而海拔12,700英尺(3871米)的拉萨尔山脉(La Sal Mountains)就在东面。在这里，当你站在湛蓝的天空下看着远方淹没在雷雨云中，你却被晒得思考着是否要再多涂些防晒霜。天空之岛就坐落在被称为“白缘”(White Rim)的砂岩平台上，实际上，这个白缘在红色台地顶部下方1200英尺(366米)处与深达1500英尺(457米)的河谷底部之间形成了一条白色边界。一条令人印象深刻的四轮驱动车土路从高处的观景台直通谷底。

游客中心[☎435-259-4712; www.nps.gov/cany; Hwy 313, 公园入口进来1英里(1.6公里)处; ⏲3月至10月 8:00~18:00, 11月至次年2月 9:00~16:30]免费赠送的视频详细介绍了公园的各处景点。

每条道路都分布着观景台和徒步道。大多数步道至少有一部分沿着光滑岩石上的堆石界标前进。记得携带足够的用水并且要注意悬崖边缘！

针尖区
(Needles District)

因从沙漠地表伸向天空的橙白相间的砂岩尖顶而得名，针尖区超凡脱俗的地形与天空之岛截然不同，让人很难相信它们是在同一个国家公

拱门台地（Mesa Arch）

徒步行走 0.5 英里（800 米）长的环线来到这里，在日出时分，悬崖闪耀着一片火红色。

JEFF R CLOW / GETTY IMAGES ©

针尖区

园里。前来针尖区的游客数量只有天空之岛的一半，因为它更偏远——尽管距离莫阿布（Moab）只有90分钟的路程——而且在路上景点更少（但大部分非常值得徒步前往）。来这里会让你不虚此行：宁静而隐秘，还有真正置身这个广漠峡谷地区的机会，而不只是远远观赏。清晨时分是观赏岩石尖顶的最佳时间。

针尖区**游客中心**（☎435-259-4711; Hwy 211; ⏲3月至10月8:00～18:00，11月至次年2月9:00～16:30）位于公园边界内2.5英里（4公里）处，供应饮用水。

迷宫（The Maze）

一片面积为30平方英里（78平方公里）、地形杂乱的高墙式峡谷，对于勇敢且富有经验的徒步老手来说，迷宫景区是少有的真正荒野。五颜六色的峡谷非常崎岖、深邃，有时根本无法进入。这些岩石大部分看起来都很相似，并且容易让人迷路，这里也因此得名（考虑带上地形图和GPS）。岩石道路绝对需要可靠、高底盘的四轮驱动车进入。在这里旅行至少须预留出3天，一个星期的时间最为理想。

如果你对驾驶四轮驱动车毫无经验，那么就不要开车到这里。在路上随时做好修车的准备。这里的拖车费非常昂贵。大多数清障车甚至不会进入公园拖车。

不要错过……

开车进入针尖区时，注意211号公路沿线16.5英里（26.5公里）的路段。即使你不攀岩，观看专家攀爬**印第安溪**（Indian Creek; www.friendsofindiancreek.org）附近狭窄的悬崖边上的裂缝也是难忘的经历。这里有一个小停车场，从停车场开始，你可以免费进入和穿越自然保护区和BLM牧场。

格林河峡谷景观

住宿

天空之岛内偏僻的露营地大部分是开放区域（没有规定的区域），但仍需办理许可证。在针尖区，游客只能在指定区域露营，而且人气很旺，因此没有经过事先预订，很难保证能够取得过夜许可证。

柳树平地露营地（Willow Flat Campground；www.nps.gov/cany；帐篷和房车营地 $15；⏲全年）距离天空之岛游客中心7英里（11公里）远，先到先得，12个扎营点有带拱顶的厕所，但是没有水，也没有充电设备。

斯阔平地露营地（Squaw Flat Campground；www.nps.gov/cany；帐篷和房车营地 $20；⏲全年）这处营地先到先得，共有26个扎营点，位于针尖区游客中心以西3英里（5公里）处，从春天到秋天，每天都人满为患。这里有抽水马桶和自来水，但是没有淋浴设备和充电设备。

附近的死马点州立公园也有露营地。

蒙蒂塞洛［Monticello，距离天空之岛34英里（55公里）］和莫阿布［Moab，距离天空之岛30英里（48公里），距离针尖区75英里（121公里）］是最近的城镇，均可提供全面的服务。尽管莫阿布有大量汽车旅馆，但是通常都没有剩余房间。在旺季期间尽可能提前进行预订。请登录www.discovermoab.com查看小镇完整的旅馆名单。

就餐

莫阿布不缺就餐的地方，从背包客咖啡馆到美食餐厅，应有尽有。在所住旅馆找一本《莫阿布餐饮指南》（*Moab Menu Guide*；www.moabmenuguide.com）。一些餐馆会早早地打烊，或在12月到次年3月间不定期暂停营业。

所属州

犹他州

门票

7日通票 $10/车

面积

378平方英里/

979平方公里

适合

用绳索爬下岩层

WHIT RICHARDSON / GETTY IMAGES ©

圆顶礁国家公园

CAPITOL REEF NATIONAL PARK

巨大的红褐色岩石和黄色砂岩圆顶是圆顶礁国家公园的主要景观，弗里蒙特印第安人称这个公园为“沉睡的彩虹之地”。

不像邻近的公园那样拥挤，但同样风景优美，圆顶礁国家公园拥有长达100英里（161公里）的水波样褶皱（Waterpocket Fold），它形成于6500万年前地表的变形和折叠，暴露出一段跨地质时期的横截面，犹如绘画般色彩斑斓。公园因其巨大的圆顶丘而闻名——其中一个圆顶丘看起来就像华盛顿特区的国会大厦圆屋顶。公园里有极好的沙漠徒步步道、800年历史的岩画，以及19世纪摩门教教徒用盛产的果树建造的翠绿色居所。

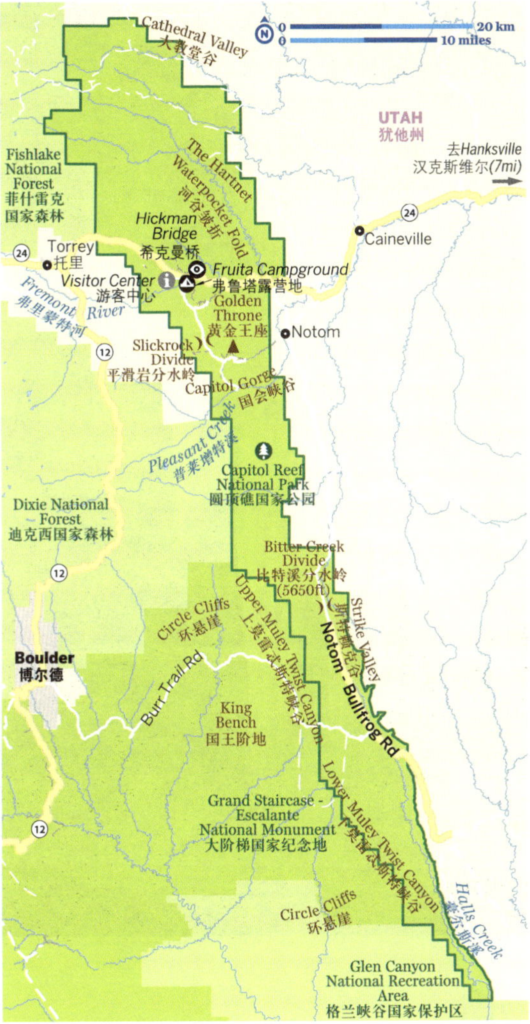

24号公路横穿公园，但是记得沿**景观自驾**路线向南，这里有一条9英里（14公里）长的单程铺设道路，该道路经过果园——摩门教开拓者的遗产。在时令季节你可以自由采摘樱桃、桃子和苹果，顺便游览具有历史意义的**吉福德家园**（Gifford Homestead; ⏲3月至10月 8:00~17:00），观看这里的老宅地，或购买夹着水果的小馅饼。

沿途的精彩徒步路线包括**格兰德瓦什**（Grand Wash）步道和**国会峡谷**（Capitol Gorge）步道，两条路线都分别沿着一条细长峡谷的水平底部延伸。如果你想要挑战难度更高的徒步路线，那就尝试攀爬**黄金王座步道**（Golden Throne Trail）。

阴凉翠绿的**弗鲁塔露营地**（Fruita Campground）拥有71个扎营点，坐落在弗里蒙特河旁边，四周被果园包围着，非常不错。这里没有淋浴设施，没有充电设备，先到先得，从早春到秋季都是人满为患。营地位于游客中心以南1.2英里（2公里）处。

岩画（Petroglyphs）

在游客中心东面的24号公路（Hwy 24）旁，不妨找找路边的岩画，这些雕刻让考古学家相信弗里蒙特印第安人是一个非常独特的群体。

希克曼桥步道（Hickman Bridge Trail）

长1.8英里（3公里）、中等难度的步行小道穿过一片峡谷和沙漠地带后，来到一座天生桥。在这里可以远眺蓝天美景，并观赏春天的野花。早晨是最凉爽的，堆石界标标志着其中一些路线。可以在位于游客中心以东2英里（3公里）处的步道起点拿一本带地图的希克曼桥步道小册子。

实用信息

就在24号公路以南，**游客中心**（☎435-425-3791; www.nps.gov/care; Hwy 24和Scenic Dr交叉路口; ⏲4月至10月 8:00~18:00，11月至次年3月 8:00~16:30）也是公园总部所在地，它是公园里唯一的信息来源。所有的服务都来自位于公园以西11英里（18公里）的托里镇（Torrey）及以东37英里（60公里）的汉克斯维尔镇（Hanksville），这两处提供食物、汽油、医疗等服务。

所属州

新墨西哥州

门票

成人/儿童 $10/免费

面积

73平方英里/
189平方公里

适合

钟乳石，卡尔斯巴德洞窟

卡尔斯巴德洞窟国家公园

CARLSBAD CAVERNS NATIONAL PARK

在这个独一无二的国家公园丘陵的地下，隐藏着许多无与伦比的洞窟。这些洞窟是一个超凡的钟乳石仙境，展现着奇异的地质特征。

在游客中心你可以乘坐电梯，在一分钟内下降相当于帝国大厦的高度，或者从洞窟入口开始步行2英里（3.2公里）长的地下步道，前往大房间（Big Room）。大房间是一个地下洞室，长1800英尺（549米），高255英尺（78米）。

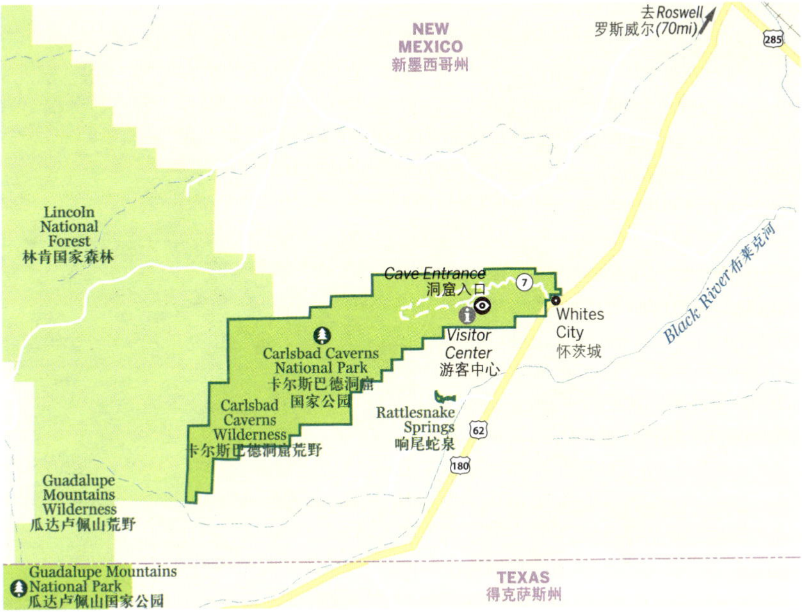

洞窟另一闻名于世的地方是从5月中旬到10月中旬期间，有超过30万只墨西哥无尾蝙蝠栖息在这里。一定要在黄昏时分到这里来，此时蝙蝠从洞窟中倾巢出动，外出捕食。

导览游（☎877-444-6777；www.recreation.gov；成人 $7~20，儿童 $3.50~10）可带领游客游览其他洞窟，不过要提前预订。记得穿长袖衣服和包裹脚面的鞋子，因为洞窟内会很冷。

如想探索鲜为人知的偏远地区，咨询一下野生洞窟团队游。持许可证（免费）可参加野外徒步旅行，进入沙漠之中，游客中心出售50多英里（80多公里）长的徒步路线地形图。11月到次年3月是徒步旅行最佳时间——夏季气温炎热，无数响尾蛇冬天在这里休眠。

食宿

位于公园东北25英里（40公里）处的卡尔斯巴德（Carlsbad）是最靠近公园的小镇。然而，近年来卡尔斯巴德里石油行业的繁荣意味着即使是最普通的汽车旅馆每晚的房价都可能超过$200，因此从位于公园以北95英里（153公里）的罗斯威尔（Roswell）小镇出发，进行漫长的一日游更划算。

沉闷乏味的连锁汽车旅馆林立分布在罗斯威尔N Main St街道旁。位于罗斯威尔以南约36英里（58公里）的**Heritage Inn**（☎866-207-0222；www.artesiaheritageinn.com；209 W Main St，Artesia）有11间老西部风格的房间。

想在罗斯威尔找一家简朴可靠的新墨西哥餐馆，那就试一下**Martin's Capitol Cafe**（☎575-624-2111；110 W 4th St，Rosewell）。

龙舌兰洞窟（Lechuguilla Cave）

龙舌兰洞窟坐落在公园深处的偏远地带。它深达1604英尺（489米），已测绘出的长度更是达到136英里（219公里，而这仅仅是截至目前！），是北美最深的洞穴和第三长的石灰岩洞。听起来不可思议，但这里只对研究人员和探索团队开放，公园向他们发放特别许可证。

所属州

亚利桑那州

门票

7日通票 $30/车

面积

1902平方英里/
4926.2平方公里

适合

托罗威观景台（Toroweap Overlook），北缘

WITOLD SKRYPCZAK / GETTY IMAGES ©

大峡谷国家公园

GRAND CANYON NATIONAL PARK

大峡谷展现了美国西部标志性的广袤无垠与雄伟壮丽，这里令人惊叹的远景、尘土飞扬的峡谷步道，以及探索、保护和开发的故事令人感慨万千。

我们在书刊和屏幕上都见过大峡谷的图像，但没有什么比亲自前往能更好地感受这里的广袤、深渊和光线。下行至峡谷深处，沿着峡谷边缘徐步慢行或在露出地表的岩层上放松一番，在这里你可以找到自己最心仪的大峡谷景观。

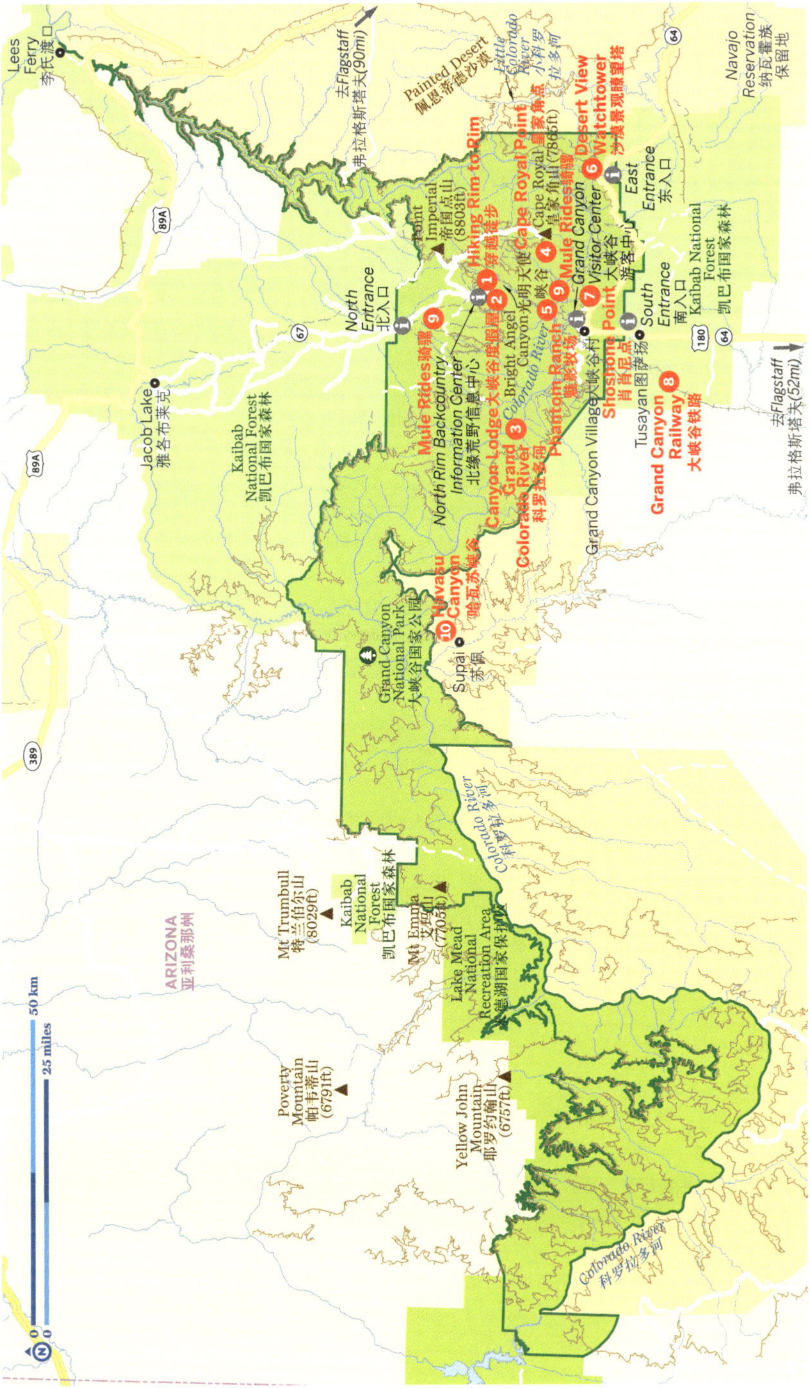
Lees Ferry 李氏渡口
去Flagstaff 弗拉格斯塔夫(90mi)
Painted Desert 佩恩蒂德沙漠
Little Colorado River 小科罗拉多河
64
Navajo Reservation 纳瓦霍族保留地
Hiking Rim to Rim 穿越徒步
Cape Royal Point 皇家角点
Desert View Watchtower 沙漠景观瞭望塔
Imperial Point 帝国点山 (8803ft)
Cape Royal 皇家角山 (7865ft)
Mule Rides骑骡
Grand Canyon Visitor Center 大峡谷游客中心
East Entrance 东入口
89A
North Entrance 北入口
67
Jacob Lake 雅各布莱克
Kaibab National Forest 凯巴布国家森林
Mule Rides骑骡
North Rim Backcountry Information Center 北缘荒野信息中心
Canyon Lodge大峡谷度假屋
Bright Angel Canyon 光明天使峡谷
Colorado River 科罗拉多河
Grand Colorado River 科罗拉多河
Phantom Ranch 魅影牧场
Grand Canyon Village 大峡谷村
Shoshone Point 肖肖尼点
South Entrance 南入口
Kaibab National Forest 凯巴布国家森林
180
Tusayan 图萨扬
Grand Canyon Railway 大峡谷铁路
去Flagstaff 弗拉格斯塔夫(52mi)
Havasu Canyon 哈瓦苏峡谷
Supai 苏佩
Grand Canyon National Park 大峡谷国家公园
389
Colorado River 科罗拉多河
Mt Trumbull 特兰伯尔山 (8029ft)
Kaibab National Forest 凯巴布国家森林
Mt Emma 艾玛山 (7705ft)
ARIZONA 亚利桑那州
Lake Mead National Recreation Area 米德湖国家保护区
Poverty Mountain 帕韦蒂山 (6791ft)
Yellow John Mountain 耶罗约翰山 (6757ft)
Colorado River 科罗拉多河
50 km
25 miles
0
0

最佳体验

❶ 穿越徒步
（Hiking Rim to Rim）

徒步穿越大峡谷最能感受大峡谷的宏伟壮观。经典的徒步路线是从北缘（North Rim）开始沿着北凯巴布步道（North Kaibab Trail）往下走，中途在大峡谷底部的魅影牧场（Phantom Ranch）或光明天使露营地（Bright Angel Campground）留宿一晚，然后渡过科罗拉多河，最后沿着光明天使步道（Bright Angel Trail）爬上南缘（South Rim）。另一条颇受欢迎的路线选择是从南缘开始沿着南凯巴布步道（South Kaibab Trail）往下走，然后沿着北凯巴布步道爬上来。

❷ 大峡谷度假屋
（Grand Canyon Lodge）

坐落在峡谷边缘，这家年代久远的国家公园度假屋是大峡谷内独一无二的高原住宿场所，竣工于1928年，原始建筑在1932年被夷为平地，而后在1937年重建。建成之初，度假屋的员工会唱着歌迎来送往。如今，在这里你仍能感受到同样的热情，而在北缘的一片寂静中，这里是消磨时光的好地方。

❸ 科罗拉多河（Colorado River）漂流

到科罗拉多河漂流被许多漂流爱好者认为是一生必须要经历的旅行，越过汹涌的急流，经过不同地质时期的岩层，划到神秘的峡谷边缘，在这条赫赫有名的河上漂流，着实惊险刺激。最开始吸引人们的，可能是与河水的角力，然而事后回味更多的，则是在平静水面上漂流的日日夜夜，涟漪泛起与鸟鸣嘤嘤的音乐合奏，以及这方土地上一望无际的孤独。

❹ 皇家角点
（Cape Royal Point）

一条令人流连忘返的铺砌小路穿过森林，沿途满目峡谷美景。这条小路通往步道起点，而步道通向北缘风景最为壮观的观景台。沿着一条铺砌步道，走上0.5英里（800米）即可轻松到达皇家角点，步道沿途有该景区动植物介绍的标志。这条路线适合所有年龄段和体力状况的人。在皇家角点上可以观赏到一望无际的景色，包括下方的科罗拉多河、远处弗拉格斯塔夫（Flagstaff）的圣弗兰西斯科群峰（San Francisco Peaks），以及左右两侧壮观的峡谷。

❺ 魅影牧场
（Phantom Ranch）

下行至峡谷底部之后，在平坦的步道上漫游闲逛令人心情舒畅，途中经过一个骡子围栏和几座散落的小屋，最后来到魅影牧场，在这里你可以来一杯冰柠檬水放松一下。这栋可爱的石头小屋由玛丽·科尔特（Mary Colter）设计，建于1922年，目前仍是峡谷里唯一的便利住所。从南缘开始的骡子短途游，包含在魅影牧场留宿一两晚，徒步旅行者可提前13个月进行住宿预订。

❻ 沙漠景观瞭望塔
（Desert View Watchtower）

位于南缘的东边，沙漠景观瞭望塔看起来就像是一座美洲原住民的废墟，但实际上它是玛丽·柯尔特的想象力和各种美国本土元素的融合。圆塔里面有螺旋楼梯，旋转五层楼直至顶层，墙壁上刻着各种美洲原住民部落霍皮族壁画和图形符号，非常有特色。透过塔内墙上的多个窗口，可以看到绵延数公里宏伟壮丽的峡谷边缘、河流和天空。

地质

瞥一眼峡谷岩壁上的红色、铁锈色和橙色，以及公园的尖顶和山丘，你一定会情不自禁地好奇这样的峡谷构造是如何形成的。幸运的是，对岩石充满疑问的外行人可在南缘获得答案，主要是在亚瓦派地质博物馆（Yavapai Geology Museum）和时光步道（Trail of Time），而南北缘都有知识渊博的管理员提供地质知识解说和徒步游指导。想要更加DIY的体验，那就徒步进入峡谷吧，注意海洋生物化石、动物的足迹和蕨类植物。

JOHN ELK / GETTY IMAGES ©

隐士急流，科罗拉多河

7 肖肖尼点
(Shoshone Point)

从南缘环线出发，迈着悠闲的步伐穿过黄松林来到肖肖尼点。走在1英里（1.6公里）长、大部分是平坦路段的步道上，脚下嘎吱嘎吱作响的松树针和空中啾啾的鸟鸣声合奏成美妙的乐曲，阳光下黄松林树木成荫。爬上边缘，沿着边缘走一会儿就来到峡谷深处的肖肖尼点。肖肖尼点，或者步道尽头的野餐区，都是安静享用午餐的完美地点。

8 大峡谷铁路
(Grand Canyon Railway)

从充满狂野西部风情的威廉姆斯（Williams）发车，“治安官”会登上火车以确保一切无误。是否有些做作？也许有一点。有趣吗？绝对有趣。乘坐火车沿着经典的步道去南缘比开车需时稍长，但你可以无须驾车，放松身心，下车便可精力充沛地探索峡谷。

原住民与开拓者的历史

我们都知道大峡谷独一无二、无与伦比的美，这里的地质岩画和适合户外活动的特点令人叹为观止。但鲜为人知的或许是关于大峡谷的人类史，戏剧性的故事发生在这段历史中。数百年来，原住民们居住在大峡谷内外，在峡谷边缘及深渊耕作。该地区的国家公园史也是一部无畏的科学家及艺术家先锋、勘探者、铁路和旅游企业家的历史。倾听护林员讲解，参观历史建筑和南缘博物馆是了解公园历史很不错的方法。

9 骑骡(Mule Rides)

骑骡进入峡谷历史悠久，这项传统始于20世纪末的旅行者先驱。虽然比徒步省力，但骑骡需要冒险精神和灵活的身体。在去南缘的途中，在魅影牧场和科罗拉多河岸边留宿一晚，或者从北缘开始，从北凯巴布高原下行至峡谷底部。南北两缘均可在峡谷边缘进行短途旅游。

10 哈瓦苏峡谷
(Havasu Canyon)

哈瓦苏人自称是“来自蓝绿色水域的人”，其命名来自于流经峡谷超凡脱俗的蓝绿色瀑布和溪流。石灰岩沉淀在溪床上使水呈现出天蓝色，与红色的峡谷岩壁形成绚丽的色彩对比。进入哈瓦苏峡谷的方法包括步行、骑马或搭乘直升机，但经过10英里（16公里）艰苦跋涉来到这里的人们会在这片土地上获得不可思议的回报。

马瑟点（Mather Point），南缘

RICHARD I'ANSON / GETTY IMAGES ©

南缘观景台（South Rim Overlooks）

大峡谷每一处都风景如画，但必须要说，在南缘观赏到的景色实在是美不胜收。

科罗拉多河边的野餐者

隐士步道徒步

即使在今天看来，隐士步道这个名字都恰如其分，在这里，你不会遇到很多徒步者和背包客。乘坐南缘的穿梭班车和观光车到这里很方便，但感觉上路程却特别遥远。花点时间去想象"隐士"路易斯·布切（Louis 'The Hermit' Boucher）的安静生活，这位勘探者以此为家多年。

1912年，艾奇逊-托皮卡-圣菲铁路公司（Atchison, Topeka & Santa Fe Railway）开放了这条步道给游客免费通行，这样他们就可不用向当时仍由私人控制的光明天使步道缴纳通行费用。骡车将旅客运到舒适的隐士露营地，营地有栋时髦的石头小屋，内有火炉、玻璃窗、床以及铺着纳瓦霍地毯的木地板。从皮马点（Pima Point）发车的有轨电车供应物资到营地。

这条步道最后为纪念"隐士"路易斯·布切而被重新命名。1928年，国家公园管理局对光明天使步道取得控制后转移了这里的骑骡旅游业，隐士步道也因此荒废。虽然此后已无官方管理，但是该步道的路况依然很好。

需时 往返2天

距离 往返15.4英里/25公里（前往隐士露营地），往返18.4英里/30公里（前往隐士急流）

难度 难

起点/终点 隐士步道起点（Hermit Trial-head）

附近城镇 大峡谷村（Grand Canyon Village）

交通 穿梭班车、汽车

路线简介 沿着隐士步道，这条陡峭但值得体验的往返路线通往荒野露营地，营地位于公园中一家最早的游客住所旁边。

第1天：隐士步道起点至隐士露营地（4~6小时，7.7英里/12公里）

从隐士步道起点开始，这条岩石步道朝着隐士溪（Hermit Creek）的方向，沿着嵌有台阶和侵蚀区域的鹅卵石路线蜿蜒向下延伸至隐士盆地（Hermit Basin）。1.3英里（2公里）之后，你会来到游人罕至的沃尔德伦步道（Waldron Trail，向南突出），再走大约30分钟，会遇到通向滴泉步道（Dripping Springs Trail）的岔道。之

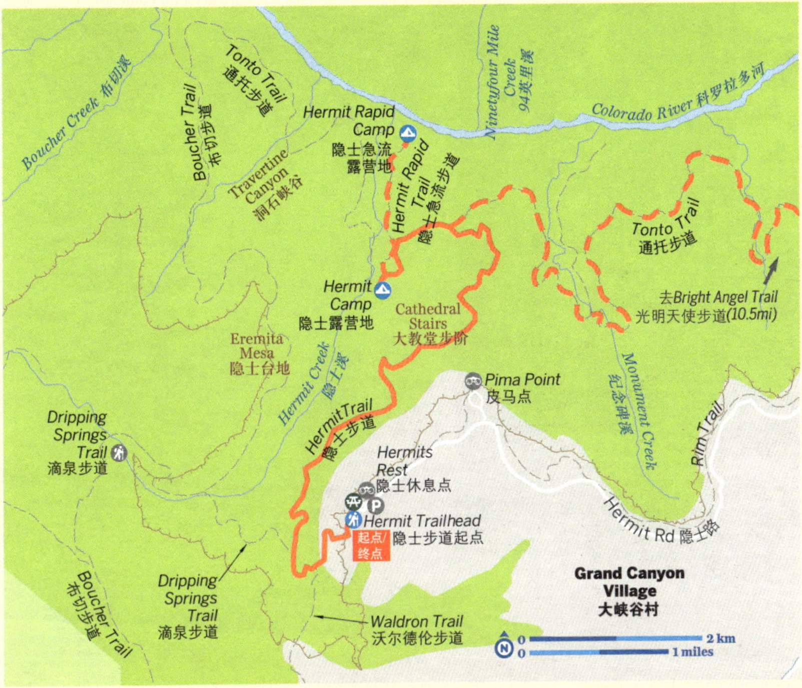

后，步道经过一些平坦的岩石（非常适合野餐），然后急剧下降到**圣玛利亚温泉**（Santa Maria Spring），这是一处阴凉的地方，有一处很漂亮的石屋和一张很受欢迎的长板凳，然后经过一些平岩（是野餐的完美之地）。郁郁葱葱的景色给人以温泉的错觉，然而，它仅仅只是一条小溪，在这里你可以尽情饮用溪水。

再下行1英里（1.6公里），步道变得平缓，这时背包客请继续前行穿过温泉。之后，步道继续蜿蜒穿过碎石路面再走上约1英里（1.6公里）经过一些零零散散的岩石。留意步道上的侵蚀痕迹，其成因与峡谷相同。步道的苏佩路段（Supai，就在圣玛利亚温泉下方）已经被蚀薄，徒步者需要爬过岩石，经常费一番劲才能找到步道。

经由极其陡峭、曲折蜿蜒的**大教堂步阶**（Cathedral Stairs，注意这个结构底部的化石）爬下红墙（Redwall）后不久，隐士步道与穿越峡谷的通托步道（Tonto Trail）交会（距离步道起点10公里，海拔3210英尺/978米）。

向左转（向西）进入通托。不到1英里（1.6公里）就是老隐士露营地（海拔2800英尺/853米）的石头遗址，这里是弗雷德·哈维（Fred Harvey）当初的扎营地点之一，就在废墟旁边，悬崖边的荒野露营地（有旱厕，季节性供水）是很不错的留宿地点。

科罗拉多河距离营地有1.5英里（2.4公里），从营地开始沿着溪流走即可到达。另外，如果你在到达隐士露营地之前就沿着隐士溪走，科罗拉多河会更近一些。

在科罗拉多河下游，峡谷岩壁上精致的黑色毗湿奴片岩大量掺杂着粉红色的琐罗亚斯德花岗岩矿脉。**隐士急流**（Hermit Rapids）是科罗拉多河的主要急流水段，标志着隐士溪和科罗拉多河的汇合。附近有一处荒野露营地，但是没有任何设施。

第二天：隐士露营地至隐士步道起点（6~8小时，7.7英里/12.4公里）

回隐士休息点（Hermits Rest），需重新艰难攀爬回到隐士步道起点。想要体验更长距离的荒野徒步，带上提前申请的荒野许可证，你可以选择往东面的通托步道和光明天使步道继续走。

IMAGE SOURCE RF/A@WHIT RICHARDSON / GETTY IMAGES ©

北缘徒步游

威德福斯步道一日徒步

这条平缓的北缘徒步路线沿着高原上下起伏，顺时针方向朝着峡谷一侧曲折前行5英里（8公里）后来到威德福斯点（Widforss Point）。这是一条初级、平缓的步道，从边缘看到的峡谷风光低调而不张扬，这里树木成荫，有足够的空间可供孩子们在野花丛中嬉闹奔跑。步道尽头的野餐桌使这里成为不错的午餐场所。在观景台，你可以坐上一块突出于大峡谷的石头，双脚悬在露出地面的岩层上，感受这里的一片寂静。

需时 往返6小时

距离 往返10英里/16公里

难度 中等

起点/终点 威德福斯步道起点（Widforss Trailhead）

交通 汽车

路线简介 难度中等的徒步路线，途中穿过森林和可一览峡谷风光的草地，最后来到一处引人入胜的峡谷观景台。

这里以一个20世纪早期的艺术家贡纳尔·威德福斯（Gunnar Widforss）的名字来命名。他在大峡谷生活、工作、去世并最终葬在了这里。威德福斯步道蜿蜒穿过云杉、白冷杉、黄松和白杨林，最后到达威德福斯点。高大的树木在地上投下了大片的树荫，为到访者提供了一个清凉舒适的放松场所，沿路不会有过多的游客打扰你的静谧。想前往步道起点，沿着位于Cape Royal Rd路岔路口南面的土路，继续走1英里（1.6公里）来到威德福斯步道停车场。

经过15分钟的攀爬，峡谷映入眼帘。在接

下来的2英里（3.2公里），从步道上可以观赏到峡谷一边一望无垠的风景，以及峡谷另一边的草地和树林。走到步道的一半时，步道偏离峡谷边缘，下降到遍地是羽扇豆和蕨类植物的沟壑，走到沟壑尽头，大峡谷才会再次映入眼帘。从威德福斯点（海拔7900英尺/2408米）出发，沿着野餐区左边的小道走，来到一块平岩上，在这里你可以停下来吃点东西，享受美景和宁静。虽然总高度变化只有350英尺（107米），但是起伏的地形使得最初几公里的路段成为难度不小的挑战。公园管理局提供前往威德福斯点的徒步线路小册子，可以在步道起点和游客中心获取。沿着手册上列出的指导路线，到达威德福斯点后就转身离去吧，尽管观景点的景观会让你日后念念不忘，但是你已经走过了这条步道最美的路段。9月底或10月初，金黄色的树叶使这里变得美不胜收，观景台是不错的荒野露营地。

马蹄湾（Horseshoe Bend），科罗拉多河

实用信息

大峡谷游客中心（Grand Canyon Visitor Center; ☎928-638-7888; www.nps.gov/grca; Visitor Center Plaza, Grand Canyon Village; ⏰3月至11月 8:00~17:00，12月至次年2月 9:00~17:00; 🚌Village，🚌Kaibab/Rim）是南缘主要的游客中心。

北缘游客中心（North Rim Visitor Center; ☎928-638-7864; www.nps.gov/grca; North Rim; ⏰8:00~18:00）在大峡谷度假屋（Grand Canyon Lodge）旁边。

公园入口

南缘

南缘有两个公园入口：80号公路上，位于

弗拉格斯塔夫（Flagstaff）以北74英里（119公里）处的南入口，和64号公路上，位于卡梅伦（Cameron）以西32英里（51.5公里），弗拉格斯塔夫以北82英里（132公里）处的东入口。大部分旅行者从南入口进入公园。夏季排队（45分钟以上）后，往北走几公里即可到达大峡谷村人气旺盛的地方——这里是公园旅游设施的大本营，拥有酒店、餐馆和游客中心。

如果可能的话，从东入口进入公园。驾车行驶25英里（40公里）到达大峡谷村的过程中可以沿途在观景台停留，你会看到更加蔚为壮观的峡谷，而且没那么拥挤。

北缘

北缘入口在67号公路上雅各布湖（Jacob Lake）以南30英里（48公里）处。每辆车的门票为$30（摩托车$25/车），7日内有效，门票可在门口购买。步行、骑自行车或乘坐穿梭班车进入公园，每人的门票为$15。如果你在上班时间之外游览公园，公园会有告示指引你——但离开时要记得支付费用。这里距离大峡谷度假屋有14英里（22.5公里）远。

住宿

南缘

在南缘有6家旅馆、两个露营地和一个房车停车场。除了沙漠风景露营地（Desert View Campground），其余住宿都在大峡谷村附近的旅游中心，在这里，步行即可到达餐馆和风景区，乘坐公园穿梭交通工具可轻松到达。阿尔托瓦尔酒店、光明天使度假屋、卡奇纳度假屋（Kachina Lodge）和雷鸟度假屋（Thunderbird Lodge）分布在国家地标历史区（National Landmark Historic District）内的峡谷缘步道旁，距离峡谷深渊仅一步之遥。然而，马斯维克（Maswik）和亚瓦派（Yavapai）都在黄松树林，位置较为隐蔽。马斯维克距离峡谷仅需步行5分钟，亚瓦派则距离峡谷1英里（1.6公里）远，在杂货店、银行和邮局对面。

这里虽然非常便利，但别期待会有国家公园度假屋常有的那种历史魅力。除了阿尔托瓦尔酒店和光明天使度假屋的边缘小屋外，南缘的住宿最多仅有简朴的路边汽车旅馆。

北缘

探索北缘最好是在大峡谷度假屋或北缘露营地（North Rim Campground）住宿。公园外面最近的旅馆是距离边缘18英里（29公里）远的凯巴布度假屋（Kaibab Lodge），或距离边缘44英里（71公里）远的雅各布湖旅馆（Jacob Lake Inn）。除去这些，你就得开车行驶78英里（126公里）前往位于犹他州大理石峡谷（Marble Canyon）东北85英里（137公里）处的卡纳布（Kanab），或前往位于亚利桑那州东北125英里（201公里）处的佩吉市（Page）。

联系北缘荒野信息中心（North Rim Backcountry Information Center）获取露营许可证。露营地设在偏远的北缘观景台或者在边缘下方的荒野地带。而公园大门外，田园般的北凯巴布国家森林内，你可以免费进行露营，不需要许可证。

餐饮

南缘

大峡谷村可以满足你所有的用餐需求，从比萨到鹿肉，从冰啤酒到粉红色的鸡尾酒，应有尽有。然而，绝大多数的餐馆是自助餐馆和柜台式小吃店。只有El Tovar Dining Room、Arizona Room和Bright Angel Restaurant提供正式用餐服务，并且都在国家地标历史区。这里还有两家杂货店。

南缘所有的酒吧在晚上11点打烊，南缘沿线禁止饮酒。9月至次年5月每天的营业时间大概会缩减几个小时。

北缘

北缘只有一家餐馆、一个咖啡馆和一家酒吧，但这些都是在此留宿的部分吸引力所在。幸运的是，大峡谷度假屋的餐饮场地都相当不错，距离风景壮丽的大峡谷只有几步之遥。

所属州

内华达州

门票

免费

面积

120平方英里/

310.8平方公里

适合

惠勒峰

大盆地国家公园 GREAT BASIN NATIONAL PARK

惠勒峰（Wheeler Peak）海拔13,063英尺（3982米），从内华达州和犹他州接壤处附近的沙漠地区拔地而起，俯瞰着整个大盆地国家公园，在面积不大的地域内创造了丰富多样的生态环境和风景地貌。

惠勒峰蜿蜒狭窄的景观大道只在夏季开放，通常在6月至10月。

靠近顶峰的徒步小道可将绝美的乡村风景尽收眼底，包括冰川湖、古老的狐尾松园（bristlecone pine，有些树龄高达5000岁），甚至还有永久性的冰原。往返顶峰的徒步小道长8.2英里（13公里），垂直高度接近3000英尺（900米）。

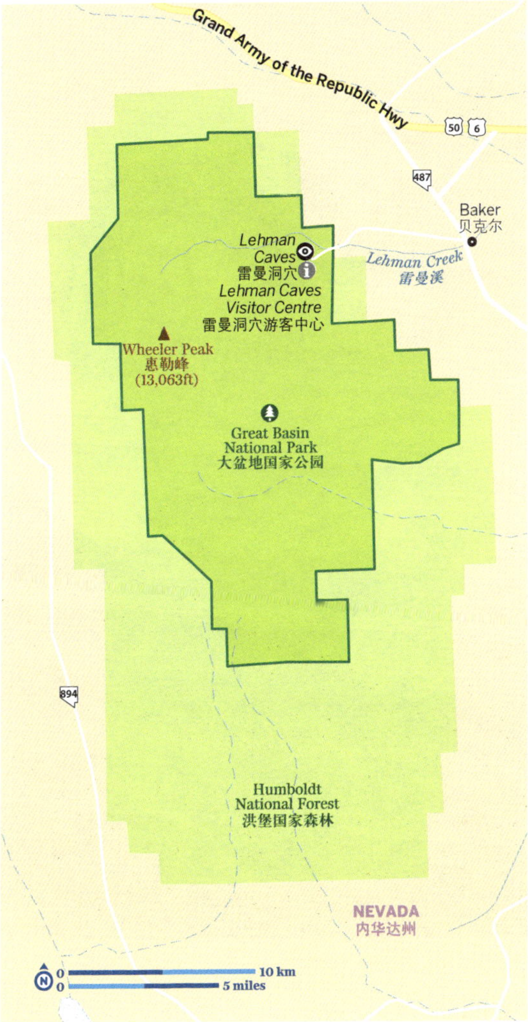

大教堂峡谷州立公园

大教堂峡谷州立公园（Cathedral Gorge State Park; ☎775-728-4460; http://parks.nv.gov; Hwy 93; 门票 每车$7; ⏲游客中心 9:00~16:30）位于大盆地国家公园以南100英里（161公里）处，这里会让你觉得走进了一座辉煌无比、尖顶林立的大教堂，只不过这座教堂的圆顶便是茫茫的苍穹。开设在悬崖间荒凉地带的帐篷和房车营地都采取先到先得（$17）原则，你可以在一片星空下入眠。

雷曼洞穴

（Lehman Caves）

回到惠勒峰下，主要的**公园游客中心**（☎775-234-7331; ⏲8:00~16:30）出售带导游的团队游门票（$8~10），游览满是石灰岩构造的雷曼洞穴，洞内的温度一般是50℉（10℃），所以记得带一件毛衣。

食宿

公园里5个较为完善的**露营地**（☎775-234-7331; www.nps.gov/grba; 简陋营地 免费，帐篷和房车营地 $6~25）在夏季开放，只有Lower Lehman Creek全年开放。

在游客中心旁边，一家简朴的咖啡馆从5月至10月持续营业。附近的村庄贝克尔（Baker）有一家加油站、一家简单的餐厅和几处住宿场所。

到达和离开

横贯大陆的50号公路穿过内华达州中心，连接西面的卡森城（Carson City）和东面的大盆地国家公园。这条公路的昵称广为人知："全美最孤独的公路"，它曾是林肯公路（Lincoln Hwy）的一部分，途中经过Overland Stagecoach（旧运钞马车路线）、Pony Express（旧邮政马车路线）以及北美第一条跨州电报路线。

沿途几乎没有城镇，唯一能听到的声音是汽车发动机的嗡嗡声或风的呼啸声。

所属州

得克萨斯州

门票

7日通票 成年/儿童 $5/免费

面积

135平方英里/349.6平方公里

适合

瓜达卢佩峰

WITOLD SKRYPCZAK / GETTY IMAGES ©

瓜达卢佩山国家公园

GUADALUPE MOUNTAINS NATIONAL PARK

瓜达卢佩山国家公园是得克萨斯州名副其实的最精彩部分，海拔8749英尺（2667米）的瓜达卢佩峰（Guadalupe Peak）是得克萨斯州的最高点。

我们不会称这里是得克萨斯州保存最好的秘密，但事实上，很多得克萨斯州人甚至不知道有这个公园存在。这个公园在得克萨斯州和新墨西哥州交界处，靠近得克萨斯州。实际上从广阔的得克萨斯州任何一处地方都需要驾车很久才能到达这里。

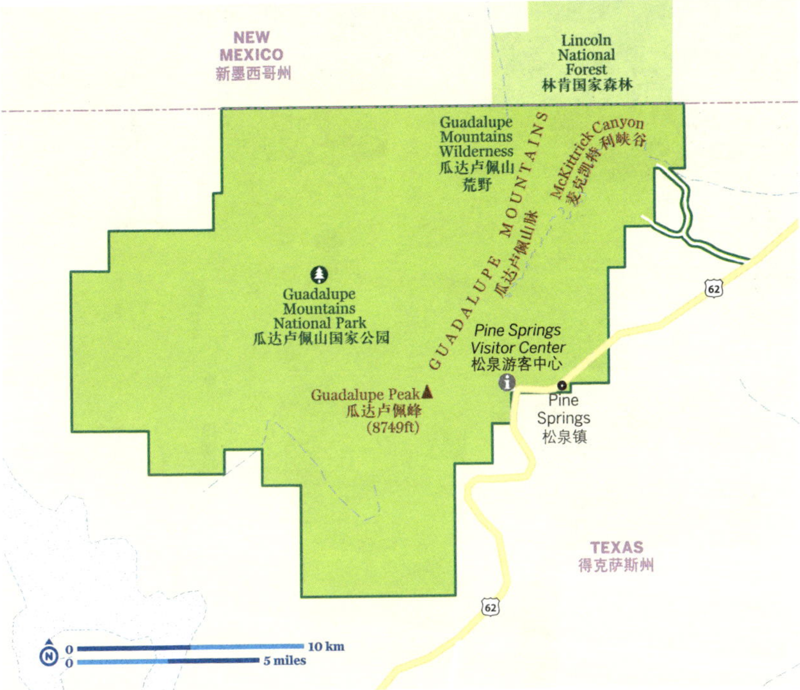

麦克凯特利峡谷(McKittrick Canyon)的秋叶景色是西得克萨斯州最美的,公园超过一半的区域是联邦政府指定的自然保护区。

国家公园管理局有意限制开发以保留公园的自然面貌。这里没有餐厅或室内住所,只有少数服务点。但是如果你正在寻找得克萨斯州最好的徒步路线和高海拔地区的壮丽景观,那么就应该把这个公园纳入你的旅程计划。公园长80余英里(130多公里)的步道可供荒野穿越。

在松泉游客中心(Pine Springs Visitor Center)可以咨询信息和观看展览,这里的工作人员知识非常渊博。

化石

这个公园是世界上观看二叠纪(大约2.99亿年前)化石最好的地方之一。该时期因为地球经历的最具毁灭性的大灭绝而结束。

瓜达卢佩山曾经是古老内海下的一片暗礁。

蜥蜴

留意公园里的三种角蜥:得克萨斯州角蜥(Texas Horned lizard)、圆尾角蜥(Roundtail Horned lizard)和山地短角蜥(Mountain Shorthorned lizard)。

所属州

科罗拉多州

门票

7日通票 $10~15/车

面积

80平方英里/
207.2平方公里

适合

云杉树屋

EMILY RIDDELL / GETTY IMAGES ©

弗德台地国家公园 MESA VERDE NATIONAL PARK

被神秘笼罩着的弗德台地国家公园是一处令人神魂颠倒而又稍显神秘的地方。14世纪的古普韦布洛人文明似乎消失于此，留下一片悬崖居所群，其中一些居所的位置陡峭，需要攀爬才能看见。

在美国众多国家公园中，弗德台地国家公园的独一无二，在于它关注对人类文明遗址的保护。抽出一天或更多时间参观公园里的绝壁宫殿（Cliff Palace）和阳台屋（Balcony House），探索韦瑟里尔台地（Wetherill Mesa）或参加篝火会，都会令旅行者不虚此行。但如果你的时间只够进行短暂的游览，那就去参观查宾台地考古博物馆（Chapin Mesa Archeological Museum），并步行穿过云杉树屋（Spruce Tree House），在那里，你可以通过一个向下的木梯进入一个叫作kiva（仪式建筑，通常部分在地下）的凉爽房间。

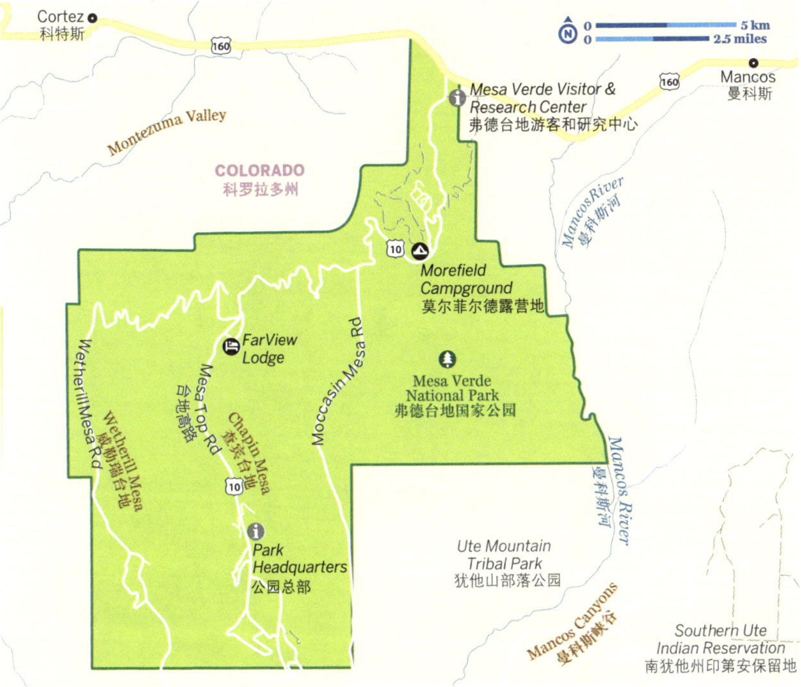

顶级体验

❶ 查宾台地博物馆

查宾台地博物馆（Chapin Mesa Museum; ☎970-529-4475; www.nps.gov/meve; Chapin Mesa Rd; ⊙4月中旬至10月中旬 8:00~18:30，10月中旬至次年4月中旬 8:00~17:00）是旅程中不错的第一站。公园总部周末下班后，博物馆的工作人员可提供信息咨询服务。

❷ 导览游

公园特许经营者从5月到10月中旬每天提供**导览游**（☎970-529-4421; www.visitmesaverde.com; 成人 $42~48）项目，参观已发掘的地坑房舍、悬崖居所和云杉树屋。

古普韦布洛人

古普韦布洛人（Puebloan）从公元100年到1300年间占领科罗拉多高原，后来可能因战争、干旱和资源短缺而远离家园。在新墨西哥州的**查科文化国家历史公园**（Chaco Culture National Historic Park; www.nps.gov/chcu; 门票 $12/车; ⊙7:00至日落）仍然可以看到普韦布洛人的沙漠土砖房。在其全盛时期，位于查科峡谷的部落区是该地区主要的贸易和礼仪中心，而古普韦布洛人在这里创建的城市，无论是在布局上还是在设计上，都堪称鬼斧神工。波尼托（Pueblo Bonito）高4层，大概有600至800个房间和kiva。公园在法明顿以南80英里（129公里）处，位于任何公共交通工具都不通行的偏远地区。

❸ 查宾台地

(Chapin Mesa)

查宾台地是古普韦布洛人遗址最为集中的地方，在这里你会看到**远景观景台**（Far View Site）和紧邻的巨型**云杉**

长屋

FRANZ MARC FREI / GETTY IMAGES ©

绝壁宫殿

实用信息

公园入口紧邻美国160号公路，位于科尔特斯（Cortez）和曼柯斯（Mancos）的中点。**弗德台地游客和研究中心**（Mesa Verde Visitor and Research Center; ☎800-305-6053, 970-529-5034; www.nps.gov/meve; North Rim Rd; ⏲6月至9月上旬 7:30~19:00，9月上旬至10月和4月至5月 8:00~17:00，12月至次年3月 8:30~16:30; 🚻）位于入口附近，提供关于公园封闭（许多区域在冬季关闭）的信息和新闻。

树屋（Spruce Tree House）。这两处是最容易抵达的景点，仅需走过一条长0.5英里（800米）的人工铺砌的双向小道即可抵达。

④ 绝壁宫殿和阳台屋（Cliff Palace & Balcony House）

如果想游览**绝壁宫殿**或**阳台屋**，唯一的办法是通过游客中心提前预订，参加为时1小时的团队游（$4，由公园管理员带领）。这些团队游深受欢迎，请于当天一大早或提前一天预订。进入阳台屋需攀爬一组32英尺（10米）和60英尺（18米）高的梯子，身体不适的人不推荐尝试。

⑤ 韦瑟里尔台地（Wetherill Mesa）

这里是古普韦布洛人第二大遗址集中地。来访者会进入经过加固的地表遗址和两处悬崖居所，包括在5月下旬至9月下旬开放的**长屋**（Long House）。位于公园总部南面，6英里（10公里）长的**台地高路**（Mesa Top Road）连接了已发掘的台地遗址、悬崖居所和观景点。这些观景点是可以眺望从台地边缘难以到达的居所的有利位置。

古普韦布洛人岩画

住宿

科尔特斯和曼科斯附近的城镇有很多中档住宿场所，在公园里面有露营地和旅馆。

莫尔菲尔德露营地(Morefield Campground; 970-529-4465; www.visitmesaverde.com; North Rim Rd; 帐篷/房车营地 $30/40; 4月中旬至10月;)位于距离入口4英里(6公里)的莫尔菲尔德村附近，绿茵茵的草地上共有445个常规帐篷点。村里有杂货店、加油站、餐馆、淋浴站和洗衣店。无水房车营地(没有充电设备)和帐篷营地的价格一样。

Far View Lodge(970-529-4421, 免费电话 800-449-2288; www.visitmesaverde.com; North Rim Rd; 房间 $117~177; 4月中旬至10月;)坐落在公园内距离入口15英里(24公里)的一座台地之巅，这家雅致的普韦布洛风格旅馆有150间西南部风格的房间，一些房间设有"kiva"式壁炉。不要错过从私人阳台上观看台地日落的机会。标准间没有空调(或电视)，夏天的白天会非常炎热。每晚加$10就可以带上你的狗一起过夜。

就餐

Far View Terrace Café(970-529-4421, 免费电话 800-449-2288; www.visitmesaverde.com; North Rim Rd; 菜肴 $6起; 5月至10月中旬 7:00~10:00, 11:00~15:00和17:00~20:00;)在游客中心正南方向的Far View Lodge里，这家自助餐馆供应价格合理的菜肴，并设有便捷的意式咖啡吧。不要错过这里的特色美食：纳瓦霍卷饼。

Metate Room(970-529-4421, 免费电话 800-449-2288; www.visitmesaverde.com; North Rim Rd; 主菜 $18~29; 4月中旬至10月 17:00~21:30;)获得过烹饪卓越奖，Far View Lodge内的这家高档餐厅供应融合了原住民食物风味的新颖菜式。分量十足的波布拉诺椒、浅黄色的辣椒猪里脊肉和仙人掌果酱烤鹌鹑等菜肴颇具特色。

1

2

DANITA DELIMONT / GETTY IMAGES ©

1. 彩虹桥 2. 奇里卡瓦国家保护区
3. 天生桥国家纪念地

不可思议的岩层

彩虹桥国家纪念地(Rainbow Bridge National Monument)，亚利桑那州

彩虹桥是世界上最大的天生桥，高290英尺(88米)，宽275英尺(84米)，坐落在神圣的纳瓦霍人(Navajo)遗址上，犹如一道弧线优美的彩虹。大多数游客都是坐船前往这里，进行往返距离为2英里(3公里)的徒步之旅。这座天生桥纪念地在鲍威尔湖(Lake Powell)的南岸，从瓦维普码头(Wahweap Marina)乘船约50英里(80公里)可以到达。

奇里卡瓦国家保护区(Chiricahua National Monument)，亚利桑那州

崎岖不平且充满奇形岩层的奇里卡瓦国家保护区(181号公路)是亚利桑那州最独特、最令人回味的地貌之一。雨水、雷鸣和大风将火山岩雕刻成带凹槽的尖峰石林。天生桥、挑战地心引力的平衡石和高耸入云的尖顶，像雕刻在石头上的图腾。偏僻的奇里卡瓦(Chiricahua)，发音为"cheery-cow-wha"，是阿帕奇(Apache)族战士科奇斯(Cochise)及其随从最喜欢的藏身处。如今这里栖息着鸟类和野生动物，包括山猫、熊、鹿、长鼻浣熊和野猪。

格兰峡谷国家休闲区(Glen Canyon National Recreation Area)，亚利桑那州和犹他州

20世纪60年代，大坝建设淹没了格兰峡谷，形成鲍威尔湖这个休闲区。50年后，这里仍是环境热点话题，但一代又一代的西部家庭已在这里划船、成长。湖水轻拍着数百米高的壮观悬崖，狭窄的水道和分支峡谷向四方扩散。

天生桥国家纪念地(Natural Bridges National Monument)，犹他州

经95号公路，从布兰丁(Blanding)向西40英里(64公里)处，就是天生桥国家纪念地。这片纪念地于1908年成为犹他州首座国家公园保护地。看点是深色、白色的砂岩峡谷以及三座易于到达的天生桥。最古老的欧瓦克莫桥(Owachomo Bridge)跨度为180英尺(55米)，只有9英尺(3米)厚。9英里(14公里)长、一马平川的景观自驾环线非常适合骑自行车。

所属州

亚利桑那州

门票

7日通票 $20/车

面积

170平方英里/

440.3平方公里

适合

远古的化石林

化石森林国家公园 PETRIFIED FOREST NATIONAL PARK

这个亚利桑那州的公园不仅拥有不计其数早于恐龙时代的远古化石林，在佩恩蒂德沙漠（Painted Desert）上还有五彩缤纷的岩石。

这个国家公园拥有可以让你穿越亿万年时光的非凡景观，绝对不容错过。悠长的时间长河、足够久远的历史，令人油然心生敬畏，面对眼前的一切景物，即使是最年长的人都会觉得自己是如此年轻与微不足道。这里的偏远地区有不少步道适合静思冥想，景观自驾路线上有许多观景台，可以驻足停留，尽情欣赏沙漠风光。

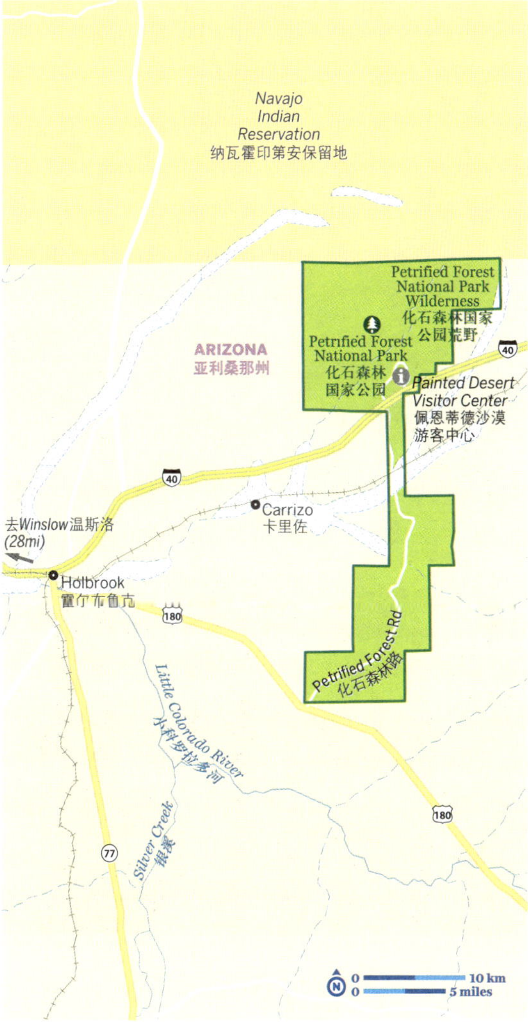

公园位于霍尔布鲁克（Holbrook）以东25英里（40公里）处，在I-40公路311号出口两侧。公园**游客中心**（☎928-524-6228；www.nps.gov/pefo；⏲观景自驾 6月和7月 7:00~20:00，8月至次年5月 开放时间缩短）位于I-40公路以北仅0.5英里（800米）处，提供地图和关于向导带领的团队游实用信息，而28英里（45公里）长铺砌平整的公园道路让游客可以进行愉悦的观景自驾。

野外露营

这里没有露营地，只有几条长度从少于1至2英里（1至3公里）不等的短途步道，途经化石林和古印第安人住所。那些准备进行艰苦野外露营的人们需要在游客中心获得免费许可证。

三叠纪公园
（Triassic Park）

化石森林国家公园拥有早至三叠纪晚期的动植物化石——那是2亿多年前。这里的化石或大或小——一些原木化石的长度据测量超过190英尺（58米），而不到一英寸（3厘米）长的单个牙齿很可能是属于某种未知物种。

食宿

位于化石森林国家公园以东50英里（80公里）处的温斯洛（Winslow）是很不错的住宿区域。老旧的汽车旅馆靠近66号公路，在市区随处可见饭馆。这里真正的亮点是令人无法抗拒的始建于1929年的**La Posada**（☎928-289-4366；www.laposada.org；303 E 2nd St；房间 $139~169；❄📶🐾），这是一座经修复后的大庄园，精致的砖瓦，焊锡玻璃吊灯，纳瓦霍风格的地毯和其他细节，展示了这里富丽堂皇的西部式优雅。园内的餐厅，颇受赞誉的**Turquoise Room**（☎928-289-2888；www.theturquoiseroom.net；La Posada；早餐 $8~12，午餐 $10~13，晚餐 $19~42；⏲7:00~16:00，17:00~21:00）供应弗拉格斯塔夫和阿尔伯克基之间最美味的菜肴——独特的新派西南部风味。

所属州

亚利桑那州

门票

7日通票 $10/5 汽车/自行车

面积

143平方英里/370.4平方公里

适合

巨柱仙人掌森林

RON SANFORD / GETTY IMAGES ©

仙人掌国家公园

SAGUARO NATIONAL PARK

巨柱仙人掌是美国西南部最具标志性的象征，军队般雄伟的仙人掌森林被保护在这两块沙漠上。

公园分为两个区域，各自距离图森市（city of Tucson）30英里（48公里），每个区域都充满步道和沙漠植物。

较大的区域是位于市中心以东约15英里（24公里）处的林康山区（Rincon Mountain District）。蜿蜒前行的仙人掌森林景观自驾环线（Cactus Forest Scenic Loop Drive）长8英里（13公里），铺砌良好，供汽车和自行车通行，可抵达野餐地区、步道起点和观景台。赶时间的徒步旅行者应该沿着1英里（1.6公里）长的弗里曼家园步道（Freeman Homestead Trail）往返仙人掌林立的树林。

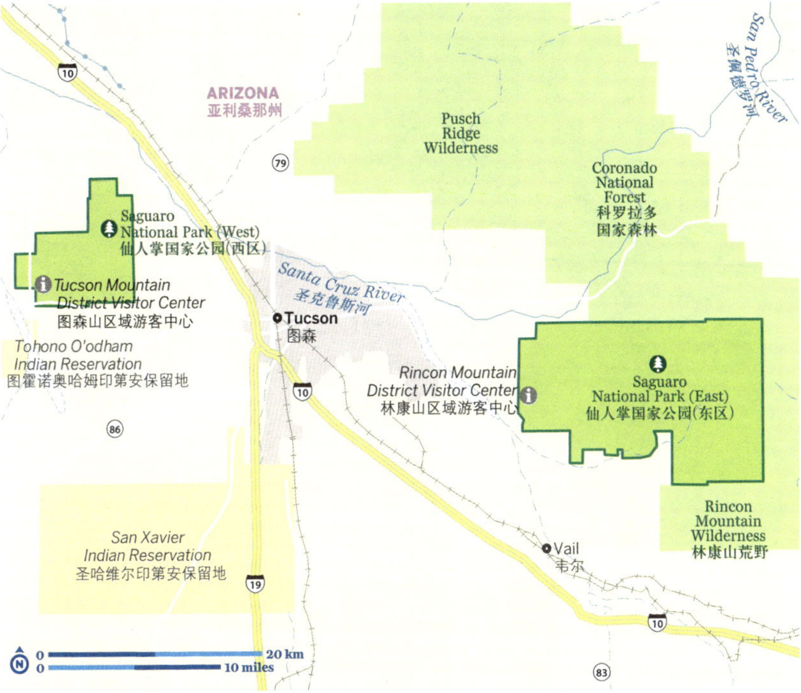

图森山区(Tucson Mountain District)位于城市西部。巴雅达景观自驾环线(Scenic Bajada Loop Drive)是一条长6英里(10公里)的泥路,穿过始于游客中心以北1.5英里(2.4公里)处的仙人掌森林。两条轻松易行、风景不错的徒步路线分别是长0.8英里(1公里)的山谷风景观景台(Valley View Overlook,日落的景致很棒)和长0.5英里(800米)以古代岩画取胜的信号山步道(Signal Hill Trail)。

长度超过35英尺(11米)的拖车和宽度超过8英尺(2.4米)的车辆禁止在公园里狭窄的景观环线上行驶。

实用信息

林康山区域游客中心(☎520-733-5153; 3693 S Old Spanish Trail; ⊙9:00~17:00)

图森山区域游客中心(☎520-733-5158; 2700 N Kinney Rd; ⊙9:00~17:00)

住宿

图森是亚利桑那州第二大城市,位于索诺兰沙漠(Sonoran Desert)中,这里到处是连绵起伏的沙丘和成片的巨柱仙人掌。与耀眼广阔的菲尼克斯(Phoenix)相比,这里显得凉爽舒适。

住宿价格相差很大,夏季和秋季的较低。想在繁星与仙人掌之下入眠,尝试一下位于图森山区附近的**Gilbert Ray Campground**(☎520-883-4200; www.pima.gov/nrpr; Kinney Rd; 帐篷/房车营地 $10/20)。

索诺兰热狗

图森的特色美食是索诺兰热狗(Sonoran Hot Dog),当墨西哥配料遇见美国肉制品,还有超大分量,美味就此诞生。材料有哪些?裹着培根的热狗夹层里有黏果酸浆萨尔萨辣酱、斑豆、奶酪碎、蛋黄酱、番茄酱或芥末,或番茄酱和芥末两者兼有,还有西红柿丁和洋葱丁。我们喜欢**El Guero Canelo**(www.elguerocanelo.com; 5201 S 12th Ave; 主菜 $3~8; ⊙周一至周四 10:00~23:00,周五和周六 8:00至午夜,周日 9:00~23:00)的索诺兰热狗。

所属州
犹他州

门票
7日通票 $30/车

面积
231平方英里/
598.3平方公里

适合

纳罗斯

MICHELE FALZONE / GETTY IMAGES ©

锡安国家公园

ZION
NATIONAL PARK

从流水潺潺的神秘绿洲到长满桃红色花朵的仙人掌，锡安国家公园的瑰宝出现在让人最意想不到的地方。这并不是说2000英尺（610米）高、巍然耸立的砂岩悬崖不会令你叹为观止，而是说出色的细节让锡安国家公园更加脱颖而出。

锡安国家公园的美景令人沉醉，哪怕不是摄影爱好者，在旅程结束时，你的相机存储卡空间很可能已经满了。无论是捕捉峡谷峭壁上的光影变化、分享登上天使降临（Angels Landing）最后一块平岩的喜悦，在曲折的狭缝峡谷中倾听水的回声，还是在纳罗斯（The Narrows）及膝的水中体验冒险的乐趣，漫漫长路的每一步，锡安都一直令你心动不已。

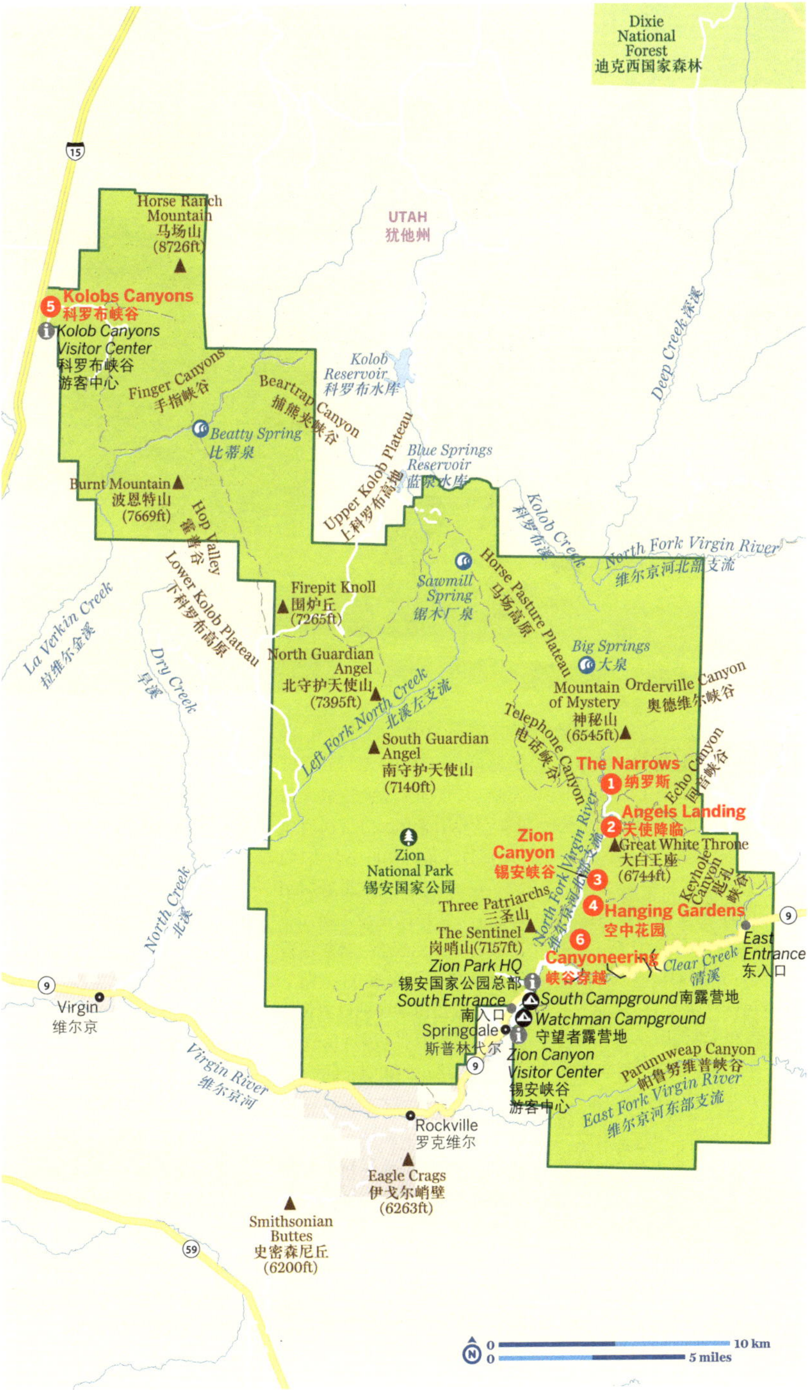

Dixie National Forest
迪克西国家森林
15
UTAH
犹他州
Horse Ranch Mountain
马场山
(8726ft)
5 Kolobs Canyons
科罗布峡谷
Kolob Canyons Visitor Center
科罗布峡谷游客中心
Finger Canyons
手指峡谷
Beatty Spring
比蒂泉
Beartrap Canyon
捕熊夹峡谷
Kolob Reservoir
科罗布水库
Deep Creek 深溪
Blue Springs Reservoir
蓝泉水库
Upper Kolob Plateau
上科罗布高地
Burnt Mountain
波恩特山
(7669ft)
Hop Valley
霍普谷
Lower Kolob Plateau
下科罗布高原
Kolob Creek
科罗布溪
North Fork Virgin River
维尔京河北部支流
Firepit Knoll
围炉丘
(7265ft)
Sawmill Spring
锯木厂泉
Horse Pasture Plateau
马场高原
La Verkin Creek
拉维尔金溪
Dry Creek
旱溪
North Guardian Angel
北守护天使山
(7395ft)
Left Fork North Creek
北溪左支流
Big Springs
大泉
Mountain of Mystery
神秘山
(6545ft)
Orderville Canyon
奥德维尔峡谷
Telephone Canyon
电话峡谷
South Guardian Angel
南守护天使山
(7140ft)
The Narrows
1 纳罗斯
Echo Canyon
回音峡谷
Angels Landing
2 天使降临
Zion National Park
锡安国家公园
Zion Canyon
锡安峡谷
North Fork Virgin River
维尔京河北部支流
Great White Throne
大白王座
(6744ft)
3
Keyhole Canyon
匙孔峡谷
4 Hanging Gardens
空中花园
North Creek
北溪
Three Patriarchs
三圣山
The Sentinel
岗哨山(7157ft)
6 Canyoneering
峡谷穿越
9
East Entrance
东入口
Zion Park HQ
锡安国家公园总部
Clear Creek
清溪
South Entrance
南入口
South Campground 南露营地
Watchman Campground
守望者露营地
9
Virgin
维尔京
Springdale
斯普林代尔
Zion Canyon Visitor Center
锡安峡谷游客中心
Parunuweap Canyon
帕鲁努维普峡谷
East Fork Virgin River
维尔京河东部支流
Virgin River
维尔京河
9
Rockville
罗克维尔
Eagle Crags
伊戈尔峭壁
(6263ft)
Smithsonian Buttes
史密森尼丘
(6200ft)
59
N
0 10 km
0 5 miles

徒步旅行者在欣赏峡谷瀑布

顶级体验

❶ 纳罗斯 (The Narrows)

这是犹他州最著名的一条野外徒步线路，下行至维琴河（Virgin River），趣味十足。一开始看似简单，但是一旦来到纳罗斯和深溪（Deep Creek）的交汇处，你就会万分庆幸自己带了手杖。第二天你要涉水经过及胸深的水潭，你会觉得急流的回声越来越响，黑暗的峡谷愈加狭窄，直至来到华尔街（Wall Street），那里陡峭的岩壁直指苍穹，高达1500英尺（457米）。没有许可证？不用担心，单日游的徒步旅行者也能享受跋山涉水的艰辛和乐趣。

❷ 天使降临 (Angels Landing)

攀登位于锡安峡谷的天使降临，是犹他州甚至整个北美地区最令人难忘的单日徒步之旅之一。5英里（8公里）长的步道紧贴着高耸的悬崖，蜿蜒穿过险峻的峡谷然后上升到**Walter's Wiggles**（一共有21个弯的"之"字形陡峭山路），最后爬上狭窄裸露的山脊，在山顶上，钢链和陌生人的鼓励会是你仅有的朋友。爬上5790英尺（1765米）高的顶峰后的奖励？当然是巍然高耸的锡安峡谷风光，以及你不畏眩晕、勇于冒险的经验和看起来有些不真实的照片。

❸ 锡安峡谷 (Zion Canyon)

锡安国家公园土地面积有231平方英里（598平方公里），但是绝大部分游客都会直奔公园主要的景点——锡安峡谷。这个峡谷是公园精华的部分：陡峭的砂岩峭壁，神秘的空中花园，累坏双腿且惊险十足的徒步活动，令人惊心动魄的景色足可以让任何人都成为摄影师。在锡安峡谷，由远古沙丘形成的巍峨悬崖裸露在纳瓦霍（Navajo）砂岩上，高达2000英尺（610米）。世界上还没有任何地方能有达到如此宏伟高度的岩层。

狭缝峡谷中的天然水潭

❹ 空中花园

(Hanging Gardens)

如果犹他州的太阳让你感觉自己像葡萄干一样干瘪，那么就去寻找这些更为引人注目的苍翠茂盛的沙漠绿洲吧。数千年以来，台地山顶的水分慢慢渗透穿过砂岩，这些垂直的花园就出现在水滴渗出并被浓荫遮蔽的峡谷岩壁上，被一层更为坚硬的岩石迫使伸向外面。红色的猴面花、苔藓、金色的耧斗菜、孔雀草蕨类植物和紫罗兰奇迹般地蔓生在岩壁表面，锡安因此拥有了与众不同的风景。

❺ 科罗布峡谷

(Kolob Canyons)

距离斯普林代尔(Springdale)1小时的车程，位于公园更为安静的西北角，在这里你会找到令人印象深刻的"手指峡谷"，也是世界上最大的独立式拱门。公园的科罗布峡谷景区，陡峭的悬崖从**飓风断层**(Hurricane Fault)突然凸出，仿佛它们是在一夜之间拔地而起。这些悬崖上的微红色是由铁氧化物形成的。在科罗布峡谷新近裸露的岩石中，红色分布均匀。锡安峡谷较老的裸露悬崖上更多的铁氧化物已经被溶解了，最顶层已经变成白色。

为什么叫"锡安(Zion)"？

一个早期的摩门教徒将公园中这个峡谷称作"小锡安"，意为避难之所。它原来的由派尤特印第安人起的名字叫Mukuntuweap，意为"真实的土地"。

❻ 峡谷穿越

(Canyoneering)

如果提及让锡安变得独一无二的活动，那就是峡谷穿越(canyoneering，也称作canyoning)。这项运动完美结合了冒险精神、克服困难、迷醉的绝美和视死如归。事实上，最后一个原因使这项运动变得尤为刺激——一旦顺着绳索下到峡谷深处，通常只能通过峡谷穿越这种方式出去。

在砂岩边缘顺着绳索下降，游进冰冷的水潭，沿着狭窄的峡谷中水流雕刻成的曲线，抬头透过参差不齐的狭缝望向蓝天——峡谷穿越是一项迷人、危险而又壮美的活动。穿越锡安的狭缝峡谷是公园里最受欢迎的野外体验，需要提前预订许可证。

在天使降临上看到的风景

MICHELE FALZONE / GETTY IMAGES ©

纳罗斯

纳罗斯徒步：由上而下

高耸的峡谷峭壁、圆齿状的岩壁，将双肩包高举过头顶然后涉水通过及胸深的水潭，这样的徒步旅行将令人终生难忘。

需时 2天

距离 单程16英里/26公里

难度 较难

起点 张伯伦牧场(Chamberlain's Ranch)

终点 西纳瓦瓦神庙(Temple of Sinawava)

附近城镇 斯普林代尔(Springdale)

交通 穿梭班车、汽车

路线简介 这条路需要经过1000英尺(305米)高、名为"纳罗斯"(the Narrows)的陡峭峡谷，沿维琴河涉水而下的徒步路线让锡安国家公园闻名遐迩。

露营过夜无疑是最棒的体验，尽管你也可以住在崖顶上，每天进行长时间的跋涉(从斯普林代尔到张伯伦牧场，驾车需时90分钟，再加上可能长达12小时的徒步)。记住，难度最大的路段在徒步路线的尽头，此时也是你最疲乏的时候。我们不推荐这种做法，除非你有钢铁般的毅力，并且此前也进行过徒步旅行。你也可以从峡谷底部开始进行单日徒步游，这是最受欢迎的方式，也是唯一不需要许可证的方式。

纳罗斯徒步许可证在公园里最受欢迎，且与露营结合在一起，而从园外直达的徒步旅行者则不需要许可证。许可证每天只发放40张：6个营地的许可证可在网上获取，其余6个营地的许可证留给公园里现场前来的无预订散客。当水流达到每秒120立方英尺(3.4立方米)以上时，公园将中止发放许可证，因此该徒步路线可能会在3月至6月期间关闭。该路线最佳的徒步时间是6月下旬至9月。夏末时，洪水多发，公园可能会再次关闭该路线。

步道起点在张伯伦牧场，位于公园东面，从南入口驾车需时90分钟。这是一条单程的徒步路线，因此需预订徒步穿梭班车，除非你有两辆车及两位司机。穿梭班车通常在早上6点半从斯普林代尔发车，如果有足够多的乘客，第二辆班车可能会在9点左右发车。步道起点经过牧场大门，在一条通向河边的土路上你可以找到国家公园管理局的步道起点标志。

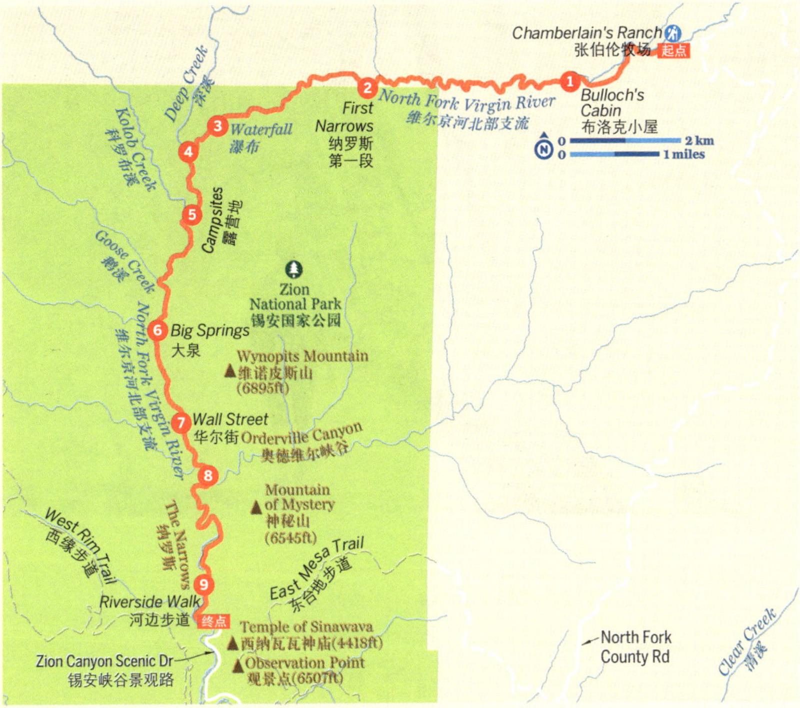

第一天是最安静的，流水和起伏的岩壁令人着迷。最初3英里（5公里）无须渡河，也是最无趣的——快速通过，这样你就可以把更多的时间留在有趣的事情上，探索峡谷或拍照。一旦看到距离步道起点约1小时路程的老宅 ❶ **布洛克小屋**（Bulloch's Cabin），你就会知道步道很快就会变成河道。❷ **纳罗斯**徒步需时约3.5小时，位于公园边界附近，是路线开始部分的精彩路段，让你对接下来的路程有更直观的预期。

从这里开始，徒步路线沿线的景致相当不错，峡谷峭壁也逐渐靠近。在距离步道起点4小时多一点的路程上，你会来到一处似乎让人无法通行的 ❸ **瀑布**。走近细看，很快就能发现步道在左边绕开了瀑布。根据你的出发时间来算，这里会是享用午餐的好地方。

❹ **深溪**（Deep Creek）是第一个主要的河流汇合点，河水量成倍增加。在随后2英里（3.2公里）长的路段，将会出现神秘的峡谷和速度更快的流水，有时水深齐腰，还需要游泳。距离步道起点近6小时路程的是 ❺ **科罗布溪**（Kolob Creek，通常是干涸的），是一个值得探索的有趣峡谷。该景区开设有12个过夜露营地，每个营地都设在露出地面的多沙的岩层上，相互之间距离较远。

第二天你会经过 ❻ **大泉**（Big Springs），这里是补充饮用水的好地方。在这之后是5英里（8公里）长对单日徒步者开放的路段，这里有很多深水潭，水流湍急。接下来，走不到2英里（3.2公里），你会来到著名的 ❼ **华尔街**（Wall Street），这里绝对是锡安国家公园里最令人难忘的景点之一。节省一些体力用在 ❽ **奥德维尔峡谷**（Orderville Canyon），它是一个狭窄的单边峡谷，会带给你不少探索的乐趣。奥德维尔峡谷位于大泉下游约3小时的路程处，你可以沿着它向上游行进0.5英里（800米）。从这里开始，你的同伴数量将会逐渐增加，直至来到人头攒动的 ❾ **河边步道**（Riverside Walk）。

下行至峡谷深处

锡安峡谷景观自驾

如果你的时间仅够在锡安国家公园内进行一项活动，那么就是这条景观路线了——沿途还可以进行徒步。

需时 45分钟

距离 单程6.2英里/10公里

起点 南入口

终点 西纳瓦瓦神庙

附近城镇 斯普林代尔

交通 汽车、穿梭班车

路线简介 公园里这条最主要的景观自驾道路连接锡安主要峡谷内高耸的红色岩石悬崖和可以通往所有主要偏远景区的步道起点。

注意，3月至10月期间，该路线大部分路段实际上不对私人汽车开放，因此你需要乘坐公园里很棒的穿梭班车，而不是自驾。

从游客中心出发，第一站是 ❶ **人类历史博物馆**（Human History Museum），里面有一段22分钟长的公园介绍影片。展品涵盖了锡安峡谷的地质历史和人类历史。建筑本身被建在早期摩门教徒克劳福德（Crawford）家族定居的宅地上。博物馆外的解释标志标出了公园最高的砂岩悬崖，包括西庙（West Temple，海拔7810英尺/2380米）和维尔京塔（Towers of the Virgin）。

在9号公路（Hwy 9）上，过了博物馆就来到几个可以远眺Streaked Wall的岔道。春天，可以用双筒望远镜细看边缘的游隼筑巢。按照官方说法，该景观自驾路线在你向北转时开始，从这里的 ❷ **Canyon Junction**（峡谷路口）起，限制私人汽车通行。这一站是帕鲁斯步道（Pa'rus Trail）的一端，这条步道沿着维尔京河直到游客中心。

接下来，❸ **族长庭院**（Court of the Patriarchs）站点背后便是公园里最短的步道——一条50码（46米）长的台阶，步行上去可观赏到与它同名的山峰。1916年，一位卫理公会牧师为这些山峰命名，从左到右分别是亚伯拉罕（Abraham）、艾萨克（Isaac）和雅各布（Jacob），位于雅各布前面的是莫洛尼山（Mt Moroni，以摩门教的一位守护神命名）。虽然许多人会略过这里，但这里即使是路边的风景也很不错，尤其是在日落时分。

在你右前方，❹ **Zion Lodge**（锡安小屋）有公园里唯一的咖啡馆和餐馆。小屋最初建于20世纪20年代，但在1966年被烧毁。小屋前面的草坪绿草茵茵，杨树成荫，是深受旅行者欢迎的徒步小憩之所。从小屋穿过马路，是提供骑马活动的畜栏和翡翠池(Emerald Pools)步道的起点。

❺ **石窟**(The Grotto)就在北面0.5英里(800米)处，这块空地洒满了杨树荫，是个有桌子、休息室并供应饮用水的野餐区。从这儿出发，石窟步道(Grotto Trail)向南通往锡安小屋。从野餐区过马路，西缘步道(West Rim Trail)向北通往天使降临。如果你只想远观，不想攀爬，可以走这条0.25英里(400米)长的西缘步道，走到一块石板凳上占据最佳的观赏位置。

一定要花点时间游览❻ **哭泣岩**(Weeping Rock)。在这个河湾处有很多精彩的风景，它是一个“深切曲流”的良好范例。停下来欣赏天使降临、奥根山(Organ)、电缆山(Cable Mountain)、大白王座(Great White Throne)以及若隐若现的观景点(Observation Point)。沿着田园诗般的哭泣岩步道(Weeping Rock Trail)往上走，路上的庇护壁龛和空中花园会让你觉得不虚此行。

❼ **大弯**(Big Bend)没有步道起点，但是攀岩爱好者会从这里出发寻找锡安国家公园里著名的岩石峭壁。大部分人只是观赏风景，因为在这里能从不同的角度观看哭泣岩。这里也是用双筒望远镜细细寻找加州秃鹫的好地方。

如果你是乘坐穿梭班车来的，前往接下来的两个景点唯一方式是走路。当你继续向北走到右上方的一个平台处，就会看到一个重建的谷仓。虽然起源于古老的美洲原住民，但谷仓是由一群童子军在20世纪30年代重建的。0.5英里(800米)之后，你会来到 ❽ **菜单瀑布**(Menu Falls)，如此命名，是因为它的照片曾被印在锡安小屋(Zion Lodge)最初的菜单封面上。设有观景台的几个平台是公园里最受欢迎的结婚场地。从菜单瀑布走回大弯再乘坐穿梭班车直达最后一站，比起从菜单瀑布直接步行走到最后一站更容易一些。在公路的尽头，靠近悬崖壁的峡谷形成了一个天然露天剧场，被称作 ❾ **西纳瓦瓦神庙**(Temple of Sinawava)，马路对面被称作“讲道坛”(Pulpit)的岩石看起来确实有点像一个巨大的讲台。从这里开始，沿着人气很旺的河边步道(Riverside Walk)即可走到锡安国家公园的极限体验之地——纳罗斯(the Narrows)。

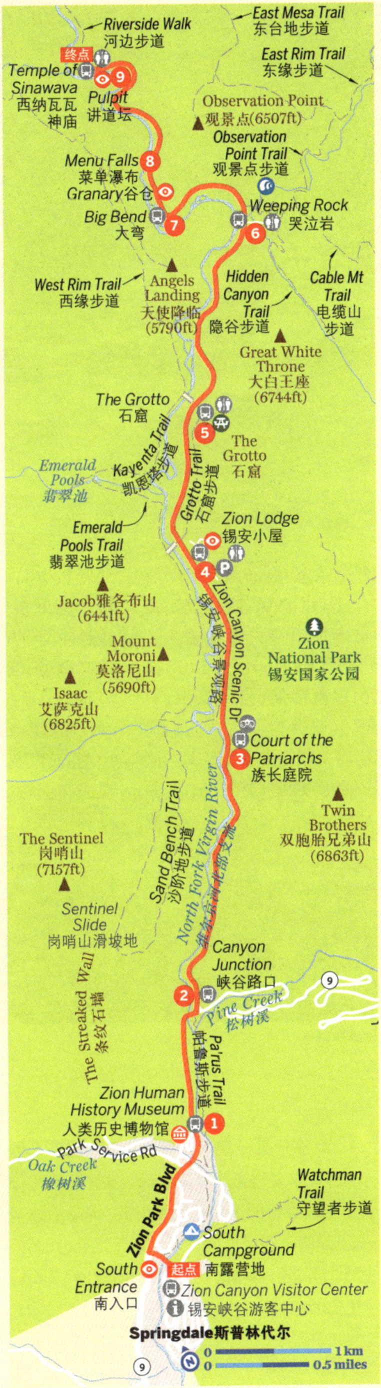

奥德维尔峡谷

入口和通行

大部分旅行者直接经由9号公路进入锡安峡谷，该公路最靠近南入口（主要入口），位于9号公路旁的斯普林代尔镇外。这条沿途风光无限的公路径直向东延伸11.5英里（18.5公里），穿过公园和锡安-卡梅尔山隧道（Zion-Mt Carmel Tunnel）直至东入口。进入公园，还有两条别的路线，一条是Kolob Terrace Rd路，从维尔京镇（Virgin）爬升4000英尺（1219米）去到锡安峡谷以西的峡谷高地；另一条就是位于锡安峡谷西北40英里（64公里）处（1小时车程）的科罗布峡谷，可经I-15公路转入。

锡安国家公园全年全天开放。公园门票

可以在南入口（主要入口）和东入口的车站，以及科罗布峡谷的游客中心购买。如果你想一并游览锡安峡谷和科罗布峡谷，记得要保留好收据。

游客中心

紧急情况下可拨打☎911或☎435-772-3322呼叫国家公园管理员。

锡安峡谷游客中心（Zion Canyon Visitor Center; ☎435-772-3256; www.nps.gov/zion; Hwy 9, Zion National Park; ⏰5月下旬至9月上旬 8:00~19:30，其余月份 8:00~17:00）有几位管理员可随时回答问题，可以向工作人员要一本徒步路线的活页图册来看看，以决定选择哪一条路线。这里可提供由管理员带领的活动。

科罗布峡谷游客中心（Kolob Canyons Visitor Center; ☎435-586-0895; www.nps.gov/zion; Kolob Canyons Rd, Zion National Park; ⏰5月下旬至9月 8:00~19:30，其余月份 8:00~17:00）是公园内科罗布峡谷景区的一个小型游客中心。

住宿

锡安国家公园里只有一家旅馆和几个简陋的露营地，一般从3月中旬到11月都人满为患。大多数游客选择在公园南入口附近的斯普林代尔住宿。如果你要进行帐篷露营，我们有言在先，附近的地区没有好的营地，许多露营地实际上是房车停车场。

在锡安国家公园的南入口旁边有两处主要的露营地：守望者露营地和南露营地。两处露营地都在游客中心附近。既没有洗澡、洗衣设施，也没有杂货店，但这些在斯普林代尔都有。3月到11月期间最长可露营14天。每个扎营位最多容纳两辆车或6个人。如果你在晚上到来，并且露营地显示已满员，那么最好到守望者露营地去打探一下是否有空出来的扎营点（已被预订但没有人来扎营的露营地）。

守望者露营地（Watchman Campground）

（☎预订 877-444-6777; www.recreation.gov; Hwy 9，露营地 $20，提供水电设备的房车营地 $30; ⏰全年; 🐾）位于游客中心以南，高大的杨树为守望者营地（95个扎营点可供电）内184个间隔合适的扎营点带来相当不错的树荫。这里的营地需要提前预订（最多提前6个月），最好能提前几个月预订，不然的话就有可能订不到。营地提供火炉、饮用水、房车水电设备和抽水马桶，但是没有淋浴设施。沿着河边的扎营点需要多加$4。

南露营地（South Campground）

（☎435-772-3256; Hwy 9，露营地和房车营地 $20; ⏰全年; 🐾）南露营地在游客中心北面，附近是人来人往的帕鲁斯步道（Pa' rus Trail）。127个扎营点完全是先到先得，因此早上9点前来这里最有可能找到一块空地。南露营地没有为房车提供水电的设备，发电机使用时间段是早上8点至10点以及晚上6点至8点。然而，这里没有垃圾投放站。

就餐

锡安小屋（Zion Lodge）有公园里唯一的餐馆，大多数游客会进行野餐或者在斯普林代尔就餐。

Castle Dome Café

（Zion Canyon Scenic Dr, Zion Lodge; 主菜 $5~9; ⏰3月至10月 6:30~17:00）这家提供柜台服务的咖啡馆供应三明治、比萨、沙拉、亚洲盖浇饭和冰激凌。一家露天啤酒馆从5月到10月中旬在露天院子里供应当地啤酒。

Red Rock Grill

（☎435-772-7760; Zion Canyon Scenic Dr, Zion Lodge; 早餐和三明治 $6~15，晚餐 $16~30; ⏰3月至10月 6:30~10:00, 11:30~14:30和17:00~21:00, 11月至次年2月 时间不定）坐在原木椅子上或在可观赏峡谷壮丽风光的宽敞露天平台上放松一番。尽管这里的晚餐菜单吹嘘其采用“可持续烹饪”方式制作美食，如烤猪排和煎牛排，但是菜肴的品质飘忽不定，建议提前预订晚餐。这里还有一个酒吧。

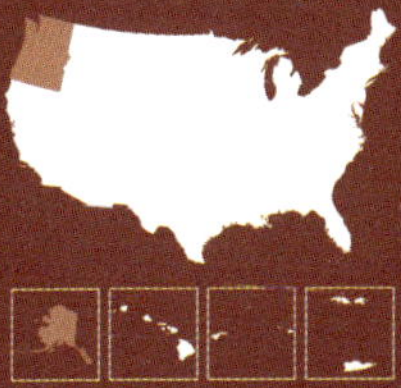

西北太平洋沿岸地区

茂密的雨林和高耸的火山是西北太平洋沿岸地区的标志性风景。覆盖着皑皑白雪的冰川雪原在云雾后若隐若现，生长着花旗松和北美红松的原始森林向人们呈现远古时期这里的模样。雷尼尔山国家公园最吸引人，但北喀斯喀特、奥林匹克和火山口湖这几个公园也各有各的美。

北边过去1500多英里的地方是阿拉斯加州，这是美国最原始偏僻的地区。这里有8个国家公园，总面积达5400万英亩（22万平方公里），比其他所有国家公园的总和还要大。如果你计划来阿拉斯加，做好坐船或飞机的准备——这里没有几条公路，仅有的几条也相隔甚远。

雷尼尔山国家公园

西北太平洋沿岸地区

㉓ 火山口湖国家公园

(Crater Lake National Park)

纯净无瑕的镜面湖泊和卓然出众的徒步路线。(见224页)

㉔ 丹奈利国家公园

(Denali National Park)

美国最高的山峰和丰富多彩的大型动物群。(见226页)

㉕ 北极之门和科伯克河谷国家公园(Gates of the Arctic & Kobuk Valley National Parks)

无人居住的雄壮山脉和北极沙丘。(见232页)

㉖ 冰川湾国家公园

(Glacier Bay National Park)

最适合乘坐游轮观赏的冰雪世界和吸睛无数的鲸鱼。(见238页)

㉗ 卡特迈国家公园

(Katmai National Park)

钓鲑鱼和看棕熊的最佳地点。(见244页)

㉘ 基奈峡湾国家公园

(Kenai Fjords National Park)

入海冰川、峭壁峡湾和适合划船的湖泊。(见246页)

㉙ 克拉克湖国家公园（Lake Clark National Park）

集合了冰川、湖泊、山丘和火山的荒野之地。（见252页）

㉚ 雷尼尔山国家公园

（Mount Rainier National Park）

雄壮的雷尼尔山脚下，鲜花开满了整片草地。（见254页）

㉛ 北喀斯喀特国家公园

（North Cascades National Park）

在鲜有人迹的荒野里进行一次大胆的荒野探险。（见256页）

㉜ 奥林匹克国家公园（Olympic National Park）

一切都保持着最初模样的绿野之地。（见258页）

㉝ 兰格尔山-圣伊莱亚斯山国家公园

（Wrangell-St Elias National Park）

迷失在世界的第二大国家公园里。（见260页）

不要错过

霍河雨林

去**奥林匹克国家公园**看它的标志性景物——茂密潮湿的雨林中被苔藓覆盖的树木。

在荒野中徒步

去**北喀斯喀特国家公园**徒步，欣赏冰川、嶙峋的山峰和高山湖泊。

丹奈利（麦金利山）

来**丹奈利国家公园**看一眼这座冰雪覆盖的北美最高山。

雷尼尔山（Mt Rainier）

在**雷尼尔山国家公园**里野花盛开的草地或雪地上徒步。

在冰天雪地里划船

离开观光船，独自划船去**冰川湾国家公园**。

内海航道

登上轮渡，享受无尽的视觉盛宴吧

Classic Trips
经典线路

内海航道

从华盛顿州贝灵汉(Bellingham)启航，乘着阿拉斯加渡轮(Alaska Ferry)沿苍翠繁茂的加拿大海岸线一路北上，直到驶入阿拉斯加烟雾迷蒙的绿野迷宫。这，就是偏远的内海航道。

线路亮点

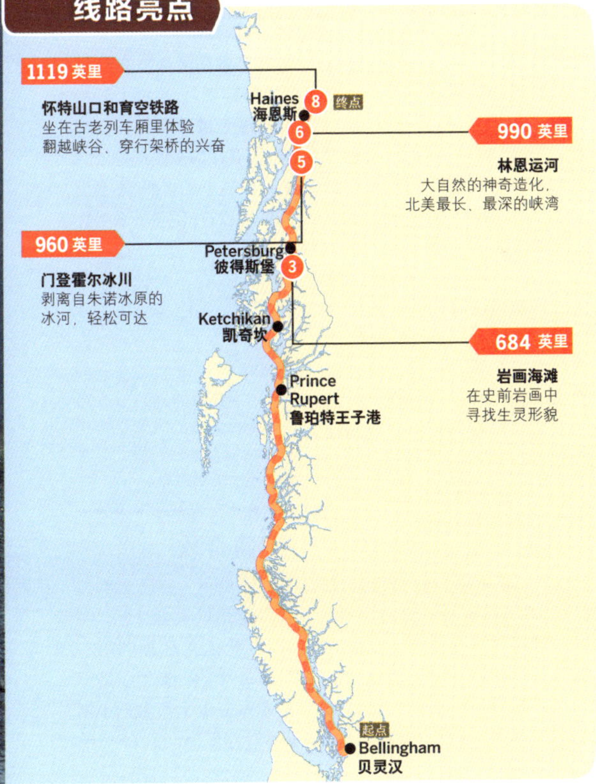

4天

1119英里/1801公里

最适合

何时去

6月至9月，冰雪已融，繁花正开。

最佳摄影点

酋长岛(Chief Shakes Island)上的图腾柱、凌云松和翔鹰。

最佳野生动物观光地

熊、秃鹰、鲸鱼和海狮——都在那儿，等待你前来发现。

Classic Trips 经典线路

内海航道

在27条全美风景道路（All-American Roads）中，阿拉斯加海上公路（Alaska Marine Hwy）是唯一一条经由车辆渡轮通行的水路。从贝灵汉启航向阿留申群岛（Aleutian Chain）的远端进发，全程3500海里。沿途一些最激动人心的景色都集中在陡峭的峡湾、森林和内海航道湿漉漉的渔镇里。走陆路的话，从贝灵汉出发到斯卡圭（Skagway）要花上98个小时，在许多空旷漫长的路段，森林像是要把你完全吞噬掉似的。而在海上，则是延绵不绝的视觉盛宴。

❶ 贝灵汉（Bellingham）

在贝灵汉，应该去看看有着砖砌路面的历史区**费尔黑文区**（Fairhaven District）。务必给自己至少一个下午的时间来探索这个城市，走几个街区，愉快地享受花店、咖啡馆和书店。你将在这里登上**阿拉斯加渡轮**（Alaska Ferry; ☎907-465-3941, 800-642-0066; www.alaska.gov/ferry; 车辆/成人/儿童/6岁以下儿童去斯卡圭 $820/363/200/免费，去凯奇坎 $515/239/120/免费；👪）。步行、骑车或是开着车上船都行。这趟三日之旅的终点是斯卡圭，途中你会穿过美国最大的国家森林通加斯（Tongass），停靠几个港口。如果还有时间，可以绕到其他地方看看，选择多得数不清。通票只给了你一点点时间去探索每个港口，而分段购票则能让你自由选择在每个小镇待多久。

当渡轮缓缓启动，进入**贝灵汉湾**（Bellingham Bay）时，你会看到犹如打发的蛋白一样的贝克山（Mt Baker）、赭色的砖混建筑以及小镇山坡上的维多利亚房屋。

离开港口不久，渡轮挤进加拿大温哥华岛（Vancouver Island）和大陆之间，开始穿越乔治亚海峡（Strait of Georgia）。虽然这不是一艘游轮，但很舒适，当地人和旅行者们混在一起，使得这段海上旅程更加真实。你将会发现，日光浴室里挤满了盘坐在热灯下的冒险者，而甲板上鲜艳的帐篷正被风吹得扑啦啦响。快餐厅的东西正是公共交通设施上的水准，不会出乎你的意料，但坐下来喝杯热咖啡暖和一下，一边看着海岸掠过，也不失惬意。

行驶路上 » 这像是最极致的自动驾驶。当经过灯塔站或是进入荒凉的海岛之间时，你所要做的只是放松身心，看着美妙的风景从身边经过，寻找老鹰的踪迹，甚至偶尔还能看到鲸鱼。

❷ 凯奇坎（Ketchikan）

离开贝灵汉38小时后，渡轮抵达航程的第一站凯奇坎。停港时间足够你去探索史上有名的**小溪街**（Creek Street），虽然

它已经很旅游化了。别看这条木板路如今很适合家庭游玩，在凯奇坎还是个新兴城市的早年间，这里可到处都是喧闹的妓院和酒吧。匆匆走进**多莉之家博物馆**（Dolly's House Museum；www.dollyshouse.com；24 Creek St；成人/儿童 $5/免费；⏲8:00~17:00），你会了解到当年妓院客厅里的情形。在1953年卖淫被定为非法前，多莉·亚瑟（Dolly Arthur）一直在这儿经营着妓院，直到20世纪70年代去世都住在这儿。

如果想看看不一样的野生生物的介绍，请前往**阿拉斯加东南部发现中心**（Southeast Alaska Discovery Center；www.alaskacenters.gov/ketchikan.cfm；50 Main St；成人/儿童 $5/免费；⏲5月至9月每天 8:00~15:00，10月至次年4月 周五和周六 10:00~16:00；🚻）。这里有关于东南地区（被当地人简单称为“东南”）各个方面的精彩展览，包括生态系统、艺术品和阿拉斯加土著人的习俗，甚至在楼下重建了雨林那若隐若现的景象。这是一个好地方，可以帮你认清楚曾从渡轮窗户里看到的一切。

行驶路上 » 从凯奇坎出发，渡轮低鸣着向北穿过克拉伦斯海峡（Clarence Strait），开往兰格尔（Wrangell）。

线路亮点

③ 兰格尔（Wrangell）

离开凯奇坎几小时后，

将抵达小小的兰格尔，这里还保留着西部传统的假面建筑(false-fronted)。你将受到小镇上孩子们的笑脸相迎，孩子们摆开折叠桌(甚至就在雨中)来卖他们从附近的斯蒂金河(Stikine River)里淘来的深紫色石榴石。

兰格尔其实不乏历史、文化或自然名胜，其中就有**岩画海滩**(Petroglyph Beach)。距离渡轮码头不到一英里的海滩上散布着数千年前被刻上人脸和图形的岩石。栩栩如生的鲸鱼和猫头鹰正盯着你呢，而一些神秘的螺旋形图案很像麦田怪圈。如果你只是在渡轮短暂停船期间匆匆上岸的话，得一路小跑到那儿，快速浏览一下这些石头就返回。

更多近代的特林吉特(Tlingit；居住在北美洲太平洋西北海岸一带的原住民部落，部落名字的意思是"逐浪的人")文化可见于小镇另一边的**酋长岛和部落屋**(Chief Shakes Island & Tribal House)，这个异常平静的地方就藏身在嗡嗡作响的船港中间。6根图腾柱高高竖立在松树林中，老鹰常常聚集在松树枝上。虽然部落屋通常只对邮轮旅行团开放，但是你起码可以到岛上走走。

刚一离开兰格尔，渡轮就进入22英里(35.4公里)长的**兰格尔峡道**(Wrangell Narrows)。对大多数大型船舶来说，峡道[又被称为"弹球巷"(Pinball Alley)]太窄，水也太浅，在行经70多个航道指向标的过程中，差不多需要调整50次航向。M/V Columbia是能穿过这里的最大渡轮，退潮时峡内水深仅24英尺。

行驶路上 » 渡轮航行穿过峡道后继续向西北航行到彼得斯堡(Petersburg)。

4 彼得斯堡 (Petersburg)

彼得斯堡位于兰格尔峡道的尽头，是一个金发碧眼人种的渔村。彼得斯堡那厚重的挪威裔历史的痕迹显而易见，不只是在写满了斯堪的纳维亚语名字的电话簿里，也在满镇子装饰着华丽玫瑰彩绘的房屋上，这是一种源于挪威的装饰性艺术形式。来到**北船港**(North Boat Harbor)的码头，才算真正进入了彼得斯堡的核心。渔民在这儿从小围网渔船上卸下一天的捕获物，这种船的船尾上塞着大渔网。

行驶路上 » 渡轮从彼得斯堡出发向北航行，沿着森林茂密的阿德默勒尔蒂岛(Admiralty Island)前往朱诺港(port of Juneau)。

线路亮点

5 朱诺 (Juneau)

经过若干寂静的小渔镇后，朱诺多少让人有些惊喜。这是美国唯一一个不通公路的州府，但它仍然体现着政治中心的重要性。它也像明信片一样完美，一处处绿色的悬崖争相耸立于城市中心之上。一定要缓步打量一下**州长宅邸**(Governor's Mansion)，它那挺立的圆柱和绿化灌木丛与东南部常见的破

寻找北极光

北极光(Aurora Borealis)像荧光窗帘一样，发着绿光和红光划过天空，它以罗马神话中曙光女神奥罗拉(Aurora)和希腊神话中北风玻瑞阿斯(Boreas)的名字命名。当地的克里族人称它们为"幽灵之舞"(Dance of the Spirits)。

北极光在差不多北纬60°以上的任何地方都能看到，北纬60°内被称为极光环带。然而，有时候南至朱诺也能偶尔看见北极光。

4月下旬至9月，极昼的光亮统治了夜空，看北极光的最佳时间是9月22日或次年3月22日左右，在某个新月当空的深夜或大清早登上渡轮甲板，期待美景呈现。

另辟蹊径：勒孔特冰川

起点： ❹ 彼得斯堡

在彼得斯堡下船停留，乘上皮划艇去游览勒孔特冰川。冰川位于迂回曲折的勒孔特湾（LeConte Bay）的最前端。冰川常常裂开，藏在水下的冰山不时有冰块剥离，犹如冰鱼雷一般射向水面，因此它的名声不算特别好。如果够幸运的话，远远就能看到这样的景象。

败雨林小屋形成了鲜明的对比。

如果不喜欢太多政治的味道，就前往悠闲的**阿拉斯加酿酒公司**（Alaskan Brewing Company；www.alaskanbeer.com；5429 Shuane Dr；⏲5月至9月 11:00~18:00，10月至次年4月 周二至周六 11:00~17:30）看一看，尝尝他们的啤酒。啤酒厂旁边就是巨大的**门登霍尔冰川**（Mendenhall Glacier），它是从朱诺冰原（Juneau Icefield）上坍塌剥离出来的，是东南部少数能开车到达的冰川之一。游客中心提供一部关于冰川的电影，还有徒步旅行路线和一个观赏鲑鱼的平台。

行驶路上 » 继续向北航行，沿着海岸线进入林恩运河。

线路亮点

❻ 林恩运河

（Lynn Canal）

从朱诺出发，渡轮沿着林恩运河航行。林恩运河是北美地区最长（90英里/144.8公里）最深（2000英尺/609.6米）的峡湾。它于1794年首次被绘制到地图上，随后成为大淘金时期到达斯卡圭新兴都市的主要路线。冰川和瀑布使得这里成为一场视觉盛宴。但这儿也是西北太平洋沿岸地区最严重的一次海难发生地：1918年，一艘客轮撞上了暗礁，带着船上343名船员与乘客一同沉入了海底。

由于这一水道的使用率很高，灯塔一度在入口处聚集；保存至今的有八角形的**埃尔德雷德岩石灯塔**（Eldred Rock Light）和像教堂一样的**哨兵岛灯塔**（Sentinel Island Light）。这一运河现在很少用于货运，更多的是作为渡轮的巡游路线，座头鲸也由此经过。

行驶路上 » 旅程离开朱诺向北，经林恩运河到海恩斯（Haines），全程共4.5小时。

❼ 海恩斯（Haines）

海恩斯距离朱诺75英里，大部分开车的乘客在这儿登陆，因为这个小镇是通往阿拉斯加公路（Alaska Hwy）的主要连接点。海恩斯有一种悠闲的气氛，风景堪称奢侈。不要错过**铁锤博物馆**（Hammer Museum；www.hammermuseum.org；108 Main St；成人/儿童 $3/免费；⏲5月至9月 周一至周五 10:00~17:00）外的巨大铁锤，博物馆里陈列着1500件人类最早的工具和有关它们的编年史。它是世界上第一家（也是唯一一家）专门用于展示简陋铁锤的博物馆，这一点也不奇怪。

9月和12月之间，当数千只迁徙的秃鹰来到海恩斯，这儿的人口猛增到超过3500人。这是全球最大的秃鹰聚会，而这时小镇也开始了11月中旬的**阿拉斯加秃鹰节**（Alaska Bald Eagle Festival；www.baldeagles.org/festival）。如果你和这些头上有白羽毛的家伙们同时来到这儿的话，一定会被震撼到的。

行驶路上 » 沿着海岸往北1小时即可到达斯卡圭。

线路亮点

❽ 斯卡圭

（Skagway）

当时间进入20世纪时，斯卡圭因为淘金热而繁荣起来，当时这儿的人口在几年里就从2人增长到10,000人。斯卡圭被夹在绿树成荫的山坡之间，如今的它却是因旅游业而繁荣。如果你想看看康康舞女郎或者亲自动手淘淘金

REDFISHWEB / GETTY IMAGES ©

为何经典

科里娜·米勒
（Korina Miller），
孤独星球作者

当渡轮驶进内海航道时，你的内心会燃起不容否认的兴奋火花，感觉就像是正紧紧跟随着第一批来到这里的欧洲探险家。你会享受这儿的偏僻。瞥见海岸线上的一只熊或者一只狼，看到秃鹰从头顶上俯冲下来，在一些只能经水路到达的社区停留——很快我意识到这不是普通的旅行。“了不起”这个词出现在了脑海里。

上图：门登霍尔冰川
左图：熊，海恩斯契尔库河（Chilkoot River）
右图：岩画海滩，兰格尔

GRANT KAYE / GETTY IMAGES ©

ERNEST MANEWAL / GETTY IMAGES ©

的话，来这里就对了。从**Broadway Street**距离渡轮码头不过100码，你能看到女人们穿着光滑亮丽的裙子，头上还带着羽毛帽子。余下的就都是历史了。

既然斯卡圭很可能是你渡轮之行的最后一站，那么**怀特山口和育空铁路**（White Pass & Yukon Railroad; www.wpyr.com; depot at 231 2nd Ave; 育空探险 成人/儿童往返 $249/119.50，怀特山口登顶徒步 $115/57.50）就很值得去体验一把了。途中有人在古老的客车厢里讲解沿途风光。这列激动人心的火车轰鸣着穿过冰川峡谷，翻过怀特山口（爬上2885英尺/879.3米）。

不论你是在斯卡圭还是其他港口结束你的旅途，都需要乘渡轮返程，或者飞往南方以便回家。小型城镇上几乎没有商业航班，你首先需要飞往朱诺、凯奇坎或者锡特卡（Sitka），才能赶上一趟去西雅图的干线航班。至于自驾，除非你能把车开上飞机，否则就肯定得沿着景区公路一路开回家了。从斯卡圭到朱诺，飞行时间不到一个小时。

所属州

俄勒冈州

门票

7日通票 $15/车

面积

287平方英里/
743.3平方公里

适合

火山口湖（Crater Lake）

火山口湖国家公园 CRATER LAKE NATIONAL PARK

火山口湖呈现一种美不胜收的蓝，它就像一面深蓝色的巨大镜子，周围的山峰投影在上面，构成了一幅绝美而壮观的画面。

火山口湖深1943英尺（592米），是美国最深的湖泊，也是俄勒冈州唯一的国家公园。火山口湖位于马札马山（Mt Mazama），这是一座古老的火山，高约1.2万英尺（3658米），山峰为厚厚的冰川所覆盖。这座火山在长达数千年的时间里一直处于休眠状态，然而在7700年前的某一天，它苏醒过来。剧烈的火山爆发将火山灰喷向方圆数百里，炽热的岩浆固化后形成了巨大的陡坡。火山中心的岩浆库变空后，顶峰倒坍，由此形成了火山口。

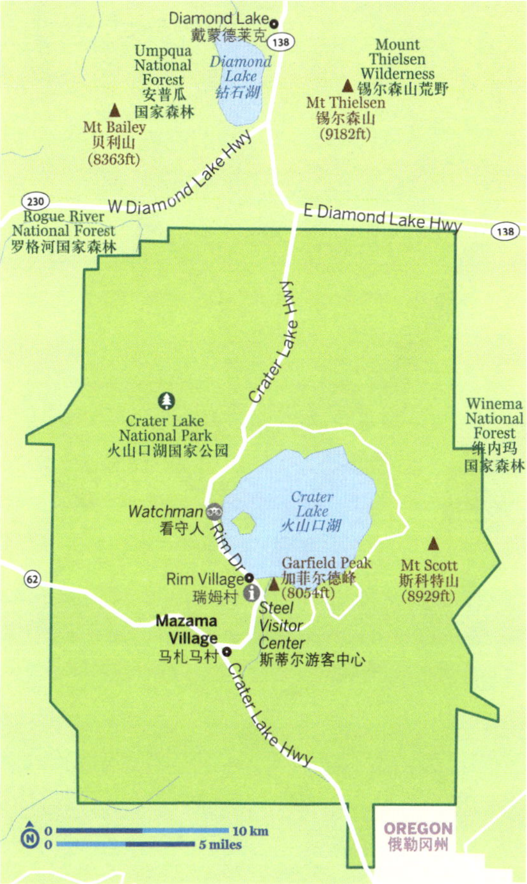

湖里的水全都来自降雪和降雨。纯净的水源积聚在这个深达数百米的大坑里，湖水因此得以呈现出那种令其声名远扬的蓝色。

户外活动

火山口湖周边有超过90英里（145公里）的徒步路径，有些路径的海拔较高，路上的积雪要到7月底才会完全融化。在瑞姆村（Rim Village）停车场的东侧边缘，有一条1.7英里（3公里）长的小径通往海拔8054英尺（2455米）的加菲尔德峰（Garfield Peak），从那里可以俯瞰整个湖泊。7月时山坡上全是盛开的野花。如果你不畏艰难，可以尝试5英里（8公里）的环线徒步，途中你会到达公园里的最高点——海拔8929英尺（2722米）的斯科特山（Mt Scott），从那里可以更好地欣赏火山口湖。如果你想要体验的是陡峭的短线徒步，可以徒步0.7英里（1.1公里）朝"看守人"（Watchman）攀登，这是位于湖对岸的一座老瞭望塔，也是公园的最佳观景点之一。

对于喜欢看花的人，在斯蒂尔游客中心（Steel Visitor Center）附近有一条1英里（1.6公里）长的自然小径，小径会经过城堡顶野花花园步道（Castle Crest Wildflower Garden Trail）。

火山口北端有一条1英里（1.6公里）长的克里特伍德海湾步道（Cleetwood Cove Trail），这条路比较陡峭，很受徒步者的欢迎，是唯一可到达湖边的路径。公园提供2小时的乘船游，须提前预订。

在冬季，只有南门那条通往瑞姆村的道路会一直有人除雪，以便让旅行者前往各处滑雪地。公园不提供滑雪装备出租，记得自带装备。由管理员带队的步行游览免费且提供雪鞋，时间为感恩节至次年3月末期间的周末。

实用信息

公园的南门全年开放，从这里进入可去瑞姆村、马札马村（Mazama Village）以及位于斯蒂尔游客中心（Steel Visitor Center）内的公园总部。冬季最高可爬到湖泊边缘，然后得沿同一条路下山，因为其他的道路都没有除雪。北门仅在6月初至10月末开放，具体时间取决于降雪的情况。

住宿的话，推荐Crater Lake Lodge（湖边的唯一一个住宿地）和马札马村（Mazama Village，距离火山口7英里/11公里）。公园内的餐馆很少，记得自带食物。

所属州
阿拉斯加州

门票
7日通票 成人/儿童 $10/免费

面积
9500平方英里/24,605.9平方公里

适合

北美驯鹿

丹奈利国家公园

DENALI NATIONAL PARK

对于许多来阿拉斯加旅行的人来说，丹奈利国家公园和自然保护区是他们探索的首站，也是他们结束旅程的地方。显而易见，这里可是内陆地区甚至整个阿拉斯加州观赏灰熊、驼鹿和北美驯鹿的最佳地点。

与这个国家的大部分荒野地区不同，在这里你不用徒步，只需乘坐公园巴士便能近距离欣赏这些在自然栖息地里自由走动的奇妙生物。

对于时间充裕并且渴望深入荒野的人来说，这里有大片未经开发的土地等你来探索。准确地说，是有超过600万英亩（2.4万平方公里）的土地——比整个马萨诸塞州还大。

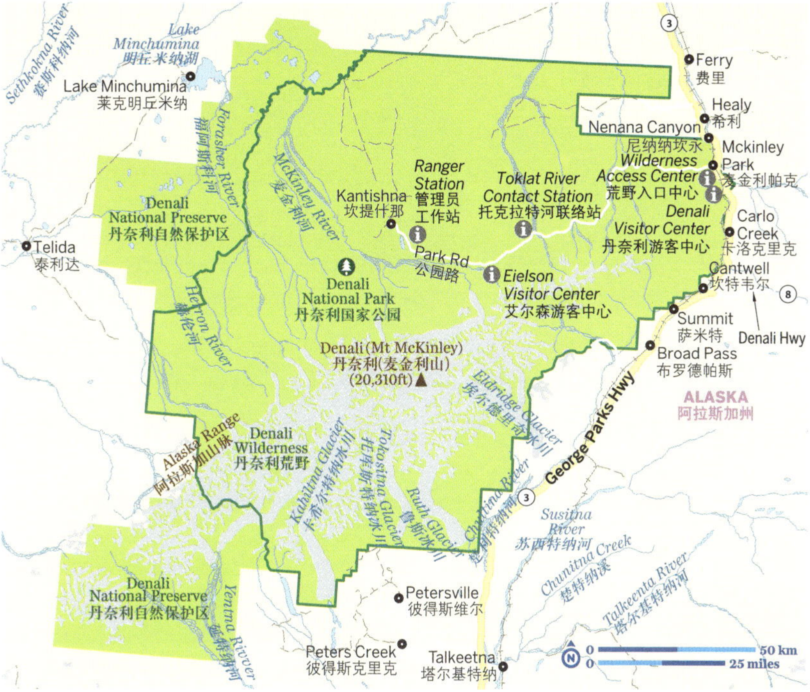

丹奈利(Denali)

丹奈利(Mt Mckinley,麦金利山)海拔20,310英尺(6190米),雄伟挺拔的身姿让它成为世界上最美的高山之一。丹奈利山脚的海拔仅有2000英尺(610米),这意味着,天气晴朗的时候你会看到超过18,000英尺(5486米)高的、覆盖着冰雪的高山。相比之下,位于青藏高原上的珠穆朗玛峰仅有12,000英尺(3658米)的落差高度,因此视觉冲击没有丹奈利那么强烈。

尽管山有这么高,但在公园入口、附近的露营地和酒店却无法看到它。如果你运气好遇上天气晴朗,可以去公园路(Park Rd)的Mile 9至Mile 11路段处远眺它的身影。根据国家公园管理局管理员的经验,

历史

现在的丹奈利国家公园所在地曾是阿萨巴斯卡人(Athabascan)狩猎的地方,但自从1905年在坎提什那(Kantishna)附近发现金子后,这里的一切都发生了改变。渴望发财的淘金者和猎人蜂拥至此,原本美丽动人的荒野遭到了无情破坏。著名猎人、博物学家查尔斯·谢尔顿(Charles Sheldon)被眼前景象震惊,并发起了保护丹奈利的运动。之后,这个地区才又慢慢恢复了原貌。

在这样的背景下,麦金利山国家公园(Mt McKinley National Park)诞生了。1980年《阿拉斯加国家土地保护法案》(*Alaska National Interest Lands Conservation Act*)实施后,公园扩建了400万英亩(1.6万平方公里),并被重新命名为丹奈利国家公园和自然保护区。1923年,通往公园的铁路修建完工,这里迎来了首批36名到访者。如今,每年约有40万人造访丹奈利。

公园采取了许多独特的游客管理策略来应对大量人流,总的来说都取得了不错的成效。如今的丹奈利仍然维持着它十年前的模样。

从空中看丹奈利（麦金利山）

登山探险，丹奈利（麦金利山）

每三天之中有两天丹奈利会被云雾所遮蔽，但这也只是个大概估计——也可能整个星期清晰可见、然后在接下来的一个月里又完全不露面。尽管在公园路（Park Rd）前15英里（24公里）的大部分路段难睹这座"伟大者"（Great One）的真容，但由于这段路所经过的地方生长着许多驼鹿最爱吃的云杉和柳树，因此看到它们的机会很大。萨维奇河（Savage River）前的开阔平地有北美驯鹿出没，偶尔还会在这里看到棕熊。

观赏野生动物

公园始终禁猎，因此丹奈利的动物也被职业摄影师们称为"可接近的野生动物"，也就是说，这里的熊、驼鹿、白大角羊和北美驯鹿不像其他地方的那样易受惊吓。除此以外，公园还在开阔的高地修了公园路（Park Rd），让旅行者有更多机会看到这些美丽的生物。如你想观赏多种野生动物，那丹奈利国家公园是个很棒的选择。

这里的大部分动物对穿梭班车习以为常，很少会被吓跑或躲起来。如果有人发现了动物并喊"停"，司机会停下车让你们尽情观看和拍照。早上的首班车的观看体验最佳。

徒步

也许你并没有特别渴望徒步并夜宿公园内，也没有相应的户外装备，即便如此，我们还是得说，徒步是探索这个公园、欣赏风景和野生动物的最佳方式。事实上，除了某些为防止对野生动物造成影响而关闭的区域，你可以依靠自己的双脚去这里的任何地方。

公园内有维护良好的路径，你也可以另辟蹊径，独自探访人迹罕至的地区——遇到让你产生兴趣的谷地、河床或山脊直接下车就可以了。由于这里是高纬度地区，公园的大部分区域都处在林木线以上，徒步者因此得以享受开阔的视野。这意味着公园路始终会在你的视线范围内，并且可以避免突然与野生动物面对面。

荒野信息中心（Backcountry Information Center）可为旅行者提供关于徒步的建议。请记住，在荒野顺利旅行的关键是懂得使用指南针和看地形图。

白大角羊

食宿

除了露营地，公园内几乎没有可住宿的地方，餐馆也只有一家。大部分人住在附近的坎永（Canyon）、麦金利村（McKinley Village）、卡洛克里克（Carlo Creek）和希利（Healy）。坎永有家不错的经济型旅舍 **Denali Park Salmon Bake Restaurant & Cabins**（☎907-683-7283；www.thebakerocks.com；Mile 238.5, George Parks Hwy；小屋 带/不带浴室 $149/69；📶），除了朴实无华的小屋，这里还有餐馆和吧台，并提供前往公园的班车服务。从这里穿过乔治公园公路（George Parks Hwy），就到了环境比较豪华的**Denali Princess Wilderness Lodge**（☎907-683-2282；www.princesslodges.com；Mile 238.5 George Parks Hwy；房间 $269起；📶），这是由著名游轮公司Princess Cruises运营的小型度假村。

实用信息

在入口处你会看到公园总部、**游客中心**（☎907-683-2294；www.nps.gov/dena；Mile 1.5, Park Rd；⏲8:00~18:00）、主要的露营地以及**荒野入口中心**（Wilderness Access Center，简称WAC；☎907-683-9274；Mile 0.5, Park Rd；⏲5:00~19:00），你可以在上述地方购买门票、安排露营并预订带你进入公园深处的班车。

从荒野入口中心穿过停车场，你会看到拖车式房屋，这是**偏远地区信息中心**（Backcountry Information Center，简称BIC；☎907-683-9510；Mile 0.5, Park Rd；⏲9:00~18:00），可办理前往偏远地区的许可证和提供防熊罐。

到达和离开

公园内只有一条路，即长92英里（148公里）的公园路。路面未经铺砌，Mile 14以后的路段不对私人车辆开放。大部分游客集合的公园入口区域仅集中在公园路前4英里（6公里）。

所属州
阿拉斯加州
门票
免费
面积
15,974平方英里/41,372.5平方公里
适合

科尤库克河（Koyukuk River）附近的狗拉雪橇

北极之门和科伯克河谷国家公园

GATES OF THE ARCTIC & KOBUK VALLEY NATIONAL PARKS

北极之门公园地处连绵的荒野中，这里既没有公路和移动网络，也没有任何常住人口，在过去4000年的时间里一直保持着原貌。它的西南方坐落着荒凉的科伯克河谷。

在道尔顿公路（Dalton Hwy）和白令海峡（Bering Strait）之间，有840万英亩（3.4万平方公里）无人居住的高山和苔原，这里是北极之门公园所在地。身处公园之中，你完全可以想象出生活在公元前2017年是一种什么体验——周围的景色实在是太原始了。科伯克河谷有著名的北极沙丘和迁徙而来的北美驯鹿。

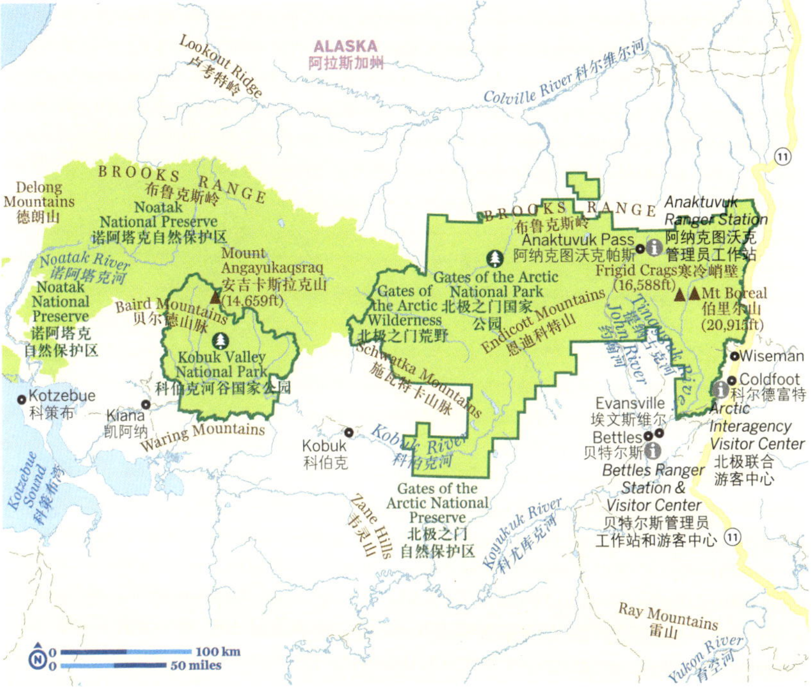

完全想得到，你来到这里不是为了沿着有解说牌的木板路散步，然后寻找最近的热狗摊，甚至也不是循规蹈矩地按照步道随便走走看看（这里也根本没有任何步道）。对于只身前来的旅行者来说，在这里旅行需要强健的体魄和无畏的胆量，还要有丰富的户外经验、充裕的时间和——嗯哼——可变通的经费（意思就是：做好烧钱的准备）。如果你的勇气指数有限，也不要畏惧，这里有许多旅行社，你可以通过它们参加荒野的导览游或乘飞机观光。

北极之门公园的一侧就在道尔顿公路以西5英里（8公里）的地方，相对而言进出更为方便一些。所以，从技术上讲，你可以徒步进入这个公园。当然，从科尔德富特（Coldfoot）和贝特尔斯（Bettles）包机飞进来是更为常见的方式。到科伯克河谷（Kobuk Valley）的话，得从小村落科策布（Kotzebue）包机才能进来。

除了众多的河流、谷地和苔原坡地，这里当然还有两扇"门"：分别立于科尤库克河北分岔口两侧的伯里尔山（Mt Boreal）和寒冷峭壁（Frigid Crags）。1929年，罗伯特·马歇尔（Robert Marshall）在这些地标性山峰之间发现了一条通往北极的道路，路上没有任何障碍物，他为这条通道取名"北极之门"，这个名字一直沿用至今。

公园里没有旅游设施，也没有露营地或路径，国家公园管理局在维护其原始性上立场坚定。独自进入公园徒步、划船或爬山的旅行者应去任意一处管理员工作站登记，管理员会为你指明荒野的方向。

徒步

大部分背包客包机进入公园，这种短程小飞机可以降落在湖泊、河流和河流沙洲上。抵达后，他们通常会沿着长而开阔的山谷走，或者前往高处适合徒步的苔原地带。

尽管行程规划听起来十分简单明了，但实际上公园的地貌决定了有些区域不适合飞机起降和徒步。工作人员建议旅行者通过咨询航空公司或导游公司以及看地形图来规划可行的路线，然后按照路线进行活动，从而确保某个区域的游客量不会过多。如果出现

在阿瑞盖奇溪（Arrigetch Creek）边徒步，北极之门国家公园

PATRICK ENDRES / DESIGN PICS / GETTY IMAGES ©

诺阿塔克河

游客扎堆的情况，工作人员可以为你推荐其他路线。

道尔顿公路（靠近怀斯曼的路段）和阿纳克图沃克帕斯（Anaktuvuk Pass）是仅有的两个不需要包机就能进入的徒步起点。道尔顿公路沿公园东侧边界通往几处不同区域，如果你是从这条公路进入公园，记得先去科尔德富特的北极联合游客中心（Arctic Interagency Visitor Center），让工作人员帮你规划行程。这片地区的几条知名路线已显现出明显的人类活动痕迹，甚至开始影响到依靠捕猎为生的当地原住民的生活。

如果告诉你，从阿纳克图沃克帕斯徒步进入公园更为省钱，你会不会觉得惊讶？这是因为从费尔班克斯（Fairbanks）到阿纳克图沃克帕斯有固定航班，你只需支付一张机票的钱就可以到这个村子。下飞机后再走几公里就到了公园的北边界。如果有需要，你可以在飞机跑道旁露营，但在公园以外的其他地方露营就得先办理许可证。

住宿

Bettles Lodge（☎907-692-5111；www.bettleslodge.com）位于贝特尔斯市的复古风格旅舍（现在是国家历史遗迹），建于1952年，有6个房间。旅舍的公共区提供图书和游戏道具，提供味道可口的三餐。更让人满意的是，这里还会组织各种北极之门国家公园的短途旅行和团队游。旅舍谈不上有多精致，但安静怡人。如果想了解入住套餐及其价格，请打电话咨询。

划船

公园内适合划船的河有约翰河（John River）、阿拉特纳河（Alatna River）、诺阿塔克河（Noatak River）、科伯克河（Kobuk River）、科尤库克河（Koyukuk River）和提纳古克河（Tinayguk River）。这些河流按照难度大小可分为一级（Class Ⅰ）至三级（Class Ⅲ），规划路线前应咨询公园或导游公司。贝特尔斯的Bettles Lodge提供独木舟出租，租金约为每周$270。

团队游

Arctic Wild（☎907-479-8203；www.arcticwild.com）经营的团队游项目有：北极之门国家公园8天背包导览游，收费每人$4200；诺阿塔克河10天划船徒步团队游，收费每人$5400。提供以上团队游的时间为8月。

你也可以从空中来欣赏这片土地。**Brooks Range Aviation**（☎907-692-5444；http://brooksrange.com）经营4至5小时的北极之门和科伯克河谷国家公园空中观光游，飞机会在两个公园里降落并作短暂停留。需要在贝特尔斯过夜。

伯里尔山和寒冷峭壁

到达和离开

贝特尔斯(人口12)是进入北极之门国家公园的主要通道,这里有餐馆、旅舍和机场。有些游客会从道尔顿公路边的科尔德富特乘坐飞机进来,或者从科尔德富特以北的怀斯曼(Wiseman)直接徒步进来。公园的北边有一个叫作阿纳克图沃克帕斯(Anaktuvuk Pass)的阿拉斯加原住民村庄,也可以从这里徒步进入公园,但首先你得坐飞机到村里。关于从阿纳克图沃克帕斯开始游览公园的信息,请咨询阿纳克图沃克管理员工作站(Anaktuvuk Ranger Station)。

Wright Air Service(☎907-474-0502; www.wrightairservice.com)有从费尔班克斯飞往贝特尔斯(往返$340)和阿纳克图沃克帕斯(往返$380)的航班。**Bettles Air Service**(☎907-479-7018; www.bettlesair.com)也运营相同的航线。

到了贝特尔斯后,需要包机前往公园内的目的地。大部分地区都可以在两小时内到达。包机可咨询Brooks Range Aviation或Bettles Air Service。

到了道尔顿公路边的科尔德富特后,可以通过**Coyote Air Service**(☎907-678-5995; www.flycoyote.com)包机前往公园。

实用信息

更多信息请登录公园的网站查看。如果本书的"行程规划"章节没能解答你的某些疑问,请直接与公园联系。

阿纳克图沃克管理员工作站(Anaktuvuk Ranger Station; ☎907-661-3520; www.nps.gov/gaar)能帮你规划从阿纳克图沃克出发的行程。

北极联合游客中心(Arctic Interagency Visitor Center; ☎907-678-5209; CentralYukon@blm.gov; ⌚6月至8月 11:00~22:00)位于科尔德富特,能为从道尔顿公路进入公园的旅行者提供信息。

贝特尔斯管理员工作站和游客中心(Bettles Ranger Station & Visitor Center; ☎907-692-5494; www.nps.gov/gaar; ⌚6月至9月 每天8:00~17:00, 10月至次年5月 周一至周五 13:00~17:00)位于距离飞机跑道不到1/4英里(400米)的一栋木屋里。

所属州

阿拉斯加州

门票

免费

面积

5036平方英里/

13,043.2平方公里

适合

跃出水面的座头鲸

冰川湾国家公园

GLACIER BAY
NATIONAL PARK

11座入海冰川的存在让冰川湾国家公园成为世界著名的冰雪荒原，这些冰川连接了群山和大海，并为海面带来形状、大小和色泽各异的蓝色冰块。

1794年乔治·范库弗船长（Captain George Vancouver）指挥船驶入艾西海峡（Icy Strait）时，冰川湾还只是冰山上的一个凹坑。1879年，约翰·缪尔（John Muir）来到这里，发现海湾末端往后退了20英里（32公里），冰川湾由此为世人所知。如今，冠以缪尔名字的冰川与艾西海峡的距离已拉开60多英里（100多公里），冰川急速消退后，许多植物和动物冒了出来，这里成为博物学家的天堂。冰川湾是游轮观光的最佳地区，也是划船爱好者最渴望来的目的地。

每年有超过300万游客造访冰川湾，其中90%都是坐船过来并且一直待在船上；此外还有到达后直奔住处的团队游旅行者和前往露营地的背包客。

尽管公园总部、露营地和游客中心都在**巴特莱特湾**（Bartlett Cove），但冰川湾的门户却是9英里（14公里）以外的**古斯塔夫斯**（Gustavus）。这个地处偏僻的有趣小镇是州内渡轮的停泊点和阿拉斯加航空公司的降落地。镇上没有商业区，这个地区的大部分商业活动都集中在鲑鱼河（Salmon River）沿岸和树林里。小镇直到20世纪80年代初才通电，居民们至今仍过着一种自给自足的生活。对于一心只想看冰川的旅行者来说，古斯塔夫斯只有一个“二战”遗留下来的飞机跑道和一条通往巴特莱特湾的道路。如果你愿意花些时间四处转转，和当地人聊聊天，就会发现这是个很有意思的小镇，在斯卡圭（Skagway）等游轮码头等船时不妨过来体验一下别样的风景。

冰川

冰川湾的冰川位于海湾上方，距离巴特莱特湾40英里（64公里）。如果你不打算坐游轮，也不想花上一两周时间划船，那就只能坐观光船才能看到这些冰川。

Glacier Bay Lodge & Tours（☎888-229-8687; www.visitglacierbay.com; 团队游 成人/儿童 $195/97.50）运营的高速双体船（Fairweather Express）早上7点半出发，前往西臂湾（West Arm），时长8小时，船在下午4点返回。团

像阿拉斯加州的其他冰川一样，冰川湾的冰块也正在迅速消融，尤其是缪尔湾（Muir Inlet）的冰川。20年前的这里有3座活跃的入海冰川，现在却只剩下了麦克布莱德冰川（McBride Glacier）这么一座。公园里体积扩大的冰川只有约翰霍普金斯冰川（Johns Hopkins Glacier）和朗普拉夫冰川（Lamplugh Glacier），其他的都逐渐在消融。

巴特莱特湾附近由管理员带队的森林步行游览

队游包含午餐，船上有一名公园的博物学家为游客讲解。

观鲸

冰川湾是许多海洋生物的家园，包括鲸鱼。其中体型最大、行动最灵活的是座头鲸，它们会从水中腾空跃起。成年座头鲸通常能长到50英尺（15米），重达40吨。其他的海洋生物有斑海豹（harbor seal）、鼠海豚（porpoise）、虎鲸（killer whale）和海獭（sea otter），此外这个地区还有棕熊、黑熊、狼、驼鹿、山羊和超过200种的鸟类。

冰川湾也是游轮观光业和环保主义者争抢的地盘。1978年，公园内发现鲸鱼的数量急剧下降。之后，国家公园管理局规定，在夏季的3个月里，游船的出海次数不能超过79次。然而，游轮观光业成功游说了美国国会，国家公园管理局又在1996年批准了在冰川湾增加30%的船只。这样的结果是，有将近200艘观光船在夏季出海。环保主义者为此向法院提出起诉，事情最后以每天限定两艘大观光船出海的折中方案画上句号。

Cross Sound Express（☎888-698-2726；www.taz.gustavus.com；团队游 成人/儿童 $120/60）提供观鲸团队游，他们的船（Taz）长50英尺（15米），能够承载23名乘客。船从古斯塔夫斯（Gustavus）码头出发，时间为夏季的每天8点半和12点半，游览时长为3.5小时。

划船

冰川湾特别适合那些划过船但不一定尝试过皮划艇的人。**Fairweather Express**（☎907-264-4600，888-229-8687；www.visitglacierbay.com；单程 成人/儿童 $105/52.50）在两个地点接送划船的旅行者，通常是在缪尔湾［Muir Inlet，也叫作东臂湾（East Arm）］的入口处和西臂湾（West Arm）的里面。通过搭乘这种观光船，你可以跳过前面那段长长的开阔水路，直接进入冰川所在地那风平浪静的小水湾。最壮观的冰川群位于西臂湾内，在借助观光船的条件下，需要至少4天才能划到冰川。如果只依靠观光船走一段路，你需要7至10天的时间从任一臂湾划回巴特莱特湾。

在海上划皮划艇，缪尔湾

渴望划船但又不想在观光船上花钱的人不要错过**比尔德斯利群岛**（Beardslee Islands）。尽管这里没有冰川可看，但从巴特莱特湾划船过来只需1天。这里的水面平静且有遮挡，有适合露营的漂亮沙滩，还有机会看到黑熊、海豹和白头雕，退潮时显露的潮汐池也能提供不少乐子。

徒步

冰川湾几乎没有铺设好的徒步道，在荒野徒步会经过河岸、山脊和冰川遗留地。唯一经过开发的路径在巴特莱特湾。

新开发的**露莓环线**（Nagoonberry Loop）的起点和终点都在Glen's Ditch Rd的末端，全程长2.2英里（3.5公里）。沿途会经过一片森林的不同区域（从草甸到成熟林区）和海滩。

1英里（1.6公里）长的**森林步道**（Forest Trail）是一条天然小道，起终点都在巴特莱特湾的码头附近，中间经过到处是小池塘的云杉树和铁杉树林。夏季时管理员带队的导览游走的就是这条路；冰川湾游客中心可提供相关信息咨询。

巴特莱特河步道（Bartlett River Trail）长1.5英里（2.4公里）开始于通往古斯塔夫斯的道路前方，你会在那里看到标识起点的标牌。这条路的终点在巴特莱特河的河口处。

古斯塔夫斯角海滩步行道（Point Gustavus Beach Walk）沿巴特莱特湾以南的海岸通往古斯塔夫斯角和古斯塔夫斯，是从公园总部出发的唯一一条需要过夜的徒步路线。

实用信息

巴特莱特湾的国家公园管理局能提供最全面的信息。

冰川湾游客中心（Glacier Bay Visitor Center；☎907-697-2661；www.nps.gov/glba；⏲11:00~20:00）位于Glacier Bay Lodge的二楼，里面有展览、书店和一个问询台。游客中心每天都会组织从这里出发的导览步行游，中心内有关于公园的视频和幻灯片展示。

古斯塔夫斯游客协会（Gustavus Visitors Association；☎907-697-2454；www.gustavusak.com）网站上有大量信息。

旅游信息工作站（Visitor Information Station；☎907-697-2627；⏲7:00~19:00）工作站位于公共码头下面，露营、划皮划艇和划船的人可在此处休息。可办理荒野旅行许可证和划船许可证，旅行者可从这里获知信息、观看一段20分钟长的公园介绍视频。

冰洞和冰川小溪流

食宿

住宿地主要集中在古斯塔夫斯，需要支付7%的床位和销售税。

Blue Heron B&B（907-697-2293；www.blueheronbnb.net；State Dock Rd，Gustavus；房间/小屋 $154/190；）这家民宿的周围是10英亩（4公顷）的野花，可以看到费尔韦瑟山脉。两个房间和两栋小屋（带小厨房）为现代风格的装修，明亮且干净，都配置了电视机/录像机和独立浴室。有一个吃早餐的日光室，早餐品种丰富，有加了蓝莓的燕麦片和煎蛋饼等。

Seaside Campground（907-697-2214；露营地 $20）这个露营地位于费尔韦瑟山的高尔夫球场边缘的一片草地中，条件简朴，可以搭帐篷或停放房车。淋浴间和卫生间在马路对面。

Gustavus Inn（907-697-2254，800-649-5220；www.gustavusinn.com；Mile 1，Gustavus Rd；房间 $225，共用浴室 $215；）这座漂亮的家族住宅是古斯塔夫斯最好的住宿地，每一本关于阿拉斯加的旅行书上都会提到它。住宅装修得现代而舒适，既不会给人感觉太粗糙，也没有失去当地的特色。房费包含三餐，这里的晚餐特别有名，他们会用自己种的蔬菜和当地新鲜海产品作为食材，为客人供应家常风味的菜肴。即使你觉得这里的房费太贵，也可以过来品尝下他们的晚餐。

巴特莱特湾也有吃饭和住宿的地方。

国家公园管理局露营地（NPS Campground）国家公园管理局的这个露营地位于Glacier Bay Lodge以南1/4英里（400米）处的一片茂密森林里，不远处就是海岸。这里的营地不收费，也用不着预订，因为总是会有空位。这里有一个温暖的地窖可以用来躲避熊。公园里有投币即可使用的淋浴设备，但没有日用品或露营补给品售卖。

Glacier Bay Lodge（888-229-8687；www.visitglacierbay.com；199 Bartlett Cove Rd；房间 $199~224）巴特莱特湾唯一的一家酒店和餐馆，有55个房间、一个生着火的大石砌壁炉和一个餐厅。每晚在楼上有关于公园自然历史的幻灯片展示、管理员讲解和电影放映。

Sunnyside Market（907-697-3060；Dock Rd；9:00~18:00；）这里既是市场也是咖啡馆，你可以在这里买到各种有机食品、汉堡三明治和早餐卷饼。星期六有艺术集市。

Fireweed Gallery（4 Corners，Gustavus Rd；糕点 $3~6）来这里是为了能品尝古斯塔夫斯最好的咖啡和新鲜出炉的糕点，同时欣赏店内的当地艺术装饰。

到达和当地交通

到达古斯塔夫斯的机场后，离巴特莱特湾还有9英里（14公里）的路程。Glacier Bay Lodge的巴士会在机场迎接乘坐阿拉斯加航空公司航班的旅客；巴士对自己的住客免费，其他来冰川湾参加团队游的人需支付$15。**TLC Taxi**（907-697-2239）的出租车在渡轮码头外等候，前往巴特莱特湾的车费也是每人$15。

飞机

阿拉斯加航空公司（Alaska Airlines；800-252-7522；www.alaskaair.com）唯一一家在这里开通有航线的航空公司，飞机从朱诺（Juneau）起飞，降落在古斯塔夫斯，时长25分钟。

Alaska Seaplanes（907-789-3331；www.flyalaskaseaplanes.com）往返于古斯塔夫斯和朱诺之间的水上飞机，每天有多班航班，单程$99。

船

去古斯塔夫斯最便宜的方式是乘坐**Alaska Marine Highway**（800-642-0066；www.ferryalaska.com）的船（LeConte号）。船往返于朱诺和古斯塔夫斯之间（单程$35，3.5小时），每周有数班，途中有机会看到鲸鱼。

所属州

阿拉斯加州

门票

免费

面积

6400平方英里/

16,575.9平方公里

适合

阿拉斯加海岸的棕熊，卡特迈国家公园

卡特迈国家公园

KATMAI NATIONAL PARK

来这个面积相当于威尔士的国家公园体验脊背发凉的感觉：近距离观看公园的主要景点——重达1000磅（450公斤）的棕熊，看这些力量惊人的大块头如何从河里捕捉肥美的鲑鱼。

人类在阿拉斯加半岛北部的卡特迈已生活至少9000年，这片罕见的火山地貌土地还是棕熊、驼鹿、狐狸、大角鸮、秃鹰等野生动物的家园，奔流不息的河流孕育了成群的鲑鱼和虹鳟。由于阿拉斯加州主要的公路网络没有覆盖卡特迈国家公园，并且这个公园的面积足有整个威尔士那么大，因此如果你喜欢清静、想在人迹罕至的地方徒步或是泛舟湖上，那么这里就是你该选择的地方。此外，你还能看到捕食鲑鱼的棕熊，并有机会在景色壮丽的地方垂钓以及领略火山地貌的奇观。

观熊

Brooks Camp有3个使用已久的观熊区。你可以观看熊在河口捕鱼或在水湾里游泳，还可以用相机记录鲑鱼高高跃起的瞬间，站在小瀑布上张开嘴伺机捕食的棕色大家伙也是很好的拍照对象。6月末至7月以及9月至10月中旬是鲑鱼数量最多的时期，来这里捕食的熊可能多达8至12头，其中有二三头会站在小瀑布的上方。

徒步

这个公园有大片难得一见且人迹罕至的土地，背包徒步是探索它们的最佳方式。与阿拉斯加州内陆的丹奈利国家公园一样，卡特迈也几乎没有正式的徒步道；背包客沿着河沙洲、湖岸、山脊上的碎石路和其他天然路径行走。

划船

对于大部分旅行者来说，在这里划皮划艇是个艰巨的任务，因为湖上的风很大，湖面也可能涌起波浪。划船技术过硬的人应该能够应付这些情况，但对于生手而言这也许会让他们陷入险境。

到达和离开

大部分来卡特迈的游客乘坐**阿拉斯加航空公司**（Alaska Airlines; ☎800-252-7522; www.alaskaair.com）的飞机抵达王鲑镇（King Salmon）；之后再坐短程航班公司的浮筒水上飞机去Brooks Camp，这段路程时长20分钟。

万烟谷（Valley of Ten Thousand Smokes）

1912年的一次双火山喷发造就了这片谷地的独特地貌。喷发出来的火山灰覆盖了这个地区，热气冲土而出，形成数不清的火山喷气孔，给人感觉仿佛世界末日曾在此地降临。这种奇观让人们注意到卡特迈这个地方，并在1918年将其建立成国家纪念地。如今，气孔中喷出的热气已明显减少，但依然是公园内仅次于观熊的景点，每天有一班车从Brooks Camp开往此地。

所属州

阿拉斯加州

门票

免费

面积

1685平方英里/
4364.1平方公里

适合

立式单桨冲浪

基奈峡湾国家公园 KENAI FJORDS NATIONAL PARK

雄伟的哈丁冰原(Harding Ice Field)是这个公园最吸引人的地方;无数的入海冰川从那里倾泻而下,将海岸变成了令人目眩的峡湾。这样的壮景加上丰富的海洋野生动物让基奈峡湾国家公园成为阿拉斯加的重要旅行目的地。

基奈峡湾国家公园风景壮丽,这里的入海冰川来自这块大陆上最大的冰原之一。这里还有由这些冰川塑造的峭壁峡湾。与之相邻的卡彻马克湾州立公园(Kachemak Bay State Park)占据着基奈半岛(Kenai Peninsula)最南端的大片位置,包括群山、森林和峡湾,景色优美壮观。在基奈峡湾划船有机会看到鲸鱼和其他海洋动物。

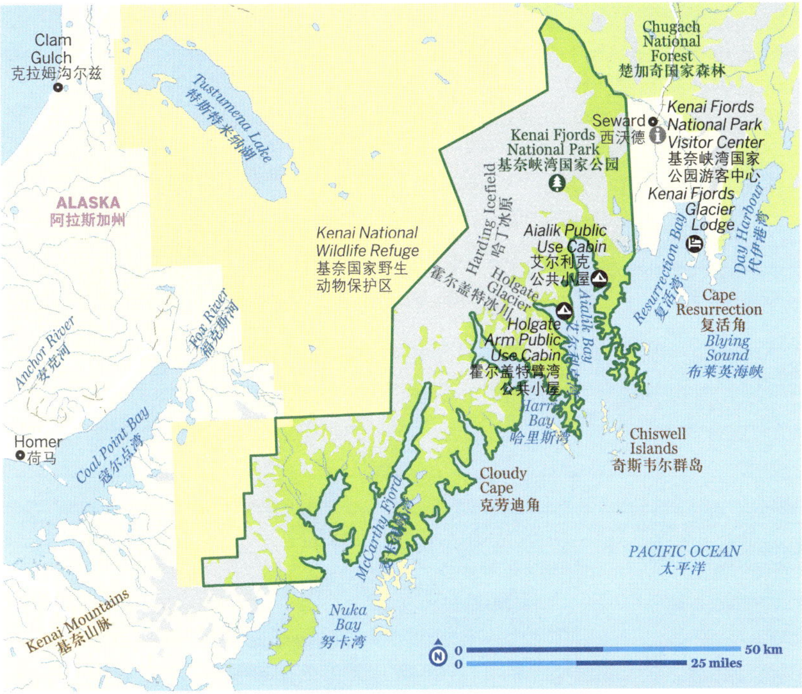

活动

泛舟于峡湾上，你有机会听到冰块从入海冰川上跌落时发出的隆隆声、海狮的叫声和它们上下岸时稀里哗啦的水声，以及三趾鸥（kittiwake）栖息地传来的叽里咕噜鸟叫声。划船至彼得森冰川（Peterson Glacier）附近，你将有机会看到在冰面上一蹦一跳的胖胖的斑海豹（harbor seal）以及在复活湾（Resurrection Bay）入海口处跳出水面的鲸鱼。划船穿过波浪涌动的基奈峡湾，你就能像虎鲸一样尽情欣赏这个丰富多彩的海洋生态系统。

基奈国家野生动物保护区（Kenai National Wildlife Refuge）里有适合划独木舟和徒步的路线，这里还有几处世界上最棒的鲑鱼垂钓点。保护区的西边是一片泥泞多湖的平地，适合划独木舟和钓鱼。

住宿

公共小屋（Public-Use Cabins; www.nps.gov/kefj/; 小屋$65）峡湾边有两座小屋，艾尔利克湾（Aialik Bay）和西北潟湖（Northwestern Lagoon）的海滩上有许多非正式的露营地——这两处海滩也适合皮划艇下水。艾尔利克湾小屋（Aialik Bay Cabin）所在的沙滩特别适合徒步、捡贝壳和观鲸；从霍尔盖特小屋（Holgate Cabin）可以看到壮观的霍尔盖特冰川（Holgate Glacier）。如果想在以上地方住宿，你应尽早通过**阿拉斯加公共土地信息中心**（Alaska Public Lands Information Center; ☎907-644-3661）预订。

阿拉斯加的冰川

入海冰川“生产”冰块的过程（大小不一的冰块从冰川上跌落）是一场视觉和听觉上的盛宴。入海冰川从陆地延伸进海（或湖），冰块跌落时会与水碰撞发出震耳的隆隆声。在冰川湾国家公园（Glacier Bay National Park）、基奈峡湾国家公园和威廉王子湾（Prince William Sound）拥有阿拉斯加州数量最多的入海冰川，可以乘坐观光船游览。

1

3

GUS ROBLINS / GETTY IMAGES ©

WESTEND61 / GETTY IMAGES ©

1. 奥林匹克国家公园
2. 北极之门国家公园大门附近的北美驯鹿
3. 丹奈利（麦金利山）

2

SUNNY AWAZUHARA- REED / DESIGN PICS / GETTY IMAGES ©

阿拉斯加州的历史古迹

锡特卡国家历史公园
(Sitka National Historical Park)

1804年，特林吉特人(Tlingits)在这里与俄罗斯人交战并被打败。如今，这里建有一座113英亩(46公顷)的公园，并在锡特卡和战败遗址之间修建了一条林肯街(Lincoln St)。

1英里(1.6公里)长的图腾之路(Totem Trail)上有18个图腾，这些图腾首次亮相是在1904年的路易斯安那世界博览会(Louisiana Exposition)上，之后便迁到了这个公园。这些图腾位于海边一片雾气缭绕的雨林中，可以说是这个国家公园甚至这个城市的代表。

最后来到印第安河(Indian River)附近的特林吉特堡垒遗址，现在仍然可以看出堡垒的轮廓。你可以独自游览这条路径，也可以参加由管理员带队的“战斗步行游览”(Battle Walk)。

特林吉特人在木质堡垒里坚守了一个星期。俄罗斯的大炮对特林吉特人修建的堡垒毫无办法。在阿留申人的帮助下，俄罗斯人向堡垒发起猛攻，结果伤亡惨重，不得不又退了回去。直到特林吉特人的火石弹药耗尽，他们趁夜色逃走，俄罗斯人这才得以进入堡垒。

游客中心内有俄罗斯和当地的工艺品展览，放映室里播放着一段12分钟的视频，讲述特林吉特人与俄罗斯人的这次战斗。你也可以用手机拨打电话，借助讲解录音来游览公园和中心。

阿留申“二战”国家历史区
(Aleutian WWII National Historic Area)，
乌纳拉斯卡岛 (Unalaska)

1966年，美国国会建立了这个134英亩(54公顷)的国家历史区，用来纪念“二战”中发生在阿留申群岛上的浴血战斗。

游客中心位于机场附近一座建于1942年的空中交通管制塔里，从这里开始，你可以了解这场“被遗忘的战争”(Forgotten War)的相关信息。楼下的展览重现了阿留申人的战斗，包括日本对荷兰港(Dutch Harbor)的空袭。楼上是重建的管制塔，里面有个放映室，可以观看关于这场战争的纪录片。

这个公园的主要保护对象是巴利乎山(Mt Ballyhoo)上的施瓦特卡堡垒(Fort Schwatka)，这座堡垒从1000英尺(300米)高度俯瞰白浪滔天的白令海(Bering Sea)，是美国历史上海拔最高的海岸炮台。堡垒为美国军方所有，里面有超过100个观察哨、指挥站和抗震抗强风的建筑。这里的枪架是美国保存得最好的，还建有壕沟和地堡，士兵们可以通过这些壕沟和地堡将弹药从山的一边运送到另一边。

这个如山般高耸的军事遗迹海拔1634英尺(498米)，你可以沿Ulakta Rd走路或坐车过来。坐车的话，先走到渡轮码头以北半英里(800米)的Ballyhoo Rd边。如果是走路过来，沿着这条碎石路要走上1个小时才能到山顶，但在途中和山顶上可以欣赏到风景优美的乌纳拉斯卡岛(Unalaska Island)。记得从游客中心拿一份免费的《施瓦特卡堡垒自助游》(*Fort Schwatka Self-Guided Tour*)宣传册。

伊努皮亚特传统中心 (Iñupiat Heritage Center)，巴罗 (Barrow)

这个中心占地24,000平方英尺(2230平方米)，里面有一家博物馆和礼品店以及一个多功能室。每天下午，多功能室里有简短的舞蹈和击鼓表演。当地的工匠经常聚在大厅里售卖面具、鲸骨雕刻品和装饰性兽皮，他们很乐意和人们交流对工艺和技术的看法。

中心的陈列室内摆放着海报大小的当地老年人的黑白肖像照、35英尺(10.7米)长的北极露脊鲸骨架的复制品、传统捕鲸文化和捕

猎仪式的分解图等展品。

克朗代克淘金潮国家历史公园（Klondike Gold Rush National Historical Park），斯卡圭（Skagway）

国家公园管理局中心位于这座建于1898年的白色通道及育空线（White Pass & Yukon Route）的车站里。中心里有展览、管理员活动和一家小书店，其中最让人难忘的展品莫过于大量补给品的复制品，当年每个矿工都得背着这么多补给品翻越奇尔库特山口（Chilkoot Pass）。每逢整点，中心内会播放一段介绍淘金潮的影片《淘金热——冲向克朗代克》（*Gold Fever: Race to the Klondike*），时长25分钟。

5月初至9月末，有由管理员带队的历史古迹步行游览（免费），时长50分钟，出发时间为每天上午9点、10点和11点以及下午2点和3点；如果想知道其他时间是否额外安排有这项活动，请打电话咨询。

EARL ELIASON / GETTY IMAGES ©

1. 克朗代克淘金潮国家历史公园
2. 图腾柱，锡特卡国家历史公园

所属州

阿拉斯加州

门票

免费

面积

5625平方英里/
14,568.7平方公里

适合

跨越小溪流，克拉克湖国家公园

克拉克湖国家公园 LAKE CLARK NATIONAL PARK

克拉克湖国家公园和自然保护区集合了阿拉斯加州所有壮丽风景的代表：苔原覆盖的山丘、山脉、冰川、海岸、该州最大的湖泊以及两座活火山。

尽管这片5625平方英里（14,569平方公里）的土地拥有震撼人心的风景，并且靠近阿拉斯加州最大的城市安克雷奇（Anchorage），但每年只有不到5000名游客造访这里。群山环绕下的克拉克湖长42英里（68公里），湖水呈碧蓝色，是这个公园最大的亮点。

阿拉斯加山脉和阿留申山脉在这里相交形成了奇格米特山脉（Chigmit Mountains）。这里还有两座活火山：伊利亚姆纳火山（Mt Iliamna）和里道特火山（Mt Redoubt）。公园内有许多可以徒步的地方，克拉克湖比较适合经验丰富的旅行者。

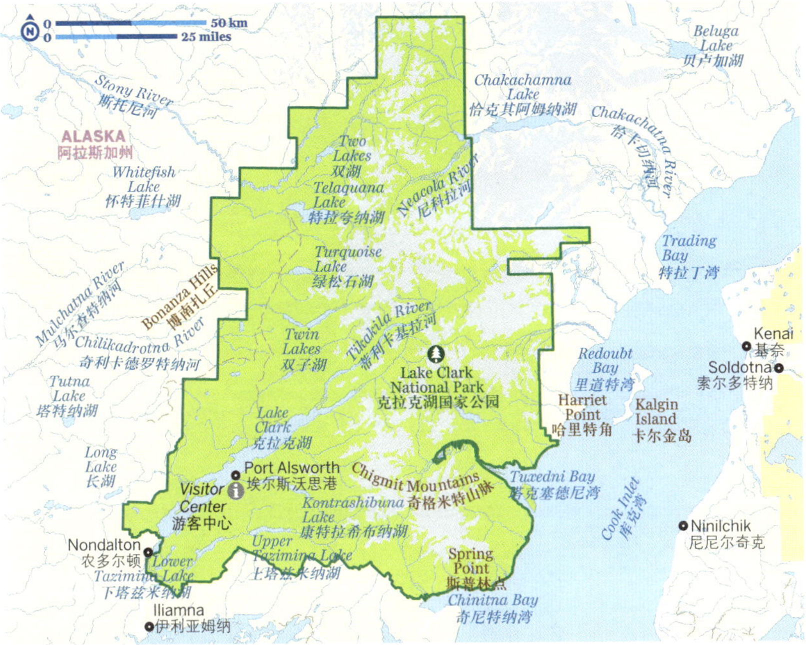

当地交通

国家公园管理局公园总部（NPS Park Headquarters；☎907-644-3626；www.nps.gov/lacl；240 West 5th Ave, Ste 236, Anchorage；⏲周一至周五 8:00~17:00）能为你的行前规划提供信息。

阿尔斯沃特港（Port Alsworth）是公园的主要入口，这里有**管理员工作站**（☎907-781-2117；⏲5月末至9月中旬 每天），提供关于长达50英里（80公里）、历史悠久的**特拉夸纳步道**（Telaquana Trail）和**双子湖**（Twin Lakes）的信息，这两个地方都有干燥的苔原山坡，你能够轻松爬上山脊去欣赏壮丽的风景。

活动

这里是划船、钓鱼和徒步者的乐园。从奇利卡德罗特纳河（Chilikadrotna）、蒂利卡基拉河（Tlikakila）和马尔查特纳河（Mulchatna）这三条指定的原生态河流中选择一条（难度级别为3级至4级），然后坐船顺流而下吧，你将收获壮丽的风景和兴奋激动的心情。**Alaska Raft & Kayak**（☎907-561-7238，800-606-5950；www.alaskaraftandkayak.com；401 W Tudor Rd, Anchorage；⏲周一至周六 10:00~18:00）是这里最好的船只租赁商，出租充气皮划艇和独木舟（$75/天）以及14至16英尺（4至5米）长的橡皮艇（$100/天）。

阿拉斯加海上公路渡轮

5月至9月间，除了坐飞机还有一种观赏“阿拉斯加荒野”（Bush Alaska）的简单方法：搭乘阿拉斯加海上公路（Alaska Marine Highway）的渡轮，前往阿留申群岛的东端。沿途的风景和野生动物能让你大饱眼福。你可以远眺数座火山口、阿留申群岛上虽然没有树但满目苍翠的青山和独特的岩层崖壁，还有许多机会看到鲸鱼、海豹、海獭、鼠海豚以及各种鸟类（超过250种）。当然，观赏体验的好坏与天气息息相关。遇上坏天气时，这段旅程会变得极为艰难——它被称作“穿越风暴诞生地之旅”是有原因的。天气温和的日子出现在6月至8月，秋天时海面上会涌起40英尺（12米）高的浪，海风时速可达80海里/小时（148公里/小时）。

所属州

华盛顿州

门票

7日通票 $25/车

面积

368平方英里/
953.1平方公里

适合

雷尼尔山（Mount Rainier）

RICHARD MITCHELL - TOUCHING LIGHT PHOTOGRAPHY / GETTY IMAGES ©

雷尼尔山国家公园 MOUNT RAINIER NATIONAL PARK

雷尼尔山（Mt Rainier，海拔14,411英尺/4392米）是美国本土的第四高峰，在许多人眼里，它也是最让人心生敬畏的一座山。你不仅能在华盛顿州的任意一块牌照上看到它的图案，也可以在这个州的许多地方远眺到它的身影。

很早之前，皮阿拉普（Puyallup）和尼斯阔利海岸（Nisqually Coast）的萨利希人（Salish）就在这里的河里捕鱼。1792年，欧洲人发现了这个地方，并将其取名为雷尼尔山。

1888年，现代环保运动的开拓者约翰·缪尔（John Muir）攀登了雷尼尔山。多亏他的努力，雷尼尔山得以在1899年成为美国第五个国家公园。

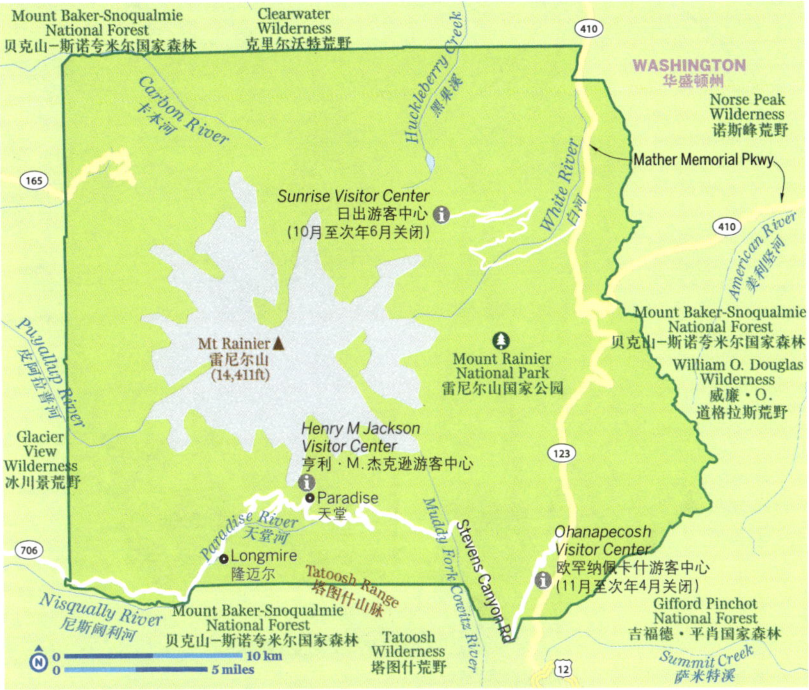

雷尼尔山国家公园有4个入口。人流量最多且最方便的是公园西南角附近的尼斯阔利(Nisqually),位于706号公路边,经阿什福德(Ashford)可达。这个入口全年开放。

距离尼斯阔利7英里(11公里)的隆迈尔(Longmire)有一家**博物馆和信息中心**(☎360-569-6575; ⏲9:00~16:30),是许多徒步路径的起点,还有一家条件简朴的**National Park Inn**(☎360-569-2275; www.mtrainierguestservices.com; 房间 不带/带浴室 $119/169起,套间 $252; ⏲全年; P ❄),旅馆里有一间不错的餐馆。

再往东边过去12英里(19公里),就到了地势较高的天堂(Paradise),这里有更多的徒步路径和解说步行道。为这片区域提供支持的是**亨利·M.杰克逊游客中心**(Henry M Jackson Visitor Center; ☎360-569-6571; ⏲6月至9月 每天 10:00~19:00, 10月至次年5月 周六和周日 10:00~17:00)和**Paradise Inn**(☎360-569-2275; www.mtrainierguestservices.com; 房间 不带/带浴室 $122/194起; ⏲5月至10月),这家"公园式"旅馆建于1916年,具有重要的历史意义,是攀登雷尼尔山的起点。

其他三个入口分别为:欧罕纳佩卡什(Ohanapecosh),沿123号公路经小镇帕克伍德(Packwood)过来,帕克伍德有住宿的地方;白河(White River)紧邻410号公路,这条公路(海拔6400英尺/1951米)通往**Sunrise Lodge Cafeteria**(小吃 $6~9; ⏲7月和8月 10:00~19:00),那有风景优美的观景点;可从偏僻的西北角的卡本河(Carbon River)进入公园的内陆雨林。

露营

公园内的露营地有自来水和厕所,但没有淋浴间和房车充电点。夏季过来的话强烈建议先去公园**露营地**(☎877-444-6777; www.recreation.gov; 露营地 $20)预订。如果打算在偏僻地区过夜,要办理荒野地区的旅行许可证;具体情况请登录美国国家公园管理局的网站查看,网站上还有可下载的地图和关于公园内众多路径的具体介绍。

所属州

华盛顿州

门票

免费

面积

788平方英里/

2041平方公里

适合

奇利瓦克河谷（Chilliwack River Valley）

CULTURA RM/ALAN KEARNEY / GETTY IMAGES ©

北喀斯喀特国家公园

NORTH CASCADES NATIONAL PARK

在西北太平洋地区的各处荒原中，以北喀斯喀特国家公园的风景最为自然原始。这里鲜有人迹，也无村落和可以过夜的地方，仅有一条非铺装道路。

光听这些高山的名字便可知道公园的风格：荒凉峰（Desolation Peak）、锯齿岭（Jagged Ridge）、绝望山（Mt Despair）和恐怖山（Mt Terror）。

这个地区的冰川足有300座之多，是除阿拉斯加州以外进行荒野探险的最佳地点。

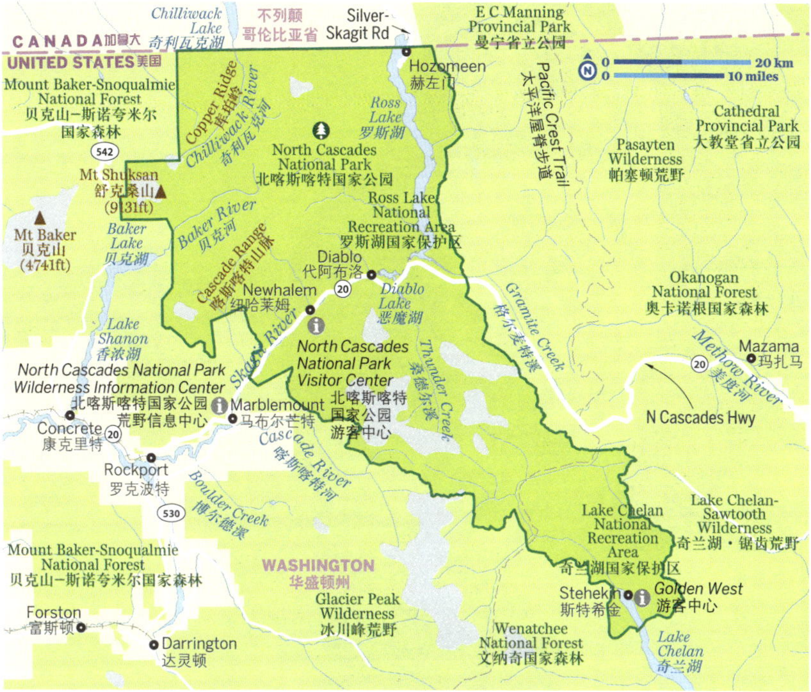

北喀斯喀特国家公园崎岖多岩，原始风貌犹存，是北喀斯喀特国家公园管理局综合机构（North Cascades National Park Service Complex）下辖的三个公园中最大的一个。

北喀斯喀特游客中心（North Cascades Visitor Center；☎206-386-4495, ext 11; 502 Newhalem St, Newhalem; ⏲6月至9月 9:00~18:00，10月至次年5月 开门时间缩短）位于20号公路边的小村落纽哈莱姆（Newhalem）内，能为你提供最为可靠全面的方位信息。这里的管理员对公园了如指掌，能指明公园的最大亮点。整个夏季，这里都有管理员带队的步行游览和讲解，同时在公园许多地方都会举办解说活动。

罗斯湖（Ross Lake）西侧的**Ross Lake Resort**（☎206-386-4437; www.rosslakeresort.com; 503 Diablo St, Rockport; 小屋 $175~350; ⏲6月中旬至10月末）里有些水上小屋，小屋建于20世纪30年代，是当时山谷伐木工的居所。但当时他们工作的山谷没过多久就因修建罗斯大坝（Ross Dam）而被淹，现在这里成为该州最独特的住宿地。度假村没有通公路，住客要么从20号公路徒步2英里（3公里）过来，要么从魔鬼水坝（Diablo Dam）附近的停车场乘坐度假村的拖船过来。

到达

从20号公路过来是进入公园的主要途径。Silver-Skagit Road和State Route 542（SR 542）是进入公园北部许多区域的入口，包括赫左门（Hozomeen）、舒克桑山（Mount Shuksan）和库珀岭（Copper Ridge）。

露营

露营地按照先到先得的原则提供给旅行者使用。殖民地溪（Colonial Creek）、古德尔溪（Goodell Creek）和纽哈莱姆溪（Newhalem Creek）的露营地每晚收费$16。峡谷湖（Gorge Lake）和赫左门的露营地免费。去荒野露营需事先办理许可证，许可证不收费。

所属州

华盛顿州

门票

7日通票 $20/车

面积

1406平方英里/

3641.5平方公里

适合

横斑林鸮（barred owl），奥林匹克国家公园

JAN ZOETEKOUW PHOTOGRAPHY / GETTY IMAGES ©

奥林匹克国家公园

OLYMPIC NATIONAL PARK

这个以气候潮湿著称的国家公园拥有世界上仅有的几座温带雨林之一，还有太平洋沿岸57英里（92公里）长的荒原，极具“原始”和“西部”特色。

海洋和雨林在奥林匹克国家公园里实现了和谐共存。这里在1909年被宣布为国家纪念地，在1938年成为国家公园。公园靠太平洋的一侧与世隔绝，是美国降雨最多的微气候地区，至今保持着自然原始的模样。这片土地为想要独自探索的人提供了无限可能，旅行者还可进行徒步、钓鱼、划船、滑雪等多种活动。

公园最方便的入口位于安吉利斯港(Port Angeles)以南18英里(29公里)的飓风岭(Hurricane Ridge)。这条路的末端有个解说中心,可以看到奥林匹克山(Mt Olympus,海拔7965英尺/2428米)和众多其他山峰,十分壮丽。该地海拔5200英尺(1585米),准备好面对恶劣天气和狂风。

公园靠太平洋一侧有温带雨林和原始风貌的海岸,经美国101号公路(US 101)可达。霍河雨林(Hoh Rainforest)里到处是湿漉漉的蕨类植物和布满苔藓的大树,让人感觉仿佛走进了托尔金笔下的魔幻森林。**霍河游客中心和露营地**(Hoh Visitor Center and Campground; ☎360-374-6925; ⏲9:00~17:00)提供关于导览游和荒野徒步的信息。这里没有充电点和淋浴间,露营地先到先得。

奎诺尔特湖(Lake Quinault)是公园南部的冰川湖泊——青山环绕,景色优美,适合钓鱼、划船和游泳。湖周围生长着若干美国最老的古树。

梦幻山谷步道(Enchanted Valley Trail)开始于南岸路(South Shore Rd)末端的格雷夫斯溪(Graves Creek)管理员工作站,一路上山直至一个生长着野花和赤杨树的大草地。全程长13英里(21公里),中等级别的难度。

住宿

很多游客会来新月湖(Lake Crescent)划船或钓鱼,这里有公园营业最早、价格最合理的**旅舍**(☎888-896-3818; www.olympicnationalparks.com; 416 Lake Crescent Rd; 房间/小屋 $120/260起)。

国家公园的东边有两个州立公园(内有自来水和带抽水设备的厕所),许多人会选择去那里露营;它们是**多斯沃利普斯州立公园**(Dosewallips State Park; ☎888-226-7688; www.parks.wa.gov; 306996 Hwy 101; 帐篷营地 $12~35,房车营地 $30~45)和**库什曼湖州立公园**(Lake Cushman State Park; ☎888-226-7688; 露营地 $15~66)。

实用信息

奥林匹克国家公园游客中心(Olympic National Park Visitor Center; ☎360-565-3130; www.nps.gov/olym; 3002 Mt Angeles Rd, Port Angeles)这个游客中心位于安吉利斯港的飓风岭关口,距离101号公路(Hwy 101)1英里(1.6公里),能提供最为全面的服务。开门时间不定。

所属州
阿拉斯加州
门票
免费
面积
20,625平方英里/
53,418.5平方公里
适合

肯尼科特的采矿建筑

CHRISBOSWELL / GETTY IMAGES ©

兰格尔山-圣伊莱亚斯山国家公园

WRANGELL-ST ELIAS NATIONAL PARK

这里是世界上第二大的国家公园，拥有超过2万平方英里（5万平方公里）的冰雪覆盖的壮美山脉，对于每年45,000的游客量来说可是足够大了——确切地说应该是大得吓人。

这个公园的几组重要数据会颠覆你的认知。如果兰格尔山-圣伊莱亚斯山国家公园是一个国家，那么它将比世界上70个独立国家都要大。公园里最大的冰川所覆盖的面积大于美国的罗得岛州（Rhode Island）。公园内的许多山峰从未被人征服过，就更别说这里的野生动物是如何丰富多彩了。

在每8名往北前往丹奈利国家公园的人中，仅有1名勇敢的旅行者会来没什么知名度的兰格尔。这是为什么呢？问得好。这个公园的大部分地方都很原始荒凉，而且没有像丹奈利那样的基础设施或卫星小镇，尽管这里确实有一个小村落**麦卡锡**（McCarthy；从安克雷奇开车过来7小时），它附近还有一个叫作**肯尼科特**（Kennecott）的村子，这个村子曾开采出过铜矿，国家公园管理局将这段历史保存了下来。

好了，现在你打算怎样规划在这里的行程呢？95%的游客选择通过麦卡锡和肯尼科特这两个偏僻的小村落进入公园，乘小飞机可以抵达这两个村子，或者开车上理查德森公路（Richardson Hwy），然后在靠近**库珀中心**（Copper Center）的地方拐入非铺装的岔路——这是唯一一条通往村子的道路。这两个地方一共只有几家餐馆、一家商店和大约40名吃苦耐劳的常住村民，他们依靠捕猎和种植蔬菜为生。这个地区的热门活动包括冰川徒步、攀冰以及围绕肯尼科特的采矿建筑的历史文化团队游。

徒步

跟在丹奈利不一样，来这里徒步或夜宿公园内不需要办理许可证，但是公园还是希望旅行者能够告知管理员工作站自己的行程计划。工作站能为你提供建议和防熊罐。防熊罐需要支付押金，之后会退还。

肯尼科特的游客中心能提供地图和关于一日或多日徒步的信息。

有多大？

兰格尔山-圣伊莱亚斯山国家公园是美国最大的国家公园，在世界排名第二，仅次于东北格陵兰国家公园（Northeast Greenland National Park）。它的面积是瑞士、约塞米蒂国家公园和黄石国家公园的面积总和，从北美洲最高峰之一的圣伊莱亚斯山（Mt St Elias）一直延伸至大海。

根冰川上的徒步者

纳贝斯纳路（Nabesna Road）

纳贝斯纳路是从Tok Cutoff往南42英里（68公里）处分出的一条岔路，延伸至兰格尔山-圣伊莱亚斯山国家公园的北部区域。对于偏爱偏僻公路的旅行家来说，就阿拉斯加州而言，没有比纳贝斯纳路更寂寞的公路了。

驶上纳贝斯纳路后，你会到达一个叫作斯拉纳（Slana；人口124）的地方。树林的另一边，在斯拉纳河（Slana River）北岸藏着一个阿拉斯加原住民村落，这里的村民在夏季仍然会用捕鱼水车捕捞鲑鱼。在继续上路之前，先去一下国家公园管理局的斯拉纳管理员工作站，这里可以为你提供关于路况和徒步的信息。你可以在这里买到美国地质局测绘的地图。工作站里布置了展览，还提供免费的公园官方指南*The K'elt' aeni*，里面有一章“纳贝斯纳路指南”（*Nabesna Road Guide*）。

在管理员工作站和公园入口之间的4英里（6公里）路上，你会看到许多可以住宿的地方。纳贝斯纳路进入公园后变成碎石路，两轮驱动车可以应付前面的29英里（47公里），之后的路被几股溪流淹没，积水较深的时候车辆无法通过（出发前咨询管理员最新的路况）。

有两条徒步路线可供选择。

如果你在纳贝斯纳路（Nabesna Rd）上，那么可以走3英里（5公里）长的**驯鹿溪步道**（Caribou Creek Trail；Mile 19.2，Nabesna Rd），这条路开始于纳贝斯纳路，最终通向一栋破旧的小屋，上升高度有800英尺（244米），到达小屋后可以看到无与伦比的群峰美景。

另一条2.5英里（4公里）长的**斯库昆火山步道**（Skookum Volcano Trail；Mile 36.2，Nabesna Rd）则没那么好走，这条路会穿过一段侵蚀严重的火山地貌，最后到达一个白大角羊经常出没的山口，上升高度有1800英尺（549米）。

热门的多日徒步目的地有多诺霍峰（Donoho Peak）、艾瑞尔湖（Erie Lake）和麦卡锡溪（McCarthy Creek）等。

团队游

兰格尔山-圣伊莱亚斯山有这个州最好的一些旅行社和导游。

St Elias Alpine Guides（☎888-933-5427；www.steliasguides.com；Motherlode Powerhouse，McCarthy）是最好的导览游公司之一，其经营的活动项目有：肯尼科特磨坊镇（Kennecott Mill Town）团队游（$25）、根冰川（Root Glacier）半日徒步（$75）、攀冰（$130）和真正的探险活动，如攀登从未被征服过的山峰。公司总部在麦卡锡，同时在肯尼科特设有办事处。

另外一家当地的导览游公司**Kennicott Wilderness Guides**（☎907-554-4444；www.kennicottguides.com；Main St，Kennecott）也拥有丰富的经验，经营小队伍攀冰和冰川游览（$75起）以及一系列多日徒步旅行等活动。

在肯尼科特河（Kennicott River）、尼兹纳河（Nizina River）和奇提纳河（Chitina River）上乘船一日游，然后穿越悬崖壁立的尼兹纳峡谷（Nizina Canyon），最后乘小飞机返回麦卡锡（McCarthy）——如果你对这些活动感兴趣的话可联系**Copper Oar**（☎800-523-4453；www.copperoar.com；Motherlode Powerhouse，McCarthy），这一系列活动的经营时间为每年6月至8月（每人$295，至少两人）。这家公司还经营包含划船、看冰川和山区徒步等活动的多日游。该公司附属于St Elias Alpine Guides。

想要乘飞机观光或乘飞机前往某个偏僻地区，可考虑拥有超佳口碑的**Wrangell Mountain Air**（☎907-554-4411；www.wrangellmountainair.com；Main St，McCarthy），价格为每人$110（35分钟）至$255（1.5小时）不等。

从冰川上方经过的小飞机

何时去

最佳到访时间是6月初至9月中旬。阿拉斯加内陆的冬天来得很早，9月末已满是积雪。各种服务机构基本自9月15日起歇业。

进入公园和实用信息

你可以通过两条土路进入公园：纳贝斯纳路和麦卡锡路。公园没有大门，也不存在关门的概念，但是主要的游客中心（库珀中心）会关门并会锁上其停车场的大门。不允许将车停在停车场里过夜。

公园内、纳贝斯纳路和麦卡锡路上都没有加油的地方，出发前请将车加满油。

移动网络只覆盖公园的部分区域。

游客中心

公园的主要游客信息点是**库珀中心游客中心综合机构**（Copper Center Visitor Center Complex; ☎907 822-7250; Mile 106.8 Richardson Hwy; 全年 周一至周五; ⏲5月中旬至9月中旬 每天 9:00~18:00，10月和4月 开门时间缩短，11月至次年3月 关门）。中心位于格伦纳伦（Glennallen）以南10英里（16公里）、安克雷奇以东200英里（322公里）、费尔班克斯以南250英里（402公里）的地方。中心的开门时间会随季节调整，具体请打电话咨询。

斯拉纳管理员工作站（Slana Ranger Station; ☎907-822-7401; Mile 0.5 Nabesna Rd）位于公园北部，从库珀中心过去2小时。

肯尼科特游客中心（Kennecott Visitor Center; ☎907-554-1105; Kennecott Mill Town; ⏲冬季关门）距离麦卡锡5英里（8公里）。

麦卡锡路信息站（McCarthy Road Information Station; Mile 59 on the McCarthy Rd; ⏲冬季关门）

住宿

公园及其周边有小屋、旅舍、民宿和露营地，还可以在公有土地上或纳贝斯路边和麦卡锡路边露营。

肯尼科特露营地（Kendesnii Campground; ☎907-822-5234; 露营地免费）位于Mile 28.2，是国家公园管理局设在公园的唯一一个官方露营地。这里非常偏僻，有10个露营地和不带冲水设备的厕所。道路维护的范围到Mile 42为止，之后是一段长4英里（6公里）的土路，通向一处国家历史遗迹——纳贝斯纳金矿井（Nabesna Gold Mine）。

落基山脉

野花盛开的草地和嶙峋陡峭的山峰构成了北美洲大陆分水岭的脊梁——落基山脉。丰富的野生动植物，广阔的原始荒野风光，西部开拓史上的重要地位——落基山脉始终是美国开拓精神的象征，而这个地区的众多公园也是美国国家公园中的翘楚。

这些公园分布区域的跨度长达1000英里（1609公里），一趟公路旅行很难全部覆盖，但是你可以选出两三个作为你的目的地。世界上的首座国家公园——黄石国家公园仍然是人们的首选，这里散布着多座原始的间歇泉，还能遇见种类繁多的野生动植物。对于想要欣赏壮阔风光和进行高山探险的人来说，大蒂顿国家公园、冰川国家公园和落基山国家公园则能让他们心满意足。科罗拉多州的南边坐落着这个地区最奇特的景观——让人如置幻境的大沙丘国家公园。

北美野牛，大蒂顿国家公园

落基山脉

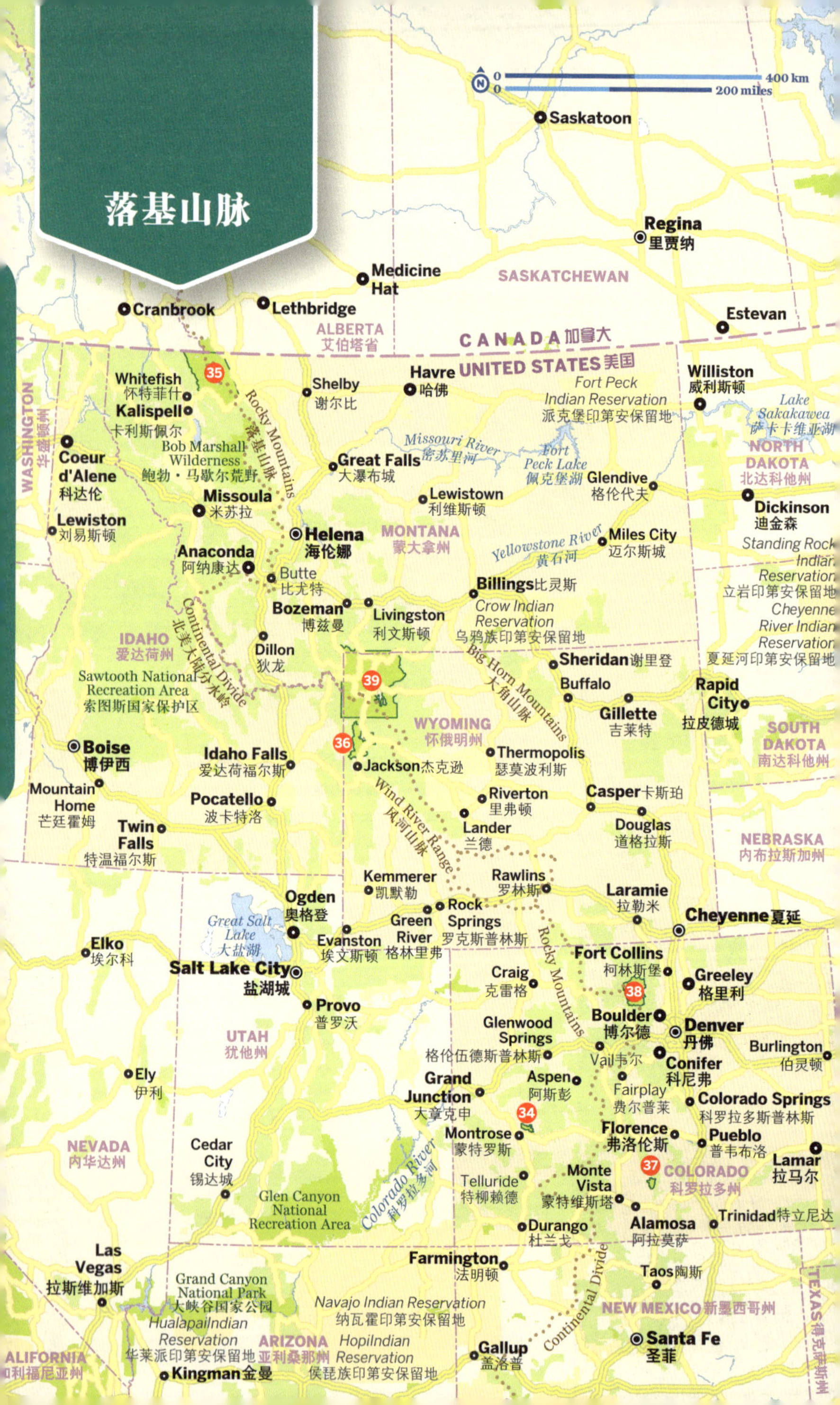

0
0
400 km
200 miles
Saskatoon
Regina
里贾纳
Medicine Hat
SASKATCHEWAN
Cranbrook
Lethbridge
ALBERTA
艾伯塔省
Estevan
CANADA 加拿大
UNITED STATES 美国
Havre
哈佛
Shelby
谢尔比
Whitefish
怀特菲什
Kalispell
卡利斯佩尔
35
Rocky Mountains
落基山脉
Fort Peck Indian Reservation
派克堡印第安保留地
Williston
威利斯顿
Lake Sakakawea
萨卡卡维亚湖
WASHINGTON
华盛顿州
Coeur d'Alene
科达伦
Bob Marshall Wilderness
鲍勃·马歇尔荒野
Missouri River
密苏里河
Great Falls
大瀑布城
Fort Peck Lake
佩克堡湖
Glendive
格伦代夫
NORTH DAKOTA
北达科他州
Dickinson
迪金森
Missoula
米苏拉
Lewistown
利维斯顿
Lewiston
刘易斯顿
Helena
海伦娜
MONTANA
蒙大拿州
Yellowstone River
黄石河
Miles City
迈尔斯城
Standing Rock Indian Reservation
立岩印第安保留地
Anaconda
阿纳康达
Butte
比尤特
Billings 比灵斯
Crow Indian Reservation
乌鸦族印第安保留地
Cheyenne River Indian Reservation
夏延河印第安保留地
Bozeman
博兹曼
Livingston
利文斯顿
Continental Divide
北美大陆分水岭
IDAHO
爱达荷州
Dillon
狄龙
Big Horn Mountains
大角山脉
Sheridan 谢里登
Sawtooth National Recreation Area
索图斯国家保护区
39
Buffalo
Rapid City
拉皮德城
Gillette
吉莱特
WYOMING
怀俄明州
SOUTH DAKOTA
南达科他州
Boise
博伊西
36
Idaho Falls
爱达荷福尔斯
Jackson 杰克逊
Thermopolis
瑟莫波利斯
Mountain Home
芒廷霍姆
Pocatello
波卡特洛
Wind River Range
风河山脉
Riverton
里弗顿
Casper 卡斯珀
Twin Falls
特温福尔斯
Lander
兰德
Douglas
道格拉斯
NEBRASKA
内布拉斯加州
Kemmerer
凯默勒
Rawlins
罗林斯
Laramie
拉勒米
Ogden
奥格登
Rock Springs
罗克斯普林斯
Cheyenne 夏延
Great Salt Lake
大盐湖
Green River
格林里弗
Evanston
埃文斯顿
Elko
埃尔科
Rocky Mountains
Fort Collins
柯林斯堡
Salt Lake City
盐湖城
Craig
克雷格
Greeley
格里利
38
Provo
普罗沃
Glenwood Springs
格伦伍德斯普林斯
Boulder
博尔德
Denver
丹佛
UTAH
犹他州
Vail 韦尔
Conifer
科尼弗
Burlington
伯灵顿
Ely
伊利
Grand Junction
大章克申
Aspen
阿斯彭
Fairplay
费尔普莱
Colorado Springs
科罗拉多斯普林斯
34
Montrose
蒙特罗斯
Florence
弗洛伦斯
Pueblo
普韦布洛
NEVADA
内华达州
Cedar City
锡达城
37
COLORADO
科罗拉多州
Lamar
拉马尔
Telluride
特柳赖德
Monte Vista
蒙特维斯塔
Glen Canyon National Recreation Area
Colorado River
科罗拉多河
Alamosa
阿拉莫萨
Trinidad 特立尼达
Durango
杜兰戈
Las Vegas
拉斯维加斯
Farmington
法明顿
Taos 陶斯
Grand Canyon National Park
大峡谷国家公园
Navajo Indian Reservation
纳瓦霍印第安保留地
Continental Divide
NEW MEXICO 新墨西哥州
TEXAS 得克萨斯州
Hualapai Indian Reservation
华莱派印第安保留地
ARIZONA 亚利桑那州
Hopi Indian Reservation
霍皮族印第安保留地
Santa Fe
圣菲
Gallup
盖洛普
ALIFORNIA
利福尼亚州
Kingman 金曼

㉞ 甘尼逊黑峡谷国家公园

（Black Canyon of the Gunnison National Park）

巨大的火山裂缝中，河水奔腾而过。（见280页）

㉟ 冰川国家公园

（Glacier National Park）

在湖泊和鲜花盛开的草地远方，白雪皑皑的山脊和冰川雕蚀而成的角峰巍然耸立。（见282页）

㊱ 大蒂顿国家公园

（Grand Teton National Park）

优美如画的高山风景和堪称美国最具标志性的山脉。（见294页）

㊲ 大沙丘国家公园

（Great Sand Dunes National Park）

由嶙峋的高峰、干枯的灌木丛和连绵不绝的沙地构成的独特地貌。（见306页）

㊳ 落基山国家公园

（Rocky Mountain National Park）

峰峦叠嶂，雪峰林立，散布着金黄色的白杨树、奔腾不息的河川和呆萌可爱的野生动物。（见312页）

㊴ 黄石国家公园

（Yellowstone National Park）

热气蒸腾的间歇泉数不胜数，在此还能与野生动物出其不意地邂逅。（见318页）

不要错过

自然奇观和野生动物

在**黄石国家公园**（Yellowstone National Park）里观赏熊、北美野牛和间歇泉。

徒步

在**大蒂顿国家公园**（Grand Teton National Park）翻越峻峭高山。

荒漠景观

在**大沙丘国家公园**（Great Sand Dunes National Park）的高海拔沙漠奇景中漫步。

向阳大道（Going-to-the-Sun Rd）

驾车前往**冰川国家公园**（Glacier National Park）领略这条路的壮丽风光。

朗斯峰（Longs Peak）

向**落基山国家公园**（Rocky Mountain National Park）里的这座高峰发起挑战，或从山下远远凝视冰川覆盖的山坡。

大棱镜温泉
观赏喷射的间歇泉和咕咕冒泡的泥温泉

Classic Trips 经典线路

从大蒂顿到黄石

标志性的黄石国家公园和大蒂顿公园或许是我们接触荒野美洲的捷径。在壮丽的蒂顿锥形山下徒步旅行，就会目睹喷涌而出的间歇喷泉、成群的美洲野牛和嚎叫的狼群。

线路亮点

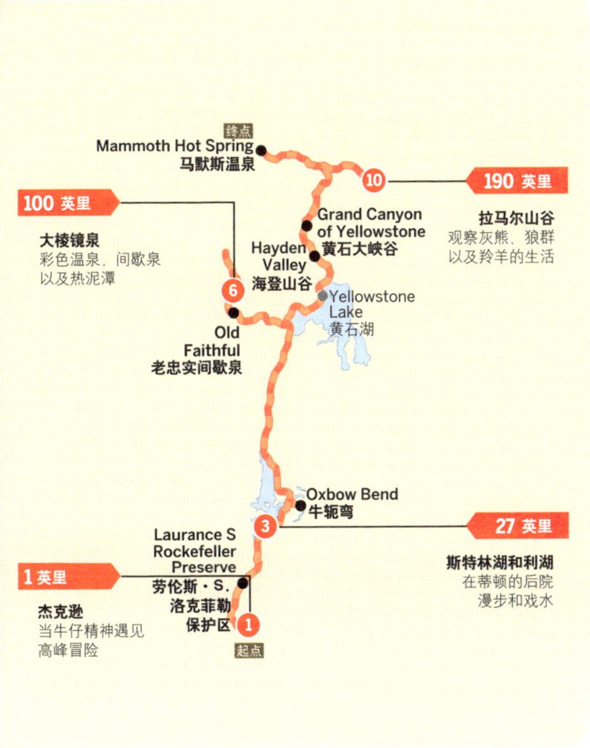

7天

250英里/402公里

最适合

何时去

6月至9月。

最佳摄影点

大蒂顿国家公园的牛轭弯。驼鹿和麋鹿经常出没于斯内克河的栖息地，它们身后耸立着生机勃勃的莫兰山。

最佳野生动物观光地

黎明时分的黄石公园山谷里，北美洲的野生动物们正在醒来。

Classic Trips 经典线路

从大蒂顿到黄石

一生中必去的黄石公园是大自然的杰作。视野里是成群的美洲野牛、动作迟缓的灰熊和大量的狼群。黄石公园独特的超级火山形成了世界上半数的间歇泉、全美最大的高山湖泊以及众多玉带般的河流与瀑布。往南，大蒂顿国家公园拥有仿若切削而成的山峰、平静的水道和适于探险的壮丽高山地貌。

线路亮点

❶ 杰克逊 (Jackson)

从大蒂顿国家公园南大门往南一点儿就是杰克逊，但它可绝不仅仅是一个公园的入口。这个城市自有其魅力，冬季这里是滑雪胜地，夏季的风光也别有洞天。这里还有丰富的户外活动、画廊和高档的购物场所，后者出售精品服装和定制户外用品。别错过**国家野生动物艺术博物馆**(National Museum of Wildlife Art; ☎307-733-5771; www.wildlifeart.org; 2820 Rungius Rd; 成人/儿童$12/6; ⏲9:00~17:00)，雷明顿(Remington)和比尔施塔特(Bierstadt)的代表作以独特的方式展现了令人屏息的自然之美。马路对面的**国家麋鹿保护区**(National Elk Refuge; ☎307-733-9212; www.fws.gov/nationalelkrefuge; Hwy 89; 马拉雪橇 成人/儿童$18/14; ⏲9月至次年5月 8:00~17:00, 6月至8月 8:00~19:00, 马拉雪橇 10月中旬至次年3月10:00~16:00)为麋鹿群、美洲野牛和大角羊提供了冬日的家园；而到了夏天，这里将成为观鸟者的天堂。最后，好好享用西部顶级的美食，知名厨师的技艺和当地农场种植的食材不会令你失望。

行驶路上 » 从杰克逊出发，沿Rte 22到达穆斯-威尔逊公路(Moose-Wilson Road; Rte 390)，它十分狭窄，故禁止卡车和拖车通行；控制车速。在这条乡村小道上，灰熊时常出没。路上的一个岗亭标志着你来到了大蒂顿国家公园的花岗岩峡谷入口(Granite Canyon Entrance; ⏲7日通票，$25/车)，在这里付入门费。进入你右侧的劳伦斯·S.洛克菲勒保护区(Laurance S Rockefeller Preserve)，距杰克逊16英里。

❷ 劳伦斯·S.洛克菲勒保护区 (Laurance S Rockefeller Preserve)

与传统的游客中心不同，**劳伦斯·S.洛克菲勒保护区中心**(☎307-739-3654; 穆斯-威尔逊公路；⏲6月至8月 8:00~18:00，其他月份9:00~17:00)的目的在于让人沉思冥想，进入公园的精神之旅。这一建筑装修简约，并得到绿色能源与环境设计先锋奖(Leadership in

Energy and Environment Design，简称LEED）认证，为探索自然提供了良好的氛围。自然学家的著名语录被刻在建筑的内墙上。这里还有一个令人赞叹的保护区图书馆，坐在皮制扶手椅上阅读汗牛充栋的藏书是一件幸事。

从这里走不多远就是菲尔普斯湖（Phelps Lake）。环湖有7英里，大约需要3个半小时。如果你只有两小时，又刚好带着泳衣，就去Jump Rock吧。那是野餐和游泳的天堂，你可以从24英尺（约7米）的高处跳入钴蓝色的清潭中。步行一小时之内即可到达。

行驶路上 » 这条路向前4英里便进入Teton Park Rd。左转前往穆斯（Moose）入口的岗亭，也可右转前往克雷克·托马斯（Craig Thomas）游客中心或多南船家（Dornan's）。Teton Park Rd与一条新修的自行车道平行，这条车道始于杰克逊，终点是詹妮湖（Jenny Lake）。

注意控制车速，因为野生动物经常在道路上出没。路左侧有无数常被人忽视的优美风景。左转可以去利湖和斯特林湖（Leigh and String Lake）的步道起点；继续在这条单行环道上行驶，前往詹妮湖，一路风景优美。

线路亮点

❸ 斯特林湖和利湖（String & Leigh Lakes）

大蒂顿国家公园

（☎307-739-3399；www.nps.

gov/grte; Teton Park Rd，大蒂顿国家公园；入园费 $25）的路边风景太抓眼球，以至于你无暇顾及路况。

探险从穆斯（Moose）开始，你可以在这里的**多南船家**（Dornan's; ☎307-733-2522; www.dornans.com; Moose Village）租一条独木舟，让工作人员帮忙把它用带子绑紧，然后前往**斯特林湖和利湖**的步道起点。带上从游客中心获得的许可证。这一探险项目适合全家进行。先在斯特林湖上划一小会儿热身，然后继续前往利湖。让船漂浮在水面，可以游泳，然后从你所在的湖滨欣赏陡峭的山峰。想要过夜，你可以预订一个水边的野外露营地。湖畔也很适合散步，老少皆宜。斯特林湖步道来回共3.3英里。

到了这里，你可以绕个小弯去詹妮湖度假屋（Jenny Lake Lodge；见305页）。如果过夜费用超出预算，不妨在此享用简单的午餐或晚间的大餐，晚餐有浪漫的烛光和5道菜。

行驶路上 » 从詹妮湖或斯特林湖出来左转，上到Teton Park Rd。向北去，风景从蒿属植物变为松树林，一路攀升至林木茂密的Signal Mt Road，杰克逊湖（Jackson Lake）的部分景色出现在左侧。在杰克逊湖路口（Jackson Lake Junction）右转，几乎刚过弯道就是牛轭弯（Oxbow Bend）。

另辟蹊径：怀俄明州，威尔逊

起点：❶ 杰克逊（Jackson）

大大的谷仓和开阔的草原使这个离杰克逊13英里的偏远居民区更像是万宝路（Marlboro）的农村——可这儿的平均房价高达300万美元。不要错过**驿站马车酒吧**（Stagecoach Bar; ☎307-733-4407; http://stagecoachbar.net; 5755 W Hwy 22, Wilson），在这里，有趣的乐队由来自大农场的乐手组成，他们与佩戴人造钻石的牛仔女郎、嬉皮士和徒步旅行者混杂在一起。星期四是迪斯科之夜；到了星期天，备受欢迎的室内乡村乐队会浅唱低吟至晚上10点。当地的**娜拉鱼溪旅馆**（Nora's Fish Creek Inn; ☎307-733-8288; 5600 W Hwy 22, Wilson; 主菜 $7~35; ⏲6:00~14:00, 17:00~21:30）供应丰盛的乡村早餐、新鲜的鳟鱼和自制的脆皮水果馅饼。

❹ 牛轭弯（Oxbow Bend）

许多家庭都喜欢乘坐筏子，感受**斯内克河**（Snake River）流经公园的平缓河段，沿途有白雪覆盖的尖峰和偶尔涉水而过的驼鹿。你可以联系杰克逊的旅行社安排一次半日旅行。

风景极为优美的**牛轭弯**位于杰克逊湖路口以东2英里处，这是人们最喜欢的野生动物观察点之一，它的背后是令人惊叹的莫兰山（Mt Moran）。这里U形弯的形成原理是：流速较快的河水侵蚀外层河岸，而流速较慢的河水则造成了沉淀。

这些低洼的湿地是观看野生动物的天堂，记得带好双筒望远镜。清晨和黄昏是观赏的最佳时间，你可以看到驼鹿、麋鹿、沙丘鹤、鹗、秃鹰、喇叭天鹅以及其他鸟类。

行驶路上 » 从牛轭弯出发，沿287/89往右。这条路与左侧的杰克逊湖平行。在杰克逊湖区，有露营服务的最后一个地方是蜥蜴溪（Lizard Creek）。进入黄石国家公园后，道路将直达北美大陆分水岭（Continental Divide；海拔7988英尺），然后下降。在黄石湖（Yellowstone Lake），沿着左手边的岔道越过克雷格山口（Craig Pass；8262英尺）到达老忠实间歇泉。

5 老忠实间歇泉

(Old Faithful)

向蒂顿山区的北方前进，车辆不断爬坡，松树林向地平线延伸。**黄石国家公园**(☎307-344-2263; www.nps.gov/yell; Grand Loop Rd, Mammoth, Yellowstone National Park; 入园费 $25; ⊙北入口，全年；南入口，5月至10月)是美国的第一个国家公园，覆盖面积达到令人惊讶的3472平方英里——那是罗得岛州(Rhode Island)面积的三倍还多。从南门进入，出示有效的大蒂顿公园门票，你就不用再次付费。然后从环路向西，来到**老忠实间歇泉游客中心**(Old Faithful Visitor Center; ☎307-344-2107; www.nps.gov/yell/planyourvisit/backcountryhiking.htm; Grand Loop Rd, Yellowstone National Park; 露营营地费 $12; ⊙6月至8月 8:30~16:00)获取信息。

老忠实间歇泉每90分钟左右喷发一次，每次的喷水量大约为8000加仑(约30立方米)，水柱高约180英尺(约54米)。在游客中心可查询大致的喷发时间。公园管理员几乎全天每小时都会提供地质学讲解，帮助旅行者了解形成间歇泉的特殊地下管道系统。

如果你刚好错过了一次泉水喷发，不妨步行1.1英里到**观察丘**(Observation Hill)打发时间，这里可以眺望整个谷地。

最佳建议

避开高峰人群

为了避开黄石公园的人群，得稍微动点脑子。首先是在5月、9月或10月来访，其次你得像野生动物那样，活跃于黎明和黄昏时分。打包中午的野餐盒，晚上9点以后回旅馆吃晚餐。在荒野中扎营(需获得许可)——只有1%的旅行者会在黄石公园的荒郊过夜。

从环路返回时，走上木栈道之前，可绕到隐士喷泉(Solitary Geyser)去看看，它的喷发周期是4到8分钟。

另一个极好的观景点是**老忠实间歇泉旅馆**(Old Faithful Inn)的门廊，这是一家颇有历史的旅馆。即使你不打算在此过夜，晚餐钱还是值得花的。

行驶路上 » 从老忠实间歇泉出发，到麦迪逊路口(Madison Junction)只有16英里，但这一路上有很多事儿可干。如果你要开车绕回来(走环线回到黄石湖)，可以先走右手边的岔道，因为所有观景台都是朝东的，在麦迪逊(Madison)露营之后，第二天向南行驶，这时观景台都在路西侧。

线路亮点

6 大棱镜泉

(Grand Prismatic Spring)

探索**间歇喷泉区**(Geyser Country)会花去你大半天的时间。你可以租或是带一辆自己的自行车，这样你就可以经由规划的路线欣赏许多景点。和野生动物不同，这些喷发的间歇泉、各种温泉和冒泡的泥温泉逃不出你的镜头。

从麦迪逊露营地(Madison Campground)原路返回，向南2英里，沿着你右侧的火洞峡谷快车道(Firehole Canyon Dr)前行。经过流纹岩悬崖和湍流，到达**火洞瀑布**(Firehole Falls)和游泳区，这里是晨浴的好地方。

向南5英里，车窗外有引人入胜的景观：右边是**中途间歇泉盆地**(Midway Geyser Basin)，间歇泉和水池正冒着热气；左边是火洞湖盆地(Firehole Lake Basin)，它和美洲野牛一起成为黄石公园的经典景观。

继续前行一英里，右转前往**彩色锅喷泉**(Fountain Paint Pot)，这是个大池子，总有人扑通扑通往里跳。然后就到了中途间歇泉盆地。它的吸引人之处是激动人心的彩虹色**大棱镜泉**(Grand Prismatic Spring)。沿着木栈道行走，欣赏方圆370英尺的广阔水域。泉水流入**艾克塞西尔泳池**(Excelsior Pool)，

Classic Trip
经典线路

这个间歇喷泉上一次喷发是在1985年。沸腾的水随后注入火洞河（Firehole River）。

行驶路上 » 从大棱镜泉出发，驱车向南朝老忠实泉前行。爬坡至克雷格山口（8262英尺，约2478米），然后下山前往韦斯特·萨姆（West Thumb），这是黄石湖区的信息站。沿湖边的路往左到达湖村（Lake Village）。

7 黄石湖（Yellowstone Lake）

黄石湖是世界上最大的高山湖泊之一，广阔的水域泛着波光。大环路（Grand Loop Road）环抱着西岸的大部分区域。在桑德角（Sand Point）停下来野餐，从这里走一小段路去潟湖和黑沙滩，眺望远方崎岖的阿布萨罗卡岭（Absaroka Range）。

继续向北，来到公园里最古老的建筑：1891年的**黄石湖酒店**（Lake Yellowstone Hotel）。这座毛茛黄的美国南方风格建筑有一个延伸到室外的阳光房，是欣赏古典音乐会和品鸡尾酒的好地方。在一天结束的时候，你也许想回到这里消遣一下。

在更北边的十字路口，右转前往**钓鱼桥**（Fishing Bridge），春季灰熊常到这儿捉鱼（这里的湖泊与河流有全国数量最多的切喉鳟种群）。如果时间碰巧，不要错过下午5点公园管理员的解说。

稍稍向东，**鹈鹕谷**（Pelican Valley）因其草甸和蒿属植物而出名，很受驼鹿和灰熊的喜爱。众多优质步道以这一区域为起点。可以试试风暴角（Storm Point），全程2.3英里，步行90分钟，你将穿过各种野生动物的栖息地。

行驶路上 » 沿着黄石湖驱车来到湖村，右转前往钓鱼桥。熊经常会在这儿把路堵上。控制车速，提防路上的行人和动物，找到临时停车带再停车。继续前行几英里，风暴角步道（Storm Point trail）在你的右手边。返回钓鱼桥，然后向北去往海登山谷（Hayden Valley）。

8 海登山谷（Hayden Valley）

黄石河（Yellowstone

左图：马默斯温泉，黄石国家公园
下图：大蒂顿公园里，秋叶中的驼鹿

River）起源于黄石湖，水面宽广，河水较浅，缓缓地流经海登山谷的草原。海登山谷是公园最大的山谷，也是观察野生动植物的首选地点之一。

这个山谷曾经是湖床，细粉砂和黏土蕴育了茂盛的灌木和草丛，吸引着北美野牛成群地来到这里。到了秋季的发情期，丛林狼、春季熊和麋鹿也会大量出没。

公园管理员带队的**观赏野生动植物之旅**每周有若干次，早晨7点出发，去往硫黄锅（Sulphur Cauldron）以北1英里和鳟鱼溪（Trout Creek）以北1.5英里的区域。

还应该在**泥火山**（Mud Volcano）了解一下泥温泉和硫黄坑，这是钓鱼桥路口（Fishing Bridge Junction）以北6英里的一个地热区。1979年的地震在泥温泉中产生了极多的热量和气体，把附近的美国黑松蒸熟了。可以沿着2.3英里的环形木栈道欣赏风景。

行驶路上 » 道路与黄石河平行向东而去。这是另一个以熊堵路而著称的地方（虽然北美野牛常常抢了风头）。这些浅黄色的生物优哉游哉地在公路上漫步，离它们远点。当地貌由开阔的山谷变成茂密的森林时，注意右手边的南缘快车道（South Rim Dr），黄石大峡谷（Yellowstone's Grand Canyon）的风景收入眼中。

9 黄石大峡谷

（Grand Canyon of the Yellowstone）

黄石河经过上游瀑布（Upper Falls；109英尺）和下游瀑布（Lower Falls；308英尺）后急坠，然后在上千英尺深的黄石大峡谷里奔腾咆哮。

沿大环路向北，往右转向南缘快车道，一段500英尺的急坡下到**汤姆叔叔的小径**（Uncle Tom's Trail），这是两个瀑布的最佳观赏点。回到车上，继续前往艺术家观景点（Artist Point）。峡壁笼罩在粉红色、粉白色、赭色和浅绿色的阴影中，这是大自然的杰作。1英里长的路从这里通往顶点（Point Sublime），坐下来静静地看看眼前的美景吧。

返回大环路，向北行进，然后右转来到北缘快车道（North Rim Dr），这是一条2.5英里长的单行道，沿途有一些观景台。**侦察哨**（Lookout Point）是下游瀑布的最佳观赏点。为了看得更清楚，你需要徒步走500英尺的陡峭小路。这是风景画艺术家托马斯·莫兰（Thomas Moran）创作其著名峡谷画的地方，恐怕他曾因自己调色板的单调而哭泣。

行驶路上 » 沿北缘快车道走到头，返回到大环路。向北行驶，第二个右转弯是单行的南缘快车道，它将带你弯回到峡谷村（Canyon Village）的十字路口。在此往右，前往当雷文山口（Dunraven Pass）。这一段路狭窄曲折，落差很大。它向下通往罗斯福塔（Tower-Roosevelt），你可以由此向右（东）前往拉马尔山谷（Lamar Valley）。

线路亮点

10 拉马尔山谷

（Lamar Valley）

沿着盘旋的道路前往**罗斯福塔**（Tower-Roosevelt；⏲5月下旬至10月中旬），在**沃什本温泉瞭望台**（Washburn Hot Springs Overlook）欣赏黄石火山（Yellowstone Caldera）。天气晴朗的日子里，你甚至能看到蒂顿山脉。继续上行，攀升至冷杉与白皮松环绕的当雷文山口（Dunraven Pass；8859英尺）。

羚羊溪分水口（Antelope Creek turnouts）是灰熊的主要栖息地，这里很容易看到野生动物。拿一个望远镜在这些有利位置蹲守还是值得的。

如果黄石公园是一场真实秀，那么拉马尔山谷就是一个食肉动物捕猎的表演舞台。狼、熊、狐狸和它们的猎物都经常在此出没，而游客相对较少。在Pebble和Slough Creek露营地之

在黄石观赏野生动物

因为拥有大群的北美野牛、麋鹿以及偶尔可见的灰熊和丛林狼，拉马尔山谷被称为“北美的塞伦盖蒂”。尤其在春天，它是观看狼群最好的地方。观狼者应在游客中心要求工作人员提供观狼指南，它提供区分各种各样的狼群及个体成员的方法。

海登山谷中部是另一个观察野生动物的重要地方，观看者在黄昏前后挤满集散地。它是一个观察像狼和灰熊这类大型食肉动物的好地方，特别是在春季，那时到处都是解冻的野兽尸体。丛林狼、麋鹿和北美野牛都很常见。森林的边界是观看野生生物的好地方。你越了解动物们的栖息地和习惯，就越可能看到它们。

一般来说，春天和秋天是观察野生动物的最佳时节，但是每个季节有自己的亮点。美洲赤鹿（Wapiti）的幼崽和北美野牛犊在晚春时节很可爱，而麋鹿则在秋天发情时出没。如果是夏天，建议在黎明或黄昏时观察，因为正午时分大多数动物都会撤回到森林中以躲避高温。

你最好带一个高品质的双筒望远镜，哪怕租一个也行。一个高端的长焦镜头也有助于在安全距离观察野生生物。

间的路边停车带有不错的观狼点。

这条路上还有水牛大牧场（Buffalo Ranch）主办的黄石学院（Yellowstone Institute; www.yellowstoneassociation.org）课程，由生物学家带领观看野生动植物。其中，寻狼的课程格外吸引人。

行驶路上 » 要继续前往马默斯（Mammoth），在Pebble Creek露营地调头，返回罗斯福塔。从这里到马默斯温泉（Mammoth Hot Springs）有18英里路程，温泉的游客中心提供各种服务。马默斯温泉台地附近有一小段路是一个十分险峻的发卡弯。从罗斯福塔过来的话，上台地位于你的右手，通过一条单行环形道到达，这条道路不适合拖车和房车行驶。

⑪ 马默斯温泉（Mammoth Hot Springs）

向西走，来到马默斯温泉。它有超过115,000年的历史，是北美洲已知最古老和最不稳定的活跃地热区。山体内部的物质裸露在外，溶解的地下石灰岩沉积下来，形成白色的切削层，看上去有点超现实。

沿着单向的环路绕**上台地**（Upper Terraces）一圈可以看风景，但最好将车泊在**下台地**（Lower Terraces），走一个小时的木栈道，这样你回去时走的是下坡路。

马默斯以北2.3英里的道路东侧有个停车场，从那里走半英里就可到达**沸河**（Boiling River），这是一个温泉泳潭，在这儿泡个澡，作为旅行的结束。热水在石灰岩上流淌，然后进入凉爽的加德纳河（Gardner River），形成了一个瀑布和一个温暖的泳潭。虽然总是有很多人，但在这里泡澡仍然不失为一件乐事。

从蒙大拿（Montana）州界上的北门离开公园。

黑峡谷风光

所属州

科罗拉多州

门票

7日通票 $15/车

面积

48平方英里/

124.3平方公里

适合

甘尼逊黑峡谷国家公园

BLACK CANYON OF THE GUNNISON NATIONAL PARK

在甘尼逊河（Gunnison River）的两岸，2000英尺（610米）高的峭壁耸峙，峡谷幽深狭窄，壮丽而又奇异。黑峡谷逼仄的峡口、陡峭的岩壁和幽深的峡谷冠绝全美。

科罗拉多落基山以巍峨群山而著称，而甘尼逊黑峡谷国家公园则像是这一地理特征的颠倒版——数百万年来，甘尼逊河和火山抬升塑造了这道峭壁如削的巨大深壑。

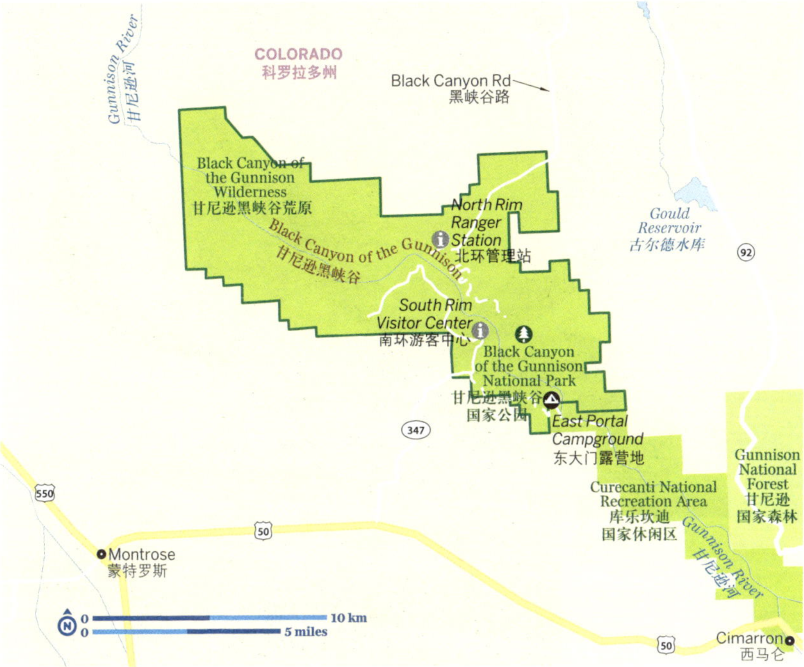

徒步

南环游客中心（South Rim Visitor Center）提供地图和园内徒步路径的信息。

托米奇角（Tomichi Point）和0.25英里（402米）以外的游客中心之间有一条环岩石步道（Rim Rock Trail）。从游客中心出发，沿橡树平地步道（Oak Flat Trail）在甘伯尔橡树、花旗松和山杨树中穿行，这条路长1.5英里（2414米），走起来很轻松，沿途可以看到美丽的黑峡谷风景。沃纳角自然步道（Warner Point Nature Trail）是一条长1.5英里（2414米）的环线，其起点位于South Rim Rd路的末端，这条路上的高角（High Point）和日落观景点（Sunset View）是观赏日落的好位置。而SOB Draw Trail步道从较偏远的North Rim通往河畔。

钓鱼

甘尼逊河是科罗拉多州最棒的钓鱼地点之一。为了保护生态环境，公园执行严格的垂钓规定。垂钓者必须持有科罗拉多州的钓鱼执照，且只能用拟饵或昆虫吸引鱼，不能使用带吊钩的诱饵。如果钓到虹鳟，必须放回水里；每人每天钓上的褐鳟鱼不能超过4条。水晶水坝（Crystal Dam）200码（183米）以内禁止垂钓。

实用信息

南环游客中心（South Rim Visitor Center；✆800-873-0244,970-249-1915；www.nps.gov/blca；⏲夏季 8:00~18:00，秋季、冬季和春季 8:30~16:00）

北环管理站（North Rim Ranger Station；⏲8:30~16:00，11月中至次年4月中关闭）

露营

公园内共有三处露营地，但只有一处[南环露营地（South Rim Campground）]全年开放。河流穿过公园，只有从**东大门露营地**（East Portal Campground；✆970-249-1915；www.nps.gov/blca；露营地 $12；⏲5月至10月中）才能走到河边。公园不提供木柴，并且也不允许自行在园内拾捡——露营者需自行携带木柴。

所属州

蒙大拿州

门票

7日通票 $25/车（冬季$15/车）

面积

1584平方英里/4102.5平方公里

适合

雄性驼鹿（moose）

冰川国家公园

GLACIER NATIONAL PARK

冰川国家公园是美国本土48州最大的灰熊栖息地。智能化公园管理实现了游客尽兴游览和原汁原味荒野保护之间的最大化平衡。

公园建立于1910年——处于美国第一次环保主义运动蓬勃发展的时期。公园内长久未衰的亮点包括具有历史意义的“公园式”度假屋、风景壮丽的向阳大道，以及十分罕见的前哥伦布时期的原始生态系统。

公园内可进行丰富多样的户外活动，其中最有名的是徒步、野生动植物观察、湖钓和划船。

Continental Divide
大陆分水岭
Waterton Lakes National Park
沃特顿湖国家公园
CANADA加拿大
UNITED STATES美国
Kintla Lake
金特拉湖
Bowman Lake
弓箭手湖
3
Many Glacier Valley
曼尼冰川峡谷
Many Glacier Entrance
曼尼冰川入口
Babb
巴布
Many Glacier Hotel
曼尼冰川酒店
2
Lake Sherburne
谢尔本湖
Lower St Mary Lake
下圣玛丽湖
Polebridge Ranger Station
波尔布里奇管理站
Polebridge
波尔布里奇
Glacier National Park
冰川国家公园
Many Glacier Ranger Station
曼尼冰川管理站
Logging Lake
伐木湖
East Entrance
东入口
St Mary
圣玛丽
Inside North Fork Rd
Logan Pass Visitor Center
洛根山口游客中心
Flathead National Forest
平头国家森林
Lake McDonald Lodge
麦克唐纳湖度假屋
St Mary Lake
圣玛丽湖
Camas Creek Entrance Station
卡玛斯溪入口站
2
Lake McDonald
麦克唐纳湖
Camas Rd
Going-to-the-Sun Rd
向阳大道
Two Medicine Entrance Station
双药入口站
Apgar阿普加
West Entrance
西入口
Glacier National Park Headquarters
冰川国家公园总部
1
Two Medicine Valley
双药谷
East Glacier Park
东冰川公园
West Glacier
西冰川
Nyack
纳亚克
Glacier Park Lodge
冰川公园度假屋
2
Whitefish
怀特菲什
Summit
山顶
Flathead River
平头河
MONTANA
蒙大拿州
Essex
埃塞克斯
Kalispell
卡利斯佩尔
6
5
2
17
89
49
93
40
83
35
0
20 km
10 miles

花白旱獭（Hoary marmot）

顶级体验

❶ 双药谷（Two Medicine Valley）的熊

观熊能让人全身肾上腺素飙升，有可能是因为着迷、兴奋或敬畏，也有可能是由于震惊或单纯的害怕。在双药谷，你可以同时体验到这5种感觉。这里曾是冰川国家公园里方便前往的地区之一，但自从向阳大道成为车辆的主要目的地后，双药谷就成了一个怡人的安静角落，来这里的只有徒步者、垂钓者和——呃——熊。据最近一次的统计，公园周边有400头灰熊及数量更为庞大的黑熊。读到这儿，你有没有感觉自己很幸运？

❷ 公园式度假屋

公园式度假屋（parkitecture lodges）是冰川国家公园内的经典建筑——曼尼冰川酒店（Many Glacier Hotel）、麦克唐纳湖度假屋（Lake McDonald Lodge）和冰川公园度假屋（Glacier Park Lodge）——这些保留至今、运转良好、仍散发着勃勃生机的历史建筑是慢节奏时代的产物。在那个时代，旅行者坐火车来到这座荒野公园，然后骑马深入偏远地区探险。

这些20世纪早期的建筑物兼具瑞士小木屋和典型美国西部建筑的特征。如今它们似乎散发着乡间奢华的浪漫气息，与屋外美景可谓相得益彰。

冰川公园度假屋位于公园边界外缘景色优美的东冰川（East Glacier）。麦克唐纳湖度假屋和曼尼冰川酒店位于公园内美丽的高山湖泊岸边：前者在标志性的向阳大道上，方便到达；后者则坐落在长期以来被游客公认的公园中心地带，附近有几个步道起点，这些步道是公园内最出色的徒步路径。

❸ 曼尼冰川峡谷（Many Glacier Valley）

被公园纯粹论者誉为冰川国家公园“心脏与灵魂”的曼尼冰川峡谷景观丰富美妙，既有茂盛的草地、波光粼粼的湖泊，也有占据有利地形、声名显赫的曼尼冰川酒店。这里历史上曾以“冰河”（rivers of ice）而闻名——尽管如今数量已少了许多。冰川峡谷滋养着公园里几座最易到达的冰川，包括由环保主义者和博物学家乔治·伯德·格林内尔（George Bird Grinnell）在1885年发现的格林内尔冰川（Grinnell Glacier），这一冰川正处于快速消融中；以及坐落在锯齿形雷鸟山脊（Ptarmigan Ridge）

MARK NEWMAN / GETTY IMAGES ©

曼尼冰川酒店

下方的蝾螈冰川(Salamander Glacier)——得名“蝾螈”正是因为这座冰川拥有明显的类似两栖动物的外部形态。

❹ 徒步

无论是热门步道还是风光优美的偏僻小路，都并不需要你拥有攀登珠穆朗玛峰的意志力和体魄。事实上，公园内两条最热门的徒步道都是轮椅可通行的道路，而其他步道也都适合带孩子出游的父母、疏于运动的度假“宅人”或是心怀忐忑的徒步新手等各类人群。

❺ 激浪漂流

只需看看西冰川(West Glacier)地区和US 2各店家满载着游客的班车，你就会知道这里的漂流多受欢迎。漂流范围都在公园的边界一带或园区以外，主要集中在平头河(Flathead River)的北支流(North Fork)和中支流(Middle Fork)上。5月至9月间水流等级介于一级到三级之间，不会过于惊心动魄，是漂流的最佳时段。

冰川国家公园里的冰川

目前的数据显示，如果气候变暖趋势持续下去，公园的冰川可能在2020年就会消失殆尽。由于美国地质勘探局(US Geological Survey)进行的“冰川调查监测计划”(Glacier Research Monitoring Program)，蒙大拿州公园内的冰川得到了比其他地方更多的关注。上述预测的计算依据正是基于对斯佩里冰川(Sperry Glacier)、阿加西兹冰川(Agassiz Glacier)、杰克逊冰川(Jackson Glacier)和格林内尔冰川进行的研究，20世纪60年代中期以来这些冰川的体积均减少了35%左右。人们惊讶地发现，现在冰川国家公园里仅有25座冰川，这个数字远低于美国其他国家公园，如北喀斯喀特国家公园(North Cascades National Park，有超过300座冰川)和雷尼尔山国家公园(Mt Rainier National Park，一座山上就有25座冰川)。

然而，无论局面最终会演变成什么样，冰川国家公园都不需要更名——这一点与大众的观点正好相反。因为，所谓“冰川”这一名号不仅指雄伟的冰川地貌，还包括冰块急速消融而形成的河流。在未来的几千年里，这些地理奇观应能继续给人们带来震撼心灵的观景感受。

隐湖（Hidden Lake）

JORDAN SIEMENS / GETTY IMAGES ©

洛根山口（Logan Pass）附近的瀑布

自驾游：向阳大道

起点 阿普加村（Apgar Village）附近的西入口（West Entrance）

终点 圣玛丽游客中心（St Mary Visitor Center）

距离 3小时（含中途停留时间）/ 53英里（85公里）

向阳大道是美国风光最为壮丽的自驾游路线之一。道路开始于公园的西入口，之后转向东北方沿**麦克唐纳湖**（Lake McDonald）而行。山谷里草木繁茂，郁郁葱葱，著名的特色建筑麦克唐纳湖度假屋矗立其间。不过，透过树木的间隙向湖对岸望去，你仍可以看见2003年"罗伯特大火"（Robert Fire）留下的痕迹。

沿麦克唐纳溪（McDonald Creek）行驶10英里（16公里）左右，开始了长长的、逐渐爬升的上坡路，道路在**环绕点**（Loop）转向东南方，最后到达洛根山口。环绕点是一条著名徒步路线的起点，也是登顶途中路开始逐渐变陡的地方。途中还会经过**花园墙**（Garden Wall）——这是位于北美洲大陆分水岭（Continental Divide）的一道花岗岩山脊，海拔8999英尺（2743米），公园以此为界划分为东、西两部分。这里的风光壮丽无比，远可观鸟女瀑布（Bird Woman Falls）——即使从远处遥望，依然不失恢宏大气之感；近可看**哭墙**（Weeping Wall）——在你右侧，裂口一直深入崖底，带来强烈的视觉冲击。

在高高的**洛根山口**下车，你可以远眺游客中心，或者沿隐湖眺望点步道（Hidden Lake Overlook Trail）行走，在高山草地舒展筋骨。需要留意的是，7月和8月洛根山口的停车场车位非常紧张。

在东行下山途中，向北望去可以看见雄伟的向阳山（Going-to-the-Sun Mountain）。行至36英里（58公里）的路标处，你可以停下车，在**杰克逊冰川观景台**（Jackson Glacier Overlook）远眺冰川，这是公园硕果仅存的25座冰川之一。再往前行驶一段，就到了圣玛丽湖（St Mary Lake）湖岸附近狭长的**日出峡谷**（Sunrift Gorge）。湖中央坐落着**野鹅岛**（Wild Goose Island），小岛风景如画。

圣玛丽游客中心位于湖的东岸，是这条路线的终点。

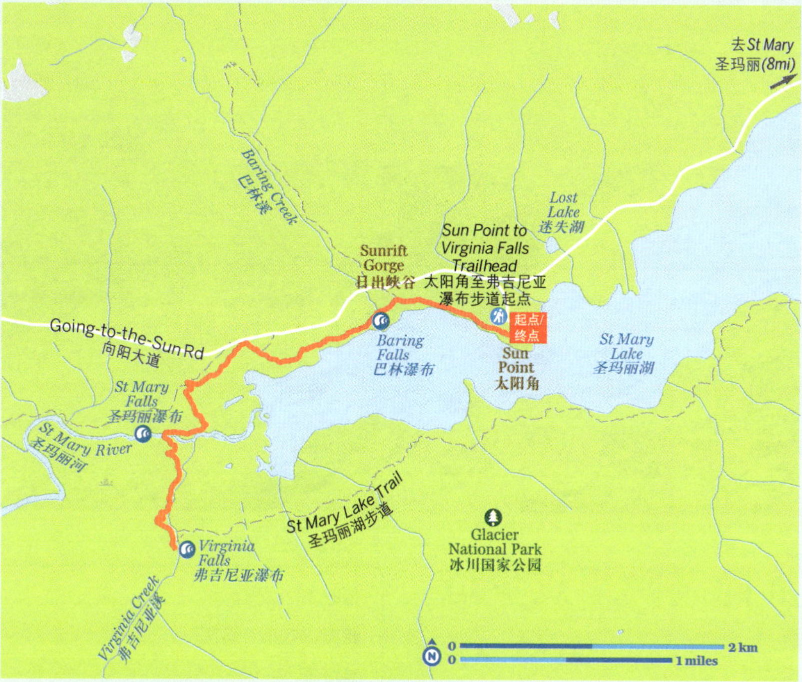

太阳角至弗吉尼亚瀑布

沿着向阳大道的东侧分布着许多短线步道的起点，搭乘大道上免费的公园巴士服务前往非常便利。由于这些步道彼此相连，你也可以串行其中，进行一场惬意的漫步之旅。

这条步道开始于太阳角巴士站，沿下坡路走0.25英里（402米）后，可到达圣玛丽湖上方的一处岩石嶙峋且经常刮着风的观景台。

沿着湖西行穿过洒满斑驳阳光的森林，在0.6英里（966米）路标处有一座巴林瀑布（Baring Falls），这里浓荫蔽日，你可以在此躲避烈日、稍作休息。之后，穿过溪流到对岸继续前行，你的右手边会出现游人如织的圣玛丽瀑布群步道（St Mary Falls Trail）。经过几段轻松的之字形山路，你会到达圣玛丽瀑布群（St Mary Falls），它位于圣玛丽河边，周围草木葱郁、鲜花盛开，是这个山谷里最漂亮的瀑布群。再往前，圣玛丽瀑布群步道的一条岔路会沿着弗吉尼亚溪（Virginia Creek）穿过一个狭窄的峡谷，到达位于悬谷脚下的弗吉尼亚瀑布（Virginia Falls），那里水雾弥漫。

之后，你可以沿原路返回太阳角（返回之后才为步道全程），或者直接去附近圣玛丽瀑布群巴士站或日出峡谷巴士站等候巴士返回。

需时 往返4小时

距离 7英里/11公里

难度 低

起点/终点 太阳角巴士站

海拔落差 300英尺/91米

附近城镇 圣玛丽（St Mary）

抵达方式 向阳大道巴士，小汽车

线路简介 步道始于著名的圣玛丽湖湖边，蜿蜒前行可抵达三座瀑布，一路绿荫苒苒，阳光斑驳。

激流山（Swiftcurrent Mountain）观景点的户外厕所

隐湖眺望点步道

这条相对轻松易行的徒步路线让许多来冰川国家公园的游人有机会离开自己的汽车，呼吸这个地区有名的、透着香甜气息的高山空气。

需时 往返2小时

距离 3英里/4.8公里

难度 低-中

起点/终点 洛根山口游客中心（Logan Pass Visitor Center）

海拔落差 494英尺/151米

附近服务设施 洛根山口

抵达方式 向阳大道巴士，小汽车

线路简介 超受欢迎的一条徒步路线，由木板道和小径共同构成，途中经过青草繁茂的草地和融雪雪地，最后下行至一处清澈的冰川湖泊。

徒步者从洛根山口游客中心出发，沿架空木板步道（有台阶）平缓上行，穿行于长着猴面花（monkeyflower）和粉红月桂树（pink laurel）的开阔高山草地之上。经过融雪雪地的路段会很滑，那些失策穿着夹脚拖鞋前来的人会行走困难。然而，无论晴雨，这条路线都会受到大众追捧。

行走大约0.6英里（966米）后，碎石土路取代了木板步道。如果雪已经融化，周围草地长满各种野草野花，美不胜收。当地常见的树种有英国针枞（Engelmann spruce）、亚高山冷杉（subalpine fir）和白皮松（whitebark pine）。花白旱獭（hoary marmot）、地松鼠（ground squirrel）和山羊是路边的常客，毫不认生。而神出鬼没的雷鸟也栖息生活在这一带，这种鸟的棕色羽毛在冬天会变成白色。此外，处于视线范围内的壮美山色包括北方的克利门斯山（Clements Mountain）和东南方的雷诺尔德山（Reynolds Mountain）。

在距离眺望点300码（274米）左右的地方，你会翻越北美洲大陆分水岭——你可能压根儿不会意识到这一点，之后隐湖便跃然出现在你的视野里。群峰和岩壁环绕着这个湛蓝的湖泊，有种超凡脱俗的美。向南可以看到雪光闪耀的斯佩里冰川（Sperry Glacier）。

身强体壮的人可以从瞭望点继续前行，沿一条小径经1.5英里（2414米）前往隐湖，这段下坡路比较陡峭，落差达765英尺（233米）。

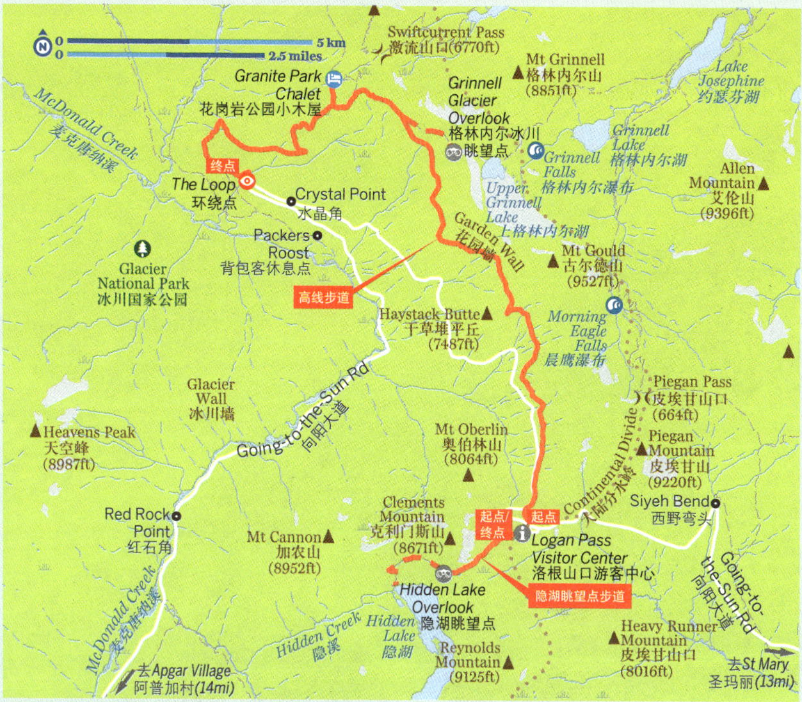

高线步道

高线步道是冰川国家公园的经典徒步路线，会翻越北美大陆分水岭的一部分——由冰川挤压而成的花园墙（Garden Wall）山脊。

倚山开凿的步道（崖壁上拴着绳索，可抓绳前行），一路远眺壮丽的向阳大道和白雪覆盖的天空峰（Heavens Peak）。还可俯瞰峡谷中玩具般大小的红巴士爬坡；对面鸟女瀑布群的水飞溅500英尺（152米）而下，激起白色浪花。

步道开始很陡，之后的1.8英里（2.9公里）是平地。在3.5英里（5.6公里）标记处，逐渐爬坡至连接干草堆平丘（Haystack Butte）和古尔德山（Mt Gould）的山脊。从这里到花岗岩公园小木屋是平路，步道将山腰一分为二。大约6.8英里（10.9公里）到小木屋，可以沿右手边的上坡小路去格林内尔冰川眺望点（Grinnell Glacier Overlook），路程不超过1英里（1.6公里），从眺望点可看到北美洲大陆分水岭。小木屋大约位于7.6英里（12.2公里）处，可以歇脚。

之后可原路返回洛根山口，也可去激流山口和曼尼冰川峡谷；或走4英里（6.4公里）下坡到环绕点，坐巴士去向阳大道沿途景点。

需时 单程7.5小时

距离 11.6英里/18.7公里

难度 中

起点 洛根山口游客中心

终点 环绕点

海拔落差 830英尺/253米

附近服务设施 洛根山口

抵达方式 向阳大道

线路简介 步道位于北美洲大陆分水岭与花园墙山脊下方，经花岗岩公园小木屋（Granite park Chalet），沿途风景壮丽。

向阳大道

入口

冰川国家公园有6个正式入口。游客进出最多的两个入口是西冰川(West Glacier)稍北的西入口(West Entrance),以及圣玛丽附近、向阳大道另一端的东入口(East Entrance)。公园西侧的入口有卡玛斯溪入口(Camas Creek Entrance)和波尔布里奇管理站(Polebridge Ranger Station),均紧邻外北支流路(Outside North Fork Rd)。公园东侧的入口有位于49号公路(Hwy 49)以西Two Medicine Rd路上的双药入口(Two Medicine Entrance)以及在US 89以西Many Glacier Rd路上的曼尼冰川入口(Many Glacier Entrance)。

旅游信息

公园有3个可提供实用信息的游客中心（位于阿普加、洛根山口和圣玛丽），在公园中心还有3个人员齐备的管理站（位于曼尼冰川、波尔布里奇和双药）。旺季时上述地点均有管理员值守，他们都拥有丰富的知识且乐于为游客提供帮助。游客中心内通常还有卫生间、饮用水、书店、地图和解说性展览等便利设施。

以下这些地点的管理站偶尔也会有工作人员：山羊岭（Goat Haunt）、陡岸（Cut Bank）、沃尔顿（Walton）、贝利河（Belly River）、伐木溪（Logging Creek）和金特拉湖（Kintla Lake）。

住宿

20世纪前十年，詹姆斯·希尔（James Hill）的大北部铁路公司（Great Northern Railway）修建了许多豪华酒店，以吸引有钱人来冰川国家公园旅游。曼尼冰川酒店和麦克唐纳湖度假屋就是这些“公园式”建筑的其中两座，如今它们仍然矗立在公园边界上，勾起人们关于逝去时代的美好回忆。

为了与公园“回归自然”理念保持一致，这些小屋都很“质朴”，没有诸如电视机、室内电话和Wi-Fi之类的设施。所有度假屋都禁烟，至少有一间无障碍通行房间。公园的住宿由**冰川国家公园度假屋管理处**（Glacier National Park Lodges；☎855-733-4522；www.glaciernationalparklodges.com）和**冰川公园有限公司**（Glacier Park，Inc；☎406-892-2525；www.glacierparkinc.com）经营，可通过它们各自的预订系统订房间。

想要了解公园内露营的详细信息，请登录www.nps.gov/glac/planyourvisit/camping.htm查看。

巴士

公园免费巴士可以将游客送到向阳大道上的各个景点，也就是说在7月1日至9月中旬，公园的主要步道起点（除了位于偏远北支流区域的那些）都可以乘坐公共交通车辆方便到达。9:00至17:45，每30分钟有一趟23座巴士从阿普加游客中心出发，经过阿普加村开往向阳大道西侧各景点。若要坐车直达洛根山口，可在早晨7:00至7:30搭乘小型巴士前往。如果要继续乘车下行至圣玛丽游客中心，你需要转乘其他巴士。这些巴士都装有空调，可供轮椅上下，使用生物柴油作为燃料。大部分巴士都安装了自行车架。所有巴士站都提供清晰的路线图，你也可以登录公园网站www.nps.gov/glac查看这些路线图。

公园东部在6月初至9月中下旬会开通冰川公园有限公司（www.glacierparkinc.com）经营的东部巴士（East Side Shuttle），巴士将在以下地点停靠：冰川公园度假屋、双药谷、圣玛丽度假屋（St Mary Lodge）、曼尼冰川酒店/湍流汽车旅馆（Swiftcurrent Motor Inn）和沃特顿（Waterton，加拿大境内）的威尔士亲王酒店（Prince of Wales Hotel）。车费为$15/次（按次收费），需要预订。

汽车和摩托车

向阳大道全长53英里（85公里），是公园内唯一一条贯穿全园的铺面道路。内北支流路（Inside North Fork Rd）连接阿普加和波尔布里奇，部分路段为铺面道路。想要前往其他公路，车辆必须暂时离开公园，再从另外的入口进入公园。

火车

自1910年冰川国家公园建立以来，火车已成为前往这里的热门交通方式。早在19世纪90年代，铁路就对这片地区的开发起到重要作用。美国铁路公司（Amtrak）的“帝国建造者”（Empire Builder）号列车至今仍来往于芝加哥和西雅图之间，这是大北部铁路公司的一条具有历史意义的东西铁路干线。这趟列车双方向每日一班，会停靠东冰川站（East Glacier；西行 18:45，东行 9:54）和西冰川站（West Glacier；西行 20:23，东行 8:16），也开往怀特费什（Whitefish）和埃塞克斯（Essex，需提前告知才会停靠）。

所属州

怀俄明州

门票

7日通票 $30/车

面积

484平方英里/1253.6平方公里

适合

杰克逊湖（Jackson Lake）

JEFF DIENER / GETTY IMAGES ©

大蒂顿国家公园 GRAND TETON NATIONAL PARK

嶙峋山峰从树木繁茂的谷地拔地而起，蒂顿山脉的美超凡脱俗。简单来说，这是一片庄严而疯狂的土地，而在美国登山史上占据重要地位的大蒂顿山（Grand Teton，海拔13,770英尺/4197米）无疑是其中最引人注目的亮点。

尽管在附近黄石国家公园的对比下，大蒂顿国家公园黯然失色，但其实这里能为旅游者提供更多融入大自然的机会，园内的徒步路线也更多样化、景观更丰富。公园不仅可以满足登山者、划船者、垂钓者和其他户外活动爱好者的各种需求，而且喜欢壮美山景的旅行者会发现，就视觉感受而言，大蒂顿国家公园的风光远胜于黄石国家公园。无论选择哪条路线，这些壮美挺拔的山峰都会映入眼帘。

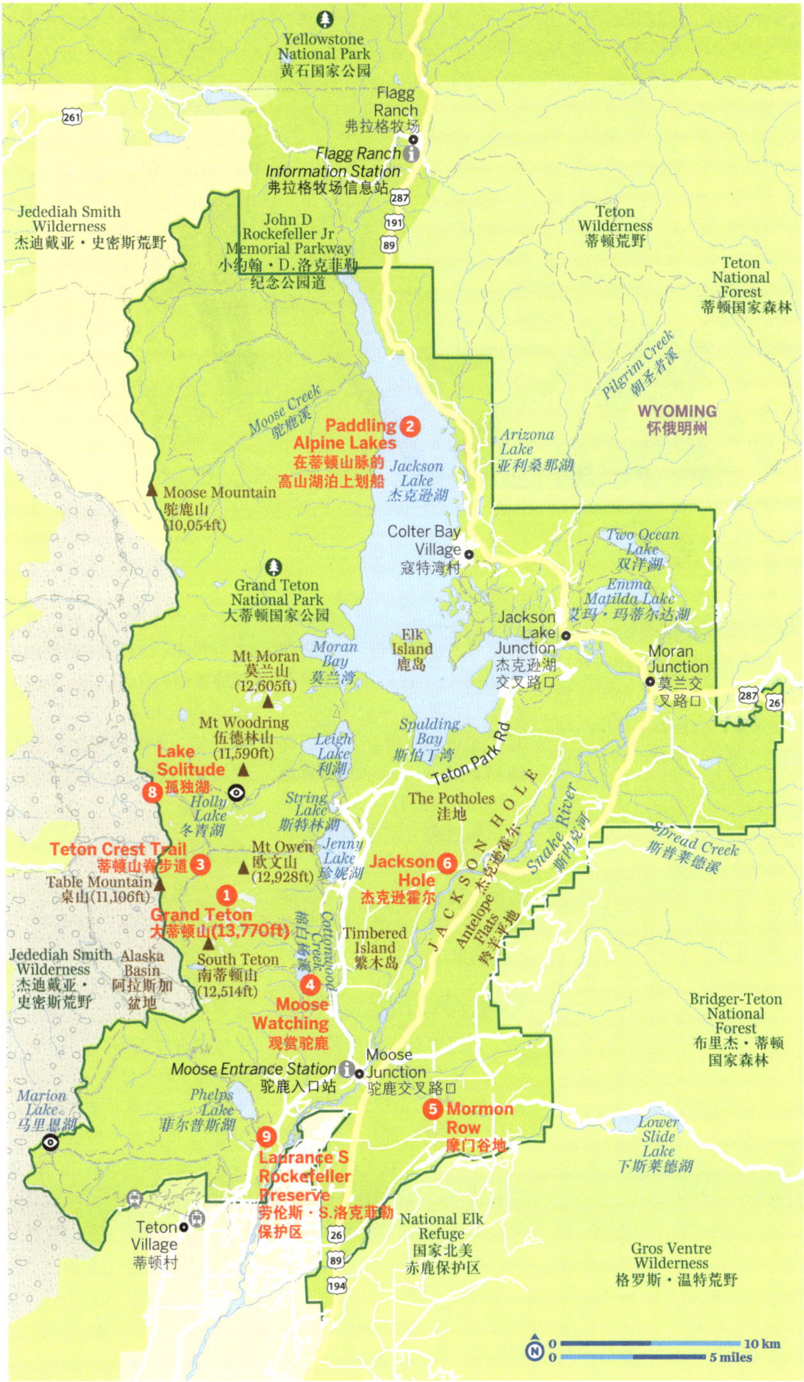
Yellowstone National Park
黄石国家公园
Flagg Ranch
弗拉格牧场
Flagg Ranch Information Station
弗拉格牧场信息站
Jedediah Smith Wilderness
杰迪戴亚·史密斯荒野
John D Rockefeller Jr Memorial Parkway
小约翰·D.洛克菲勒纪念公园道
Teton Wilderness
蒂顿荒野
Teton National Forest
蒂顿国家森林
Pilgrim Creek
朝圣者溪
WYOMING
怀俄明州
Moose Creek
驼鹿溪
Paddling Alpine Lakes 2
在蒂顿山脉的高山湖泊上划船
Jackson Lake
杰克逊湖
Arizona Lake
亚利桑那湖
Moose Mountain
驼鹿山
(10,054ft)
Colter Bay Village
寇特湾村
Two Ocean Lake
双洋湖
Emma Matilda Lake
艾玛·玛蒂尔达湖
Grand Teton National Park
大蒂顿国家公园
Jackson Lake Junction
杰克逊湖交叉路口
Moran Junction
莫兰交叉路口
Mt Moran
莫兰山
(12,605ft)
Moran Bay
莫兰湾
Elk Island
鹿岛
Mt Woodring
伍德林山
(11,590ft)
Leigh Lake
利湖
Spalding Bay
斯伯丁湾
Teton Park Rd
Lake Solitude
孤独湖
8
Holly Lake
冬青湖
String Lake
斯特林湖
The Potholes
洼地
JACKSON HOLE
杰克逊霍尔
Snake River
斯内克河
Spread Creek
斯普莱德溪
Teton Crest Trail
蒂顿山脊步道 3
Mt Owen
欧文山
(12,928ft)
Jenny Lake
珍妮湖
Jackson Hole 6
杰克逊霍尔
Table Mountain
桌山(11,106ft)
1
Grand Teton
大蒂顿山(13,770ft)
Cottonwood Creek
棉白杨溪
Timbered Island
繁木岛
Antelope Flats
羚羊平地
Jedediah Smith Wilderness
杰迪戴亚·史密斯荒野
Alaska Basin
阿拉斯加盆地
South Teton
南蒂顿山
(12,514ft)
4
Moose Watching
观赏驼鹿
Bridger-Teton National Forest
布里杰·蒂顿国家森林
Moose Entrance Station
驼鹿入口站
Moose Junction
驼鹿交叉路口
Marion Lake
马里恩湖
Phelps Lake
菲尔普斯湖
5 Mormon Row
摩门谷地
9
Laurance S Rockefeller Preserve
劳伦斯·S.洛克菲勒保护区
Lower Slide Lake
下斯莱德湖
Teton Village
蒂顿村
National Elk Refuge
国家北美赤鹿保护区
Gros Ventre Wilderness
格罗斯·温特荒野
261
287
191
89
26
194
0 10 km
0 5 miles

攀登蒂顿山脉（Tetons）

顶级体验

❶ 攀登大蒂顿山

逆潮流而动，跟随向导登上蒂顿山脉去俯瞰周围景色吧。大蒂顿山是美国登山运动的诞生地，这座巍峨峥嵘、岩石风化的高山至今仍是美国重要的登山目的地。两天的行程中，最初的7英里（11公里）是一段行经野花地和瀑布群的陡路。好好休息，因为第二天凌晨3:00就得起来向山顶冲刺，在山巅你可以将3个州的广阔荒野风光尽收眼底。攀登者需了解登山注意事项，你可以在抵达当地后，在开始攀登前掌握这些知识。

❷ 在蒂顿山脉的高山湖泊上划船

无论是独自划皮划艇，还是和家人一起划独木舟，都可以按照自己的节奏来安排、充分感受大自然之美。划累了的话，可以将船停在空荡的湖滩去野餐或游泳。办理许可证后你还可去荒野露营。**杰克逊湖**（Jackson Lake）是大蒂顿公园最大的湖泊；家庭出游的旅行者也许会更喜欢稍小的**利湖**（Leigh Lake）和**斯特林湖**（String Lake）。

从西南方刮来的风有时会非常大，尤其是在下午。那时湖上波浪汹涌，可能会掀翻独木舟。一般来说，上午才是划船的最佳时间。

❸ 在蒂顿山脉露营

别想着有任何喘气的机会，做好准备迎接从始至终的上坡路吧。但作为回报，你将能看到绵延起伏、野花盛开的林中空地，白雪覆盖的山岭和清澈的高山湖泊——徒步一日，你就能领略蒂顿山脉最美丽动人的风景，保证你乐不思蜀。背包客可以花一个星期时间游览热门的**蒂顿山脊步道**（Teton Crest Trail），在蒂顿山脉高山上的松树林中慢慢走、慢慢看。通往**阿拉斯加盆地**（Alaska Basin）的步道路程相对较短，但难度并不低，夏季时那里野花盛开，还能看到野大白羊（Dall sheep）。

❹ 观赏驼鹿

驼鹿（Moose）是一种体形庞大、强壮无比的动物，它们的身体就像生长飞快的青少年一样壮实，很有看头。雄性驼鹿的体重可以达到两辆哈雷戴维森摩托车那么重，它们巨大的掌形鹿角单只重达50磅（23公斤，秋季发情期过后会脱落）。凡是有柳树的地方就会有驼鹿，因为这是它们最爱吃的食物。湖泊和沼泽周围也可能看到它们的身影。柳树平地（Willow Flats）和棉白杨溪（Cottonwood Creek）是大蒂顿国家公园内驼鹿的主要活动区域。

5 摩门谷地 (Mormon Row)

摩门谷地是摄影爱好者们的最爱，这片狭长的碎石地就位于191号公路（Hwy 191）以东，点缀着一些古老的住宅和历经风雨涤荡的谷仓，远方则矗立着嶙峋壮美的蒂顿山脉。当然你可以选择驾车，但是这条平坦且风光优美的环路其实非常适合骑自行车。在19世纪90年代，被这里茂盛的山艾树林吸引而来的人们成为当地最早的定居者。这片土地经常有北美野牛（bison）和叉角羚（pronghorn）出没，6000多年以来一直是叉角羚季节性迁徙到加拿大育空（Yukon）地区的通道。

6 在杰克逊霍尔 (Jackson Hole) 滑雪

冬季时来大蒂顿国家公园，你还能享受到高山活动特别的乐趣。杰克逊霍尔是北美最好的度假区之一，也是这个地区的滑雪运动中心，多条出色的滑道位于杰克逊镇和机场附近。别将自己局限在常规的滑雪活动上，荒野还设有圆顶帐篷，甚至还可以体验直升机滑雪（先乘直升机到山顶，然后滑雪下山）。

7 野花

在6月，穿上你的徒步鞋过来吧，你会发现各色野花开满了山坡。在加勒廷山脉（Gallatin）至蒂顿山脉的草地上，金灿灿的香根（balsamroot）、淡紫色的羽扇豆（lupine）、火红的扁萼花（paintbrush）和粉红的猴面花争奇斗艳，让人目不暇接。学习一些野花的知识，你也许就有更多机会看到野生动物——灰熊爱吃旱叶草（beargrass），火红的扁萼花（Indian Paintbrush）能吸引来蜂鸟。7月间，前往海拔更高的地方能看到更多的野花。

8 孤独湖 (Lake Solitude)

孤独湖（海拔9035英尺/2754米）的周围生长着冷杉和松树，直到仲夏都可在湖面戏冰。这里很适合随意漫步（但可能不适合游泳）。由于通往孤独湖的步道是一条热门路线，因此这里并没有“孤独”的氛围，但还是颇具挑战性，值得一游。尽管这条路线的距离较长、海拔上升高度达2240英尺（683米），但因为坡度并不是很大，走起来也不会感觉特别吃力。

9 劳伦斯·S.洛克菲勒保护区 (Laurance S Rockefeller Preserve)

若要独自静静地欣赏壮丽风景，不妨来大蒂顿国家公园的这片新增区域。蒂顿山脉在这里逐渐下降形成缓坡，斯内克河（Snake River）边分布着黄石国家公园火山爆发时涌出来的岩石。菲尔普斯湖（Phelps Lake）周边的JY农场（JY Ranch）面积达3100英亩（12.5平方公里），曾是洛克菲勒家族的私人度假地，在2001年由劳伦斯·S.洛克菲勒（Laurance S Rockefeller）捐赠给了大蒂顿国家公园。劳伦斯的祖父约翰·D.洛克菲勒（John D Rockefeller）是公园早期的支持者之一，他在1927年买下首块土地并将其捐赠给了国家公园。尽管遭到当地人的强烈反对，在1949年前，约翰·D.洛克菲勒总共向大蒂顿国家公园捐赠了33,000英亩（133.5平方公里）曾用于农场的土地。保护区里还有一个适合休息与沉思的游客中心以及通往景色宜人的菲尔普斯湖的多条步道。

大蒂顿国家公园里的名字

公园里山川的名字都与人们对其的印象有关。法裔加拿大皮毛猎人们将这三座蒂顿山峰——南蒂顿山、中蒂顿山、大蒂顿山——命名为“三座蒂顿”（“les Trois Tétons”，“蒂顿”为法语音译名，意为“乳头”），这个名字很可能是在他们游走四方的孤独时刻从脑袋里冒出来的。

皮毛猎人奥斯本·拉塞尔（Osborne Russell）称这三座山的肖肖尼语（Shoshone）名字意为“头发花白的长老”（Hoary Headed Fathers）。在肖肖尼语中，“提温诺特”（Teewinot）意为“许多尖岩”——这个词现在既指这道山脉，也指提温诺特山（Teewinot Mountain）本身。

斯内克河（snake，蛇）的名字来自当地的肖肖尼人，人们当时将肖肖尼人（他们称自己为住在草编屋的人）表示编织的标识错当成蛇的标识，便将这条河流取名为“蛇”河。

斯内克河谷

蒂顿山脊步道

这是一条值得人终生铭记的经典徒步路线。步道在邻近的杰迪戴亚·史密斯荒野（Jedediah Smith Wilderness）中进进出出，两侧有众多峡谷和山口将其与外界相连。记得备足防晒霜——路上几乎没有任何遮挡物。

需时 4或5天

距离 31.4英里/50.5公里或39.9英里/64.2公里

难度 中-高

起点 斯特林湖

终点 花岗岩溪步道起点（Granite Creek Trailhead）或蒂顿村（Teton Village）

附近路口 北珍妮湖岔路口（North Jenny Lake Junction）

线路简介 这条经典路线引领徒步者翻越蒂顿高山，你将看到令人啧啧惊叹的壮景，同时体验攀登高山的兴奋。

第1天：斯特林湖起点至冬青湖（HOLLY LAKE；4小时，6.2英里/10公里，上升高度2540英尺/774米）

从斯特林湖的停车场沿蜿蜒步道往南走到斯特林湖附近，此路段平缓上行，经过路左侧**彩笔峡谷**（Paintbrush Canyon）岔路口后变陡，峡谷位于路口内1.6英里（2.6公里）处。这段路较为陡峭但走起来不会太困难，会经过下彩笔露营区（Lower Paintbrush Camping Zone）和几处普通露营地，路边有一条流经花岗岩大石块的溪流。之后，你会来到一个被雪山环绕的上游盆地。首先出现在你眼前的湖泊并不是冬青湖，沿着湖右侧继续走一段路才能到达**冬青湖**。湖泊的东南角有两个阴凉的指定露营地。如果这里已被预订一空，你可以在上彩笔峡谷露营区（Upper Paintbrush Canyon Camping Zone）露营。

第2天：冬青湖至南岔口瀑布露营区（3小时，3.2英里/5.2公里）

爬上一段陡路后进入这条路线的主要路段；从这里去**彩笔分水岭**（Paintbrush Divide，10,645英尺/3245米）要1小时。一直到7月初，这个山口可能都会被积雪覆盖——出发前先咨询公园管理员。一把冰镐会帮上你许多忙。在这里尽情欣赏完壮丽风景后，沿宽阔的之字形山路下山去**孤独湖**（Lake Solitude），这段路用时1小时左右。继续往前走，行至瀑布峡谷（Cascade Canyon）北岔口和南岔口的交会处，沿南岔口南行到达**南岔口瀑布露营区**（South Fork Cascade Camping Zone，19个营地位置）。你也可以从珍妮湖开始徒步，沿瀑布溪步道（Cascade Creek Trail）上山，在南岔口露营区住一晚；这一路线可节省1天行程。

第3天：南岔口瀑布露营区至阿拉斯加盆地（3~3.5小时，6.1英里/9.8公里，上升高度1992英尺/607米）

沿着步道爬到**雪崩分水岭**（Avalanche Divide）交叉路口处，右边（西南方）的岔路通往**飓风山口**（Hurricane Pass，海拔10,372英尺/3161米），在这里你可以饱览大蒂顿山、南蒂顿山和中蒂顿山无以伦比的山景。（从雪崩分水岭交叉路口走1.6英里/2.6公里可以到达Snowdrift Lake湖上方的观景点。）过了山口后，步道下行进入杰迪戴亚·史密斯荒野，经过日落湖（Sunset Lake）后到达阿拉斯加盆地的**盆地湖群**（Basin Lakes），这里有几处颇受欢迎的露营地。这里位于公园外，因此不需要办理许可证，但是你扎营的地方必须距离湖泊300英尺（91米）和溪流的50英尺（15米）以外。

第4天：阿拉斯加盆地至马里恩湖（4.5小时，8.2英里/13.2公里）

沿步道行进，穿越南岔口蒂顿溪（South Fork Teton Creek）时，踩着小溪中的踏脚石过去，再沿之字形山路爬上绵羊台阶（Sheep Steps），经过宽阔的**米克山口**（Mt Meek Pass，海拔9718英尺/2962米）后便又重新回到了公

园里。接下来的3英里（4.8公里）是下坡路，通往**死亡峡谷岩棚**（Death Canyon Shelf）的雄伟高原及露营区。经过死亡峡谷（Death Canyon）的岔路口后，道路上行到达**狐狸溪山口**（Fox Creek Pass，海拔9560英尺/2914米），之后继续往西南方延伸，翻越一道鞍状山到达**马里恩湖**（Marion Lake），这里有几处指定露营地。

第5天：马里恩湖至蒂顿村（5小时，9.7英里/15.6公里）

步道向山下延伸进入上花岗岩峡谷露营区（Upper Granite Canyon Camping Zone），经过上花岗岩峡谷巡逻小屋后，就到达了与山谷步道（Valley Trail）相交的交叉路口。从这里南行会到达花岗岩峡谷步道起点（Granite Canyon Trailhead），或者继续直走到达蒂顿村（Teton Village）。

其他组合路线

从东边的几座陡峭峡谷都可以进入蒂顿山脊步道。步道起点（从南到北）包括：花岗岩峡谷、死亡峡谷、塔加特湖（Taggart Lake）、羽扇豆草地（Lupine Meadows）、珍妮湖和斯特林湖/利湖。你可以将多座峡谷串游，设计出距离不一的徒步路线。供选择的路线组合有：

旷野峡谷（Open Canyon）至花岗岩峡谷

这条环形线路始于花岗岩溪步道起点，全长19.3英里（31.1公里），需要露营1晚。

花岗岩峡谷至死亡峡谷

这条环线经过蒂顿山脊步道，全长25.7英里（41.4公里），途中需露营2晚或3晚。

死亡峡谷至旷野峡谷

这条环线始于死亡峡谷步道起点（Death Canyon Traihead），全长24.7英里（39.8公里）。

在莫尔顿谷仓（Moulton Barn）旁吃草的北美野牛

“一杆进洞”自驾

需时 1小时（含停留时间）

距离 40英里/64公里环线

起点/终点 杰克逊

附近城镇 杰克逊

抵达方式 小汽车

限速 15~45英里（24~72公里）/小时

线路简介 这条景观自驾路线穿过长满山艾树的平地和森林，沿途可以看到漂亮的谷仓和蒂顿山脉的壮丽风光。

你可以说格罗斯·温特平丘（Gros Ventre Butte）毁掉了杰克逊——明明是公园的中心地区却看不到蒂顿山脉风景，都怪突起的它遮挡视线。但这条自驾游路线足以弥补这一缺憾，不过这条路不适合房车或大型车辆。

从杰克逊出发，沿191号公路行驶。第一站到❶ **国家野生动植物艺术博物馆**（National Museum of Wildlife Art）。你也许会问，为什么在有真正的动植物可看时还要看展览？因为博物家们呈现这片土地的方式将改变你的欣赏角度。

继续沿191号公路往北。在格罗斯·温特交叉路口（Gros Ventre Junction）右转、沿Gros Ventre Rd前行，这条路倚❷ **格罗斯·温特河**（Gros Ventre River）而行，河边生长着棉白杨、刺柏（juniper）、云杉（spruce）和柳树。河流周边的生态环境与北侧生长着山艾树的平地形成对照，北面平地上经常可见奔跑的叉角羚，有时时速高达60英里（97公里）。到下个交叉路口后，左转沿❸ **摩门谷地**朝北行，这片风景优美的狭长地带上矗立着一栋布局不规整、曝光率极高的谷仓。在谷地的尽头左转上❹ **Antelope Flats Road**，从这开始你有机会看到北美野牛和更多

"一杆进洞"骑行

需时 5小时

路程 33英里/53公里环线

难度 中

海拔落差 340英尺/104米

起点/终点 杰克逊

线路简介 沿着这条悠长、平缓的环路骑行，游览杰克逊霍尔的著名景点。

这条线路是"一杆进洞"自驾路线的精简版。从杰克逊出发，然后沿191号公路北行到达**驼鹿交叉路口**。在路口左转后再次左转，就来到狭窄而曲折的驼鹿-威尔逊路。尽管这是一条柏油路，但路面仍有一些大坑，骑车时要多加小心。这段路周边是角鸮（horned owl）的栖息地。快要到达**蒂顿村**的时候，道路变得平坦。继续沿驼鹿-威尔逊路的平坦路段前行，到达与22号公路（Hwy 22）的交叉路口处左转。公路上有许多车辆。早点动身能让你避开Moose-Wilson Rd几处狭窄路段的拥堵。

的叉角羚。很快就到与191号公路相交处，左转，然后在驼鹿交叉路口（Moose Junction）右转。

快到公园大门左转上狭窄的❺ **Moose-Wilson Road**。会车时几乎要挤到路边：这也是禁止大型车辆通行的原因。道路在茂密植被间穿行，经过盲区弯道时要尤为小心。沿一条土路行驶，可经过死亡峡谷步道起点，再往前可到达花岗岩峡谷步道起点，两处都在右手边。如果想游泳，可取道花岗岩峡谷步道起点，这条路可通往❻ **菲尔普斯湖**（需要几小时）。道路虽不是沥青路面，但比较平坦。

行至❼ **蒂顿村**附近，可以选择乘坐缆车登上山顶欣赏风景或去曼奇驼鹿沙龙（Mangy Moose Saloon）吃午餐。沿Moose-Wilson Rd南行可达22号公路，在路口左转回杰克逊。

在大蒂顿山徒步

入口和游客中心

公园有两个入口站：驼鹿入口站（Moose Entrance Station，南门）位于驼鹿交叉路口以西的Teton Park Rd路旁；莫兰入口站（Moran Entrance Station，东门）位于莫兰交叉路口（Moran Junction）以北的US 89/191/287路旁。公园全年开放，但部分道路和入口会在11月至次年5月1日前后关闭，包括Moose-Wilson Road的部分路段，在此期间无法从蒂顿村进入公园。

寇特湾游客中心（Colter Bay Visitor Center；☎307-739-3594；🕒5月初至5月中和9月至10月初 8:00~17:00，6月至9月初 8:00~19:00）位于杰克逊湖度假屋（Jackson Lake Lodge）以北6英里（9.7公里）处US 89/191/287路旁，可办理偏僻地区旅行许可证。游客中心内设有工艺品展览，还组织团队游参观中心内的印第安艺术博物馆（Indian Arts Museum）。

珍妮湖游客中心（Jenny Lake Visitor Center；☎307-739-3343；🕒9月至次年5月 8:00~16:30，6月至8月 8:00~19:00）位于驼鹿交叉路口以北8英里处的Teton Park Rd路旁。中心内设有商店、锁柜、地质展览、浮雕模型、卫生间和电话。

食宿

5月初至10月初，大部分露营地和旅舍都会营业，具体情况取决于天气。在公园内露营，仅允许在几处指定露营地露营，且不得超过14天（在较热门的珍妮湖不得超过7天）。

国家公园管理局露营地（National Park Service Campgrounds；☎800-628-9988；www.nps.gov/grte/planyourvisit/camping.htm）在园内共经营6处露营地，都遵循"先来先得"的原则。

Jenny Lake Lodge（☎307-733-4647；www.gtlc.com；Jenny Lake；小屋 $699起；🕒6月至9月）这间高雅的度假屋位于蒂顿公园路（Teton Park Rd）附近，古旧木家具、羽绒被和彩色被套营造出舒适的空间。房费并不便宜，但包含早餐和5道主菜的晚餐，提供自行车及导览骑马游。下雨天可在主屋的壁炉边坐下玩玩游戏或阅读书架上的藏书。

Jenny Lake Campground（Teton Park Rd；帐篷营地位置 $22；🕒5月中至9月末）这个舒适抢手的露营地（51个露营位置）位于驼鹿交叉路口以北8英里（12.9公里）处，周围是常青树林和冰川巨石，营地内只能搭帐篷。从这里前往多个步道起点都非常方便，因此营地几乎总是满员。进入营地的车辆长度不能超过14英尺（4.27米），拖车式活动房屋禁止入内。

Gros Ventre Campground（Gros Ventre Rd；营地位置 $24；🕒4月末至10月中）这处拥有372个营地位置的露营地位于格罗斯·温特河附近，距离驼鹿交叉路口11.5英里（18.5公里），占地面积很大，但非常僻静。高高的棉白杨浓荫蔽日，河流近在咫尺，使得这处露营地格外迷人。营地一般在当天晚些时候就会住满，其中尤为紧俏的是环路以西那些更为隐蔽的位置。这里有房车下水，但不提供上水接口。

Colter Bay Campground（www.gtlc.com；US 89/191/287；营地位置 $22；🕒5月中至9月中）这个环境嘈杂的露营地位于杰克逊湖东岸，占地面积很大——既是优点，也是缺点。这里通常总有空位，附近的寇特村（Colter Village）设有单独的房车营地、杂货店、自动洗衣店和热水淋浴间。露营地可提供丙烷，这里有一个倾倒场。露营地位于杰克逊湖交叉路口（Jackson Lake Junction）以北3英里（4.8公里）处。

游人通常为了图方便或是欣赏美景才会在公园内就餐，并不会追求食物本身。当地淡旺季太明显，好些的餐馆都难招到时间合适的优秀厨师——因此菜肴的质量主要取决于餐厅能否成功找到大厨。如果你对食物品质要求较高，最好还是去附近的杰克逊用餐。你还可以参加杰克逊湖晚餐和早餐游船巡游，或者自己准备美食来一场野餐。Dornan's in Moose供应品种丰富的葡萄酒。

所属州

科罗拉多州

门票

7日通票 $15/车

面积

55平方英里/

142.5平方公里

适合

圣路易斯谷（San Luis Valley）

大沙丘国家公园 GREAT SAND DUNES NATIONAL PARK

各种景观在大沙丘国家公园流动的沙海里轮番登场，置身其中你会疑惑，自己是否被外星人劫持到了另外一个星球。

这个沙丘公园占地面积达55平方英里（142平方公里），最高的沙丘顶端距离谷底有700英尺（213米）。公园的一边，耸立着高达14,000英尺（4267米）的桑格雷-德克里斯托山（Sangre de Cristo Mountain）和圣胡安山（San Juan Mountain），另一边则是平坦而干旱、生长着灌木丛的圣路易斯谷（San Luis Valley）。

建议将游览国家公园的时间定在满月前后。带上充足的补给品，先去游客中心办理荒野露营许可证（免费），然后你就可以进入公园扎营，领略这个荒芜之地的奇幻风景。

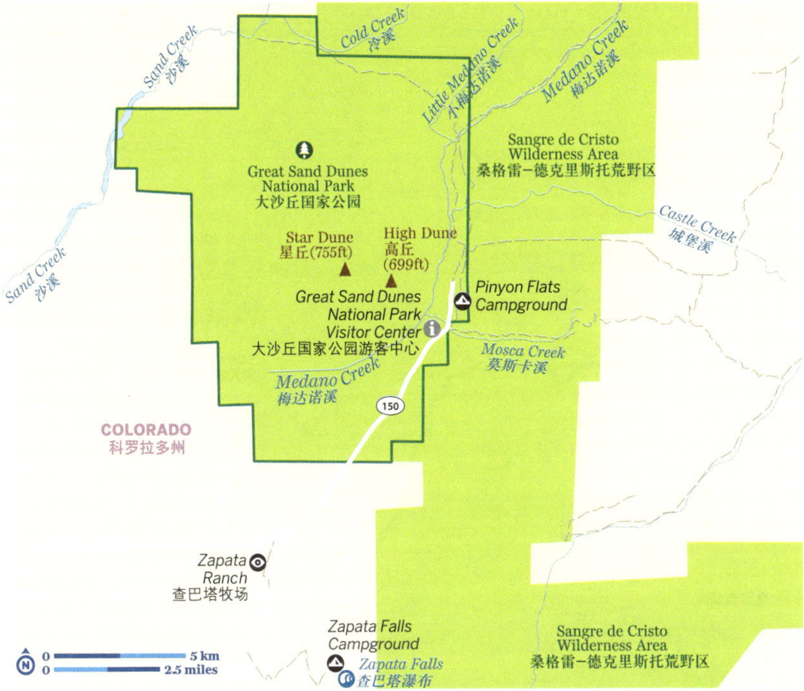

园内有许多**徒步路径**，前往查巴塔瀑布（Zapata Falls；位于BLM Rd 5415）的路径是其中一条，这条路长0.5英里（0.8公里），途中会经过一个有趣的狭缝峡谷。公园全年都有可以**滑沙**的地方，你可以坐着滑雪板从沙丘上滑下来。

6月时，梅达诺溪（Medano Creek）的冰雪消融，此时来公园游玩的人最多。松散的沙地走起路来很困难，夏季时沙丘温度可能超过130℉（54℃）。记得备足饮水。

这个国家公园位于阿拉莫萨（Alamosa）东北方向35英里（56公里）、丹佛（Denver）以南250英里（402公里）处。从丹佛出发，沿I-25往南行，然后转入Hwy 160往西行，之后再转入Hwy 150往北行。

住宿

Pinyon Flats Campground（☎888-448-1474；www.recreation.gov；帐篷和房车营地 $20；🐾）这是公园官方露营地，距离沙丘较近，有88个露营位置，但露营地非常紧俏，5月中至8月通常都满员。其中44个营地位置先到先得（全年开放）；另一半营地（5月至11月5日开放）接受网上预订。

Zapata Falls Campground（www.fs.usda.gov；BLM Rd 5415；帐篷和房车营地 $11；⏲全年；🐾）位于公园以南7英里（11公里）的桑格雷-德克里斯托山上，在海拔9000英尺（2743米）的地方可一览圣路易斯谷壮美全景。23个露营位置先到先得，注意这里不供应水，长达3.6英里（5.8公里）的入口道路很陡，有些地方被水冲毁，走起来很慢。

查巴塔牧场（Zapata Ranch；☎719-378-2356；www.zranch.org；5303 Hwy 150；全食宿每人$360起）位于棉白杨林中，蓄养着役牛和北美野牛（bison），已被辟为保护区，适合骑马爱好者。牧场的拥有者和经营者是自然保护协会（Nature Conservancy）。翻新的19世纪木屋是牧场内的主要住宿地，可远眺沙丘胜景。

Historic Trails (Rocky Mountains) 历史步道(落基山脉)

俄勒冈步道

在19世纪30年代，53,000多位移民者横跨北美大陆跋涉2170英里(3492公里)，穿越6个州，前往太平洋西北地区，他们曾走过的粗糙小路即为今天的俄勒冈步道(Oregon Trail)。

驿马邮政

1860年，第一辆驿马车载着邮件从密苏里州的圣约瑟夫（St Joseph）出发，西行前往2000英里（3219公里）外的加利福尼亚州。这项服务全程只需短短8天，但运行了18个月后，就由于电报线建成而结束。

刘易斯和克拉克

在1804年，托马斯•杰弗逊总统指派梅里韦瑟•刘易斯（Meriwether Lewis）与威廉•克拉克（William Clark）西行。在一位肖肖尼部落女性萨卡加维亚（Sacagawea）的带领下，他们由密苏里州的圣路易斯出发，一路跋涉抵达太平洋后返回。

摩门先锋步道

1847年，摩门教徒为躲避宗教迫害，组织马车队来到犹他州的盐湖城。在接下来的20年里，超过70,000名摩门教徒经这条“摩门先锋步道”逃至犹他州。

圣菲步道

当1821年墨西哥从西班牙独立后，新独立的墨西哥人欢迎来自美国的商人，连接密苏里州和圣菲这条恶名远播的圣菲步道作为主要贸易通道建成。

老西班牙步道

老西班牙步道从圣菲进入犹他州中部，再横穿内华达州抵达加利福尼亚州的洛杉矶，是早期领土拓张时期的一条主要交通路线，那时马车、骡车队和驿站马车是最先进的交通工具。

1

DANITA DELIMONT / GETTY IMAGES ©

MICHAEL DEFREITAS / ROBERTHARDING / GETTY IMAGES ©

1. 俄勒冈步道(Oregon Trail)
斯考特·布拉夫国家纪念碑(Scotts Bluff National Monument)旁的大篷马车勾起人们对19世纪30年代早期移民者的回忆。

2. 刘易斯和克拉克国家历史步道(Lewis & Clark National Historic Trail)
探访刘易斯、克拉克和肖肖尼族向导萨卡加维亚(Sacagawea)当年走过的路。

3. 圣菲国家历史步道(Santa Fe National Historic Trail)
这条路线形成于19世纪20年代的贸易活动中，一直通到新墨西哥州。

所属州

科罗拉多州

门票

1日通票 $20/车，

7日通票 $30/车

面积

415平方英里/

1074.8平方公里

适合

谷湖（Loch Vale）

BRAD MCGINLEY PHOTOGRAPHY / GETTY IMAGES ©

落基山国家公园 ROCKY MOUNTAIN NATIONAL PARK

落基山国家公园拥有经典的高山风光：白雪覆盖的山峰之下，是开满野花的草地和宁静的山间湖泊。

每年有超过400万游客造访落基山国家公园，但是许多人都只是沿着常规路线游玩。如果你愿意尝试多走几步的话，就能享受到更为静谧的荒野风光。

北美赤鹿（elk）是这个公园的标志性动物——你甚至能在酒店前的草坪上看到它们——但也别忘记寻找大角羊（bighorn sheep）、驼鹿（moose）、旱獭（marmots）和黑熊的身影。

徒步和露营

公园内共有超过300英里（483公里）的徒步道纵横交错于不同地势之间，能够满足各种能力层级徒步者的需要。

带着孩子的旅行者可以考虑沿步道去往荒野盆地（Wild Basin）的卡里普索瀑布（Calypso Falls）、块状山脊（Lumpy Ridge）的宝石湖（Gem Lakes）或埃斯特斯公园（Estes Park）以南的双姊妹峰（Twin Sisters Peak）等地，走起来比较轻松。对于想要挑战高难度、身体素质好、徒步经验丰富的人，朗斯峰（Longs Peak）会更适合他们。

不管你选择哪条路线，出发前最好先在7000至8000英尺（2134至2438米）的地方住一晚，让你的身体适应高海拔。7

实用信息

高山游客中心（Alpine Visitor Center; www.nps.gov/romo; Fall River Pass; ⏲5月末至6月中 10:30~16:30，6月末至9月初 9:00~17:00，9月初至10月中 10:30~16:30; 👪）其纪念品商店海拔11,796英尺（3595米），位于公园的中间位置，景色壮丽。沿老瀑布河路（Old Fall River Rd）上山时，能看见在山坡上吃草的北美赤鹿和鹿，偶尔还有驼鹿。

河狸草地游客中心（Beaver Meadows Visitor Center; ☎970-586-1206; www.nps.gov/romo; US Hwy 36; ⏲6月末至8月末 8:00~21:00，其他月份 至16:30或17:00; 👪）是主要的游客中心，从埃斯特公园来的人可方便地获取信息。中心播放关于公园的影片，也有小礼品店，还可预订露营地。

卡乌尼奇游客中心（Kawuneeche Visitor Center; ☎970-627-3471; 16018 US Hwy 34; ⏲5月的最后一周至劳工节 8:00~18:00，劳工节至9月 8:00~17:00，10月至次年5月 8:00~16:30; 👪）位于公园西侧，可办理荒野露营许可证，并有管理员带队的步行游览和适合孩子的活动。

站在朗斯峰的锁眼（Keyhole）

格雷斯峰（Grays Peak）上的山羊

当地交通

夏季时，公园每天会开通多班免费巴士，从埃斯特公园游客中心（Estes Park Visitor Center）发车将游客送到转乘停车场换乘其他巴士。全年运营的巴士从冰川盆地（Glacier Basin）停车场出发，开往位于公园低海拔地区的熊湖（Bear Lake）。夏季旺季期间，冰碛公园（Moraine Park）露营地和冰川盆地停车场之间会增开一辆巴士。这趟巴士只在8月中至9月的周末运营。

月前，许多步道会被雪封住，地表径流也会导致道路通行困难。冬天会有发生雪崩的风险。

荒野露营

公园有260处指定的荒野露营地，如果你打算在露营地过夜，需要提前办理荒野露营许可证（不超过12人的团队7天有效 $26）。11月1日至次年4月30日办理许可证不收费。仅在3月1日至5月15日接受电话预订。**荒野地区办事处**（Backcountry Office；☎970-586-1242；www.nps.gov/romo；1000 W Hwy 36 Estes Park CO 80517）接受传统邮政信件预订和当面预订。

如果你打算在荒野地区过夜，需要带上一个防熊罐（bear box）用来存放食物（设施完备的露营地都有提供）。你可以从丹佛的REI店或者**Estes Park Mountain Shop**（☎970-586-6548；www.estesparkmountainshop.com；2050 Big Thompson Ave；双人帐篷 $10，防熊罐 每晚 $3；⌚8:00~21:00）租到这种箱子，租金每天为$3至5；这两个地方也出租渔具、露营装备和徒步装备。

冰碛公园博物馆（Moraine Park Museum）

这个博物馆由平民保育团（Civilian Conservation Corps）在1923年修建，曾是公园引以为豪的游客旅舍，几年前这栋建筑进行了翻新修复，现在馆内陈列着关于地质、冰川和野生动植物的**展览**（☎970-586-1206；Bear Lake Rd；⌚6月至10月 9:00~16:30）。

瀑布河（Fall River）

食宿

公园内能过夜的地方只有露营地。餐馆和大部分汽车旅馆或酒店集中在埃斯特公园和大湖（Grand Lake）附近，都位于步道山脊路山口（Trail Ridge Rd Pass，5月末至10月开放）的另一侧。

露营地都没有淋浴设施，但夏季时提供冲水式厕所，冬季时可使用户外厕所。每个露营地都有篝火环、野餐桌和一处停车场。

Olive Ridge Campground（☎303-541-2500；State Hwy 7；帐篷营地 $19；⏲5月中至11月）这处美国森林管理局（USFS）管理的露营地井然有序，可以通往4处步道起点。夏季期间位置颇为紧俏，多数位置遵循先到先得原则。

Longs Peak Campground（☎970-586-1206；Longs Peak Rd，紧邻State Hwy 7；帐篷营地 $20；P）这里有26个帐篷营地位置，攀登朗斯峰的人常选择在此过夜，然后在第二天清晨动身登顶。在科罗拉多州多座海拔超过14,000英尺（4267米）的山峰中，朗斯峰是其中攀登难度较低的。顶峰风光无比壮观；夏季旅游旺季时，来此登山的游客很多。

到达和离开

山脊之路（Trail Ridge Rd，即US 34）是公园内唯一东西向公路，冬季关闭。沿US 36穿过莱昂斯（Lyons）可达公园东边入口，这是从博尔德（Boulder）过来绕路最少的路线。

公园东边有两个入口站：**瀑布河入口站**（Fall River；US 34）和**河狸草地入口站**（Beaver Meadows；US 36）。**大湖入口站**（Grand Lake Station；US 34）是西边唯一入口。沿科罗拉多河上游穿过**卡乌尼奇山谷**（Kawuneeche Valley）可达木材溪露营地（Timber Creek Campground），这条通道全年开放。

公园东边的游客主要集中在高山游客中心和熊湖路（Bear Lake Rd）上，前者位于步道山脊路（Trail Ridge Rd）上，后者通往各露营地、步道起点和冰碛公园博物馆。

在埃斯特公园以北，Devils Gulch Rd连接了多条徒步道。沿恶魔峡谷路（Devils Gulch Rd）前行，你会穿过格伦黑文村（Glen Haven）到达大汤普森河（Big Thompson River）北支流（North Fork），这里是通往公园的步道起点。

所属州

怀俄明州

门票

7日通票 $30/车

面积

3472平方英里/

8992.4平方公里

适合

老忠实间歇泉（Old Faithful Geyser）

MARTIN RUEGNER / GETTY IMAGES ©

黄石国家公园 YELLOWSTONE NATIONAL PARK

黄石国家公园是大黄石生态系统的核心区域，这是一片原始质朴、自然奔放、活力十足的土地，间歇泉和温泉池美得摄人心魄，而当你在公园里四处走动时，你会感觉这里就像一只烧开水的大水壶，到处都冒腾着热气、散发着硫黄味，地热水源源不断地涌出，池水被高温烫得沸腾冒泡。

公园的公路穿过草地和森林，蜿蜒穿行于间歇泉之间，沿途你会看到成群的北美野牛，经过飘着松针香味、燃起篝火的露营地。这里拥有美国数量最多的北美赤鹿，还有北美洲最古老、最大的北美野牛群，原始荒野上栖息着狼、灰熊、驼鹿和羚羊。是的，这里太棒了。骑行者、滑雪者、铁杆背包客、划船手、皮划艇手、雪地摩托车爱好者都会在黄石找到无数种探险的方式。

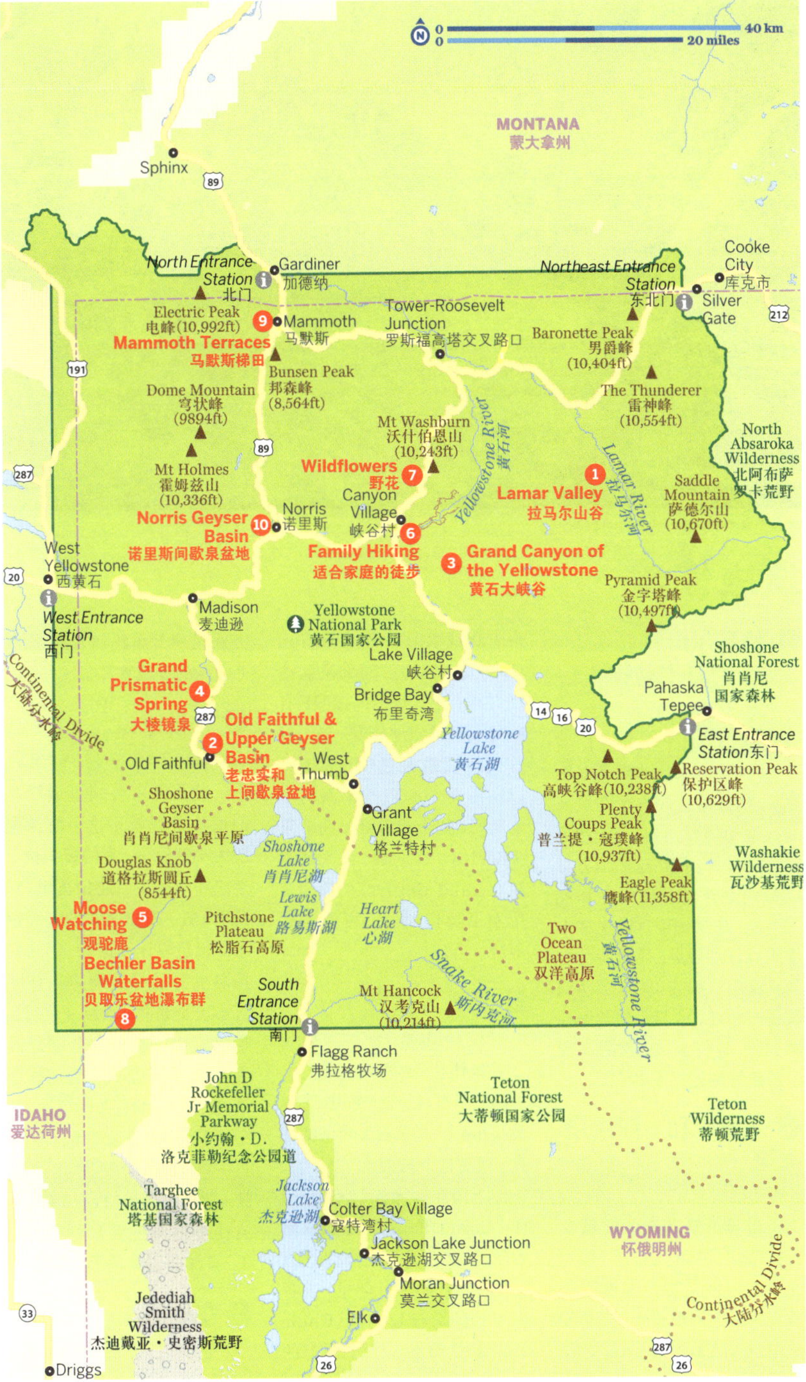
0 40 km
0 20 miles
MONTANA
蒙大拿州
Sphinx
89
North Entrance Station
北门
Gardiner
加德纳
Northeast Entrance Station
东北门
Cooke City
库克市
Silver Gate
212
Electric Peak
电峰(10,992ft)
9
Mammoth
马默斯
Mammoth Terraces
马默斯梯田
Tower-Roosevelt Junction
罗斯福高塔交叉路口
Baronette Peak
男爵峰
(10,404ft)
191
Bunsen Peak
邦森峰
(8,564ft)
Dome Mountain
穹状峰
(9894ft)
The Thunderer
雷神峰
(10,554ft)
Mt Washburn
沃什伯恩山
(10,243ft)
Yellowstone River
黄石河
North Absaroka Wilderness
北阿布萨罗卡荒野
89
287
Mt Holmes
霍姆兹山
(10,336ft)
Wildflowers
野花
7
1
Lamar Valley
拉马尔山谷
Lamar River
拉马尔河
Saddle Mountain
萨德尔山
(10,670ft)
Canyon Village
峡谷村
Norris
诺里斯
Norris Geyser Basin
诺里斯间歇泉盆地
10
6
Family Hiking
适合家庭的徒步
3
Grand Canyon of the Yellowstone
黄石大峡谷
West Yellowstone
西黄石
20
West Entrance Station
西门
Madison
麦迪逊
Yellowstone National Park
黄石国家公园
Pyramid Peak
金字塔峰
(10,497ft)
Lake Village
峡谷村
Shoshone National Forest
肖肖尼国家森林
Continental Divide
大陆分水岭
Grand Prismatic Spring
大棱镜泉
4
287
Bridge Bay
布里奇湾
14
16
20
Pahaska Tepee
Yellowstone Lake
黄石湖
East Entrance Station东门
Old Faithful & Upper Geyser Basin
老忠实和上间歇泉盆地
2
Old Faithful
West Thumb
Top Notch Peak
高峡谷峰(10,238ft)
Reservation Peak
保护区峰
(10,629ft)
Shoshone Geyser Basin
肖肖尼间歇泉平原
Grant Village
格兰特村
Plenty Coups Peak
普兰提・寇璞峰
(10,937ft)
Shoshone Lake
肖肖尼湖
Douglas Knob
道格拉斯圆丘
(8544ft)
Washakie Wilderness
瓦沙基荒野
Eagle Peak
鹰峰(11,358ft)
Moose Watching
观驼鹿
5
Pitchstone Plateau
松脂石高原
Lewis Lake
路易斯湖
Heart Lake
心湖
Two Ocean Plateau
双洋高原
Yellowstone River
黄石河
Bechler Basin Waterfalls
贝取乐盆地瀑布群
Snake River
斯内克河
South Entrance Station
南门
Mt Hancock
汉考克山
(10,214ft)
8
Flagg Ranch
弗拉格牧场
John D Rockefeller Jr Memorial Parkway
小约翰・D.
洛克菲勒纪念公园道
287
Teton National Forest
大蒂顿国家公园
IDAHO
爱达荷州
Teton Wilderness
蒂顿荒野
Targhee National Forest
塔基国家森林
Jackson Lake
杰克逊湖
Colter Bay Village
寇特湾村
WYOMING
怀俄明州
Jackson Lake Junction
杰克逊湖交叉路口
Moran Junction
莫兰交叉路口
Jedediah Smith Wilderness
杰迪戴亚・史密斯荒野
33
Elk
Continental Divide
大陆分水岭
287
Driggs
26
26

黄石下瀑布（Lower Yellowstone Falls）

顶级体验

❶ 拉马尔山谷（Lamar Valley）的野生动物

草木繁茂的拉马尔山谷被称作“北美洲的塞伦盖蒂”（Serengeti，非洲著名平原），栖息着公园内密度最高的大型动物群。园内有十几个临时停车处，站在这些地方可以看到吃草的北美野牛和北美赤鹿，如果用望远镜在林木线附近仔细寻觅，还可能会看到觅食的灰熊或狼群。黎明或黄昏时前往，或与生物学家导游同行，你将会被自然界展现的景象惊艳得说不出话来。

❷ 老忠实和上间歇泉盆地（Old Faithful & Upper Geyser Basin）

世界上最著名的间歇泉大概每90分钟喷发一次，你有充足的时间从各个角度来观赏它——主木板道上、老忠实旅馆（Old Faithful Inn）的阳台上和观察山（Observation Hill）上。周边的间歇泉盆地还有几十个壮观的间歇泉；有些每天只激烈地喷发一次，有些则持续地大量喷发。你可以向游客中心咨询预测的喷发时间。如果想看蜂巢间歇泉（Beehive Geyser）或大间歇泉（Grand Geyser）的喷发，带本书随行吧——可能需要等待一阵。

❸ 黄石大峡谷（Grand Canyon of the Yellowstone）

雄伟壮观的峡谷和飞流直下的下瀑布（Lower Falls，308英尺/94米）是黄石大峡谷的亮点。观赏这个峡谷的方法有：抵达下瀑布边缘处（Brink of the Lower Falls）的瀑布跌落点附近，在艺术家之点（Artist Point）欣赏瀑布全景，或者向下到汤姆叔叔之家（Uncle Tom's）体验水雾扑面。最好的方式是避开车辆和人群，沿瀑布边缘的步道欣赏。

❹ 大棱镜泉（Grand Prismatic Spring）

黄石国家公园里最漂亮的地热景观就是这个游泳池般大小的温泉。大棱镜泉位于老忠实间歇泉以北10英里（16公里）处，波光粼粼的蓝绿色水面已足够让人惊叹，但让它扬名世界的是其周边的环状五彩藻类植物。水温变化后，嗜热生物的颜色也会随之发生改变，由此形成一道道橙色系、黄色系、绿色系的色带。从高处看，这个温泉看起来就像是一只流出五彩眼泪的巨大眼睛。沿仙女瀑布（Fairy Fall）的徒步道爬上温泉背后的山上，是俯瞰温泉的最佳位置。

❺ 观驼鹿

世界上最大的鹿科动

物——驼鹿(Moose)是黄石国家公园里的一道风景线。雄性驼鹿的体重堪比两辆哈雷戴维森摩托车那么重,它们巨大的掌形鹿角每一只就能重达50磅(23公斤),在秋季发情期过后会脱落。驼鹿在公园里很常见,只要有柳树的地方,你都能发现它们的身影,因为这种树是它们最爱吃的食物。湖泊和沼泽附近也是它们的活动区域。去贝取乐(Bechler)地区和加勒廷河(Gallatin River)流域寻找它们的踪影吧。

6 适合家庭的徒步

自然步道,前往沙滩、观景点、湖泊和间歇泉的徒步路线……孩子们自然而然就对探险活动充满兴趣,可以想象得到,当他们第一次看见北美野牛或喷出泥巴的泥塘时会有多兴奋。黄石公园的小科学家项目(Young Scientist Program)会提供专门的手提工具箱来进一步帮助孩子们探索公园。

7 野花

如果在6月来这里亲近自然,你会发现山腰上已开满五颜六色的野花。金黄色的香根、淡紫色的羽扇豆、火红的扁萼花和粉红的猴面花只是这遍山花海中的几种,它们争奇斗艳,让人目不暇接。注意找找花丛中的野生动物——灰熊喜欢吃旱叶草,扁萼花则能吸引来蜂鸟。7月去高海拔地区能看到更多野花。

8 贝取乐盆地瀑布群
(Bechler Basin Waterfalls)

贝取乐位于偏远的公园西南角,与其他景点都离得比较远,仅通过一条崎岖的土路与外界相连。这里拥有公园内最壮观磅礴的瀑布群。除了声名远扬的联合瀑布(Union Fall)、都纳达瀑布(Dunanda Fall)、科罗纳达瀑布(Colonnade Fall)和洞穴瀑布(Cave Fall),还有几十个声震如雷的瀑布、静静流淌的跌水池和位置隐蔽的温泉池,因此即使这里蚊子成灾,地面松软潮湿,但依然有背包露营客和日间徒步者不畏艰辛前来。8月与9月是最佳的前往时机。

9 马默斯梯田
(Mammoth Terraces)

公园北部主要的地热景观是漂亮的凝灰岩梯形阶地和瀑布温泉池。有些梯田很干,另一些梯田间则有许多小池子和像珊瑚一样的岩层,色彩绚丽得如同印象派画家的作品。这座山底下还在不停涌出温泉。你还可以沿游人鲜至的霍华德·伊顿步道(Howard Eaton Trail)徒步来欣赏动人的梯田风光,或者冬天来这里滑雪,你将很有可能与北美赤鹿一起分享这里的美景。

10 诺里斯间歇泉盆地
(Norris Geyser Basin)

这里是黄石公园里温度最高、最活跃的间歇泉盆地,盆地里喷发水柱最高的间歇泉(也是世界上最高的,达400英尺/122米)并不在老忠实间歇泉,而是在更北的地方。木板道沿白色平地绕行,会经过嘶嘶冒气的喷气孔、蓝色的水池、彩色的径流和罕见的酸性间歇泉。由于黄石公园这一带地下发热点距离地表很近,你甚至可以感觉到这片土地的脉动。如果住在附近的露营地,你就可以在黄昏时慢慢走过来欣赏日落,也许还能在长臂猿河(Gibbon River)边看到北美赤鹿。

跟着管理员游览公园

在公园提供的各项免费服务中,最精彩的是由管理员带队的系列活动,如沿木板道讲解间歇泉的内部结构,黎明时分观赏野生动植物的指导以及短途导览徒步游等,和蔼可亲的管理员的讲解将会大大增进你对公园的理解。公园的报纸《今日黄石》(*Yellowstone Today*)上列有此类活动的时间,你可以根据活动时间来安排行程。不管怎样,你至少不要错过了大部分露营地每晚都会举办的篝火讲演,其中有一部分专为年轻家庭而设。

如果你对于独自徒步没有把握、想要与他人同行的话,可以选择由管理员带队的步行游览。短途步行游览目的地每年都不一样,但可能包括神秘瀑布(Mystic Falls)、河狸池(Beaver Ponds)、瞭望湖(Lake Overlook)、风暴点(Storm Point)、大峡谷(Grand Canyon)的南部边缘和上间歇泉盆地(Upper Geyser Basin)附近。游览活动免费,虽然只有几个小时,但算得上是园内最有意思的几条步行路线。

大棱镜泉

ALAN MAJCHROWICZ / GETTY IMAGES ©

通往沃什伯恩山的步道

在沃什伯恩山(Mt Washburn)徒步

这条热门的往返徒步路线将带你爬上海拔10,243英尺(3122米)的沃什伯恩山，在山顶的火警瞭望塔上欣赏公园内最美的风光。

需时 4小时

距离 往返6.4英里/10.3公里

难度 中

海拔落差 1400英尺/427米

起点/终点 当拉温山口(Dunraven Pass)步道起点(4K9)

附近城镇/路口 峡谷村(Canyon Village)

线路简介 黄石国家公园最热门的一日徒步路线，你将会欣赏到360度无敌山顶美景，并且有机会看到大角羊和黑熊。

每年有1万多人来这条步道徒步，因此最好一早出发到达步道起点停好车。对年龄较大的青少年来说，完成这条路线应该不成问题。

64万年前的一次火山喷发形成了辽阔的黄石破火山口，而沃什伯恩山是当年那座火山唯一的遗留物。瞭望塔里有关于这个火山口的说明性展览，看完后定会对黄石超级火山的规模印象深刻。沃什伯恩山得名于蒙大拿州的测绘总长亨利·沃什伯恩。在1870年的“沃什伯恩、朗福德和多恩探险”(Washburn, Langford and Doane Expedition)期间，他曾骑马上山看风景。

推荐路线始于大环线路(Grand Loop Rd)上的当拉温山口(海拔8859英尺/2700米)，位于大峡谷以北4.8英里(7.7公里)、瞭望塔以南14.2英里(22.9公里)处。备选路线始于奇滕登(Chittenden)停车场(山口以北5英里/8公里处)，最后到达山顶，路程相对较短但不如前者有意思(却是很好的骑行道)。建议携带一份Trails Illustrated的《304号瞭望塔/峡谷地图》(*No 304 Tower/Canyon*, 比例尺1:70,000)。

6月底开始下雪后，当拉温山口的通行常会受阻，到7月都可能被大雪封锁。7月和8月，山上野花盛开，风景如梦如幻。下午经常有雷雨天气，会有强风与闪电，即使天气看上去很好也要带防风衣物。如果暴风雨来势猛烈，就迅速下山。

需要牢记：8月和9月间，很多灰熊会去沃什伯恩山的东坡找成熟的白皮松松子吃。

这条宽步道原是条废弃的土路(历史可追溯至1905年)，虽是上坡路，但很平缓，走起来不难。步道从亚高山冷杉树林中穿过，路两边有带状环路。20分钟后，眼前风景变得开阔。火警

瞭望塔出现在视野中，虽然它看起来又高又远，但这段山路并没有你想象中痛苦。继续沿宽阔的之字形上坡路往东北方走，再走过一道狭窄的山脊，经过几棵粗壮的白皮松（有熊出没），然后到达沃什伯恩山步道（Mt Washburn Trail）与碎石道奇滕登路（Chittenden Rd）的交叉路口。交叉路口左边的道路通往3层高的火警瞭望塔，从起点到达瞭望塔需要2小时。交叉路口右边是沃什伯恩山嘴步道（Washburn Spur Trail），通往大峡谷交叉路口（Canyon Junction）。

观景平台和底层的公共观察室有卫生间（但没有水）、公用的望远镜（20x）、关于黄石破火山口的展览和帮助你分辨周边山峰山谷的图片。瞭望塔建于20世纪30年代，6月至10月有工作人员值班，是公园仍在使用的3座火警瞭望塔之一。站在塔上，可欣赏到全景风光，能将公园的四分之三尽收眼底（天气晴朗时），视线越过黄石破火山口向南望，可以看到黄石湖（Yellowstone Lake）、大峡谷和海登谷（Hayden Valley）；往北，可以看到熊齿山脉（Beartooth Range）和阿布萨罗卡山脉（Absaroka Range）。你的下方，是冒着腾腾热气的沃什伯恩温泉（Washburn Hot Springs）。仔细找找，看能不能在山顶附近发现大角羊的身影。如果游客逐渐增多，可下行5分钟到达沃什伯恩山嘴步道，就能安静地欣赏风景了。之后从山顶原路返回起点。

备选路线：沃什伯恩山嘴步道至峡谷

6小时/11.2英里（18公里）/海拔下降2340英尺（713米）

如果你坐巴士或搭便车到达当拉温山口，可以考虑从沃什伯恩山沿沃什伯恩山嘴步道走5.4英里（8.69公里）到达它与思文马尔洞步道（Sevenmile Hole Trail）的交叉路口。再继续走2.7英里（4.3公里），就会到达大峡谷的冰川漂砾（Glacial Boulder）步道起点。整条徒步路线长11.2英里（18公里），途中会穿过灰熊活动核心区。你也可以反过来走这段步道，但需要爬升850英尺（259米）。

大角羊

邦森峰步道

邦森峰（海拔8564英尺/2610米）是半日徒步的热门目的地，到达后你可以将计划扩展成更费体力的全日行程，继续沿较平缓的东山坡下到邦森峰路（Bunsen Peak Rd），然后走一段长长的下坡路（800英尺/244米）到游人罕至的鱼鹰瀑布（Osprey Falls）脚下（本节内容没有收录这段行程）。

需时 2.5小时

距离 往返4.2英里/6.8公里

难度 中

海拔落差 1300英尺/396米

起点/终点 邦森峰步道起点（1K4）

附近城镇/路口 马默斯（Mammoth）

线路简介 沿古老的熔岩颈一侧往上攀登，路途短而陡峭，风景绝美。

邦森峰步道沿加德纳洞（Gardner’s Hole）东侧上行，到达裸露的邦森峰顶，途中可将马默斯、加勒廷山脉、天鹅湖平地（Swan Lake Flat）和黑尾鹿高原（Blacktail Deer Plateau）尽收眼底。即使只走半程，也能看到无与伦比的美景。

邦森峰各路线（尤其是南坡）上的雪融化得要比公园里多数山峰早许多，因此到了5月有些路段虽然还有些滑但已经可以通行了。要做好心理准备，这里常年午后会有雷雨，彼时狂风大作、电闪雷鸣。

1872年，海登勘察队（Hayden Survey）用德国科学家罗伯特·威尔海姆·埃伯哈德·凡·邦森（Robert Wilhelm Eberhard von Bunsen）的名字命名了这座山峰[本生灯（Bunsen burner）也因他得名]。邦森所建立的冰岛间歇泉内部活动研究的开拓性理论，影响了黄石国家公园早期的热液研究。邦森峰实际上是一个古老的火山熔岩颈，包裹着它的部分火山壁已蚀化而消失。没错，可以说你是在一座前火山的内部攀爬！

从马默斯游客中心出发，沿大环线路（Grand Loop Rd）往南行驶4.5英里（7.2公里），过金门桥（Golden Gate Bridge）后左转，进入道路东侧未经铺砌的停车场，这里就在乡村瀑布（Rustic Falls）岔路过去不远的地方。停车场很小，用不了多长时间就会停满，因此最好早点到达，或者

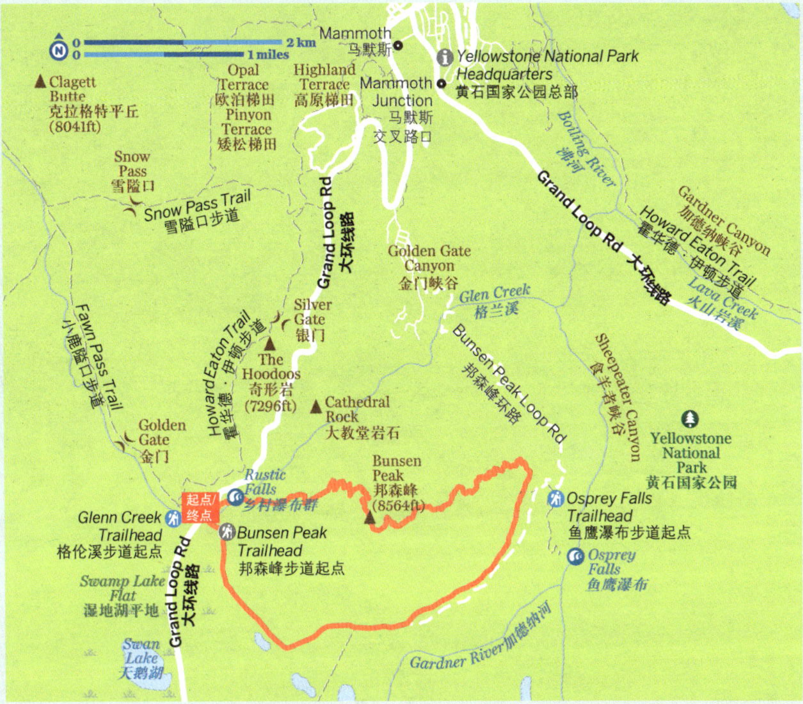

径直开到天鹅湖平地（Swan Lake Flats）。

在未经铺砌的邦森峰路左侧（北侧）有一个路障，路障过去不远的地方就是这条狭窄土路的起点，此地海拔7250英尺（2210米）。没走几步道路就开始变陡，你会穿过生长着野花的灌木蒿丛，然后进入花旗松和美国黑松组成的树林。朝你左侧的下方望去，可以看到金门桥；北边是杂乱的烟灰色岩石堆。从步道起点走上半小时，会经过几片草地，此时朝西南方可以望见天鹅湖平地、鹿角峰（Antler Peak，海拔10,023英尺/3055米）、霍姆兹山（Mt Holmes，海拔10,336英尺/3150米）、梯状山（Terraced Mountain）和电峰（Electric Peak，海拔10,992英尺/3350米）。5分钟后，当地你到达曲折山路的某个转折点，就可以看到蚀化形成的砂岩峭壁与大教堂岩石（Cathedral Rock）的尖峰，往下则可以看到马默斯红色的屋顶和白色的凝灰岩高地。北边矗立着由砂岩和页岩构成的埃弗特山（Mt Everts，海拔7841英尺/2390米），它的存在证明，这个区域在7千万至1亿4千万年前曾位于水下。走过大教堂岩石到山的北侧，道路越来越陡，裸露的穹状山峰会出现在你的视线中。四处找找，看能不能发现大角羊。

步道从电线下方经过，当你看到通信设备时，就表示已经到达3座小山峰中的第一座了，此地距离步道起点2.1英里（3.4公里）。继续沿着这道碎石山脊往东走，来到山峰最东端，南面的风光在这里一览无遗。电峰赫然矗立在西北方，是加勒廷山脉的最高峰之一，也是公园的北边界，它的东北方是阿布萨罗卡山脉（Absaroka Range）。之后，你可以从西侧山坡下山原路返回，或者绕过山顶，从东坡下山前往鱼鹰瀑布步道（Osprey Falls Trail）。

加勒廷河上的激浪漂流者

入口

以下入口在规定时间里对车辆24小时开放：

北门 蒙大拿州的加德纳（Gardiner）；全年开放。

东北门 蒙大拿州的库克市（Cooke City）附近；全年开放。

东门 US 14/16/20上，从怀俄明州的科迪（Cody）过来；5月初至11月初开放。

南门 US 89/191/287上，大蒂顿国家公园以北；5月初至11月初开放。

西门 US 20/191/287上，靠近蒙大拿州的西黄石（West Yellowstone）；4月中下旬至11月初开放。

住宿

尽管园内露营地和住宿资源有限，非常抢手，但伴着鹿鸣狼嚎入睡、早上被温泉散发的硫黄味熏醒的体验确实妙不可言。

你可以通过公园的特许经营商**Xanterra**（☎866-439-7375，307-344-7311；www.yellowstonenationalparklodges.com）预订园内住宿和12处公园管理的露营地中的5处。酒店和露营地现在都接受网上预订。

露营

公园内有约2200个正式的露营位置，另有100多个荒野露营位置。除荒野露营地（需徒步抵达）以外，园内只允许在12处指定的露营地里露营，7月1日至美国劳工节（9月的第一个星期一）期间，连续在公园内露营的时间不得超过14天，其余月份里不得超过30天。结账离开的时间为11:00。

国家公园管理局有7处露营地，全都按照先到先得的原则提供。拨打☎307-344-2114获取关于国家公园管理局露营地的录音信息。

Xanterra经营的露营地分布在大峡谷、麦迪逊（Madison）、垂钓桥（Fishing Bridge）、布里奇湾（Bridge Bay）和格兰特村（Grant Village），这些地方比公园自己的露营地要贵几美元，有带冲水设备的厕所、冷自来水和自动贩卖机，其中两个露营地有淋浴设施（不需要另外付费）。

除了泥淖溪（Slough Creek）和大峡谷，其他地方的露营地都会为背包客和骑行者预留几个位置。泥淖溪的营地很紧俏，因为很多垂钓者和想看狼的人会来这里。大峡谷受欢迎则是因为它处在公园的中心位置上。划船的人偏好去格兰特村和布里奇湾；划独木舟的人和垂钓的人通常扎营于路易斯湖（Lewis Lake）。距离老忠实间歇泉最近的是麦迪逊露营地，当然格兰特村也离得不远。仲夏时节，垂钓桥总是停满了房车，一定要预订。

旅馆

19世纪末20世纪初，公园内建有高档酒店和怀利（Wylie）帐篷营地，后者提供了一种早期的实惠选择，为想省钱的驾车游客来公园大开方便之门，这两种住宿形式发展至今就变成了现在的小屋和露营地。在众多小屋中，风格质朴的Lake Lodge环境最清静，Roosevelt Lodge最具原汁原味的西部风情。Lake Yellowstone Hotel和Old Faithful Inn是环境最怡人、档次最高的住宿地。如需预订房间或了解住宿信息，请致电Xanterra。

房间都以双人一间为单位计价，但是大部分小屋的房间一间房最多可容纳6人，多出的人每人只需付$16。黄石公园所有酒店的房间都禁止吸烟且没有电视设备。

餐饮

公园里提供的食物大致分为两类，一类是野外烧烤、自助餐和若干种快餐，另一类是在历史悠久而又舒适的旅舍餐厅中享用。公园的特许经营商Xanterra经营着这里的大部分饮食场所；考虑到周围的美丽风光，这些食物的性价比可以说非常高，而且最近几年推出了一系列健康食物，还有无麸质食物可选。你可以预先去Xanterra的网站上浏览菜单。

公园的自助餐馆没有什么特色，但是很方便，对于带孩子出行的旅行者来说价格也比较实惠。全部都会提供早餐，大多数以自助餐的形式提供。每个餐馆都有专为儿童准备的食物。午餐时间几乎所有餐饮店都卖三明治，晚餐供应的菜式更丰富、价格更贵、也更诱人。

主要的交叉路口处可以买到快餐，Yellowstone General Store里有小吃店和杂货店。Grant Village、Old Faithful Inn和Lake Yellowstone Hotel里的餐厅晚餐全部都需要预订。

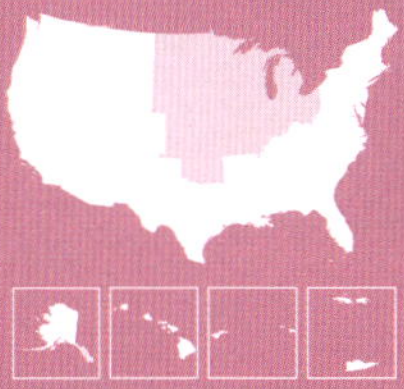

大湖区和大平原

美妙的潜鸟鸣啼、嚎叫的狼群、长毛蓬乱的北美野牛和一望无垠的草原——充满荒野之美的大湖区和大平原令人惊艳。“大”字用在这里名副其实：这些湖泊的面积大得超乎你的想象，给人的感觉像是无边无际的内陆海洋。这些湖泊由冰川塑造、冰雪融化形成，如今竟占世界淡水总量的20%。前往苏必利尔湖中最大的岛屿——罗亚尔岛上领略地区风貌，或做好准备去美加边境占地340平方英里（881平方公里）的探险家国家公园，在那片由湖泊、河流和沼泽组成的世界里，展开一次终生难忘的独木舟旅程。

继续向西，你将邂逅南、北达科他州的北美大草原：起伏的草地和条纹状的嶙峋山丘构成了典型的北美大陆风景。

洛克港，罗亚尔岛国家公园

POSNOV/GETTY IMAGES ©

大湖区和大平原

㊵ 恶地国家公园
（Badlands National Park）

这里堪称一座户外“地质博物馆”，北美野牛和大角羊在草原上随意游荡。（见 344 页）

㊶ 凯霍加河谷国家公园
（Cuyahoga Valley National Park）

凯霍加河的两岸分布着开阔的农田、飞流直下的瀑布和连绵起伏的群山。（见 346 页）

㊷ 罗亚尔岛国家公园
（Isle Royale National Park）

苏必利尔湖中的一座僻静岛屿。（见 350 页）

㊸ 罗斯福国家公园（Theodore Roosevelt National Park）

超绝于世的风景和丰富多样的野生动植物。（见 352 页）

44 探险家国家公园

（Voyageurs National Park）

北美洲中心地带的“水上公路”。（见 356 页）

45 风洞国家公园

（Wind Cave National Park）

坑道交错的洞穴里分布着蜂窝状的方解石岩层。（见 358 页）

不要错过

彩虹岩（Rainbow Rocks）

惊叹于**罗斯福国家公园**里红、棕、黑和银色条纹的岩层及其周围的青翠草原。

恶地环路（Badlands Loop Rd）

驾车驰骋在**恶地国家公园**里的240号公路（Hwy 240）上。

罗亚尔岛（Isle Royale）

坐船穿越苏必利尔湖，前往**罗亚尔岛国家公园**的荒野地区。

风洞（Wind Cave）

来**风洞国家公园**游览世界最长的洞穴之一。

游览水路

像 17 世纪的皮毛商人那样坐船游历**探险家国家公园**的水路。

拉什莫尔山，

与美国历史上的大人物相遇

Classic Trips
经典线路

黑山环线

毛发蓬乱的北美野牛从平原上缓缓穿过，巨大的雕像颂扬着逝去的伟人，疾风中的辽阔草原在高耸的山脉下徐徐展开。在这条线路上，我们将沐浴在此地区各种文化遗产的荣光下。

线路亮点

2~3天
265英里/426公里

最适合

何时去
5月至9月，所有景点都开放了。

最佳摄影点
你可以从任何一个不同寻常的角度拍摄拉什莫尔山(Mt Rushmore)上的4位总统。

最佳户外活动
水牛漫步之地只是个缩影，各种动物将在秀美的风景中展现无尽的生机。

Classic Trips 经典线路

黑山环线

在19世纪早期，曾有6000万头水牛在平原上漫步，但疯狂的猎杀使它们的数量大幅减少，到1889年，仅余1000头不到。今天，它们的数量已经恢复到25万头，其中的一些正在黑山的几个公园里健康成长。在这段旅途中，你将会看到本地区标志性的水牛和其他富有传奇色彩的景点，如恶地国家公园（Badlands）、拉什莫尔山（Mt Rushmore）、疯马酋长纪念雕像（Crazy Horse Memorial）、遍地都是的公园，以及一个“无法无天”的著名小镇：戴德伍德（Deadwood，又名朽木镇）。

线路亮点

① 拉皮德城

（Rapid City）

无愧于本地区的首府，拉皮德城的市中心迷人而热闹，适合闲逛。保存良好的砖砌建筑，遍地的优质商铺和饭馆使它成为本环线中一个不错的城市大本营。从游客中心拿一本有关拉皮德城历史建筑和公共艺术的步行游览手册。别忘了去**主街广场**（Main St Square）戏水。

闲逛时别错过城中街头的**总统群雕**（Statues of Presidents; www.cityofpresidents.com; 631 Main St; 信息中心 6月至9月 周一至周六 正午至21:00）。从安静狡黠的尼克松到得意扬扬的哈里·杜鲁门，栩栩如生的雕像遍布市中心的各个角落。42位总统一个不落。

自然界经过亿万年剧烈的地底运动造就了一些令人叹为观止的奇石。在南达科他矿业科技学校的**地质博物馆**（Museum of Geology; www.museum.sdsmt.edu; 501 E St Joseph St, O' Harra Bldg; 夏季 周一至周五 9:00~17:00，周六 至18:00，周日 正午至17:00，其他季节 周一至周五 9:00~16:00，周六 10:00~16:00），你可以了解这一伟大的历程。另外，这里的恐龙骨和恒星化石也在诉说着时间的故事。

行驶路上 » 选择具有商业魅力的16号高速公路（Hwys 16）和16A高速公路前往基斯通，全程21英里。

② 基斯通

（Keystone）

关于黑山的一个无可争辩的事实就是到达一个主要景点需要的时间总是比你想象的多。相信我们。动作缓慢的温纳贝戈人、蜿蜒的小道和花里胡哨的路边景点都会减慢你的步伐。在去拉什莫尔山的路上，一驶上16号公路（Hwy 16），这些竞相圈钱的人造观光景点就出现了，它们适合家庭出游，而且给人的感觉还不错，例如动物天堂**美国熊之乡**（Bear Country USA; www.bearcountryusa.com; Hwy 16; 成人票/儿童票 $16/10; 夏季 8:00~18:00，春秋缩短时间，冬天关闭；）和**爬行动物公园**（www.reptilegardens.com; Hwy 16; 成人/儿童 $16/11; 夏季 8:00~18:00，春秋缩短时间，冬天关闭；）。

总体说来，基斯通难登大雅之堂。这儿充斥着不理智的狂热爱国主义、古老的西部精神和数不胜数的赝品。这一切都直接归功于在它西部2英里远的拉什莫尔山。

行驶路上 » 到拉什莫尔山只有一段3英里的上坡。睁大眼睛，总统巨石像随时会出现。

线路亮点

③ 拉什莫尔山国家纪念地

（Mt Rushmore National Memorial）

虽然这里非常受欢迎，但是很少会出现拥挤的情况，你可以尽情地欣赏**总统巨石像**（www.nps.gov/moru; off Hwy 244; 停车 $11; 夏季 8:00~22:00，其他时间 8:00~17:00），并深深折服于雕刻家格曾·博格勒姆（Gutzon Borglum）的艺术才华。**总统步道**是个环线，它从纪念碑正下方经过，不仅提供了仰观的绝佳角度，同时也通往值得一游的雕刻家工作室。按顺时针方向游览，不到5分钟，你就到了华盛顿鼻子的正下方。在你面对入口的时候，右手的**自然景观小径**与观光和停车区域相连，你将会穿越一片松林，远离拥挤的人流和商业区域。主**博物馆**谈不上展品丰富，但迷人的**雕刻家工作室**揭示了这座纪念碑建成的奥秘。

行驶路上 » 从拉什莫尔山按原路稍稍返回，沿铁山路往西南方向行驶16英里，路上，你会发现更多的惊喜。

线路亮点

4 彼得诺贝克景观公路（Peter Norbeck Scenic Byway）

在66英里长的彼得诺贝克景观公路上行驶，就像开始一段新恋情一般：持续兴奋，偶尔挑战，有时还感到紧张。这条椭圆形的小道是以南达科他州参议员的名字命名的。1919年，他曾在议会极力坚持修建这条小道。小道被分成4条支线，连接了黑山最令人回味的景点（大型房车的自驾者应知会卡斯特州立公园进行隧道通行性测量）。

回旋的车道、依拉什莫尔山山势而建造的隧道、阳光斑驳的松林以及松林里静静流淌的小溪，这一切使**铁山路**（Iron Mountain Rd）Hwy 16A成为一条备受喜爱的明星之路。这条16英里的路上变幻的风景犹如过山车一般，满是环环相扣的转弯、狭窄的隧道和迷人的风景。唯一的问题是，很多流连美景的车辆可能堵住你的路。

14英里长的**尼德尔斯高速公路**（Hwy 87）俯冲下花岗岩尖顶，你会在颠簸中经过一个个观景台，最后从一条极为狭窄的隧道中疾驰而过。

行驶路上 » 铁山路是彼得诺贝克风景道的精华，沿着Hwy 16西行，仅3英里便到达卡斯特州立公园游客中心。

5 卡斯特州立公园（Custer State Park）

111平方英里的**卡斯特州立公园**（www.custerstatepark.info；7日通票 每车$15）之所以没有成为国家公园，是因为南达科他州的捷足先登。它引以为荣的是世界上最大的北美放养野牛群之一（大约1500头）、著名的“乞讨驴”（祈求施舍的驴子）和200多种鸟类。其他野生动物包括麋鹿、叉角羚、北美野山羊、大角羊、土狼、草原犬鼠、美洲狮和山猫。在令人畏惧的石桥上漫步，穿过庄严的高山草甸，大量的观景点分布在这条18英里长的**野生动植物观赏环线**（Wildlife Loop Road）上。

彼得诺贝克游客中心（☎605-255-4464；www.custerstatepark.info；US 16A；⏲夏季 8:00~20:00，其他季节 9:00~17:00）坐落在公园东侧，这里有丰富的展品、淘金展示和户外步行导览。附近的**黑山剧场**（www.blackhillsplayhouse.com；成人票/儿童票 $32/15；⏲6月至8月中旬 安排不同）是夏日剧场的所在地。

在松林覆盖的小山上和草原上徒步是观看野生动物和岩层的最佳方式。穿越西尔万湖滨（Sylvan Lake Shore）、森迪峡谷（Sunday Gulch）、施派尔大教堂（Cathedral Spires）和法国河自然保护区（French Creek Natural Area）的步道都值得强烈推荐。

这个公园是以声名狼藉的乔治·A.卡斯特命名的，1874年，他曾带领一个科学考察队进入黑山。这个探险队发现黄金的消息吸引了太多的移居者，以致破坏了1868年签署的在这个地区给苏族划出6000万英亩保留地的协约。疯马酋长和拉科塔族开始报复，1876年，在蒙大拿的小大角战役中杀了卡斯特和他的265名部下。

行驶路上 » 从卡斯特州立公园西缘附近的US 16出发，沿Hwy 87朝正南行驶19英里。这是一段美丽的旅程，途经一段漫长的荒野和公园。

6 风洞国家公园（Wind Cave National Park）

这个公园坐落在卡斯

另辟蹊径：
恶地国家公园及其他

起点：❶ 拉皮德城（Rapid City）

600多头水牛（也叫北美野牛）在**恶地国家公园**[☎605-433-5361；www.nps.gov/badl；Hwy 240；7日通票 每人/每车$7/15；⏰本·莱佛游客中心（Ben Reifel Visitor Center）夏季 7:00~19:00，春秋季 8:00~17:00，冬季 9:00~16:00；👪]漫步。公园的名字是法国猎人和拉科塔族人起的，他们称这儿交错的尖石和风化的孤峰为"恶地"（bad lands）。今天，这片曾经支离破碎的河滩很容易抓住你的眼球，多褶的山丘被红色与粉色装点得生机勃勃，好像调色板一样。

在**切口小径**（Notch Trail）你会近距离看到流水侵蚀的岩石。这是一段1.5英里（往返）长的旅程，迂回地穿过一个峡谷，快速登上木阶梯，然后沿着布满碎石的山脊转弯，眼前出现一片广阔的草原和更多的锯齿状地貌。在路边的**本·莱佛游客中心**，一部极具视觉冲击力的电影向我们展现了这个公园的自然多样性。电影中，草原上茁壮成长的动植物特写都令人惊叹。

从拉皮德城沿I-90向东大约50英里，**恶地环线**（Badlands Loop Rd）Hwy 240与I-90在131和110出口处相连。环线从游客中心一直向西延伸到公园的北部，沿着一座孤峰狭窄的山脊弯曲，这被称为恶地围墙。也可以开车前往，需要1小时，但无数观景点很容易夺走你一个上午的时间。紧邻I-90的110出口也起着围墙的作用，与之同名的**围墙药店**（Wall Drug；www.walldrug.com；510 Main St；⏰6:30~18:00，夏季 延长几小时；👪）亦位于此地，这是世界上最棒的景点之一，千万别错过。

回拉皮德城要是不想走回头路，可以选择Hwy 44。在这条最适合敞篷车自驾的偏僻小道上，锯齿状的峭壁被起伏的草原取代，小道弯弯曲曲穿过**布法罗峡谷国家草原**（Buffalo Gap National Grassland；www.fs.fed.us/grasslands；798 Main St，Wall；⏰周一至周五 8:00~16:30）一路向西。

特州立公园以南，44平方英里的土地上覆盖着草原和森林。公园的主要特征当然是洞穴，其中132英里已经被测绘。洞穴的首要特征是"蜂窝状网络"岩洞构造（世界上95%的"蜂窝状网络"岩洞构造都集中在这里），这些岩洞看起来像蜂巢，可以追溯到6000万年到1亿年之前。在入口处能感受到强烈的阵风，但是洞里面没有，这就是风洞名字的由来。要了解这个洞穴的历史和地质情况，在参加有公园管理员同行的洞穴**导览**（☎预订 605-745-4600；成人票 $7~23，儿童票 $3.50~4.50；大多需要1~1.5小时；4个小时的野生洞穴之旅使洞穴探险充满刺激）之前，先逛逛**游客中心**的展品（www.nps.gov/wica；⏰夏季 9:00~18:00，其他季节时间缩短）。

公园的风景也不都在地下。在地面上，北美野牛和草原犬鼠数量也很多。

行驶路上 » 继续我们的观光路线，从一个洞穴前往另一个洞穴。沿US 385和US 16往西北行驶38英里就是宝石洞。

❼ 宝石洞国家纪念地（Jewel Cave National Monument）

黑山的另一个迷人洞穴是宝石洞，沿US 16向西行驶，它距离卡斯特市13英里。之所以这样命名，是因为洞的内壁几乎全都附着

DANITA DELIMONT / GETTY IMAGES ©

为何经典

瑞恩·维尔·博克莫斯（Ryan Ver Berkmoes），作者

从你瞥到乔治·华盛顿的鼻子从松林上冒出来的时候，你终于进入了南达科他州惊喜连连的旅程。这里有惊险：铁山路的崎岖急转仿若迪士尼乐园中的游乐项目；这里也有狂野和粗犷的一面：戴德伍德的墓园中埋葬了如野姑娘吉恩（Calamity Jane）等一众恶名远播的人。

上图：恶地国家公园
左图：售卖中的牛仔帽
右图：草原犬鼠

FRILET PATRICK / HEMIS.FR / GETTY IMAGES ©

FRILET PATRICK / HEMIS.FR / GETTY IMAGES ©

一层方解石晶体。目前，共计168英里的洞穴已被考察过，这一深度在世界上已探明的洞穴中排名第三，但据推测宝石洞可能会是最深的洞穴。**票价**（成人 $4~27，儿童 免费至$4）取决于游览长度和难度，服务依据的是先到先得的原则。在**游客中心**（www.nps.gov/jeca; ⏲夏季 8:00~17:30，其他季节至16:30）办理参观手续。

行驶路上 » 原路返回，13英里后到达US 385 和 US 16的交会处，然后向北行驶5英里。

8 疯马酋长纪念雕像（Crazy Horse Memorial）

作为世界上最大的纪念雕像，**疯马酋长纪念雕像**（www.crazyhorsememorial.org; US 385; 每人/车 $10/27; ⏲夏季 8:00至黄昏，其他季节 至17:00）高达563英尺（172米），目前仍在雕刻中。完成后它描绘的将是苏族酋长跨在马上，指着遥远的地平线说："我的故土就在我死去的先人长眠的地方。"

"疯马酋长"生前没有留下照片，他也没有被迫签署任何无意义的条约，苏族长老希望他的雕像能够与拉什莫尔山上的总统们形成某种对峙。1948年，出生在波士顿的雕塑家，不知疲倦的科扎克（Korczak Ziolkowski）开始进行花岗岩爆破。1982年，他去世后，他的家人继续他未完成的工作（值得注意的是许多美国原住民反对修建这个纪念碑，他们认为这是对圣地的亵渎）。

没有人知道这尊雕塑何时能完成（纪念碑的面部于1998年完成）。夏天的傍晚，震撼人心的激光秀将向你讲述这座纪念碑的故事。

游客中心大楼内设有一个美洲原住民博物馆、一个文化中心、若干咖啡厅和科扎克的工作室。

行驶路上 » 沿US 16/385北行，到希尔城休整，全程只有10英里。

9 希尔城（Hill City）

群山中最吸引人的城镇之一，**希尔城**（www.hillcitysd.com）不像基斯通那么喧闹。它的主要街道上有咖啡馆和画廊。

1880年火车（www.1880train.com；222 Railroad Ave；成人票/儿童票 往返 $28/12；⏲5月初至10月中旬）是传统的蒸汽火车，往来于地势起伏的区域和基斯通之间。附近就是一个小小的火车博物馆。

行驶路上 » 沿US 385穿过黑山中心地带，湖泊、河流、草地和一些低调的游客双轮轻便马车让旅途不那么单调。全程42英里，终点位于戴德伍德。

线路亮点

10 戴德伍德（Deadwood）

"在戴德伍德没有任何法规，是真的吗？" HBO频道标志性的电视系列剧就是这样开始的。今天，情况已经有了改观，80家赌场，无论大小，面对来到小镇的游人，都会露出会意的微笑。

戴德伍德上的街道很有氛围，淘金热时代的建筑排在马路两边，它们都曾依靠赌场收入被反复修缮过。你可以在博物馆和墓园明显地感受到小镇的悠久历史。值得小镇永远纪念的还有传奇枪手希科克（Wild Bill Hickok），他死于1876年的一次赌博，当时有人从后面爆了他的头。

夏季，演员们在缅因街上重演著名的**枪战场面**（⏲6月至8月 14:00，16:00和18:00）。**希科克的谋杀**（Hickok's murder；657 Main St；⏲6月至9月中旬 13:00，15:00，17:00和19:00）在10号大厅演出。对杀手的审判在**共济会寺**（Masonic Temple；cnr Main & Pine Sts）进行。

行驶路上 » 从戴德伍德到莱德是一段4英里的上坡路，沿途满是历代淘金者给景观留下的累累伤痕。

11 莱德（Lead）

莱德（读作leed）有一种原始魅力，这里仍然保留着采矿时代留下的累累伤痕。看看1250英尺深的**霍姆斯特克金矿**（Homestake gold mine；☎605-584-3110；www.homestaketour.com；160 W Main St；景区免费，游览 成人票/儿童票 $7.50/6.50；⏲游览 5~9月 9:00~16:00）就能明白露天采矿将对一座山产生何种影响。附近是同一个矿山的竖井，深入地下1.5英里，现在被用于物理学研究。

行驶路上 » 沿US 14A从陡峭的峡谷中攀升11英里，然后进入斯皮尔菲什峡谷（Spearfish Canyon）。

12 斯皮尔菲什（Spearfish）

斯皮尔菲什峡谷景观公路（www.byways.org；US 14A）是一条从山区中心地带开辟出来的通往斯皮尔菲什的道路，全长20英里，路两旁瀑布成群，风景秀丽。在每一个拐弯处都有值得停下来看看的风景；稍微驻足你就能听到河狸努力工作的声音。

行驶路上 » 沿I-90东行22英里就到了斯特吉斯。你能在后视镜里看到的唯一灯光大概就是想超车的车辆的头灯。从斯特吉斯到拉皮德城只有36英里。

MICHAEL J THOMPSON / SHUTTERSTOCK ©

风洞国家公园内的叉角羚

⑬ 斯特吉斯

(Sturgis)

快餐、基督教圣像以及摩托车手酒吧广告版上花里胡哨的模特，这些彼此格格不入的画面正是这个I-90(出口30和32)上的小镇写照。每年的**斯特吉斯摩托车拉力赛**(www.sturgismotorcyclerally.com；⊙8月上旬)期间，约500,000名摩托车骑手、车迷和好奇的观众挤满小城，一切会变得更加喧嚣。

所属州
南达科他州
门票
7日通票 $15/车
面积
379平方英里/
981.6平方公里
适合

恶地国家公园

EDDIE BRADY / GETTY IMAGES ©

恶地国家公园

BADLANDS NATIONAL PARK

这里的景观超凡脱俗：干燥的空气中，大片拔地而起的峭壁和尖峰五彩斑斓，奇特而美妙。美洲原住民将这里命名为mako sica（恶地）不无道理。

站在恶地周边的嶙峋的峭壁上遥望这些奇特的岩层，就像是在看一片被熬干的海洋。44号公路（Hwy 44）连接拉皮德城（Rapid City）与恶地国家公园、南至松树岭印第安保留地（Pine Ridge Indian Reservation），沿这条路自驾风景优美。管理员可以帮你在地图上标出小路的路线，这样你不用经过I-90也能驾车环游公园和草原。

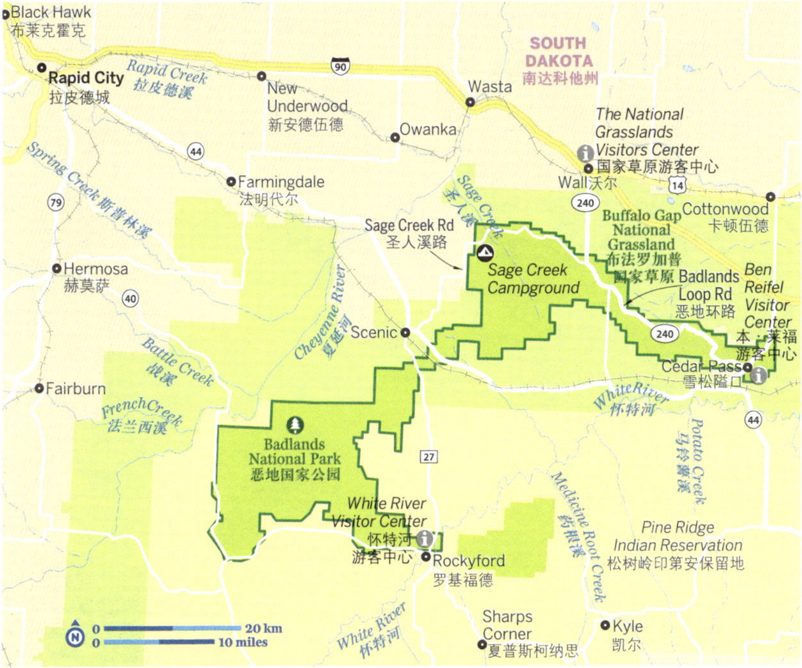

240号公路恶地环路

公园北区游客最多。从I-90（从110号出口和131号出口出来）可前往240号公路恶地环路（Hwy 240 Badlands Loop Rd），如果赶时间（并且前方没有旅行房车挡路），可以在1小时内驶完全程。沿途有多处观景点，可以看到壮观的风景。

圣人溪路

（Sage Creek Rim Road）

位于240号公路（Hwy 240）公园西侧的这条碎石路游客要少得多。这里有草原犬鼠的洞穴群，也是大部分荒野徒步露营者的目的地。由于这里几乎没有水或树木，因此来时一定做好充分准备。公园的南区位于松树岭印第安人保留地内，更不易到达，游客极少。

布法罗加普国家草原自然保护区

恶地国家公园及相邻的布法罗加普国家草原自然保护区（Buffalo Gap National Grassland Nature Reserve）守护着全美最大的草原、多种大平原哺乳动物[包括北美野牛和黑足鼬（black-footed ferret）]、草原隼（prairie falcon）和多种蛇类。

住宿

简陋的**Sage Creek Campground**（营地免费）先到先得。条件较好的**Cedar Pass Campground**（www.cedarpasslodge.com；营地位置 $20~35）接受预订。在卡多卡（Kadoka）和华尔（Wall）的I-90公路沿途有酒店，也可入住公园内**Cedar Pass Lodge**（☎605-433-5460；www.cedarpasslodge.com；Hwy 240；木屋 $160；⏲4月中至10月中）整修一新的小木屋，住宿点有餐馆和商店。

实用信息

本·莱福游客中心（Ben Reifel Visitor Center；☎605-433-5361；www.nps.gov/badl；Hwy 240；⏲6月至8月 8:00~19:00，4月、5月、9月和10月 8:00~17:00，11月至次年3月 8:00~16:00）是公园主要的游客中心，设有不错的展览，工作人员还会告诉你停车欣赏公园地质奇观的路线。

所属州
俄亥俄州

门票
免费

面积
51平方英里/
132平方公里

适合

白兰地瀑布（Brandywine Falls）

LARRYKNUPP / GETTY IMAGES ©

凯霍加河谷国家公园

CUYAHOGA VALLEY NATIONAL PARK

公园位于克利夫兰和阿克伦之间，凯霍加河从中蜿蜒流过，漂亮的风景让其成为俄亥俄州最令人惊喜的地方之一。

曾经尘土飞扬的克里夫兰距离凯霍加河谷国家公园并不远，但两者截然不同——国家公园里分布着僻静的小径、瀑布、起伏的群山、铁路沿线的优美风光和开阔的农田。2000年这里被认定为国家公园，也是俄亥俄州唯一的国家公园。

波士顿商店游客中心

从波士顿商店（Boston Store）开始游览公园吧。波士顿商店建于1836年左右，最初是仓库和为周边地区来此工作的工人们提供的宿舍。之后这里陆续被改造成邮局和私人住宅，现在则是**游客中心**（☎330-657-2752；1550 Boston Mills Rd, Riverview Road Peninsula以东；⏲5月至8月 8:00~18:00，其余月份开放时间缩短）。

白兰地瀑布（Brandywine Falls）

这道从65英尺（20米）高处奔流直下的瀑布是公园里最有名的景点之一。瀑布由白兰地溪（Brandywine Creek）塑造而成，本地区的早期居民曾利用它来带动磨坊的水车。沿着木板栈道前行，就可以来到瀑布峡谷，在这里你可以看见高品质的贝雷砂岩（Berca Sandstone，3.2亿年前堆积形成）。

俄亥俄与伊利运河的纤道小径（Ohio & Erie Canal Towpath Trail）

这条纤道小径沿着古老的俄亥俄与伊利运河的路线穿过公园，长约20英里（32公里）。俄亥俄与伊利运河曾是俄亥俄河（Ohio River）附近、克利夫兰与朴次茅斯之间的交通要道。纤道小径与公园里的其他步道以及历史遗迹相通。

观光铁路

公园里有多个火车站，挥手示意火车停下，然后跳上车开始你的凯霍加河谷观光列车（Cuyahoga Valley Scenic Railroad）之旅吧。火车穿过公园，连接坎顿（Canton）、阿克伦（Akron）和克利夫兰。可乘坐环线全程，也可以根据喜好随时上下车游览公园。在你上车的火车站和网站（www.cvsr.com）都可以购票。

露营和住宿

这里有几家类似民宿的旅馆，公园里及其周边还有一些露营地。

从春季一直到秋季，尤其是夏季时，每逢周末，纤道小径上就会有许多游人。春天过来观赏野花，秋天来看层林尽染。冬季许多人会来这里滑雪、雪鞋行走和滑雪橇。

总统纪念地

拉什莫尔山，南达科他州

在前往这座大受欢迎的纪念地的路上，远远瞥见华盛顿雕像的鼻子，游客总会惊叹连连，当他们越来越靠近后（经过景色较普通的停车场和入口道路），就会发现那不过是这座雄伟山体雕像的一小部分。乔治·华盛顿（George Washington）、托马斯·杰弗逊（Thomas Jefferson）、亚伯拉罕·林肯（Abraham Lincoln）和西奥多·罗斯福（Theodore Roosevelt）四位总统的花岗岩头像高达60英尺（18.3米），凝视着远方，气势恢宏。

尽管来这里的游客很多，但你还是可以轻松地避开人群，尽情欣赏**拉什莫尔山国家纪念地**（Mount Rushmore National Memorial; ☎605-574-2523; www.nps.gov/moru; 紧邻Hwy 244; 停车 $11; ⏲5月末至8月中 8:00~22:00，8月中至9月 8:00~21:00，10月至次年5月 8:00~17:00）。雕像创作于1927年至1941年，雕塑家格曾·波格兰（Gutzon Borglum）的精湛技艺和工人为此投入的巨大劳动让人赞叹不已。

总统之路（Presidential Trail）是一条环路，它从雕像正下方经过，从那里可以清楚地看到雕像的鼻孔。这条路通往**雕塑家的工作室**（Sculptor's Studio），工作室内展示了这些雕像的诞生经历。沿顺时针方向走，5分钟后你将到达华盛顿雕像的鼻子下方。当你面朝入口，右边的一条**自然步道**连接了各个观景点和停车场，沿途会经过一片松树林，游客较少，商业气息也没那么浓。

美国国家公园管理局设立的**信息中心**里有几家很不错的书店，收益都会用于公园。不推荐去Xanterra礼品店和口碑不佳的Carvers Café咖啡馆，这家咖啡馆在电影《西北偏北》（*North by Northwest*）加里·格兰特（Cary Grant）现身的一幕里看起来要好得多。主要的**博物馆**同样乏善可陈。

离拉什莫尔山最近的食宿在希尔城（Hill City）和基斯通（Keystone），后者曾经是一个采矿小镇，现在主要依靠纪念地旅游开发。

1. 拉什莫尔山国家纪念地　2. 大拱门

林肯故居，伊利诺伊州

先从美国国家公园管理局游客中心（National Park Service visitor center）获取门票，再前往马路对面的林肯故居（Lincoln Home; 426 S 7th St，斯普林菲尔德）参观。故居共有12间房，林肯和夫人玛丽从1844年起一直生活在这里，直到1861年搬往白宫。故居内各处都安排有管理员，可以为游客讲解背景知识并解答问题。

杜鲁门故居，密苏里州

这栋简单但漂亮的木屋［219 N Delaware St，独立城（Independence）］可以让你有机会一睹哈里和贝丝当年的简朴生活。房屋里还摆放着当年他们使用过的家具，给人一种他们会从房里走出来跟你问好的错觉。杜鲁门在1919年至1972年住在这里，退休后如有名人政要造访，他就在无任何装饰的前屋里招待他们——他曾说过希望这些客人待在这儿的时间不要超过30分钟。

团队游购票请去游客中心（223 N Main St）。让工作人员为你指明去杜鲁门家族农场（Truman Family Farm）的路，年幼的杜鲁门就是在那里接受家庭教育的。

杰弗逊国土扩张纪念馆/大拱门，密苏里州

作为圣路易斯的象征，大拱门（Gateway Arch）如今已经远远超越了1965年开放时支持者们对它的所有预期。银光闪闪的大拱门是这处国家公园管理局纪念地（旨在纪念托马斯·杰弗逊推动“西进运动”）的核心景观，堪称大平原地区的埃菲尔铁塔。拱门高630英尺（192米），象征着圣路易斯曾为“通往西部之门”（Gateway to the West）的历史角色。拱门内部有电缆车直达狭窄的顶部。

在大拱门建成50周年时，一个大型项目工程改变了它周边的面貌。现在这里有一个覆盖I-70的大广场，大拱门及其所在公园通过广场与老法院（Old Courthouse）和市中心其他地方直接相连。这项改造工程规模浩大且受人欢迎。注意：项目的有些部分（包括公园全部）要到2018年才会完工。如需了解更多信息，可登录网站www.cityarchriver.org。美国国家公园管理局（NPS）的网站可预订门票。

1

2

所属州

密歇根州

门票

1日通票 $4/人

面积

210平方英里/
543.9平方公里

适合

洛克港灯塔

STEVENSCHREMP / GETTY IMAGES ©

罗亚尔岛国家公园

ISLE ROYALE NATIONAL PARK

在这个地方你根本看不到汽车或公路，是寻求清心静神者的不二之选。这里的年游客量比黄石国家公园的日游客量还少，也就是说，你完全可以独自欣赏1200头驼鹿在森林中漫步的景色。

这座岛屿位于苏必利尔湖，面积达 210 平方英里，总长 165 英里（266 公里）的徒步小径纵横交错，将苏必利尔湖岸和其他内陆湖泊周围的数十处露营地连接起来。前往岛屿的路程本身也是一种乐趣。一旦你抵达湖中的岛屿后，可以坐船探访洞穴和湖湾，或者上岸徒步穿越荒野。

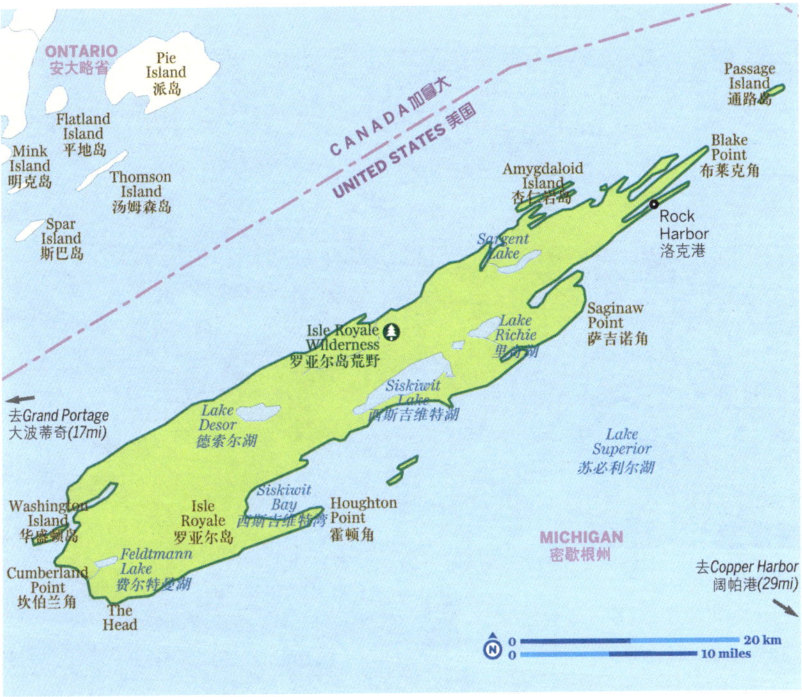

出发前你需要带上帐篷、野营炉、睡袋、食物和滤水装置……或者你也可以轻装出行，入住**洛科港度假屋**（Rock Harbor Lodge; ☎906-337-4993; www.isleroyaleresort.com; 房间和小屋 $224~256; ⊙5月末至9月初）。

Ranger Ⅲ号船（☎906-482-0984）开往岛屿东端的洛克港（Rock Harbor），船从位于霍顿（Houghton）的**公园管理处**（800 E Lakeshore Dr）外的码头出发，全程6小时（往返 成人/儿童 $126/46）。

如果想要快速抵达岛屿，可以乘坐**罗亚尔岛水上飞机**（Isle Royale Seaplanes; ☎877-359-4753; www.isleroyaleseaplanes.com）。飞机从霍顿县机场（Houghton County Airport）起飞，降落在洛克港，时长30分钟（往返 $310）。

你也可以驱车50英里(80公里)经过基维诺半岛(Keweenaw Peninsula）到达阔帕港（Copper Harbor），沿途的风景十分优美，从港口出发的**罗亚尔岛女王号轮渡**（Isle Royale Queen; ☎906-289-4437; www.isleroyale.com）去罗亚尔岛需要3小时（往返 成人/儿童 $130/ 65）。如果携带皮划艇或独木舟上船需额外付费50美元（往返）。请一定尽早预订。你还可以从明尼苏达州的大波蒂奇（Grand Portage）前往罗亚尔岛。

公园入口及游客中心

霍顿（密歇根州）公园设在大陆的管理处，位于波蒂奇运河（Portage Canal）沿岸。

洛克港 位于岛屿的东北端。

温蒂格（Windigo）位于岛屿的西南端。

何时去

6月末至9月是来公园游玩的最佳时节，11月至次年4月中公园不开放。6月和7月要注意防蚊虫（蚊子、黑蝇和蚋）叮咬。夏季的夜晚有点冷。

所属州

北达科他州

门票

7日通票 $20/车

面积

110平方英里/

284.9平方公里

适合

小密苏里河

COMSTOCK IMAGES / GETTY IMAGES ©

罗斯福国家公园 THEODORE ROOSEVELT NATIONAL PARK

罗斯福国家公园拥有北达科他州最动人的自然风光。这片饱受大自然严峻考验的土地被称为“恶地”，会随着天气的变化呈现不同的颜色。

青翠的草原环绕着奇异的多彩岩层，只有水流声和远处动物的蹄声不时打破此处的静谧。公园面积广阔，栖息着大量野生动物：骡鹿（mule deer）、野马、大角羊、北美赤鹿（elk）、北美野牛、约200种鸟类以及窝穴遍布各处的草原犬鼠（prairie-dog）。

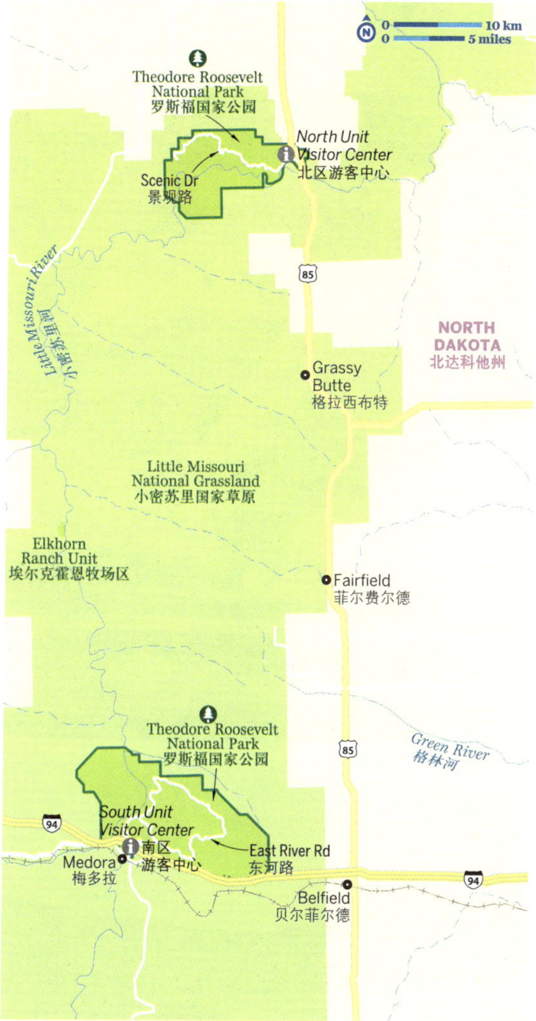

公园分为两个区。前往南区(South Unit)的游客大多会选择驾车从36英里(58公里)外的梅多拉(Medora)过来——梅多拉紧邻I-94公路，是一个有汽车旅馆的怡人小镇。沿途可欣赏优美的风景，最有意思的是能看到草原犬鼠。

北区(North Unit)位于I-94公路以北68英里(109公里)的US 85上，几乎没有什么游客，但14英里(23公里)外的牛轭观景台(Oxbow Overlook)还是值得一去，那里视野开阔，能够欣赏到色彩斑斓的条纹状河谷。周围的土地植被茂盛，生活着大量北美野牛，被划为小密苏里河国家草原(Little Missouri National Grassland)受到保护。

徒步者可以探访85英里(137公里)长的荒野小径。想要更刺激的体验，可以沿南北区之间96英里(154公里)长的祖父步道(Maah Daah Hey Trail)徒步或骑自行车。

西奥多·罗斯福

西奥多·罗斯福年轻时为了摒弃自己时髦城市人的形象，曾在北达科他州生活，这段生活经历对他担任总统后建立国家森林和国家公园的工作影响重大，他也因此获得了“保护区之父”的美名。

实用信息

公园有3个游客中心，其中的**南区游客中心**(South Unit Visitor Center；紧邻I-94的24和27出口，梅多拉；⊙6月至9月 8:00~18:00，9月至次年5月 8:00~16:30)后面坐落着西奥多·罗斯福曾住的小木屋。

住宿

这个公园有两处简朴的露营地(营地位置 $7至$14不等)，荒野露营免费(需要许可证)。

到达和离开

横贯北达科他州的I-94公路经过州内大部分主要景点，但是这条公路的沿途风光一般(US 2的风景更为优美)。

山区时间

北达科他州的西南地区(包括梅多拉)采用山区时间，比使用中部时区时间的该州其他地区要早1小时。

EDWARD KINSMAN / GETTY IMAGES ©

1. 罗亚尔岛国家公园
这个宁静的岛屿是观察驼鹿在其自然栖息地生活的理想场所。

2. 恶地国家公园
五彩斑斓的岩层为这个国家最大的草原提供了天然屏障。

3. 凯霍加河谷国家公园
飞流直下的瀑布、连绵起伏的山脉、置身旖旎风光中的铁路和一望无际的农田共同构成了这个公园。

4. 风洞国家公园
这个公园里栖息着世界上最大的自由游荡的北美野牛群。

HOWARD GRILL / GETTY IMAGES ©

所属州

明尼苏达州

门票

免费

面积

340平方英里/
880.6平方公里

适合

荒野露营地

STEVENSCHREMP / GETTY IMAGES ©

探险家国家公园

VOYAGEURS NATIONAL PARK

探险家国家公园邻近北美洲大陆的地理中心，远古时代的地震、火山喷发和冰川活动塑造了这片土地上美丽动人的水陆风光。

17 世纪时，法裔加拿大人的皮毛商人（也被称为探险家）划着独木舟进入大湖区及北部的河流密布区。他们惯常走的水路有一部分就位于今天的探险家国家公园内，这也是公园名字的由来。

这里是水的世界。公园里有 40% 的地方被水覆盖，大部分区域在夏天只能徒步或乘摩托艇才能进入，冬天时则要借助摩托雪橇、滑雪板或雪鞋到达。

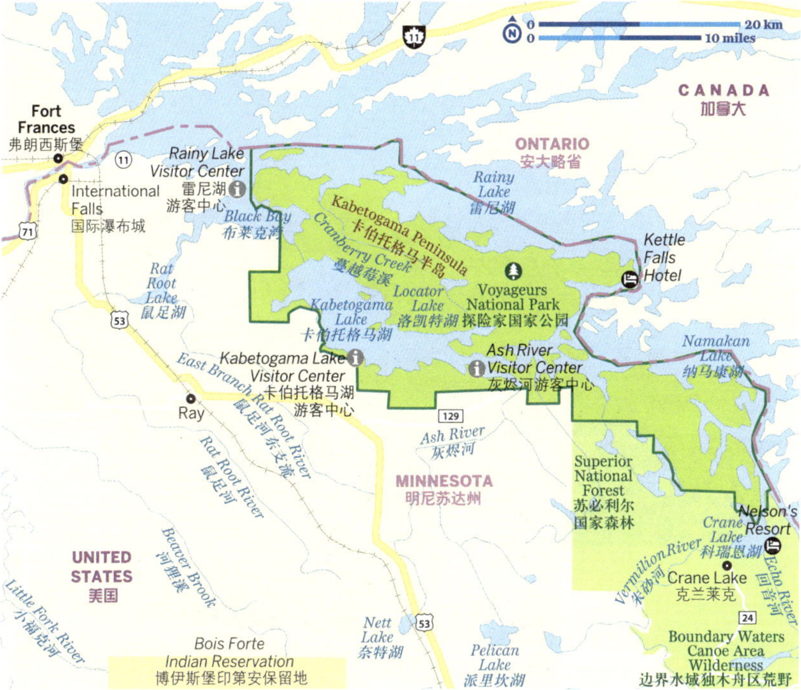

景点和活动

公园里有数个游客中心，均可驾车到达，适合作为游玩的出发点。

雷尼湖游客中心（Rainy Lake Visitors Center；☎218-286-5258；⏲5月末至10月中 9:30~17:00，其他月份时间缩短）是公园管理处，位于国际瀑布（International Falls）以东12英里（19公里）处的11号公路（Hwy 11）旁边。夏季时这里会提供由管理员带队的导览游、乘船游和乘独木舟游。**灰烬河**（Ash River；☎218-374-3221；⏲5月末至9月末 9:30~17:00）和**卡伯托格马湖**（Kabetogama Lake；☎218-875-2111；⏲5月末至9月末 9:30~17:00）的游客中心为季节性开放，提供各种乘船游、乘独木舟游和管理员带领的导览游。

这一地区有装备商店、租赁店、导览游和其他服务，还有一些适合划独木舟的小水湾。

住宿

公园内有超过270处露营地、船屋停泊处和日间使用露营区。如果你想使用夜宿露营地或船屋，需要事先获得许可证（收费）。

船屋无疑是这个地区最受欢迎的住宿选择。**Ebel's**（☎888-883-2357；www.ebels.com；10326 Ash River Trail）和**Voyagaire Houseboats**（☎800-882-6287；www.voyagaire.com；7576 Gold Coast Rd）等装备商店提供船屋出租，租金从每天$275至$700不等，具体取决于船屋大小。新手不用担忧，会有人教你操作船屋的方法。

除了船屋，你的住宿选择无非是露营地和度假村。在众多同类住宿地中独树一帜的**Kettle Falls Hotel**（☎218-240-1724；www.kettlefallshotel.com；房间/小屋 $80/180；⏲5月至10月末）有12个房间及公共浴室，位于公园内部，只能坐船到达；可以接洽酒店安排船来接你（每人 往返$45）。如果你更享受在蔚蓝天空下的徒步、钓鱼或休闲，科瑞恩湖（Crane Lake）边的**Nelson's Resort**（☎800-433-0743；www.nelsonsresort.com；7632 Nelson Rd；木屋 $205起）则是最佳选择。

所属州
南达科他州
门票
免费
面积
44平方英里/
114平方公里
适合

草原上的北美野牛

MARK NEWMAN / GETTY IMAGES ©

风洞国家公园

WIND CAVE
NATIONAL PARK

在繁草丛生的草原和松树林底下，存在着一处世界最长、最复杂的洞穴群。1903年，风洞（Wind Cave）成为世界上第一个被认定为国家公园的洞穴。

风洞是这个公园的最大亮点之所在，已探明的通道长达132英里（212公里），但专家认为这个数字还不到洞穴全长的10%。“风洞”之名来源于洞口的阵阵狂风，但在进洞后风便消停下来，造成这一现象的原因是洞穴与地面之间存在着的大气压强差。

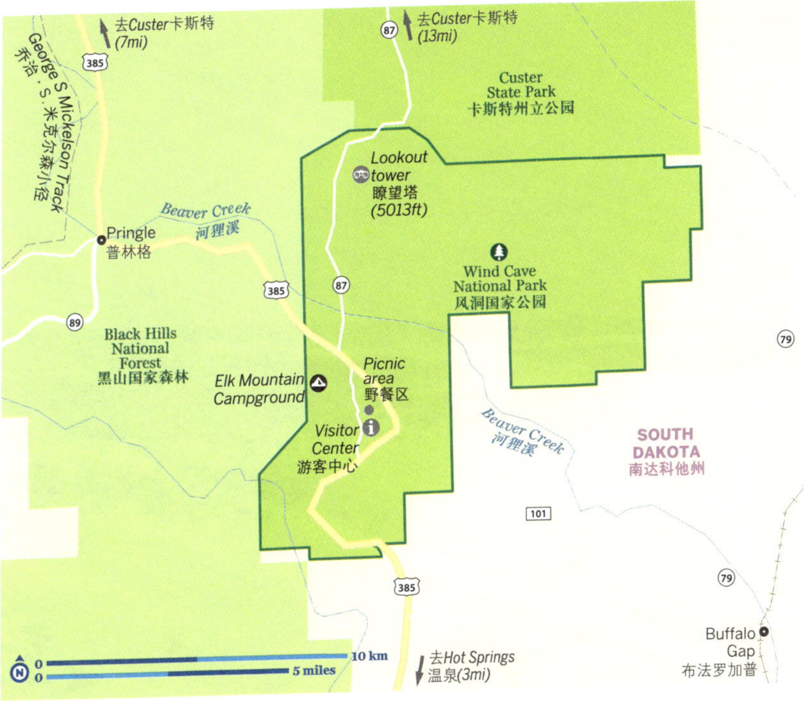

洞穴最显著的特征是它的“箱状构造”方解石岩层（‘box-work’ calcite formations，已知方解石岩层的95%都分布于此），岩层形似蜂窝，形成于1亿年前至6千万年前。持续的探索让更多类型的岩层显露面容，其中有些看起来像爆米花、霜花或流石。

游客中心（☎605-745-4600；www.nps.gov/wica；紧邻US 385；⊙6月至8月 8:00~18:00，9月至次年5月 开放时间缩短）提供关于洞穴团队游的具体信息。洞穴团队游从游客中心出发，由公园管理员带队。门票（$10起）按先到先得的原则出售。

活动

徒步是这个公园的热门活动，这里有30英里（48公里）长的步道、3条自然小径和多条越野走道等着你来体验。

人们还喜欢来此骑马，但必须先从游客中心获取许可证（免费，有效期一天）。你还能在这儿看到各种本地的野生动植物，如北美赤鹿、草原犬鼠和四处游荡的北美野牛群。

住宿

全年开放的露营地通常都有空位（提供水和卫生间设施时每个位置$18，停水的深秋至早春期间每个位置$9）。公园的西北区域可以荒野露营（免费但需许可证）。须自行携带饮用水，全时段禁止生火。

卡斯特州立公园

占地111平方英里（287平方公里）的**卡斯特州立公园**（Custer State Park；☎605-255-4515；www.custerstatepark.info；7日通票 $15/车；⊙24小时；👪）未能成为国家公园，仅仅是因为它被州政府捷足先登了。这里位于风洞国家公园以北，园内有世界上最大的自由游荡的北美野牛群（大约1300头）、“乞求的小毛驴”（begging burro，即讨食的毛驴）和200多种鸟类。除此以外还有北美赤鹿、叉角羚（pronghorn）、山羊、大角羊、丛林狼、草原犬鼠、美洲狮和山猫（bobcat）等野生动物。

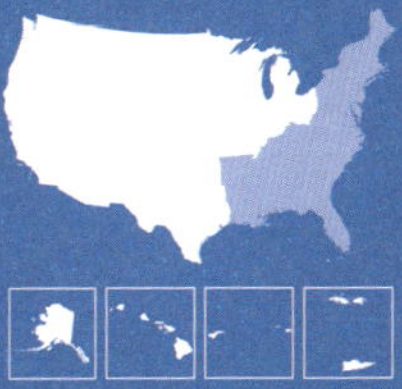

东部地区

从缅因州岩石密布、风雨侵蚀的海岸，到佛罗里达州热带的鸟类和无边的碧海蓝天、郁郁葱葱，大西洋海岸和阿巴拉契亚山脉之美超乎想象。西部地区壮丽的景观往往给人留下更深刻的印象，因此国会直到20世纪20年代才开始在东部地区设置国家公园——然而，这片广袤土地上却有着北美大陆最为多样的生态系统。

大沼泽地国家公园中生活着短吻鳄、海牛、美洲豹和火烈鸟，而比斯坎国家公园和干海龟国家公园则有着生机盎然的珊瑚礁群。在大雾山国家公园的原始森林中有100多种树木，来到这里的人们经常也会去游览仙纳度国家公园——风景如画的蓝岭公园路和阿巴拉契亚步道将这两个公园连接起来。阿卡迪亚国家公园地处美国最东北，拥有一大片未经开发、崎岖的新英格兰海岸线。

日落，大沼泽地国家公园

东部地区

46 阿卡迪亚国家公园

(Acadia National Park)

冲浪海滩、沿海山脉和宁静湖泊组成了这片未遭破坏的荒野。(见374页)

47 比斯坎国家公园

(Biscayne National Park)

这里有世界第三大珊瑚礁生态系统。(见380页)

48 康格瑞国家公园

(Congaree National Park)

非凡的生物多样性和美国东部地区最高的树木群。(见386页)

49 干海龟国家公园

(Dry Tortugas National Park)

珊瑚礁、海洋生物和壮观的堡垒。(见388页)

50 大沼泽地国家公园

(Everglades National Park)

北美洲最大的亚热带荒野。(见396页)

51 大雾山国家公园

(Great Smoky Mountains National Park)

美国最受欢迎的旅游景点之一，人们喜欢这里飞流直下的瀑布、层峦叠嶂的山峰和风景如画的山村。(见398页)

52 温泉国家公园

（Hot Springs National Park）

因富含矿物质的泉水而被称为“美国Spa”。（见404页）

53 猛犸洞国家公园

（Mammoth Cave National Park）

这个世界上最长的洞穴系统中有钟乳石、石笋和庞大的地下洞窟。（见410页）

54 仙纳度国家公园

（Shenandoah National Park）

阿巴拉契亚步道途经此地，还有随季节变换的多彩景观。（见412页）

不要错过

日出，凯迪拉克山（Cadillac Mountain）

在**阿卡迪亚国家公园**迎接美国的第一缕阳光。

公园环路（Park Loop Road）

在**阿卡迪亚国家公园**这条27英里（43公里）长的环路上，驻足雷鸣洞（Thunder Hole），观看海浪撞击岩石缝隙，感受雷鸣般的巨响。

徒步

开始徒步之旅，体验神秘的**大雾山**。

野生动植物

在**大沼泽地国家公园**观看鸟类、爬行动物，以及红树林和森林中多样的植物。

蓝岭公园路（Blue Ridge Parkway）

这条穿越阿巴拉契亚山脉的公路将**仙纳度国家公园与大雾山国家公园**连接起来。

弗雷德里克斯堡

当地人再现南北战争的场面

Classic Trips
经典线路

南北战争之旅

弗吉尼亚州和马里兰州集中了许多美国本土上最血腥战争的重要遗迹，其中部分就散布在东海岸那些最迷人的乡村地区。

线路亮点

3天
320英里/515公里

最适合

何时去
9月至11月，在战场保护遗址看晴朗的天空和缤纷的秋色。

最佳摄影点
日落时分安提塔姆的篱笆和田野。

最佳美食
里士满Burger Bach餐厅的羊肉汉堡包。

南北战争之旅

南北战争于1861~1865年在美国的后院展开，交战地大多位于华盛顿哥伦比亚特区和里士满（Richmond）之间。在这次旅程中，你将穿越战场遗址，有超过100,000名美国人牺牲于此并被埋葬于此，即便是战争中的敌人也被葬在一起。在绵延起伏的田野、阳光照耀的山岭和茂密幽深的森林之间，你将发现血腥的战争遗产与田园美景不协调地并存着，一路上，还有许多地方曾见证了美国历史上的重大事件。

❶ 安提塔姆（Antietam）

尽管这次旅程的绝大部分都位于弗吉尼亚州，但在相邻的马里兰州也有南北战争的遗址值得一看。当时马里兰州是一个边境州，它既和北方联邦有着正式的联盟关系，又因与南方足够近而对南部颇有好感。南方邦联的将军罗伯特·李（Robert Lee）希望利用对其怀有好感的民众，试图在战争初期入侵马里兰州，安提塔姆战役便由此在马里兰州的夏普斯堡（Sharpsburg）爆发，时间是1862年9月17日，据称是美国历史上最血腥的一天。战争地点被划定为**安提塔姆国家战场遗址**（Antietam National Battlefield；☎301-432-5124；www.nps.gov/anti；5831 Dunker Church Rd, Sharpsburg；🕗8:30至大约18:00），位于马里兰州中北部的玉米和丘陵地带。

与一场仅在一天的时间里就伤亡了22,000人的战役相匹配，当地的一些地理名称甚至都有一股暴力的味道。一个叫作沉没之路（Sunken Road）的地方，在堆放过尸体之后就变成了“血腥道路”（Bloody Lane）。在公园的墓地里，许多联邦军士兵的墓碑上

都镌刻着爱尔兰和德国移民的名字，他们都死在一个不久前才迁徙而来并认作是自己国家的地方。

行驶路上 » 取道MD-65公路向南出安提塔姆到达夏普斯堡。从这儿，沿MD-34公路向东行驶6英里，然后右拐进入US 40A公路（向东），在这条路上行驶11英里后并入US 70公路南行，3英里之后进入US 270公路（绕过弗雷德里克）。走270公路向南，到达环城高速公路（Beltway/I-495）；经45B出口到达I-66公路向西，它最终将把你带到国家广场，开始接下来几站旅程。

❷ 华盛顿

（Washington）

虽然这个城市从未被南方邦联入侵过，但是成千上万的北方联邦士兵曾从这儿经过并在这个城市里集训；北方主要战斗部队的官方名称就是波托马克军（Army of the Potomac）。

美国国家历史博物馆（National Museum of American History；www.americanhistory.si.edu；14th St和Constitution Ave NW交叉路口；⌚10:00~17:30，6月至8月至19:30；👪）就坐落于国家广场上，拥有关于南北战争的很好的永久性展览。或许更重要的是，它为旅行者提供了理解战争之所以会发生的背景。

战争结束之后，满怀感激的国家为北方联邦的将军们竖起了许多纪念碑。其中一个值得参观的就是**非裔美国人南北战争纪念馆**（African American Civil War Memorial; www.afroamcivilwar.org; U St和Vermont Ave NW交叉路口; 地铁 U St-Cardozo），它紧挨着U St地铁站的东出口，上面镌刻着在北方联邦军服过兵役的有色人种士兵的名字。

行驶路上 » 从华盛顿哥伦比亚特区开始，沿着I-66W公路驱车大约1小时到达马纳萨斯（Manassas）。

线路亮点

❸ 马纳萨斯国家战场遗址公园（Manassas National Battlefield Park），奔牛河（Bull Run）

南北战争期间，第一场主要阵地战的战场距离北弗吉尼亚的沿公路商业区仅有几分钟的路程。在由国家公园管理处（简称NPS）管理的**马纳萨斯国家战场遗址公园**（Manassas National Battlefield Park; ☎703-361-1339; www.nps.gov/mana; 12521 Lee Hwy; 成人/儿童 $3/免费，电影 $3; ⏲8:30~17:00，团队游 6月至8月 11:15、12:15和14:15），你将看到与1861年的35,000名北方联邦军士兵和32,500名南方邦联军士兵看到的相同景致：一片奇迹般逃过了北弗吉尼亚房地产开发大军掠夺之劫的美丽乡村。

这是许多人能够最接近19世纪美国乡村地区风貌的地方。远处的小山，黑沉沉的阴郁树林，起伏的田野，以及昔日战地工事长满野草后形成的柔缓的圆丘。

这场战役之后，双方都意识到，一场漫长的战争正在前面等着他们。欧洲紧张地注视着；在短短几周之后，世界上最庞大的一支军队就是波托马克北方联邦军（Union Army of the Potomac），而第二大的军队是南方邦联军（Confederate States of America Army）。一年后，在夏伊洛战役（Battle of Shiloh）中有24,000名士兵伤亡——超过之前所有美国本土战争伤亡数量的总和。

行驶路上 » 在马纳萨斯，取道US 29N公路行驶13英里，然后左拐进入US 17S（Marsh Rd）公路。沿着它向南行驶约35英里，到达弗雷德里克斯堡（Fredericksburg）中心区。

线路亮点

❹ 弗雷德里克斯堡（Fredericksburg）

如果说战场遗址保存了美国农村的风貌，那么弗雷德里克斯堡就是这个国家主要街道往昔风貌的样本：整齐有序的网格状布局，有绿色的装饰，以及友好的店面。虽然有着诸多的可爱之处，但这里是美国军事史上犯过最严重的错误之一的地方。1862年，当北方军队企图大规模进攻南方邦联军的阵地时，一位南方的炮兵望着北方联邦军队必须穿过的一片光秃秃的坡地，对一位指挥官说：“当我们对着那儿开火时，哪怕是一只小鸡也活不成。”最终，16次冲锋导致（据估计）6000~8000名北方联邦士兵的伤亡。

弗雷德里克斯堡和斯波特瑟尔韦尼亚国家军事公园（Fredericksburg & Spotsylvania National Military Park; 成人/儿童 $32/10）不像马纳萨斯那样一下子就揪住你的心，

名字中包含什么？（上集）

虽然Civil War（内战，指南北战争）已被广泛地接受并成为本次旅程中所涉及的冲突的称谓，但你仍然能够听到顽固的南方支持者将这段时期称为“War Between the States”（各州之间的战争）。有什么区别吗？好吧，内战意味着针对一个从来没有失去统治特权的统治力量而发起的武装反叛，而各州之间的战争则意味着所涉及的各州一直拥有（并且将来还将拥有）从共和国中分离出去的权力。

另辟蹊径：葛底斯堡国家军事公园

开始：❶ 安提塔姆

1863年7月，发生在宾夕法尼亚州葛底斯堡的葛底斯堡战役，标志着战争的转折点和南方邦联图谋叛乱的高潮（此后便开始走下坡路）。罗伯特·李从未进行过像这次入侵北方一般的大胆的战法，而他的军队从此（有争议）再也没有从这次失败中恢复过来。

葛底斯堡国家军事公园（Gettysburg National Military Park；☎717-334-1124；www.nps.gov/gett；含博物馆和游客中心，成人/儿童/老人 $12.50/8.50/11.50；⏰公园 4月至10月 6:00~22:00，11月至次年3月 至19:00，博物馆 4月至10月 8:00~18:00，11月至次年3月 至17:00）在解释这次战役的过程和背景方面做得极好。去小圆顶丘（Little Round Top Hill）看一看，联邦军在那儿挫败了南方军队侧翼包抄的图谋，然后去皮科特冲锋（Pickett's Charge）的战场，在那儿，南方邦联军队遭受了到那时为止最具致命性的失败。追寻这次战役，亚伯拉罕·林肯曾在这里做过葛底斯堡演说，以标记这次胜利和如其所说的“国家的新生”：7月4日。

仅仅沉醉于景色之中你就能够很容易地度过一天——一大片起伏的丘陵和茂密的森林，其中点缀着山谷、岩层和农田。要想到达此处，在安提塔姆和华盛顿哥伦比亚特区之间位于马里兰州的弗雷德里克踏上US15号公路，向北行驶35英里之后到达葛底斯堡。

因为茂密的森林仍然覆盖着这片战场，但是这些树林本身也是一种奇迹。又一次，美丽的自然风光，是的，生长在坟墓之上；附近的莽原之役（Battle of Wilderness）就是以这片浓密的树林命名的，炮击结束之后树林着了火，烧死了数百名受伤的士兵。

行驶路上 » 从弗雷德里克斯堡出发，取道US 17号公路南行5英里，之后17号公路变成了VA-2号公路（也被称为Sandy Lane Dr和Fredericksburg Turnpike，即弗雷德里克斯堡收费公路）。沿着这条路再行驶5英里，然后右拐进入Stonewall Jackson Rd（State Rd 606）公路。

❺ 斯通威尔·杰克逊纪念馆

（Stonewall Jackson Shrine）

在钱斯勒斯维尔（Chancellorsville），罗伯特·李的兵力是联邦军的两倍，于是他兵分两路攻击联邦军的两翼。这个大胆的行动导致北方军溃不成军、四散逃过波托马克河，但是胜利的代价也很大。在战斗的过程中，李手下最能干的将军——斯通威尔·杰克逊，被一名紧张过度的邦联军的哨兵打掉了一条胳膊（这条胳膊现在埋在弗雷德里克斯堡国家军事公园游客中心的附近，可以向护林员询问去那儿的路）。

伤口包扎好了，但是杰克逊接下来又感染了严重的肺炎。他被带到我们现在这次旅程的下一站：**斯通威尔·杰克逊纪念馆**（Stonewall Jackson Shrine；☎804-633-6076；12019 Stonewall Jackson Rd, Woodford；⏰9:00~17:00），位于附近的几内亚车站（Guinea Station）里。在一座以迷人的弗吉尼亚马球场（到处是紫罗兰和雏菊）为背景的白色小屋中，杰克逊说了一通漫无边际的话。然后他陷入了沉默，低语道“让我们渡

Classic Trip
经典线路

DENNIS K. JOHNSON / GETTY IMAGES ©

MICHAEL MELFORD / GETTY IMAGES ©

为何经典

亚当·卡林
（Adam Karlin），
作者

想看一看东海岸那些残存的最美的乡村地区，同时探索处于美国政治改革的矛盾、斗争和胜利？是的，我们认为是这样的。南北战争之旅使得游客们接触到了构筑现今美国的重要历史片段，所有这一切的背景是绿油油的田野、黑黝黝的森林、布满车辙的乡村小路，以及厚重的历史记忆。

上图：马纳萨斯国家战场遗址公园的游客
左图：冷港战场遗址
右图：阿波马托克斯法院国家公园

MIZCMORE / GETTY IMAGES ©

过河去树荫下休息吧”，就死了。

行驶路上 » 要到达这个地方你可以走I-95州际公路，沿着它到达I-295S州际公路（然后从34A出口下来），这段路程需要50分钟。或者，如果想体验一下乡村公路的话（需时1小时10分钟），取道VA-2S公路南行35英里，直到接入VA-643/Rural Point Rd。在VA-643公路上一直走，直到它变成VA-156/Cold Harbor Rd公路，一直开就到了战场遗址。

6 冷港战场遗址（Cold Harbor Battlefield）

到1864年，联邦军的将军尤利西斯·格兰特想把战斗引向弗吉尼亚州。他随后的入侵，被称为陆上（或荒野）战役，是最血腥的战役之一，在冷港（Cold Harbor）达到了残酷的顶峰，就在里士满北面。

在如今被称为**冷港战场遗址**（Cold Harbor Battlefield；☎804-226-1981；www.nps.gov/rich；5515 Anderson-Wright Dr, Mechanicsville, VA；⏲日出至日落，游客中心9:00~16:30）的地方，格兰特将他的兵力投入正面进攻中，因此导致的伤亡是惊人的，称得上是第一次世界大战中阵地战的早期形式。

如今，这个地区已经恢复成一片森林和纵横交错的田野，由国家公园管理局管理。向护林员咨询第三个观景点的位置，那里有一系列的联邦军土木工事，从那儿你可以看到战场遗址保存得最好的部分：北方士兵冲锋过的长而低平的田野。这片景观在150多年的时间中基本上没有变化。

行驶路上 » 从冷港开始，沿VA-156/Cold Harbor Rd公路向北行驶约3英里，直到接入Creighton Rd。左拐进入Creighton，沿着它行驶6英里到达里士满。

线路亮点

7 里士满

(Richmond)

在南方邦联的前首都有两座南北战争博物馆，它们形成了有趣的对照研究。**南方邦联博物馆**（Museum of the Confederacy, MOC; ☎804-649-1861; www.moc.org; 1201 E Clay St; 门票 $8; ⏲周一至周六 10:00~17:00，周日 从正午开始）曾经是一座纪念馆，为了祭奠南方“失败的事业”（Lost Cause），至今仍然吸引着很多的新邦联主义者。但是南方邦联博物馆也已经演变成一个受人尊敬的教育机构，它所收藏的邦联物品或许是全国最好的。可选的邦联白宫游也值得推荐，因为它透着一股奇怪的感觉（你知道吗？邦联政府中的第二号实力人物或许曾经是同性恋犹太人）。

另外，**美国南北战争中心**（American Civil War Center; ☎804-780-1865; www.tredegar.org; 490 Tredegar St; 成人/学生/7~12岁儿童 $8/6/2; ⏲9:00~17:00; 👪）位于老特雷德加（Tredegar）钢铁厂（邦联政府的主要武器供应商），从三个角度呈现这次战争：北方的、南方的和非裔美国人的。展品陈列讲究且富于洞察力。效果很震撼，偶尔还会有一种矛盾的感受，从而证实了那场战争的持久影响。

名字中包含什么？（下集）

对这场战争更加令人无所适从的命名传统之一，是这样的：北方倾向于根据重要的地理名称命名（奔牛河，安提塔姆），而南方军官则是根据附近的城镇命名（马纳萨斯，夏普斯堡）。虽然绝大多数美国人提及这些战役的时候习惯运用北方的名称，但是在一些地区，人们只知道马纳萨斯是战役的地点，而不是拥有一家美味的华夫饼餐馆（Waffle House）的沿公路商业区。

行驶路上 » 取道95号公路向南约23英里，由52号出口离开，驶入301（Wythe St）公路，一直行驶到这条路变为Washington St公路，最后到达VA-35/Oaklawn Dr公路。寻找从这儿去往战场遗址公园的路标。

8 彼得斯堡

(Petersburg)

里士满以南的彼得斯堡是弗吉尼亚州首府的蓝领小兄弟，其中心区因为解除种族隔离后白人的逃离而变得破败。**彼得斯堡国家战场遗址公园**（Petersburg National Battlefield Park; US 36; 车辆/行人 $5/3; ⏲9:00~17:00）标示出这个地方：在这里，北方军队和南方军队的士兵在漫长的阵地战僵局中度过了整个战争将近四分之一的时间。因为查尔斯·弗雷泽（Charles Frazier）的《冷山》（*Cold Mountain*）而闻名的火山口战役（Battle of the Crater），就是北方联邦军为了打破僵局，企图在南方邦联军战线下面挖地道并炸毁对方的堡垒，结局却是联邦军士兵被困于自己挖的地道中，被敌军轻松歼灭。

行驶路上 » 向南驶出彼得斯堡，然后向西穿过乡间小路，追随李的撤退路线。在www.civilwartraveler.com上有一幅很好的地图可以利用；我们倾向于从彼得斯堡取道VA-460公路向西行，然后并入VA-635公路，它经由法姆维尔（Farmville）附近的

VA-24公路通向阿波马托克斯（Appomattox）。

线路亮点

9 阿波马托克斯法院国家公园

（Appomattox Court House National Park）

在彼得斯堡以西大约92英里的地方是**阿波马托克斯法院国家公园**（☎434-352-8987；www.nps.gov/apco；门票 $4，9月至次年5月 $3；⏲8:30~17:00），南方邦联军最后在此处投降。公园本身宽阔而可爱，而且护林员工们极其乐于助人。

有几处为投降的邦联军而立的标记石，其中最动人的一块标出了罗伯特·李在向北方联邦军尤利西斯·格兰特将军投降后骑马从阿波马托克斯返回的地点。李的士兵站立在战场的两边，等候他们的将军归来。当李进入视线时，他摘下了帽子；士兵们向他涌来，有的人道别，有的人哽咽得说不出话，只是摸着李的坐骑身体两侧。这个地点被用来纪念失败、羞辱以及和解，而对所有这些品质的不完美的领悟，就是你驱车经历所体验到的美国的品质。

所属州
缅因州

门票
7日通票 $25/车

面积
62平方英里/
160.6平方公里

适合

巴斯港（Bass Harbor）灯塔

APPALACHIANVIEWS / GETTY IMAGES ©

阿卡迪亚国家公园 ACADIA NATIONAL PARK

一片未遭破坏的荒野成为新英格兰地区唯一的国家公园，这里有绵延起伏的海岸山脉、高耸的海崖、波涛拍岸的海滩，以及宁静的池塘。

约翰·D.洛克菲勒（John D Rockefeller）为了使这片土地不受伐木工业的破坏，将其捐献给国家公园管理局，从而建成阿卡迪亚国家公园。

现在，旅行者们可以在洛克菲勒当年骑马和坐马车经过的路上进行徒步或骑行。

公园覆盖了芒特迪瑟特岛（Mt Desert Island）的大部分，以及斯库迪克半岛（Schoodic Peninsula）和奥侯岛（Isle au Haut）的一部分。这里栖息着包括驼鹿（moose）、海鹦（puffin）和白头鹰（bald eagles）在内的各种野生动物。丰富多样的地形适合各种各样的活动，既可以十分休闲，也可以充满刺激挑战。

顶级体验

❶ 公园环路

（Park Loop Road）

27英里（43.5公里）长的公园环路是公园内的主要景观公路（4月中旬至11月开放）。如果你准备爽快地游泳一番，或仅仅想沿着阿卡迪亚最长的海滩散步，那么就在**沙滩**（Sand Beach）停留。经过沙滩之后大约1英里（1.6公里），你就会来到**雷鸣洞**（Thunder Hole）。狂野的大西洋海浪与又深又窄的岩石缝碰撞，拍打出雷鸣般的轰鸣声（涨潮的时候最响）。在这里向南望去，你会看到**水獭悬崖**（Otter Cliffs），这里的峭壁从海底垂直耸起，是攀岩爱好者们最喜欢的地方。到**乔丹湖**（Jordan Pond）后，你可以选择湖南侧的1英里长的天然步道，也可以选择绕湖一周的3.2英里（5.1公里）长的步道。如果感觉饥肠辘辘，不妨在乔丹湖小屋（Jordan Pond House）前的草坪上享受轻松的下午茶来犒劳自己。靠近公园环路的终点，有一条小路可以通向凯迪拉克山（Cadillac Mountain）。

❷ 凯迪拉克山

阿卡迪亚国家公园的中心是雄伟的凯迪拉克山，这是美国东部最高的沿海山峰。从公园环路出来，经过一条3.5英里（5.6公里）长的岔道可以到达山顶。如果你不想坐车而更愿意徒步，那么有四条步道可以从不同的方向通向山顶。到达顶峰后，可以看到海洋、岛屿和群山组成的360度全景，在一天的任何时候都不会让你失望。不过，真正梦幻般的景色还是在黎明，不惧劳苦的人们早早来到山顶，欣赏太阳从弗兰奇曼湾（Frenchman Bay）升起的美景。

❸ 徒步

公园内纵横交错着总长约125英里（201公里）的步道，其中既有非常轻松的半英里长的天然小径和没什么起伏的散步步道，也有经过陡峭岩石地形的山地跋涉。最棒的是

秋叶景致

雷鸣洞

往返3英里（4.8公里）长的**海洋步道**（Ocean Trail），这条步道位于“沙滩”和水獭悬崖之间，有着园内最吸引人的海岸风光。

④ 官方活动

公园内有很多管理员组织的活动，包括大自然散步、观鸟讲座、儿童野外徒步等。在“海滩星空”（Stars over Sand Beach）活动期间，你可以在沙滩上仰望星空。请在线查询或去游客中心查看具体活动时间表。

实用信息

阿卡迪亚国家公园全年开放，不过公园环路和大多数设施会在冬季关闭。从5月1日到10月31日，进园要收取门票。门票连续7天有效，费用为每辆汽车$25，每辆摩托车$20，每辆自行车或步行为$12。

可以从**赫尔湾游客中心**（Hulls Cove Visitor Center; ☎207-288-3338; ME 3; ⏲4月中旬至6月，9月和10月 8:30~16:30，7月和8月 8:00~18:00）开始你的探索之旅，从这里进入围绕公园东部、长27英里（43.5公里）的公园环路。

⑤ 马车道骑行

阿卡迪亚国家公园有45英里（72公里）长的马车道，非常适合骑自行车。

这些马车道是由国家公园慈善家约翰·D.洛克菲勒修建的。洛克菲勒精通骑术，而且喜欢没有汽车的荒野，因此他决定修建一条通向芒特迪瑟特岛（Mount Desert Island）腹地、只能骑马或坐马车才能通行的道路。

这些手工凿成的石雕用的是当地开采的大理石，另外还包括17座美丽的石桥和两个门岗小屋。这些道路有16英尺（4.9米）宽，路边的护栏采用独特的粗糙切割大理石边角料，被戏称为“洛克菲勒的牙齿”。

湖上的青蛙

食宿

公园内有3个露营地，距离公园仅1英里的巴尔港（Bar Harbor）小镇上有不少餐馆、旅馆和酒店。

阿卡迪亚国家公园露营地（Acadia National Park Campgrounds；☎877-444-6777；www.nps.gov/acad；营地 $22~30）距离西南港（Southwest Harbor）4英里（6.4公里）处的**Seawall**提供可预约及可直接入住的营位。巴尔港以南5英里（8公里）、ME 3上的**Blackwoods**全年开放，但是在夏天会很快住满，因此强烈建议你提前预订。这两个露营地均提供洗手间和付费的淋浴。它们都位于密林中，但是只需几分钟就能走到海边。第三个露营地是位于斯库迪克半岛（Schoodic Peninsula）上的**Schoodic Woods**，该营地于2015年9月开放，共有92个营位；在开放的第一个季节里采用先来先得的方式，其余的时间段建议你还是提前预订吧。

Jordan Pond House（☎207-276-3316；www.acaciajordanpondhouse.com；下午茶 $10.50，正餐 $9~24；⏰5月中旬至11月 11:00~20:00）从19世纪末起，在这家小旅馆式的茶馆喝下午茶就成了阿卡迪亚的传统。热气腾腾的格雷伯爵茶与热膨松饼（牛奶鸡蛋面糊做成的空心卷）和草莓酱的搭配别有一番风味。最佳体验是在小屋前面宽阔的草坪上边享用美食边观赏湖景。Jordan Pond House是公园内唯一的餐厅，也提供新奇但是味道往往一般的午餐和晚餐。

到达和当地交通

Island Explorer（www.exploreacadia.com；⏰6月末至10月初）有8条班车线路，可以方便地到达阿卡迪亚国家公园各处的景点和邻近的巴尔港，以及步道起点、露营地和住宿处等。

所属州

佛罗里达州

门票

免费

面积

270平方英里/
699.3平方公里

适合

珊瑚礁上的海洋生物

比斯坎国家公园

BISCAYNE NATIONAL PARK

比斯坎国家公园就在大沼泽地的东边，水面以上的陆地区域仅占公园总面积的5%。请让我解释一下：在佛罗里达海岸不远处，坐落着世界第三大珊瑚礁的一部分。这里还分布着红树林和佛罗里达群岛最北端的岛屿群。

虽然比斯坎国家公园的名气比大沼泽地（Everglades）稍显逊色，但是仍不失为一座具有特殊魅力的公园。如果在行前做了很多的规划与准备，你将收获更多。近海的岛礁只能坐船到达，有着质朴原始的露营地。

一般来说，夏季和秋季是游览公园的最佳季节；海面风平浪静时，非常适合浮潜。这里有着仅次于夏威夷和附近基拉戈岛（Key Largo）全美最佳观赏珊瑚和浮潜的地点。

团队游和租赁信息

公园提供独木舟出租及往返近海岛礁的交通，浮潜与深潜游，以及乘坐玻璃底船观赏美丽珊瑚等活动。所有的团队游都要求至少6人才能成行，因此请打电话预约。时长3小时的玻璃底船之旅（$45）在10:00出发，是非常受欢迎的项目；如果幸运的话，还可以看到海豚或海牛（manatee）。独木舟租赁费用为每小时$12，皮划艇为$16，租赁时间为9:00至15:00。3小时的浮潜之旅（$45）每天13:15出发，水中浮潜的时间大约为1.5小时。深潜之旅（$99）出发时间为周五到周日的8:30。你也可以预约包船游览公园，费用为$300。

露营

将船停泊在艾略特港（Elliott）或博卡契塔港（Boca Chita）过夜的费用为$25，不过这包含了使用一个6人营地和两顶帐篷的费用。请携带包括水在内的所有供给，离开时将所有东西都带走。在博卡契塔港没有水源，只有海水冲洗的厕所，而且这是一个深水港，往往会有更大（噪音也更大）的船（以及更多的乘客）到来。无论在哪个岛露营，都要自己带水；虽然在艾略特岛（Elliott Key）上有饮用水，但最好还是做好万全准备。

活动

不用说，**划船**和**钓鱼**在这里非常受欢迎，不过这两项活动都需要相关的许可才行。此外，还要注意这里为保护濒危海牛而设的低速地带。从公园管理员处可以获得标明所有低速地带的地图，这些地图对于各类出海导航也非常有帮助。

虽然比斯坎是一个国家公园，但是钓鱼却要遵守州法律，因此如果你想垂钓一番，需要持州钓鱼许可证。

要了解相关信息，可联系**比斯坎水下中心**（Biscayne Underwater; www.biscayneunderwater.com）或**但丁法塞尔游客中心**（Dante Fascell Visitor Center; ☎305-230-7275; www.nps.gov/bisc; 9700 SW 328th S; ⏰11月至次年4月 9:00~17:00，5月至10月 10:00~17:00）。

National Seashores (Eastern USA) 国家海岸(美国东部)

MISSISSIPPI
密西西比州
ALABAMA
亚拉巴马州
Alabama River
亚拉巴马河
Montgomery
蒙哥马利
Atlanta
亚特兰大
GEORGIA
佐治亚州
Lake Murray
穆雷湖
Columbia
哥伦比亚
SOUTH CAROLINA
南卡罗来纳州
Lake Moultrie
莫尔特里湖
ATLANTIC OCEAN
大西洋
CUMBERLAND ISLAND NATIONAL SEASHORE
坎伯兰岛国家海岸
Tallahassee
塔拉哈西
CANAVERAL NATIONAL SEASHORE
卡纳维拉尔国家海岸
GULF ISLANDS NATIONAL SEASHORE
海湾岛国家海岸
FLORIDA
佛罗里达州
Gulf of Mexico
墨西哥湾
Tampa Bay
坦帕湾
Lake Okeechobee
奥基乔比湖
Miami
迈阿密
Biscayne Bay
比斯坎湾
Straits of Florida
佛罗里达海峡
坎伯兰岛
这个未遭破坏的天堂分布着沼泽、滩涂、潮沟、沙滩，以及19世纪卡内基庄园的遗迹，现在栖息着野生火鸡、小招潮蟹、美丽的蝴蝶和野马。
卡纳维拉尔
这片长达24英里（39公里）的沙滩原始质朴、海风吹拂，是佛罗里达东海岸最长的未开发海滩。
海湾岛
这是最后一片尚未开发的南部海岸，迷人的连绵沙丘上杂乱地生长着野草，海滨燕麦草地被平静的海湾浪潮轻抚。

MIKEREGA / GETTY IMAGES ©

MICHAELWARRENPIX / GETTY IMAGES ©

1. **火岛（Fire Island）灯塔**
火岛上散布着迷人的小村庄、沙丘和森林。

2. **卡纳维拉尔国家海岸（Canaveral National Seashore）**
佛罗里达东部最长的未开发海滩。

3. **坎伯兰岛（Cumberland Island）**
原始自然的潮沟、沼泽、泥滩和海滩。

4. **野生小马**
与世隔绝的亚萨提格岛（Assateague Island）上的野马。

SILVSHOOTR / GETTY IMAGES ©

所属州
南卡罗来纳州

门票
免费

面积
35平方英里/
90.6平方公里

适合

木栈道

SUNGJIN AHN PHOTOGRAPHY / GETTY IMAGES ©

康格瑞国家公园 CONGAREE NATIONAL PARK

康格瑞国家公园拥有美国最大、保留最为完整的漫滩原始森林。这里林木繁茂，有着美国东部地区最高的参天大树，构成了世界现存最高的温带落叶林冠层。

康格瑞河（Congaree River）和沃特里河（Wateree River）携带大量养分和沉积物流经该公园的漫滩地带，为这里的生态系统提供营养，使其生机勃勃，滋养了全国和全州最宝贵的树木资源。因此，极其非凡的生物多样性吸引着旅行者们，康格瑞沼泽（Congaree Swamp）也是一样。不过，康格瑞其实并不能算是真正的沼泽，因为这里在一年中的大多数时候地表并没有滞流水。这里真正拥有的，是多种多样珍稀的、濒危的动植物群。

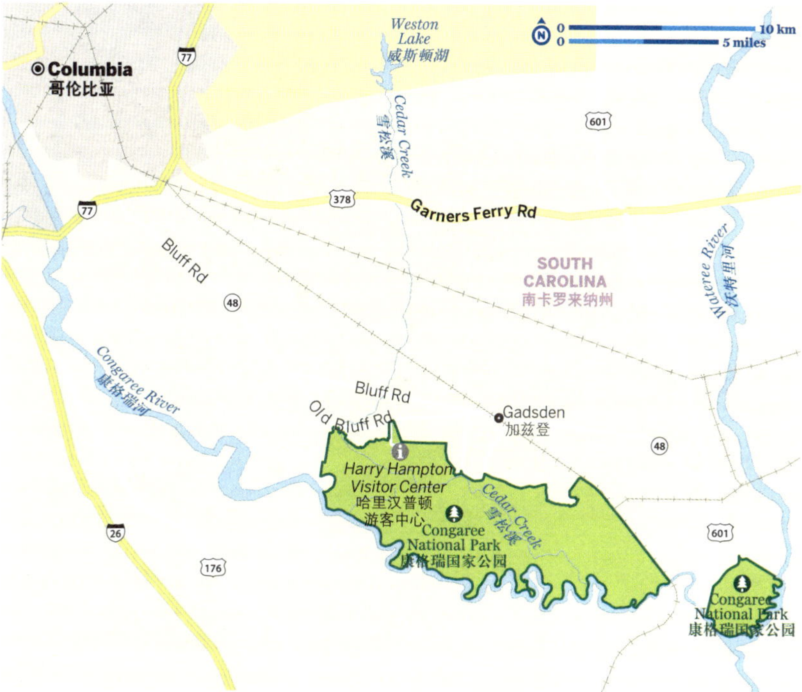

徒步

沿着公园数量众多的步道徒步，可以更亲密地与康格瑞国家公园接触。这里有各种级别和强度的徒步路线，徒步者可以选择**木栈道**（Boardwalk Trail）这样的短程路线，也可以选择深入偏远地区的长线。步道上有各种各样的景色，有的通向牛轭湖（oxbow lakes），有的通往康格瑞河（Congaree River），而在有的路线上则可以看到大片令人叹为观止的原始森林，这些树木构成了美国最高的落叶林。

由于公园的大部分区域都位于漫滩地带，因此地形总体较平坦，起伏不大。各步道长度不一，但是都以**哈里汉普顿游客中心**（Harry Hampton Visitor Center）为起点。

独木舟和皮划艇

乘独木舟或皮划艇沿着**雪松溪**（Cedar Creek）漂流而下是感受公园景色的绝佳方式。雪松溪流经生长着北美东部地区最高树木的原始森林。游客在这里有很大机会能够看到各种各样的野生动植物，例如河獭（river otter）、鹿、龟、涉水鸟，甚至还有短吻鳄（alligators）。要在溪中划艇，游客必须自行携带独木舟或皮划艇，或者参加导览游。如果自己没有独木舟或皮划艇，那么可以在**哥伦比亚市**内的装备店租一个，公园内不提供独木舟或皮划艇出租。

食宿

公园内不提供餐饮服务。距离公园大约10分钟车程的加兹登（Gadsden）市可以吃饭的地方也不多。距离公园大约20分钟车程的哥伦比亚市内则有大量的餐馆可供选择。如果想在公园内过夜，只能选择露营。这里没有可以住宿的度假屋、酒店或小木屋。注意：荒野露营是免费的。

Longleaf Campground（100 National Park Rd, Hopkins；营地位置$10），附近还有**Bluff Campground**（营地位置$5）。

所属州
佛罗里达州
门票
7日通票 成人$10/人
儿童免费
面积
100平方英里/
259平方公里
适合

杰弗逊堡

EDDIE BRADY EDDIE BRADY / GETTY IMAGES ©

干海龟国家公园 DRY TORTUGAS NATIONAL PARK

漂浮在墨西哥湾中央，这是美国最难到达的国家公园（只能乘船或飞机前往）。你为了到达这里而付出的努力，会换来一流的浮潜、深潜、观鸟与观星体验。

胡安·庞塞·德莱昂（Juan Ponce de León）在这里发现海龟后，将这片区域命名为Tortugas（读音tor-*too*-guzz，意思为龟），后来人们又在名字里加上了“干”，以提醒岛上没有淡水。

不过，这里并不仅仅是没有饮用水的一群美丽小岛，它还有着壮观的珊瑚礁、大量的海洋生物和丰富的历史景点。

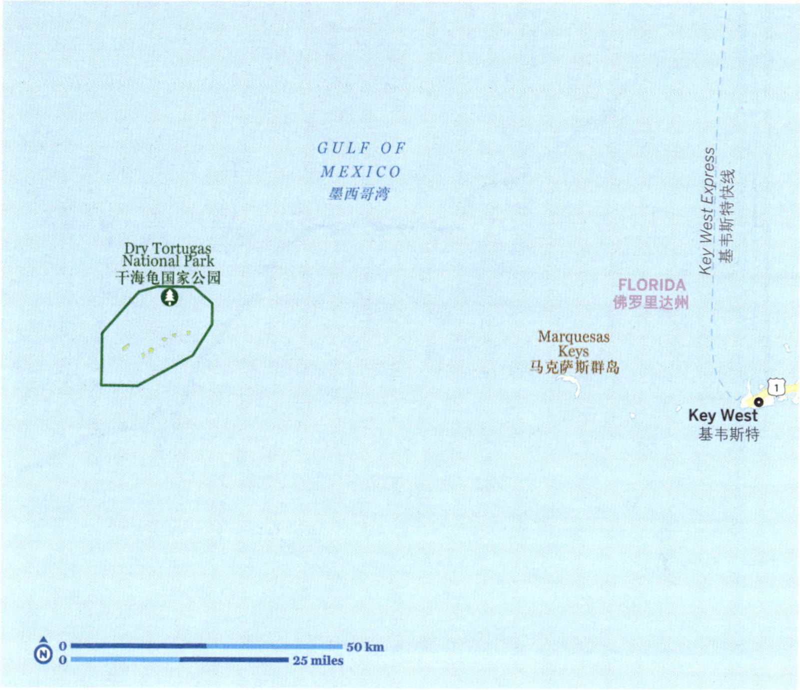

杰弗逊堡

(Fort Jefferson)

杰弗逊堡建于美国南北战争期间，但是从未完工。这座壮观的六边形红砖建筑坐落在花园岛(Garden Key)上，屹立于碧水之间。成立公园时的立法要求国家公园管理局应当保护、加固并恢复这一要塞，并向后代阐明它的意义。这是一座气势恢宏的19世纪石砌堡垒典范——记得带上你的相机。

游泳和浮潜

干海龟国家公园位于佛罗里达群岛珊瑚礁系的西南角。这里是世界第三大珊瑚礁系(前两名是澳大利亚大堡礁和伯利兹珊瑚礁)。公园只有1%的面积是在陆地上，因此进入水中是观看公园海洋生物的最佳方式。

到达

Yankee Freedom(☎800-634-0939; www.drytortugas.com; Historic Seaport; 一日游 成人/儿童 $170/125)运营快速渡轮，从基韦斯特(Key West) Grinnell St北端出发；票价包括早餐、野餐午饭、浮潜装备和堡垒游览费用。你也可以搭乘**基韦斯特水上飞机**(Key West Seaplane; ☎305-293-9300; www.keywestseaplanecharters.com; 半日游 成人/3～12岁儿童 $300/239)进行半日游或一日游。无论选择哪种方式，请至少提前一个星期预订。

露营

如果你非常想享受公园与世隔绝的环境，可以在花园岛10处露营地中选择一处过夜(营地位置 $15)。请通过公园管理处提早预订，并带上所有必要的物资，因为一旦船离开后，一切都要靠你自己了。

观鸟季节

从3月到9月，大约有100,000只乌燕鸥(sooty tern)会飞到干海龟群岛上筑巢，此外这里还有玄燕鸥(brown noddy)、红燕鸥(roseate tern)、双冠鸬鹚(double-crested cormorant)和褐鹈鹕(brown pelican)等鸟类。

National Parkways & Scenic Trails (Eastern USA)
国家公园路与景观步道(美国东部)

纳奇兹小道公园道路

这条非常棒的公园路长达444英里（715公里），从田纳西州的帕斯寇(Pasquo)到达密西西比州的纳奇兹，遍历多样的南方风景：茂密幽暗的森林、潮湿的湿地、平缓的丘陵地带，以及大片大片的农田。（见392页）

蓝岭公园路

欣赏壮美的日落、观看野生动植物，在这条穿行于弗吉尼亚州阿巴拉契亚山脉与北卡罗来纳的道路上尽情释放你所有的感官。（见394页）

纳奇兹小道公园道路

在纳奇兹小道公园道路上驾车前行，沿途可以看到翠绿的土丘、碧绿的沼泽、徒步步道、富丽堂皇的豪宅、河畔公共大厅以及沉淀下来的美国历史，这是南部地区内容最为丰富的自驾旅程。

时长与里程

时长：虽然也可以2天完成，不过最好还是3天。在双车道的公路上不会开得很快。

里程：444英里/715公里。

起点/终点：田纳西州的纳什维尔（Nashville）/密西西比州的纳奇兹（Natchez）。

何时去

4月至6月以及9月至11月是最佳时节。夏天会酷热难耐。

为何去

在出发之前你应当这样想：你将踏上的是众多历史名人走过的大道，包括安德鲁·杰克逊（Andrew Jackson，美国第七任总统，20美元钞票上的头像就是他）、杰弗逊·戴维斯（Jefferson Davis，南部邦联的总统）、詹姆斯·奥杜邦（James Audubon，博物学家和画家）、梅里韦瑟·刘易斯（Meriwether Lewis，著名的探险家，他于1809年在这条路上去世）、尤利西斯·格兰特（Ulysses

柏树沼泽

S Grant，美国第18任总统）……别忙，还有年轻的埃尔维斯·普雷斯利（Elvis Presley，猫王）。这条公路在众多的文化和历史遗迹之间蜿蜒穿行，让你能够对每一位名人有更多的了解。

路线

纳什维尔是进入这条公路最方便的地方。而对于全世界的乡村音乐爱好者和想成为作曲家的人来说，纳什维尔也是最终的朝圣之地，这里有跺脚打拍子的喧闹小酒馆、乡村音乐名人堂（Country Music Hall of Fame）以及美妙的历史街区可以探索。当地的自助餐厅也有很多好吃的，从烤鸡和猪蹄，到萝卜缨（turnip greens）和烤苹果，你可以敞开肚子尽情品尝。

公路在距离纳什维尔大约10英里（16公里）远的地方绕经富兰克林（Franklin）。这里是美国内战中最惨烈的战场之一，1864年11月30日，20,000名南部邦联士兵和17,000名北部联邦士兵在这里进行了殊死战斗。继续前行不远，是南部邦联的无名战士墓。一路上还有一些已有数百年历史的印第安人坟丘从路边隆起。靠近纳奇兹的翡翠丘（Emerald Mound）是美国最大的印第安人土墩之一，至今你仍然能够感受到这个庞大、长满青草的金字塔状土墩充满着远古的能量。

沿途其他的亮点包括小镇图珀洛（Tupelo），这里有一所简朴的房子，猫王就是在这里长大，学吉他，并梦想着成为巨星的；此外，还有树荫笼罩、翠绿的柏树沼泽（Cypress Swamp），里面满是短吻鳄。纳奇兹本身就是一个活生生的战前时代博物馆，到处可以见到配有螺旋楼梯、枝形吊灯和粗柱子的房屋。

实用信息

Natchez Trace Parkway（www.nps.gov/natr）公园管理处的网站，提供道路建设最新消息，以及有关本地活动和历史遗迹的信息。

Natchez Trace Compact（www.scenictrace.com）田纳西州、亚拉巴马州和密西西比州旅游局合作建立的网站，提供旅行路线、地图和活动信息。

蓝岭公园路

蓝岭公园路蜿蜒穿行在弗吉尼亚和北卡罗来纳的阿巴拉契亚山脉中，让路上的自驾旅行者沉醉于壮丽的高地风景。一路上有很多停车点，可以眺望远景、徒步和感受南方人的热情好客。

时长与里程

时长：至少2天，但是最好准备5天时间。陡峭、曲折的道路行驶缓慢，此外你还要在中途停车进行徒步游、用餐和观赏风景。

里程：469英里/755公里。

起点/终点：弗吉尼亚州的弗兰特罗亚尔（Front Royal）/北卡罗来纳州的切诺基（Cherokee）。

何时去

4月到10月，旅游设施开放的时候（很多设施会在冬天关闭）最适合前往。5月是观赏野花的最佳季节。10月，观赏秋叶的人群会蜂拥而至。如果你准备夏天或是初秋前往，那么请做好碰到大量人群的准备。

为何去

虽然蓝岭公园路会绕经数十个小城镇和几个都市群，但是总体上仍然远离现代美国生活。这里的山坡上仍然可以看到门前放着吱吱作响的摇椅的乡村小木屋，路边的民间艺术品店和现场蓝草音乐表演的

MARKVANDYKEPHOTOGRAPHY / SHUTTERSTOCK ©

蓝岭山脉与蓝岭公园路

招牌也吸引着到访者进入崎岖的小路。在这里的小木屋餐馆里，供应着一盘盘堆得高高的配有黑莓蜜饯和乡村火腿的荞麦煎饼。

饱餐南方美食后，如果你想消化一下，那么蓝岭公园路上有100多条徒步线路可供选择，从平缓的自然步道，到传奇的阿巴拉契亚步道（Appalachian Trail）上粗犷简陋的难行路段。在湍急的河水中可以划独木舟、皮划艇或是玩轮胎漂流，也可在小湖中泛舟垂钓。

路线

这条田园风光的小路将弗吉尼亚的仙纳度国家公园与横跨北卡罗来纳—田纳西边界的大雾山国家公园连接起来。沿途城镇包括北卡罗来纳州的布恩（Boone）和阿什维尔（Asheville）、弗吉尼亚州的盖拉克斯（Galax）和罗阿诺克（Roanoke），另外距离弗吉尼亚州的夏洛茨维尔（Charlottesville）也只有很短的车程。蓝岭公园路周边的大城市有华盛顿特区（140英里/225公里）和弗吉尼亚州的里士满（95英里/153公里）。

很多自驾旅行者也会将天际线自驾线路（Skyline Drive，见413页）加入蓝岭公园路的行程中。105英里（169公里）长的天际线公路蜿蜒曲折，与蓝岭公园路的北端相连。沿着天际线公路驶过仙纳度国家公园，令人叹为观止的群山峻岭、如画风景会一点点呈现在你的眼前。注意：走这条公路需要支付$20的费用——这并不是过路费，实际上是公园的门票。

实用信息

Blue Ridge Parkway（www.blueridgeparkway.org）提供沿途地图、活动和停留点。此外还有免费的《蓝岭公园路旅行规划》（*Blue Ridge Parkway Travel Planner*）下载。

Hiking the Blue Ridge Parkway（Randy Johnson；2010年）本书提供详细的步道说明、地形图，以及有关短线和长线徒步的必要信息。

Skyline Drive（www.visitskylinedrive.org）提供蓝岭公园路上这条风景如画的旁支道路上的住宿、徒步和野生动植物信息。

所属州

佛罗里达州

门票

7日通票 $20/车

面积

2344平方英里/
6071平方公里

适合

红树林河口水系

CULTURA RM / ART WOLFE STOCK / GETTY IMAGES ©

大沼泽地国家公园 EVERGLADES NATIONAL PARK

相比于迈阿密，大沼泽地才真正成就了佛罗里达州南部的独特之处。被印第安人称作“碧草之河”的这个地方不止一片湿地、一片沼泽，或者一片湖泊、一条河流、一块牧场、一片草原——而是这一切的总和。

只有当你亲眼看到美洲蛇鸟（anhinga）收起翅膀、螺旋扎入水中，或是大蓝鹭（great blue heron）悠然展开巨翅、划过自己的领地，抑或是观望着夕阳落到柏树林冠层之下、余晖洒满延绵数英里的锯齿草地时，你才会理解我们谈论的是怎样的景色。忘了你以前听说过的空气推进艇和沼泽车之类的东西吧——我们应当像栖居在这里的野生动物一样安静怡然地融入其中。

何时去

12月到次年3月是繁忙干燥的季节，是在水道上观赏野生动植物的最佳时机。不过，一些皮划艇路线在这一时间段内可能难以通行。

从4月到6月天气转热，不过水景和野生动植物观赏能完美结合。7月到11月是炎热的季节，意味着高温、蚊虫，并且（除了10月和11月外）还有可能碰上飓风。

到达后，务必在欧内斯特科埃（Ernest Coe）、鲨鱼谷（Shark Valley）或是海岸湾（Gulf Coast）几处游客中心领取旅游手册，上面详细地标明了徒步步道、划艇路线、露营地、营业时间以及其他实用信息。

住宿

公园内有两个设施完善的露营地，提供水、卫生间和烧烤架。最好的露营地是Royal Palm游客中心西边不远处的**Long Pine Key**（☎305-242-7745；www.nps.gov/ever/；营地位置 $20），营地采用先来先得的原则。

弗拉明戈（Flamingo；☎877-444-6777；www.nps.gov/ever/planyourvisit/；营地位置 $20）提供冷水淋浴和电力，须提前预订。

公园很多地方都有**荒野露营处**（☎239-695-2945，239-695-3311；www.nps.gov/ever/；许可证 $15，另外每人每晚收费 $2），包括沙滩营地、陆上营地和棕榈叶顶棚屋（chickees，水上带顶木平台）。11月到次年4月间露营需要从游客中心获得许可。

在大沼泽地市(Everglades City）和荷姆斯泰德（Homestead）城里有很好的酒店。

到达和当地交通

大沼泽区（The Glades）覆盖了佛罗里达州最南端80英里（129公里）的区域，从迈阿密可以很方便地到达这里。这一地区的东边是大西洋，西边则是墨西哥湾。

自驾是进入公园的最佳方式，要深入公园腹地，你还要准备一双不错的徒步靴。

公园内外都有独木舟和皮划艇出租店，你也可以参加独木舟和皮划艇导览游。平坦的道路上适宜骑自行车。

所属州

北卡罗来纳州和田纳西州

门票

免费

面积

815平方英里/
2110.8平方公里

适合

带横木篱笆的小木屋

JEFF HUNTER / GETTY IMAGES ©

大雾山国家公园

GREAT SMOKY MOUNTAINS NATIONAL PARK

大雾山国家公园沿着古老的阿巴拉契亚山脉的山脊就势而下，让旅行者们能够体验到青苔遍布的原始森林那种幽深神秘的气质。

这里是徒步者、骑行者、野生动物观赏者和自驾观光爱好者的天堂。大雾山国家公园是美国最受欢迎的景点，每年吸引着将近一千万名游客来到这里。然而有研究表明，95%的游客从来不会走到距离他们车辆100码（91米）之外的地方，因此要将熙熙攘攘的人群甩到身后是很容易的事情——而你会乐此不疲。

历史

数千年来，这些迷雾缭绕的山脉一直都是切诺基人的主要领地。后来，苏格兰-爱尔兰后裔、法国和德国的移民陆续取代了这里的印第安人，并构成了早期移民者所称的“民族大熔炉”。在凯兹小峡谷（Cades Cove）和卡塔洛奇（Cataloochee），山民们年代久远的木屋、教堂、磨坊和学校仍然敞开大门屹立在那里。

公园成立于1934年，大部分基础设施都是平民保育团（Civilian Conservation Corps）的工人在大萧条时期建造的。与大多数国家公园不同，大雾山国家公园不收门票，而且以后也永远不会收；这一附带条件被写入公园的原始章程，是洛克菲勒家族提供500万美元捐助的条件。

方位

大雾山国家公园坐落在北卡罗来纳州和田纳西州的边界上。这条边界线沿着对角线横穿公园的腹地，与阿巴拉契亚步道（Appalachian Trail，简称AT）相邻。公园的总面积为800多平方英里（2111平方公里）。按直线距离看，整座公园长约65英里（105公里），宽约25英里（40公里）。

南北走向的Newfound Gap Rd/Hwy 441从公园的一端通到另一端，将公园的门户城镇——位于北部中央边界、田纳西州的加特林堡（Gatlinburg）与位于南部中央边界、北卡罗来纳州的切诺基（Cherokee）连接起来。

大雾山公园最常用的入

凯兹小峡谷地区（Cades Cove Area）

很多人将这处独特的地方视为国家宝藏，这里有着令人唏嘘的文化遗产、引人回味的开拓者建筑以及丰富多样的野生动植物。一条11英里（17.7公里）长的环形公路绕行山谷，在各个景点的出发地都有停车带。环路从黎明到黄昏都可以驾车，但是夏季的周三和周六除外——这是自行车和徒步者上路的时间。在各游客中心或是凯兹小峡谷的入口处都可以获取自驾《汽车旅游手册》（$1）。

勒孔特山（Mt LeConte）

勒孔特山（6593英尺/2010米）是公园的第三高峰，也是大雾山最为人们所熟知的景点之一，从各个方向几乎都能看到。要到达山顶，唯一的方式就是步行。有6条步道通向山顶，长度从5英里（8公里）到10英里（16公里）不等。山顶的LeConte Lodge是公园内唯一非露营的住宿处，不过你最好提前预订，小屋往往提前一年就被预订一空。

大雾山国家公园

CHRIS MURRAY / GETTY IMAGES ©

口分别坐落在公园门户城镇加特林堡和切诺基外围，这两个城镇分别位于Newfound Gap Rd/Hwy 441公路两端。

许多人也会选择田纳西州汤森（Townsend）附近的Hwy 73入口，从这里可以直接抵达凯兹小峡谷。

徒步

无论你是有着爬山的强烈渴望还是仅仅想呼吸一下新鲜空气，在大雾山国家公园进行徒步是体验这里独特壮美之处的最佳方式。即使你只是计划在此短暂停留，也请务必在行程中至少加入一次徒步活动。公园里既有平坦、轻松、距离不长的步道，也有长距离的高强度徒步路线。很多步道非常适合全家一起游览，有的还能通行轮椅。大多数步道起点都从主要景点出发。无论你的体力和耐力如何，总有一条适合你的徒步路线。

荒野露营徒步

这片山区荒野步道纵横交错，路标清楚，总长超过800英里（1287公里），其中包括总长2181英里（3510公里）的阿巴拉契亚步道中的一段（70英里/113公里）。热门的徒步路线包括凯兹小峡谷一带11.4英里（18.3公里）长的格雷戈里秃峰路（Gregory Bald），以及通向勒孔特山（Mt LeConte）山顶的13.4英里（21.6公里）长的延龄草沟（Trillium Gap）步道，还有阿巴拉契亚步道东段31.2英里（50.2公里）长的一段（如果要在阿巴拉契亚步道的徒步者小屋中住宿，必须提前预订）。荒野露营是免费的，但是必须从公园管理处或游客中心那里取得许可证。

骑行

除了罗林福克汽车自然道路（Roaring Fork Motor Nature Trail）之外，公园的大多数道路上都可以骑自行车。不过，在选择骑行道路时最好还是要留意。由于地形陡峭、道路狭窄和车多，因此在很多公园道路上的骑行并不安全或轻松愉快。大雾山国家公园中没有山地自行车道。自行车只能在加特林堡步道（Gatlinburg Trail）、奥康纳路福特河畔步道（Oconaluftee River Trail）和下深溪步道（Lower Deep Creek Trail）上通行。所有其他公园步道都禁止骑行。

最舒适的自行车骑行路线在凯兹小峡谷，特别是当这条道路禁止机动车通行的时候（从5月中到9月末，周三和周日10:00之前）。春季和秋季可以从**凯兹小峡谷露营地商店**（Cades Cove Campground Store; ☎865-448-9034; www.cadescovetrading.com; 自行车出租 成人/儿童 每小时$7.50/4.50）租自行车。

自驾

很多来到大雾山的游客从来不离开自己的车子，虽然我们不建议这样做，但这也是可以理解的——公园有着最漂亮的景观自驾道路。从游客中心可以购买有着大多数自驾路线介绍的《汽车旅游手册》（Auto Tour, $1）。

骑马

公园允许骑马的步道长度惊人，达到了550英里（885公里）。你应当不会牵自己的马来，可以在公园三个驯马场

大雾山一日徒步

我们推荐公园北卡罗来纳一侧及其附近的短程徒步路线。

查理的拇囊炎（Charlie's Bunion）从纽方德沟（Newfound Gap）沿着阿巴拉契亚步道前行4英里（6.4公里），可以来到一片岩石层，可将高山峡谷的景色尽收眼底。

大溪步道（Big Creek Trail）轻松徒步2英里（3.2公里），可以到达鼠溪瀑布（Mouse Creek Falls），再走3英里（4.8公里）可以到达一处荒野露营地；步道的起点靠近公园东北侧的I-40州际公路。

恶巫步道（Boogerman Trail）中等强度的7英里（11.3公里）环形步道，经过几座老农庄；可以沿凯兹小峡谷路（Cove Creek Rd）抵达。

切斯汀溪瀑布（Chasteen Creek Falls）从Smokemont campground出发，这条4英里（6.4公里）的环形路线经过一个小瀑布。

（3月中至9月中开放）中的一个预约登记，参加步道骑马活动，每人费用约为$30。

凯兹小峡谷驯马场（Cades Cove Riding Stables; ☎865-448-9009; www.cadescovestables.com）

斯莫科蒙特驯马场（Smokemont Riding Stable; ☎828-497-2373; www.smokemontridingstable.com）

雾山驯马场（Smoky Mountain Riding Stables; ☎865-436-5634; www.smokymountainridingstables.com）

食宿

虽然有坚果和浆果，但是大雾山国家公园里并没有什么可以吃饭的地方。只有LeConte Lodge有为住宿客人提供的食物，此外在苏格兰德游客中心（Sugarlands Visitor Center）有几台自动贩卖机，在凯兹小峡谷露营地商店也卖一些简单的食品。幸运的是，在公园周边的城镇内有不少餐馆可供选择。

大雾山国家公园提供各种露营选择，但是只有一处地方能住在房间里，但你必须要爬到山顶才有可能享受这一福利。在公园周边的几座门户城镇中，大多数人选择在加特林堡住宿。

国家公园管理局在公园内运营着10处设施完善的露营地。每一处露营地都有卫生间，提供流动的冷水和冲水厕所。不过，公园内没有淋浴设施，也没有水和充电接头。每一个单独的营地都有一个炉箅和野餐桌。

位于凯兹小峡谷、卡塔洛奇、科斯比（Cosby）、埃尔克蒙特（Elkmont）和斯莫科蒙特的露营地可以接受**预订**（☎800-365-2267; www.recreation.gov），但是仅限5月15日到10月31日期间。最多可提前6个月预订。其他露营地则先来先得。有些露营地可以安排8人及以上的集体露营，查看公园网站获取更多信息。荒野地区露营必须持许可证，可在任意一个游客中心获得许可证。

公园的政策和规定

露营者必须把所有的食物储存到防熊罐或是存储杆上。禁止在荒野地区点燃篝火。如果你打算钓鱼，那么必须持有北卡罗来纳州或田纳西州的钓鱼许可证，可以在公园外面的体育用品店和加油站购买。

实用信息

国家公园管理局的**大雾山国家公园网站**（www.nps.gov/grsm）提供有关露营地、徒步路线、各种活动、游客中心工作时间等方面详细且非常实用的信息。

地图

在所有的游客中心都可以买到各种有用的地图、徒步指南和自驾游手册。

危险和麻烦

黑熊在公园各处都有出没，而且可能会有危险。露营者应当将所有的食物放在车中或是绑在绳子上，而徒步者在任何情况下都不要接近熊或是投喂熊。如果有熊接近你，应当慢慢后退。如果熊继续靠近，就大喊或挥动手臂来吓唬它。在万不得已的情况下，投掷石块或其他物体，或是使用棍子来阻止熊。在任何情况下都不要逃跑。

何时去

公园全年开放，不过夏天和秋天是最受欢迎的季节。有些设施从秋末到早春不开放，而冬季也可能因为恶劣天气而封路。

到达后

大雾山国家公园全年开放。不过，Newfound Gap Rd经常会在冬季暴风雪时关闭，包括Clingmans Dome Rd在内的其他一些道路也会在冬季关闭。公园没有收费站，因此你得去游客中心领取公园地图。

到达和当地交通

最近的大型机场是诺克斯维尔（Knoxville）的麦基泰森机场（McGhee Tyson Airport），距离加特林堡入口45英里（72公里）。

所属州

阿肯色州

门票

免费

面积

8.67平方英里/

22.5平方公里

适合

地热温泉

ZRFPHOTO / GETTY IMAGES ©

温泉国家公园

HOT SPRINGS NATIONAL PARK

大多数国家公园都远离喧嚣的都市，并禁止商户利用自然资源，但是温泉国家公园却不是这样。它是最小的国家公园，与同名的温泉镇相邻。温泉镇正是以利用和分享温泉公园的主要资源——富含矿物质的温泉水，从而形成了一定产业规模。

成立温泉国家公园的初衷在于保护这里独一无二的地热泉水以及周边的土地，造福公众卫生、健康设施和生活享受。公园非常受游客欢迎，园内共有47处源自温泉山（Hot Springs Mountain）的温泉，平均水温为143℉（62℃）。这也是国家公园体系中唯一将自己的主要自然资源提供给公众的，因此也被称为“美国Spa”。

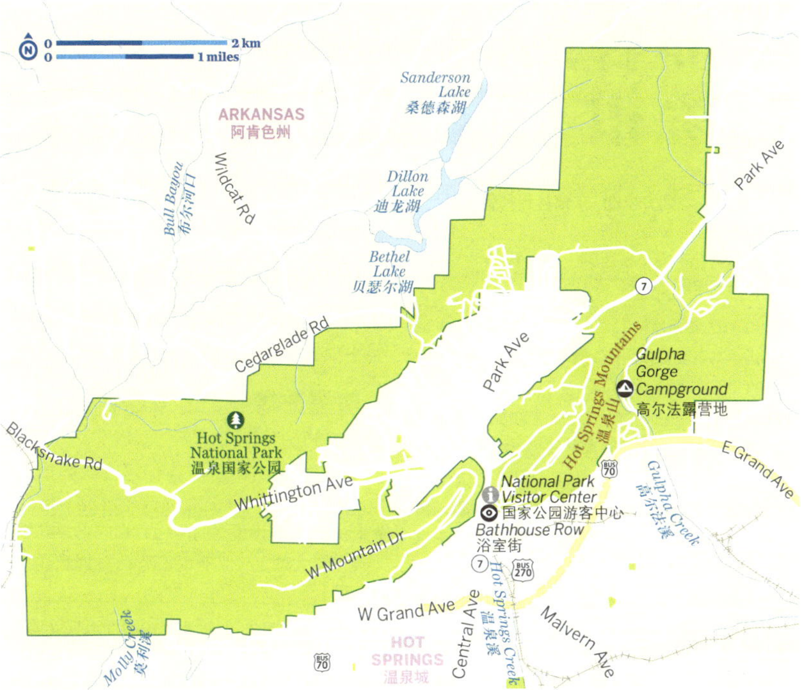

在**浴室街**(Bathhouse Row)后面的山坡附近，一条大道贯穿公园。浴室街周边有一些保存完好的温泉，而温泉山上则纵横分布着多条步道。很多老浴室已经改造成为隶属于国家公园管理局(NPS)的艺术画廊。

温泉

所有的温泉都集中在温泉山脚下。每天大约有700,000加仑(2650立方米)的水从这些温泉流到复杂的管道和储水系统中。这一系统既为商业浴室供水，例如热门的**巴克斯达夫浴室**(Buckstaff Bath House; ☎501-623-2308; www.buckstaffbaths.com; 509 Central Ave; 温泉浴 $33，含按摩 $71; ⏲3月至11月 周一至周六 8:00~11:45和13:30~15:00，12月至次年2月 周六下午歇业)，同时也为免费的“水罐喷口”(jug fountain)供水，人们可以从这些喷口打到新鲜、可以饮用的水。

要了解有关公园和温泉的更多信息，可前往浴室街的**国家公园管理局游客中心**(NPS Visitor Center; Fordyce Bath House; ☎501-620-6715; www.nps.gov/hosp; 369 Central Ave; ⏲9:00~17:00)。

徒步

一百多年来，步行小径已经成为温泉国家公园的一部分。公园内的步道总长达到26英里(42公里)，沿途可以看到野花、裸露的岩层，当然还有令人惊叹的美景。这些步道长短不一，有各种强度。徒步者应当始终在步道上行走，不要走捷径，以免破坏周围的环境。

住宿

除了**高尔法露营地**(Gulpha Gorge Campground; www.nps.gov/hosp/planyourvisit/campground.htm; 305 Gorge Rd, Hot Springs; 营地位置 $10，带充电接头 $30)之外，没有公园管理的住宿之所。营地采用先来先得的方式，不接受预订。公园旁边的温泉镇有很多住宿设施。

东部各州的总统相关遗址

从出生地到安息地，东部各州有着一系列纪念美国总统一生中重大事件的遗址。

福特剧院（Ford's Theatre），哥伦比亚特区

1865年4月14日，约翰·威尔克斯·布斯（John Wilkes Booth）就是在这家剧院的包厢中（☎202-426-6924；www.fords.org；511 10th St NW, Washington, DC；⏰9:00~16:30；Ⓜ Metro Center）免费 刺杀了林肯总统。门票有入场时间限制，进入后可以看到悬挂着美国国旗的事发现场。使用门票还可以进入地下室博物馆（展示了布斯使用的0.44口径手枪和他沾满泥浆的靴子等物品）和林肯去世的地点彼得森之屋（在街对面）。请尽早到达，因为门票经常会发完。可以在线预约（收费$6.25），以确保能够入场。

遇刺时总统夫妇正在观看的剧目是《我们的美国表兄弟》（*Our American Cousin*）。布斯熟知这一喜剧，知道哪句台词时观众会哄堂大笑，因此他选择那个时间点对林肯开枪，以掩盖枪声。公园管理局的管理员会讲述整个事件。

福特剧院迄今仍然在上演节目，有时候剧院不向公众开放。因此，在去参观之前，最好查看一下日程表。福特剧院在网上公布日程表，你也可以给售票处打电话以确认是否开放。

约翰·F.肯尼迪国家历史遗址（John F Kennedy National Historic Site），马萨诸塞州

肯尼迪9兄妹中有4人都是在这所朴素的房子中（www.nps.gov/jofi；83 Beals St, Brookline；⏰5月至10月 周三至周日 9:30~17:00；Ⓣ Coolidge Corner）免费 出生长大的。这四个孩子中就有杰克（约翰·肯尼迪的昵称），他是1917年在这里的主卧室出生的。20世纪60年代末，在家族长辈罗斯·肯尼迪（Rose Kennedy）的监管下对这所房子进行了修复；今天，她的讲述让人们能更好地了解肯尼迪家族的生活。通过导览游，参观者可以看到当年肯尼迪一家在这里生活时使用的家具、照片和纪念物。

你可以自行参观周边环境来了解肯尼迪家族的日常生活，包括教堂、学校和商店等。

罗斯福故居（Home of Franklin D Roosevelt），纽约

富兰克林·D.罗斯福曾任三届美国总统，并制订了影响深远的改革计划；他还做出了向日本投发原子弹的决定以结束第二次世界大战。与罗斯福家族的财富相比，罗斯福故居（☎845-486-7770；www.nps.gov/hofr；4097 Albany Post Rd, Hyde Park；成人/儿童 $18/免费；仅参观博物馆 成人/儿童 $9/免费；⏰9:00~17:00）相对较为朴素。参观故居的团队游很有意思，但是在夏季可能会因为过于拥挤而略有遗憾。

在这种情况下，最好还是参观这里出色的博物馆吧，就建在罗斯福私人图书馆旁边，罗斯福就是在这里录下开创性的"炉边谈话"电台节目。

萨加莫尔山（Sagamore Hill），纽约

西奥多·罗斯福位于长岛的房子（☎516-922-4788；www.nps.gov/sahi；20 Sagamore Hill Rd, Oyster Bay；博物馆及庭院免费，房屋团队游成人/儿童 $10/免费；⏰周三至周日 9:00~17:00）免费 经常被称为"夏日白宫"。游客可以参加导览游入内参观。这里还有一家很好的博物馆（免费），周围是一片自然保护区。

罗斯福就职地（Theodore Roosevelt Inaugural），纽约

可参加导览游参观安斯里·威尔科克斯大厦（Ansley-Wilcox House；☎716-884-0095；www.

1. 得森之屋的重现表演，林肯当年在这里遇刺
2. 罗斯福故居

1

2

林肯诞生地

nps.gov/thri; 641 Delaware Ave, Buffalo; 成人/儿童 $10/5; ⊙团队游周一至周五 9:30~15:30, 周六和周日 12:30之后每小时), 了解1901年威廉·麦金利总统(William McKinley)在出席布法罗泛美博览会(Buffalo's Pan American Exposition)时遇刺, 特迪(罗斯福昵称)在此紧急宣誓就任美国总统的突发事件。

罗斯福出生地(Theodore Roosevelt Birthplace), 纽约

这一国家历史遗址(☎212-260-1616; www.nps.gov/thrb; 28 E 20th St, btwn Park Ave S & Broadway, New York; 成人/儿童$3/免费; ⊙导览游 周二至周六 10:00、11:00、13:00、14:00、15:00和16:00; Ⓢ N/R/W, 6 to 23rd St)有点名不副实, 因为第26任美国总统真正出生的房子实际上当他还在世时就被拆除了。不过, 罗斯福的亲属完美地重建了这一建筑, 并与隔壁另一栋家族住宅连起来了。

如果你对西奥多·罗斯福不平凡的一生(在一定程度上被其表弟富兰克林·罗斯福的不朽功绩盖过了锋芒)感兴趣, 那么一定要参观这里, 特别是当没有时间参观他在长岛奥伊斯特贝(Oyster Bay)萨加莫尔山华丽的夏日居所时。故居导览游的时间大约为30分钟。

林肯诞生地(Abraham Lincoln Birthplace), 肯塔基州

林肯诞生地(www.nps.gov/abli; 2995 Lincoln Farm Road, Hodgenville; ⊙8:00~16:45, 夏季 至18:45) **免费** 是一栋围绕老木屋而建的仿希腊神殿式建筑。步行10分钟就可到达"正直的亚伯"(Honest Abe, 美国人对林肯总统的爱称)在圆顶溪(Knob Creek)的童年居所, 那里可以通往一些步道。

亚当斯国家历史公园(Adams National Historic Park), 马萨诸塞州

从亚当斯国家历史公园游客中心(www.nps.gov/adam; 1250 Hancock St, Quincy; 成人/儿童 $5/免费; ⊙4月中至11月中 9:00~17:00; Ⓣ Quincy Center)出发的导览游, 可参观与亚当斯家族相关的多处景点。每半小时有1班电车(至15:15)发往**约翰·亚当斯诞生地**(John Adams Birthplace)和**约翰·昆西·亚当斯诞生地**(John Quincy Adams Birthplace), 这是美国最古老的总统诞生地。这两栋17世纪的不对称坡顶式房屋并排坐落在古老的海岸路(Coast Rd)旁边, 这条道路从普利茅斯通往波士顿。

这两座房子的布置保持了18世纪原貌, 你可以看到约翰·亚当斯在此开始他的律师生涯, 组建家庭, 起草马萨诸塞州宪法(Massachusetts Constitution, 后来成为美国宪法的基础)。

电车从这里继续前行, 来到被称作Peacefields的**老房子**。这里是亚当斯家族从1788年到1927年四代人生活的地方。老房子还保

尤利西斯·格兰特将军国家纪念地

留着当年亚当斯家族居住时的布置和装饰，包括1826年7月4日，即美国独立50周年时约翰·亚当斯去世时所坐的椅子（诡异的是，托马斯·杰弗逊也是同一天在其弗吉尼亚的家中去世）。院子里一座华丽的两层楼图书馆和一个布局整齐的可爱庭园是公园的亮点。

尤利西斯·格兰特将军国家纪念地（General Ulysses S Grant National Memorial），纽约

这一标志性的建筑（www.nps.gov/gegr; Riverside Dr at 122nd St, New York; ⏲周三至周日 9:00~17:00; S1 to 125th St）免费 常被人们称为格兰特之墓[一个经典的笑话是这样的："格兰特（也有'巨大的'的意思）墓中埋的是谁？""谁啊？""格兰特啊，笨蛋！"]。美国南北战争的英雄、第18届总统尤利西斯·S.格兰特与妻子朱莉娅就安息于此。这一宏伟的大理石建筑是在1897年格兰特去世12年后完工，是美国最大的陵墓。

陵墓四周摆放着17张高迪风格的马赛克长椅，是由智利的艺术家佩德罗·席尔瓦（Pedro Silva）在20世纪70年代设计的。这里有着魔幻般的场景，也是很适合缅怀逝者，伟大的喜剧表演艺术家乔治·卡林（George Carlin）当年就曾在这里留下风采。

华盛顿故居（George Washington Birthplace），弗吉尼亚州

在殖民地海滩（Colonial Beach）东南11英里（18公里），帕波河（Pope's Creek）汇入波托马克河（Potomac River）之处，是一片烟草地、麦田、阔叶林交织而成的乡村风景，河边还能眺望北尼克（Northern Neck）的峭壁。这是一片壮美的土地，也是美国首任总统的曾祖父约翰·华盛顿（John Washington）于1657年在此安顿下来的地方。华盛顿在这里开辟出了一片种植园，1732年，他那个最有名的后代就出生在这里。

乔治·华盛顿故居国家纪念地由国家公园管理局运营。一进门，你就能看到一座由佛蒙特大理石建成的方尖碑，这是华盛顿特区的华盛顿纪念碑十分之一比例复制品。作为乔治·华盛顿的诞生地（☎804-224-1732; www.nps.gov/gewa; 1732 Popes Creek Road, Colonial Beach; ⏲9:00~17:00）免费，这里自然引人关注。但更吸引人的是，在这里可以一窥当年种植园主的生活方式。这些种植园主构成了弗吉尼亚最早的贵族阶层，也就是拥有大片土地的乡绅，与纽约和马萨诸塞州等北部殖民地的小农场主和商人阶层形成了鲜明的对比。

所在州

肯塔基州

门票

免费

面积

83平方英里/

215平方公里

适合

钟乳石和石笋

DANITA DELIMONT / GETTY IMAGES ©

猛犸洞国家公园

MAMMOTH CAVE NATIONAL PARK

这一世界上最长的洞穴系统有着隐秘的地下河流和超过400英里（644公里）的已探明区域，来到此处的旅行者，可近距离体验极富科幻色彩的钟乳石和石笋。

猛犸洞国家公园的洞穴系统比其他任何已知的洞穴至少都长三倍，这里有着大教堂般的巨大洞穴、无底的深坑和奇形怪状的起伏岩层。这些洞穴先后曾作为史前的矿物采集地、制造火药的硝石矿以及治疗结核病的场所。

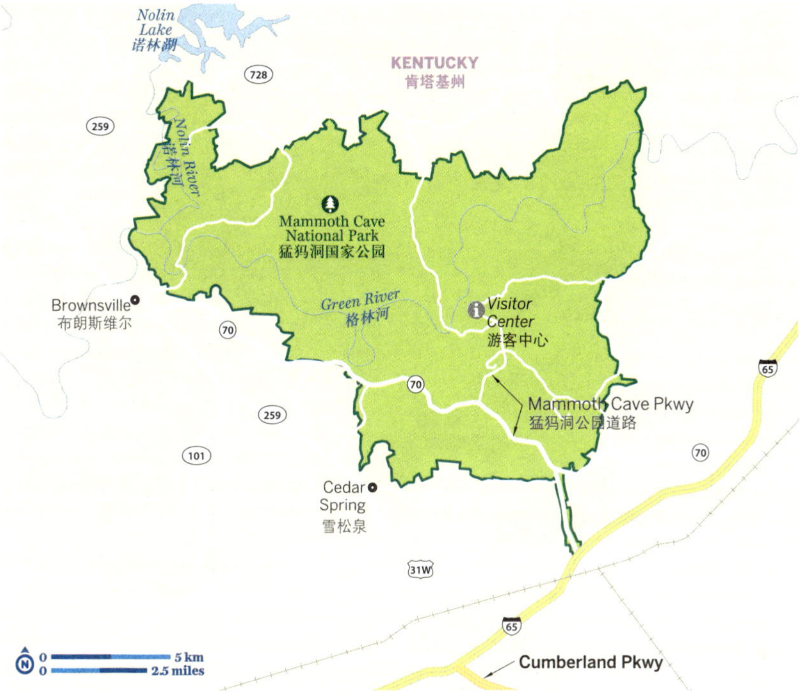

景点和活动

要参观洞穴，必须要参加**公园管理员带领的导览游**（☎800-967-2283；成人 $7~55，儿童 $5~20）。游览项目非常精彩，最好提前预订，特别是在夏季。团队游从一般的地下漫步，到强度很大、持续一整天的洞穴探险活动（仅限成人）。历史游尤其有趣。

除了洞穴外，公园内还有85英里（137公里）的步道可以徒步，另外还有60英里（97公里）的指定骑马路线和25英里（40公里）的山地自行车道。

住宿

公园有3处**露营地**（营地位置 $12至$50不等）。公园内有洗手间，但是只有少数营地有水电接头；此外还有13处免费的荒野露营地。可在公园的**游客中心**（Mammoth Cave Parkway）获取荒野地区露营许可。洞穴入口和游客中心附近的**Mammoth Cave Hotel**有一些房间和小屋。

到达和离开

如果你是从北边过来，在I-65州际公路上从Exit 53号（洞穴城出口，Cave City Exit）出来。如果是从南边过来，在I-65州际公路上从Exit 48号（公园城出口，Park City Exit）出来。

历史

从1816年开始，这里的洞穴系统就有了导览游活动。到20世纪初，猛犸洞已经变得非常热门，因此当地小洞穴业主为了招揽生意开始哄骗前往猛犸洞的游客说那里已经被淹或是被隔离了。这一不可避免的冲突被人们称为“洞穴战争”。时至今日，你仍然能够看到路边有很多广告牌，招引游客访问猛犸洞周边的其他洞穴。这里于1941年被确立为国家公园，现在每年吸引600,000名游客前往参观。

所属州

弗吉尼亚州

门票

7日通票 $20/车

面积

310平方英里/
802.9平方公里

适合

瀑布，仙纳度国家公园

DEB SNELSON / GETTY IMAGES ©

仙纳度国家公园 SHENANDOAH NATIONAL PARK

仙纳度是美国最为绚烂多彩的国家公园。春天和夏天，这里繁花似锦；秋天，红色和金黄色的树叶交相辉映；而到了冬天，则开始了寒冷、充满荒凉之美的冬眠时节。

在仙纳度公园白尾鹿(White-tailed deer)较为常见，如果幸运的话，你还可以看到黑熊、山猫或是野火鸡。园内有超过500英里(805公里)的步道，其中包括阿巴拉契亚步道(Appalachian Trail)101英里(163公里)长的路段。各种徒步路线难易程度不一，有的强度非常大，需要攀爬坎坷崎岖的岩石才能登上老拉格山(Old Rag Mountain)和比尔芬斯山(Bearfence Mountain)的顶峰(能看到弗吉尼亚最美的风景)；也有些步道轻松易行，途中会经过壮观的瀑布群。

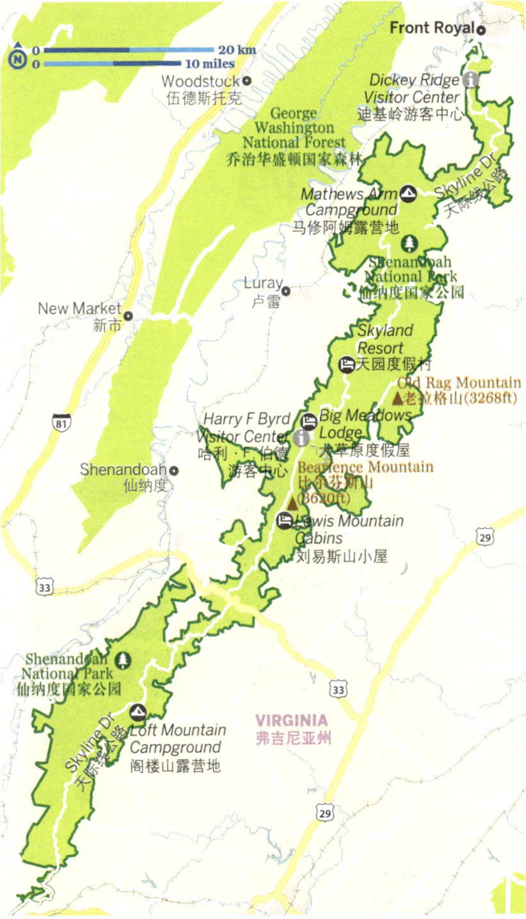

天际线自驾

长达105英里(169公里)的天际线公路(Skyline Drive)从蓝岭山脉的山脊蜿蜒而下，仙纳度国家公园里的这条公路重新定义了什么叫作“景观道路”。一路上壮丽的风景令人应接不暇，不过要留意的是，这条道路弯道多、行驶缓慢(限速每小时35英里/56公里)，而且在旺季经常堵车。最好是从弗兰特罗亚尔(Front Royal)南边一点开始自驾旅程；从这里，你将在弗吉尼亚的葡萄园和山地间蜿蜒前行。路上有很多标记英里数的里程碑，也有很多可以观赏风景的停车点。我们最喜欢的是51.2英里(82.4公里)处的停车点，从这里可以沿3.6英里(5.8公里)的环线经过中等强度的徒步，到达刘易斯泉瀑布(Lewis Spring Falls)。

食宿

公园内有4处由国家公园管理局运营的露营地：马修阿姆(Mathews Arm)、大草原(Big Meadows)、刘易斯山(Lewis Mountain)和阁楼山(Loft Mountain)。如果要在其他地方露营，需荒野露营许可(可从游客中心免费获取)。

还有一些条件不算太差的小屋：天园度假村(Skyland Resort)、大草原度假屋(Big Meadows Lodge)和刘易斯山小屋(Lewis Mountain Cabins)，都可以通过www.goshenandoah.com在线预订。

天园和大草原两处度假屋设有餐馆和酒馆，有时候还有现场音乐表演。而后者提供的服务最多，包括加油站、洗衣和营地商店。

如果准备露营或是长距离徒步，最好带上自己的干粮。

实用信息

公园位于华盛顿特区西边75英里(121公里)处，可以从I-81的多个出口到达。

公园有两个游客中心，一个是北边的**迪基岭游客中心**(Dickey Ridge Visitor Center; ☎540-635-3566; Skyline Dr,Mile 4.6; ⌚4月至11月 9:00~17:00)，另一个是南边的**哈利·F.伯德游客中心**(Harry F Byrd Visitor Center; ☎540-999-3283; Skyline Dr,Mile 51; ⌚4月至11月 9:00~17:00)。这两个游客中心均提供地图和荒野露营许可，以及有关骑马、悬挂式滑翔、骑自行车(只能在公共道路上)和其他户外活动的信息。

国家广场和纪念公园

左图：林肯纪念堂

右图：白宫

一个国家包含很多要素：人民、历史、政治，还有积累的知识。而上述每一个要素都赋予了国家广场的建筑以生命。这里是美国最具标志性城市中最具标志的中心地带，美国的国家理念在这些石制建筑、景观、教育机构、纪念碑与纪念地中得以充分展现。

初次来到这里的旅行者还应当知道，国家广场其实是一大片年代久远的草地。确实，这也是国家广场的精髓——夹在国会大厦和林肯纪念堂之间的低矮草地绵延数英里，中间耸立着华盛顿纪念碑，旁边布满了卖热狗的小贩和卖T恤的小摊，带来美国式的体验。美国人使用这一公共空间来抗议、集会以及观看总统就职仪式。这里也是本地人慢跑、遛狗和玩飞盘的地方。

这里有着如此多的纪念碑和博物馆（免费的！），以至于可以把整个行程都安排在这里。在国家美术馆（National Gallery of Art）或是航空航天博物馆（Air and Space Museum）逛一逛就能花上半天的时间。无论你准备探索哪些地方，都要做好走路的准备。从史密森博物馆群的西侧到林肯纪念堂，这一排主要景点两端距离大约为2英里（3.2公里）。新开通的DC环线（DC Circulator）公交车路线在很多热门景点都有车站，不过你仍然需要走很多路。除了博物馆的咖啡厅外，附近餐饮的选择项不多。虽然博物馆的夜景很美，但是关门之后也没有什么地方可去。

DOUG MCKINLAY / GETTY IMAGES ©

SEAN PAVONE / GETTY IMAGES ©

1

华盛顿纪念碑

（Washington Monument）

1 华盛顿纪念碑（⏲9:00~17:00，6月至8月至22:00）高达555英尺/169米（又5英寸/12.7厘米），是华盛顿特区内最高的建筑物。纪念碑是分两个阶段修建完成的，因此所用石头有着不同的色调。乘坐电梯，只用70秒即可直达观景台，这里有着市内最佳的景观。纪念碑旁边的售票厅出售标记了入场时间的当日票。请尽早到达。在旺季，最好提前订票（www.recreation.gov）。

林肯纪念堂

（Lincoln Memorial）

2 屹立在国家广场西端的林肯纪念堂是纪念亚伯拉罕·林肯的圣殿，而林肯雕像的目光平静地越过这个新古典主义陶立克柱殿堂下方的水池，望向远方。在林肯雕像的左边，你可以读到葛底斯堡演说的全文，而下面的大厅则彰显了其他伟大的林肯主义功绩；就在这里的台阶上，马丁·路德·金进行了他著名的演讲“我有一个梦想”。

2

3

4

“二战”纪念碑（World War II Memorial）

3 “二战”纪念碑于2004年落成，用于纪念1941年到1945年在这场战争中逝去的40万美国人和1600万名参战的美国军人。广场上的双拱造型象征着大西洋和太平洋战场的胜利。周围的56根柱子代表了美国各州和地区。纪念碑上刻满激动人心的引言。经常有成群结队的退伍老兵来到这里致敬。

越战纪念碑（Vietnam Veterans Memorial）

4 哥伦比亚特区白色夺目大理石建筑的对面，是一个黑色、低垂的“V”字造型，表达了越南战争给美国带来的创伤。这一纪念碑沉降到地面以下，黑色的墙上刻着58,272名阵亡士兵的名字——按他们阵亡的时间排列。这是一个并不张扬，但是内涵深邃的纪念碑——更让人惊奇的是，它是由当时年仅21岁的本科生林璎（Maya Lin）于1981年设计的。

杰弗逊纪念堂（Thomas Jefferson Memorial）

5 杰弗逊纪念堂坐落在潮汐湖（Tidal Basin）南岸的樱桃树丛中，用于纪念美国第三任总统、政治思想家、《独立宣言》的起草人以及弗吉尼亚大学的创立者。圆形纪念堂由约翰·拉塞尔·波普（John Russell Pope）设计，灵感源于杰弗逊设计的弗吉尼亚大学图书馆，最初被批评者嘲笑为“杰弗逊松饼”。纪念堂内部是19英尺（5.8米）高的杰弗逊青铜雕像，墙上刻着他的著作节选。历史学家批评说文字有改动（据称是出于空间考虑进行了编辑）。这里有越过水面眺望国家广场的绝好美景。

朝鲜战争老兵纪念碑

（Korean War Veterans Memorial）

6 19尊不锈钢战士雕塑在杜松灌木丛“行进”，后面是一面蚀刻着“被遗忘的战争”士兵形象的墙壁，从远处看，这些形象组成了朝鲜群山的一个全景缩影。最好是晚上来这里参观，此时巡逻队雕像（代表了参战的所有种族和战斗分队）拥有幻影般的投影。冬天，当步兵的野战服上落满白雪时，冲击感尤为强烈。

马丁·路德·金纪念碑

（Martin Luther King Jr Memorial）

7 马丁·路德·金纪念碑于2011年开放，这是国家广场上第一次为一位非总统、同时也是第一次为一位非洲裔美国人建立的纪念碑。雕刻家雷宜锌创作了这一雕像。金博士的雕像也被称为“希望之石”（Stone of Hope），在他身后的两个大石块代表了“绝望之山”（Mountain of Despair）。雕像旁边的墙上雕刻着金博士激动人心的演说词。纪念碑坐落在潮汐湖岸一个优美的地方。**马丁·路德·金纪念碑，雷宜锌设计。**

华盛顿战争纪念碑

（DC War Memorial）

8 这一小型的希腊式庙宇是为了纪念在第一次世界大战中阵亡的本地士兵，因此这也是国家广场中唯一的华盛顿特区纪念馆。圆形的建筑结构由12根22英尺（6.7米）高的陶立克大理石柱支撑；建筑内部刻有战争中服役的26,000名华盛顿公民和战斗中牺牲的499名哥伦比亚特区战士的名字。各方人士都试图将这里扩建成为国家“一战”纪念馆。国会议员还就此提出了议案，不过到目前为止，还没有出台相关的法案。

7
I WAS A DRUM MAJOR FOR JUSTICE
PEACE AND RIGHTEOUSNESS

8
FROM THE DISTRICT OF COLUMBIA WHO SERVED

国家广场

人们常把国家广场称为“美国的前院”，这个比喻恰如其分。它其实是一块延伸开来的草坪，西起国会大厦，东至林肯纪念堂。这里也是美国的公共场所，美国公民来这里抗议他们的政府、举办跑步比赛或凭吊美国人最珍视的精神偶像，人们大多用石块、风景、纪念碑和纪念堂等形式纪念他们。

一天的时间足够充分游览国家广场，但是你要早出晚归，而且步行距离将近4英里。从❶ **越战老兵纪念碑**出发，按逆时针方向游览广场，依次经过 ❷ **林肯纪念堂**、❸ **马丁·路德·金纪念碑**和 ❹ **华盛顿纪念碑**。你也可以在**朝鲜战争退伍老兵纪念碑**和**第二次世界大战国家纪念馆**以及其他位于广场西部的景点驻足。

马丁·路德·金纪念碑

围着雷宜锌创作的马丁·路德·金博士雕像转转，读一读这位博士的演说词。不知为何，这座雕像比安放在林肯纪念堂和杰弗逊纪念堂里的雕像都要高11英尺。

史密森尼城堡

寻找詹姆斯·史密森尼之墓。这个乖僻的英国人于1826年捐款建立了史密森尼学会。他的墓穴在广场入口处旁边的一间屋子里。

国家航空航天博物馆

走进去，随便看看就会被震撼到。查尔斯·林德伯格的“圣路易精神号”和查克·耶格尔的超音速Bell X-1等飞行器就挂在天花板上。

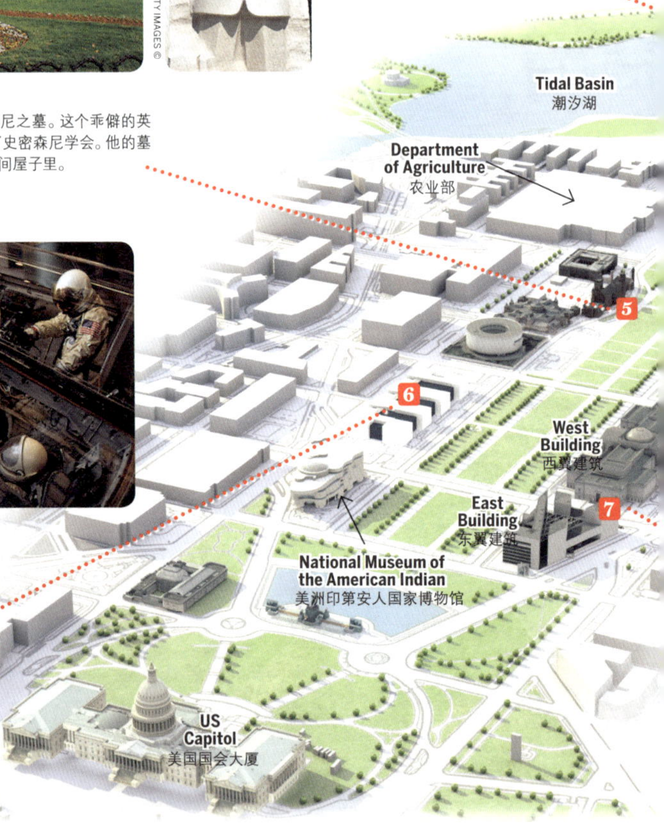

然后前往博物馆——那些博物馆不仅都很奇妙，而且全部免费。先到 ❺ **史密森尼城堡**拿份导览图（别忘了向这些博物院的创始人致谢哦），然后逐一游览 ❻ **国家航空航天博物馆**、❼ **国家美术馆暨国家雕塑花园**以及 ❽ **国家自然历史博物馆**。

重要提示

早点儿出发，特别是在夏季，这样不仅能避开人群，更重要的是不会挨晒。尽量先看纪念碑，并在10:30之前进入有空调的博物馆。最好自带小吃，因为这里除了少数几个推车售卖的小贩，就只有博物馆的咖啡厅了。

林肯纪念堂

向端坐在椅子上的亚伯拉罕致敬，然后沿台阶往下走，去看刻有马丁·路德·金博士“我有一个梦想”演说词的台阶。倒影池加上华盛顿纪念碑是华盛顿最出彩的景观之一。

STEVEN GREAVES / GETTY IMAGES ©

越战老兵纪念碑

仔细看每个名字旁边的符号。钻石表示“遇难、尸体被找到”，加号表示“失踪并且下落不明”。用加号表示的名字大约有1200个。

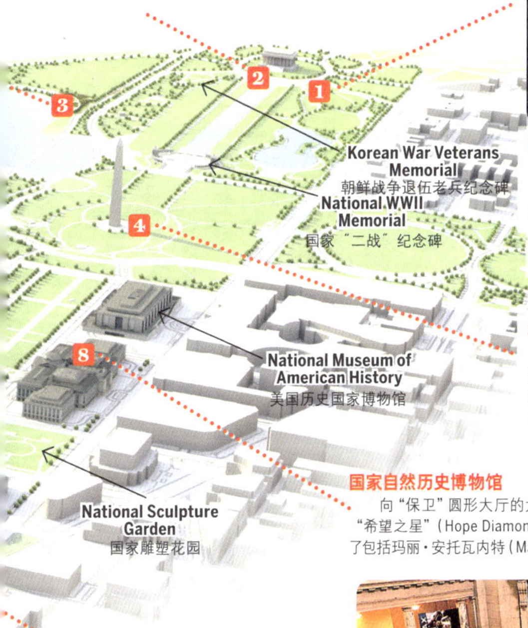

华盛顿纪念碑

走近这座方尖碑时，抬头看看它的上1/3处。看出来了吗？那里的颜色比下面浅。因为在建造过程中石材原料枯竭，建造者只好换用不同的大理石。

国家自然历史博物馆

向“保卫”圆形大厅的大象“亨利”挥挥手，然后去看二楼展出的钻石“希望之星”（Hope Diamond）。根据传说，这个重45.52克拉的小石头害死了包括玛丽·安托瓦内特（Marie Antoinette）在内的历任持有者。

国家美术馆暨国家雕塑花园

直奔6号展厅（西翼建筑），瞻仰西半球唯一一幅达·芬奇画作。室外，米罗（Miró）、考尔德（Calder）和Lichtenstein的奇特雕塑用大理石隔开。也应该去看看由贝聿铭设计的东翼建筑。

EDDIE BRADY / GETTY IMAGES ©

白宫

白宫最引人注目的特点就是它真的很像是一座民居。虽然这是栋 55,000 平方英尺（5110 平方米）的大房子，但的确是“第一家庭”日常起居的地方。如果你运气够好，能参加团队游进入内部参观，便能看到主楼里的若干房间，每间房子都留下了浓墨重彩的总统特色：这儿是托马斯·杰弗逊吃饭的地方；那儿曾经摆放过林肯的棺木……

白宫的自助导览游从白宫东南门的访客入口开始。从这里你会经过 ❶ **图书馆（Library）**、金银屋（Vermeil Room）与瓷器屋（China Room），都位于一层（房间有警戒线隔离，无法入内）。接下来你将上一段楼梯，到达“国事楼层”（State Floor），继续经过 ❷ **东厅（East Room）**、绿厅（Green Room）、❸ **蓝厅（Blue Room）**、红厅（Red Room）和 ❹ **国宴厅（State Dining Room）**。与楼下不同，这层的房间都可以进入。在各处站立着的特勤人员是回答各种问题的专家——真的。

白宫的二层和三层，以及东西两翼均禁止入内。所以你无缘参观两个最著名的房间：❺**林肯卧室（Lincoln Bedroom）**和❻ **椭圆形办公室（Oval Office）**，但你能感受到它们的存在带来的不同氛围。

你将从建筑的前（北）侧离开。在离开这一带前，可以走到15th St NW，再向南走到E St NW。向右拐，沿着南草坪（South Lawn）向前走一阵，从这里欣赏你刚参观完毕的那座建筑，❼ **景色**最棒。

DANITA DELIMONT / GETTY IMAGES ©

国宴厅（State Dining Room）

主楼，国事楼层

想象一下你邀请130多位最亲近的国王、首相及电影明星在这里享用水煮龙虾的盛景吧。壁炉架上刻着约翰·亚当斯1800年一封信中的语句。

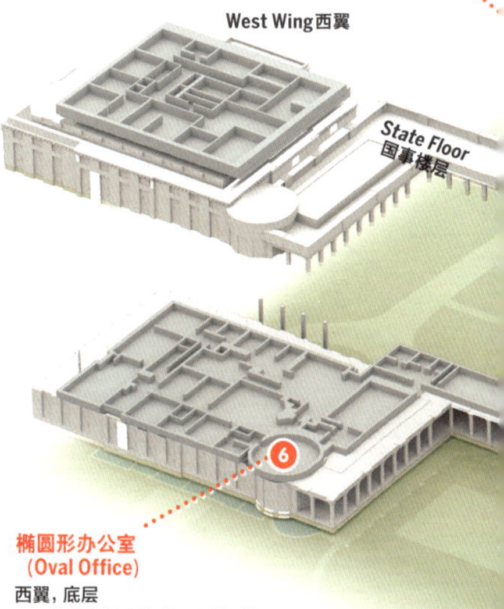

椭圆形办公室（Oval Office）

西翼，底层

如果你被允许进入西翼，就能看到椭圆形办公室，这是总统办公的地方。每届总统都会按个人喜好重新布置办公室，甚至还会设计自己的地毯。

BARRY WINIKER / GETTY IMAGES ©

东厅（East Room）

主楼，国事楼层

这里是白宫最大的房间，用于举办各种典礼和新闻发布会。林肯、肯尼迪及其他5位总统的遗体都曾停放于此，供民众吊唁。注意观察金鹰形状的钢琴腿。

蓝厅（Blue Room）

主楼，国事楼层

想象一下总统在这里迎接你吧，正如他在这里接见其他客人那样。第5任总统詹姆斯·门罗为这里购入了法国皇室的镀金装饰。第8任总统马丁·范布伦下令将这里粉刷成了蓝色。

BARRY WINIKER / GETTY IMAGES ©

林肯卧室（Lincoln Bedroom）

主楼，2层

仔细搜索一下，是否能看到林肯的魂魄，据说他会从这里开始在白宫游荡。这个房间以前是林肯的办公室，他在此签署了《解放黑人奴隶宣言》。如今桌子上仍摆放着他的葛底斯堡演说稿。

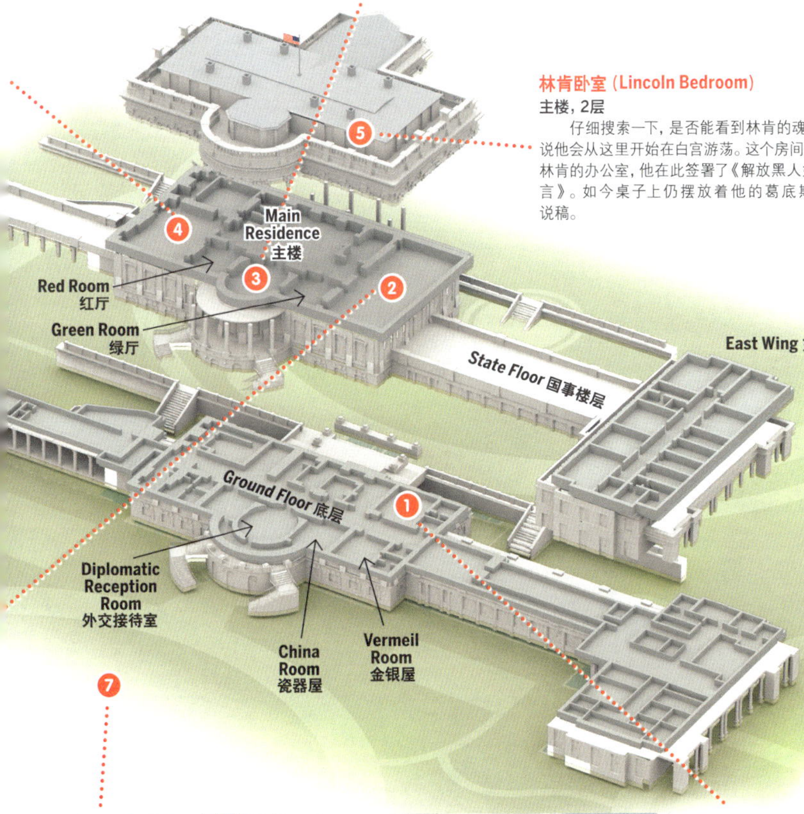

从E St NW看到的景色

你可以在这里，隔着南草坪拍下白宫纪念照（白宫内部禁止拍照）。认出来了吗？这就是电视新闻报道中常出现的背景画面。

STEPHEN BOITANO / GETTY IMAGES ©

图书馆

主楼，底层

你的视线可以快速扫过书架那些历史、小说及传记书籍，仔细观赏一番枝形吊灯。它曾是《最后的莫希干人》（*Last of the Mohicans*）一书作者詹姆斯·费尼莫尔·库柏（James Fenimore Cooper）家族所有。

其他

说起夏威夷，人们可能会想起冲浪板、棕榈摇曳的海滩、草裙舞和花环，但其实这里的国家公园展现了夏威夷州截然不同的另一面。在夏威夷大岛（Big Island）上，你可以在夏威夷火山国家公园观察火山活动及其产物，这里有世界上持续时间最长的火山喷发，熔岩流入海中的景象令人难忘。毛伊岛的哈莱亚卡拉（Haleakalā）有一座巨大的盾状火山，你甚至可以夜宿在火山口内，也可以在亚热带森林里的溪水潭中畅游。

在加勒比海，美属维尔京群岛中的圣约翰岛是一个20平方英里（52平方公里）的天堂，那里有珊瑚礁、细沙海滩以及超过800种植物。美属萨摩亚的波利尼西亚群岛位于夏威夷西南2600英里（4184公里），因珊瑚礁和热带雨林闻名于世。

哈莱亚卡拉国家公园

其他

55 哈莱亚卡拉国家公园
(Haleakalā National Park)
火山口、火山锥、长满蕨类植物的峡谷和竹林。(见430页)

56 夏威夷火山国家公园
(Hawai 'i Volcanoes National Park)
两座活火山、熔岩沙漠、烟雾缭绕的火山口和原始热带雨林。(见438页)

57 美属萨摩亚国家公园
(National Park of American Samoa)
原始的南太平洋风光。(见450页)

58 维尔京群岛国家公园
(Virgin Islands National Park)
穿越圣约翰岛(St John)的徒步道路和历史遗迹。(见452页)

不要错过

火山链路（Chain of Craters Rd）

在**夏威夷火山国家公园**里，驾驶汽车开下基拉韦厄火山，感受沿途千变万化的热带风光。

日出

起个大早前往**哈莱亚卡拉国家公园**观日出。

小基拉韦厄步道（Kilauea Iki Trail）

在**夏威夷火山国家公园**徒步穿越桃金娘树林及火山口。

滑沙步道（Sliding Sands）

在**哈莱亚卡拉国家公园**沿着步道进入满是荒凉火山岩景象及变幻云彩的神秘世界。

岛上徒步

在**美属萨摩亚国家公园**沿着珊瑚礁附近的海湾徒步，或者在**维尔京群岛国家公园**20条步道中选择一条徒步。

所属州

夏威夷州

门票

3日通票 $15/车

面积

60平方英里/
155.4平方公里

适合

哈莱亚卡拉国家公园的火山景观

哈莱亚卡拉国家公园

HALEAKALĀ NATIONAL PARK

当你深入哈莱亚卡拉腹地，首先映入眼帘的是地面松碎、如月球表面一般的景观。这片古老土地的原始魅力令人震撼，现在这里是野生动植物和徒步旅行者的天堂。

想充分体验毛伊岛，一定要登顶哈莱亚卡拉山。俯瞰脚下，巨大的火山口犹如张着大嘴的怪物，原始粗犷的美震撼人心，远方薄雾环绕、沐浴在日出的晨曦中，这样的体验终生难忘。在火山口边缘的瞭望台上，你会看到下方令人屏息的月球表面般的美景，表面散布着多座火山锥。

公园由火山熔岩凝固而成，分为截然不同的两部分，这里栖息着一些本地特有的物种。

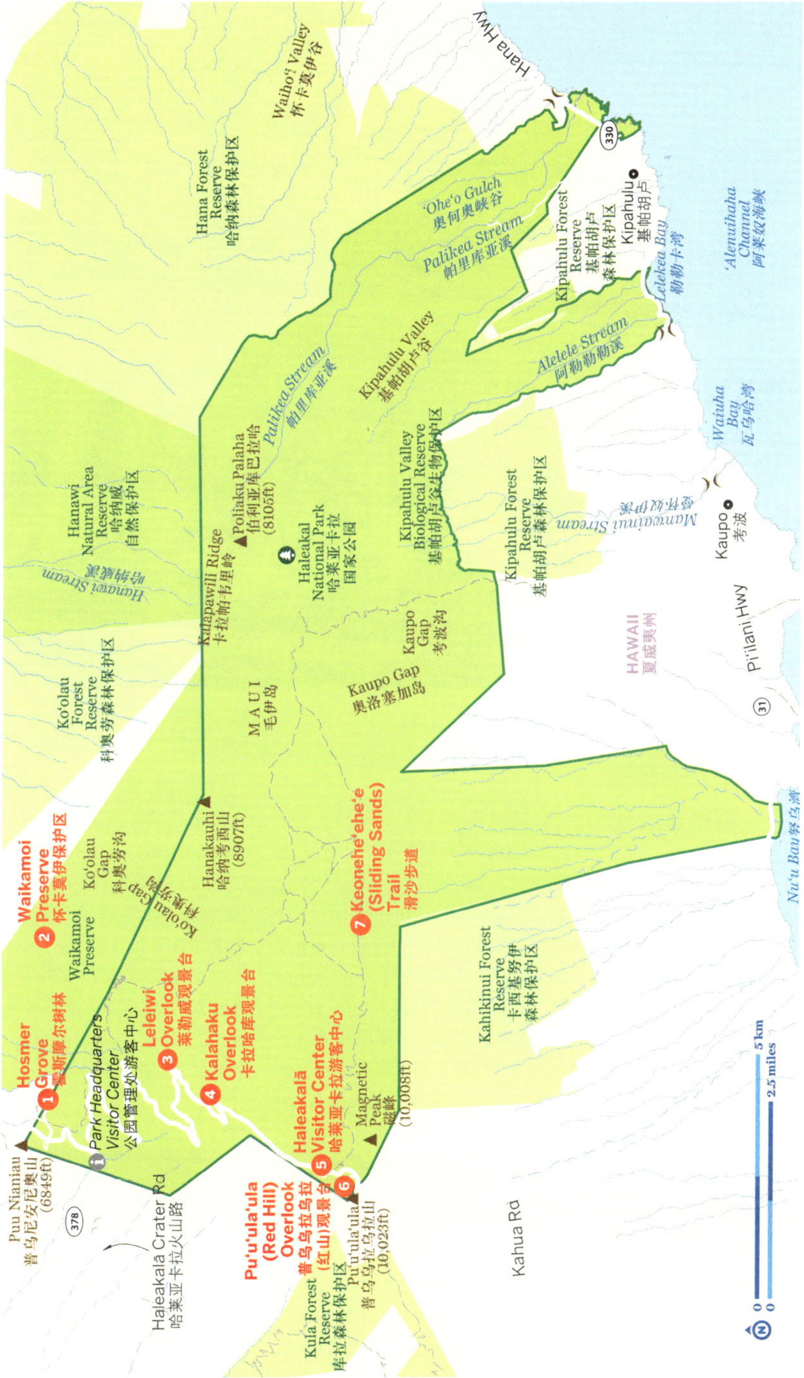
Hana Hwy
Waiho'i Valley
怀卡莫伊谷
Hana Forest Reserve
哈纳森林保护区
330
'Ohe'o Gulch
奥何奥峡谷
Palikea Stream
帕里库亚溪
Kipahulu Forest Reserve
基帕胡卢森林保护区
Kipahulu
基帕胡卢
Lelekea Bay
勒勒卡湾
'Alenuihaha Channel
阿莱努海峡
Kipahulu Valley
基帕胡卢谷
Alelele Stream
阿勒勒勒溪
Palikea Stream
帕里库亚溪
Poliaku Palaha
伯利亚库巴拉哈
(8105ft)
Haleakala National Park
哈莱亚卡拉国家公园
Kipahulu Valley Biological Reserve
基帕胡卢谷生物保护区
Kipahulu Forest Reserve
基帕胡卢森林保护区
Manawainui Stream
曼纳怀努伊溪
Waiuha Bay
瓦乌哈湾
Kaupo
考波
Hanawi Natural Area Reserve
哈纳威自然保护区
Hanawi Stream
哈纳威溪
Kalapawili Ridge
卡拉帕帕威里岭
Kaupo Gap
考波沟
HAWAII
夏威夷州
Pi'ilani Hwy
31
Ko'olau Forest Reserve
科奥劳森林保护区
MAUI
毛伊岛
Kaupo Gap
奥洛塞加岛
Hanakauhi
哈纳考西山
(8907ft)
Nu'u Bay
努乌湾
Waikamoi Preserve
怀卡莫伊保护区
Ko'olau Gap
科奥劳沟
Waikamoi Preserve
Ko'olau Gap
科奥劳沟
Keonehe'ehe'e (Sliding Sands) Trail
滑沙步道
Kahikinui Forest Reserve
卡西基努伊森林保护区
Hosmer Grove
霍斯摩尔树林
Park Headquarters Visitor Center
公园管理处游客中心
Leleiwi Overlook
莱勒威观景台
Kalahaku Overlook
卡拉哈库观景台
Haleakalā Visitor Center
哈莱亚卡拉游客中心
Magnetic Peak
磁峰
(10,008ft)
Puu Nianiau
普乌尼安尼奥山
(6849ft)
378
Haleakalā Crater Rd
哈莱亚卡拉火山路
Pu'u'ula'ula (Red Hill) Overlook
普乌乌拉乌拉(红山)观景台
Pu'u'ula'ula
普乌乌拉乌拉山
(10,023ft)
Kula Forest Reserve
库拉森林保护区
Kahua Rd
0 5 km
0 2.5 miles
N

哈莱亚卡拉银剑，夏威夷原生植物

顶级体验

❶ 霍斯摩尔树林 (Hosmer Grove)

一条0.5英里(0.8公里)长的怡人环形步道蜿蜒穿过霍斯摩尔树林，这里长满松树、冷杉和桉树等非原生树木以及原生灌木丛。霍斯摩尔树林深受露营者和野餐者的欢迎。整个地区弥漫着桉树的清香，本地的红羽小鸟不时掠过，叽喳叫个不停。霍斯摩尔树林就在公园入口处的一条支路上。

❷ 怀卡莫伊保护区 (Waikamoi Preserve)

这片大风劲吹的原生**云雾森林**(cloud forest; ☎808-572-4400; www.nature.org; ⏲徒步游 周四 8:45出发)支撑着地球上最稀有的生态系统之一。保护区由自然保护协会(Nature Conservancy)管理，面积达8951英亩(36平方公里)，为76种本土植物和森林鸟类提供了最后的栖息大本营。在保护区的洋槐和桃金娘树间，你很容易就能看到飞舞的'i'iwi鸟和'apapane鸟(两种都是羽毛鲜红的蜜旋木雀)以及黄绿色的'amakihi鸟。

❸ 莱勒威观景台 (Leleiwi Overlook)

在莱勒威观景台(8840英尺/2694米)投下你欣赏火山口美景的第一眼吧。该观景台位于公园管理处游客中心(Park Headquarters Visitor Center)和峰顶之间的中途位置。该观景台也提供了独特的角度观看千变万化的浮云。毫不夸张地说，你可以看到气象在你脚下形成。从停车场出发，沿一条碎石小道步行5分钟即可到达观景台。

❹ 卡拉哈库观景台 (Kalahaku Overlook)

千万别错过这处观景台。卡拉哈库观景台(9324英尺/2842米)就位于莱勒威观景台上行0.8英里(1.3公里)处，居高临下的位置可俯瞰火山坑美景以及火山锥蜿蜒步道

MAKENASTOCKMEDIA / DESIGN PICS / GETTY IMAGES ©

怀卡莫伊保护区（Waikamoi Preserve）

上如蚂蚁般大小的徒步者。观景台上的标识牌上介绍火山坑底每座火山岩的成因。观景台的视角绝佳，可以欣赏哈莱亚卡拉边缘处的科奥劳沟（Ko ʻolau Gap）和考波沟（Kaupo Gap）的美景。

5月至10月，夏威夷暗腰圆尾鹱（ʻua ʻu）会在观景台左边的崖壁洞穴筑巢。即使你看不到鸟的踪影，也常能听到小鸟家族欢快的鸣叫。如今只剩下约20,000只夏威夷暗腰圆尾鹱，大多数都在哈莱亚卡拉筑巢栖息。这些海鸟一度被认为已经灭绝，直至20世纪70年代在火山口被重新发现。

5 哈莱亚卡拉游客中心

这处**游客中心**（www.nps.gov/hale；⏲日出至15:00）坐落在9745英尺（2970米）高的火山口边缘，是公园的主要观景地。从这里望去，能将神奇美景尽收眼底。阳光、阴影和浮云相互作用着，变化万千，投射在火山口的岩体上，呈现出令人着迷的光影之舞。游客中心内设有关于哈莱亚卡拉火山起源的展览，还详细介绍了山下3000英尺（914米）处火山口底部的细节信息。

6 普乌乌拉乌拉（红山）观景台[Pu ʻu ʻula ʻula (Red Hill) Overlook]

当你站在毛伊岛制高点普乌乌拉乌拉（海拔10,023英尺/3055米）时，你可能会觉

日出体验

哈莱亚卡拉意为“太阳之家”。因此毫不稀奇，从第一批夏威夷人起，哈莱亚卡拉就成为人们登高观看日出的朝圣之地。这是一种近乎神秘的体验。马克·吐温称之为他见过的“最伟大的壮景”。

为了确保停车位，最好提前在日出前90分钟到达山顶，把车停在山顶或者把它停在哈莱亚卡拉游客中心的火山口旁边。约30分钟后，夜空会逐渐变亮，并开始呈现出紫蓝色，星星慢慢消失，山脊模糊的轮廓开始显露。云层下方最先明亮起来，淡银色光线与粉色条纹逐渐增多，夜色逐渐退去。

在日出前20分钟，地平线上的光变成更加明亮的橙色和红色。如果你此时转身向科学城（Science City）望去，你会看到它的穹顶变成了耀眼的粉红色。最壮观的莫过于太阳终于出现时，整个哈莱亚卡拉地区（Haleakalā）沉浸在火红的光芒之中。你感觉正在见证大地的苏醒。

太阳升起前是拍照的最佳时机。每天的日出景象各有不同。太阳一旦升起，银色线条与朦胧之处就消失了。

滑沙步道的起点

基帕胡卢区的瀑布

得自己仿佛置身于云巅之上。在晴朗的日子，你可以看到大岛（Big Island，即夏威夷岛）和欧胡岛（O 'ahu）。当光线充足时，火山口的色彩缤纷绚丽。观景台有一片 'ahinahina（哈莱亚卡拉银剑树）花园，是观赏这种闪光银色叶片植物的最佳场所。

提前计划

哈莱亚卡拉国家公园分为两个不同的区域：凌绝于世的峰顶区（Summit Area）与沿海的基帕胡卢区（Kipahulu Area）。两个区域之间没有直通的道路相连，因此旅行者通常花一天时间游览峰顶，再花一天时间游览基帕胡卢区，通常会选择哈纳（Hana）作为启程或落脚的地点。

7 滑沙步道

[Keonehe 'ehe 'e（Sliding Sands）Trail]

腾出时间来体验这条绝妙的步道吧，它的起点位于哈莱亚卡拉游客中心的南侧，蜿蜒向下通往火山坑底部。如果你在看完日出后沿着这条步道行走，你会走进温暖和煦的风与明媚的阳光之中。沿途没有树荫，所以记得带上水和帽子。

沿着小道下行，你会到达一个由光秃秃的火山岩与千变万化的云彩组成的神秘世界。你首先会注意到这里万物归寂，唯一的声音来自你踩到火山渣时的嘎吱作响。

步道全长9.2英里（14.8公里），通往帕里库（Paliku）小屋和露营地。这里景色不错，但是几乎没有植被。当你穿过火山口底部前往卡帕劳亚（Kapalaoa）时，绳状熔岩（ropy pahoehoe）逐渐减少，苍翠的山脊会出现在你的右手边。从卡帕劳亚小屋到帕里库的路程是平缓的下坡。与火山口贫瘠的西端相反，帕里库区域降水充沛，桃金娘树丛布满山坡。

住宿

毛伊岛最好的露营地位于哈莱亚卡拉国家公园内部。所有露营地都原始而简陋：没有电力或淋浴设备。荒野露营地与火山口小屋共用旱厕和有限的非饮用水。这里供应的水在饮用前须经过过滤或化学处理。因为水箱偶尔会干涸，所以一定要注意储水。只允许在烤架用火，干旱时期全面禁止用火。你要自行携带所有食品和物资，并在离开时带走所有的垃圾。还需要注意的是，干旱时期你需要自行携带用水。

要牢记，在海拔7000英尺（2134米）的地方露营，必须装备精良——如果没有防水帐篷及冬用睡袋，那就不要在这里露营了。

Hosmer Grove Campground（营地位置免费）你会在霍斯摩尔树林（Hosmer Grove）传来的鸟鸣声中醒来，这里是哈莱亚卡拉国家公园峰顶区车辆可到达的唯一露营地。它在火山的斜坡上，周围都是参天大树，距离毛伊岛最好的一条观鸟路线非常近。这个营地海拔6800英尺（2073米），经常是多云的天气。如果开始下雨，可以躲进一个有棚盖的野餐亭。露营地可免费使用，先到先得，最多允许50人入住。不需要许可证，但是每月最多允许露营3天。该营地就在公园入口处后面，有烤架、厕所和自来水。

Backcountry Campgrounds（营地位置免费）这两处荒野露营地位于哈莱亚卡拉火山腹地地区，适合徒步旅行者，被统称为荒野营地（Wilderness Campgrounds）。最容易抵达的是在Holua的营地，沿着Halemau'u步道往下走3.7英里（6公里）即可抵达；另一个营地在帕里库，在Halemau'uu步道尽头的一片雨林山地下面。两处营地的天气都变幻莫测。都需要许可证，许可证免费，直到在露营前一天的8:00至15:00都可以在公园管理处游客中心申请办理，先到先得。办证时需要携带有照片的有效证件并观看一个时长10分钟的介绍视频。因为每个营地只允许25位露营者使用，所以一旦有大型团队到来，许可证很快就会被发放一空。

Haleakalā Wilderness Cabins（☎808-572-4400，预订 877-444-5777；www.recreation.gov；1~12人的小屋每间 $75）三间乡村小屋的历史可以追溯到20世纪30年代，分布在火山口底部的Holua、卡帕劳亚和帕里库的步道旁。每间小屋都有一个烧柴火的炉子、丙烷燃烧器、12个配有床垫的床（但没有床上用品）、旱厕和有限的用水以及柴火，不通电。从火山口边缘到小屋的徒步距离大概为4~9英里（6.4~14.5公里）。卡帕劳亚是最干燥的地方；喜欢郁郁葱葱雨林的人会欣赏帕里库的宁静；在Holua则可以观赏到无与伦比的日出。这些小屋可以提前6个月在网上预订，办理许可证时必须提供带照片的身份证件，所有入住小屋的人都被要求观看一个时长10分钟的荒野露营介绍视频。

门票和通票

哈莱亚卡拉国家公园（☎808-572-4400；www.nps.gov/hale；3日通票 每辆车/摩托车/步行或骑自行车的个人 $15/10/8；👪）从不关闭，位于公园入口的收费亭为了迎接观看日出的人群，会在黎明之前开始营业。门票涵盖公园两个区域。如果你计划进行多次旅行，或者准备前往夏威夷岛（大岛），可以考虑购买全年通票（$25），此票在夏威夷州所有国家公园通用。

到达和当地交通

从位于库拉（Kula）附近的377号公路开始，沿着哈莱亚卡拉火山路（Haleakalā Crater Rd；378号公路）蜿蜒上行11英里（17.7公里）来到公园入口，然后再行进10英里（16公里）就会到达哈莱亚卡拉峰顶。这是一条路况良好的柏油路，但它陡峭曲折。你绝对不想在这条路上快速行驶，特别是在昏暗或多雾的时候。同时需要当心游荡穿过马路的牛。从Pa'ia或Kahului行驶到山顶需约1.5小时，从Kihei出发需约2小时，从Lahaina出发则要更久一些。如果需要加油，必须提前一晚加满油，因为在哈莱亚卡拉火山路上没有加油站。

所属州

夏威夷州

门票

7日通票 $15/车

面积

328平方英里/849.5平方公里

适合

夏威夷火山国家公园的火山地貌

夏威夷火山国家公园

HAWAI'I VOLCANOES NATIONAL PARK

坐落在世界上最活跃火山一侧的斜坡上，这座神奇的公园戏剧般地提醒着人们：大自然永远在运动中，并且异常活跃。

这里出色的步道网络覆盖了火山熔岩流及熔岩洞、蒸气喷口和荒野海滩。你也可以沿蜿蜒下山的长途公路驾车前往公园内的主要景点。绝对不容错过俯瞰超凡脱俗的哈雷茂茂火山口（Halema 'uma 'u），这座烟雾腾腾的巨型火山口将大量火山灰喷向天空。

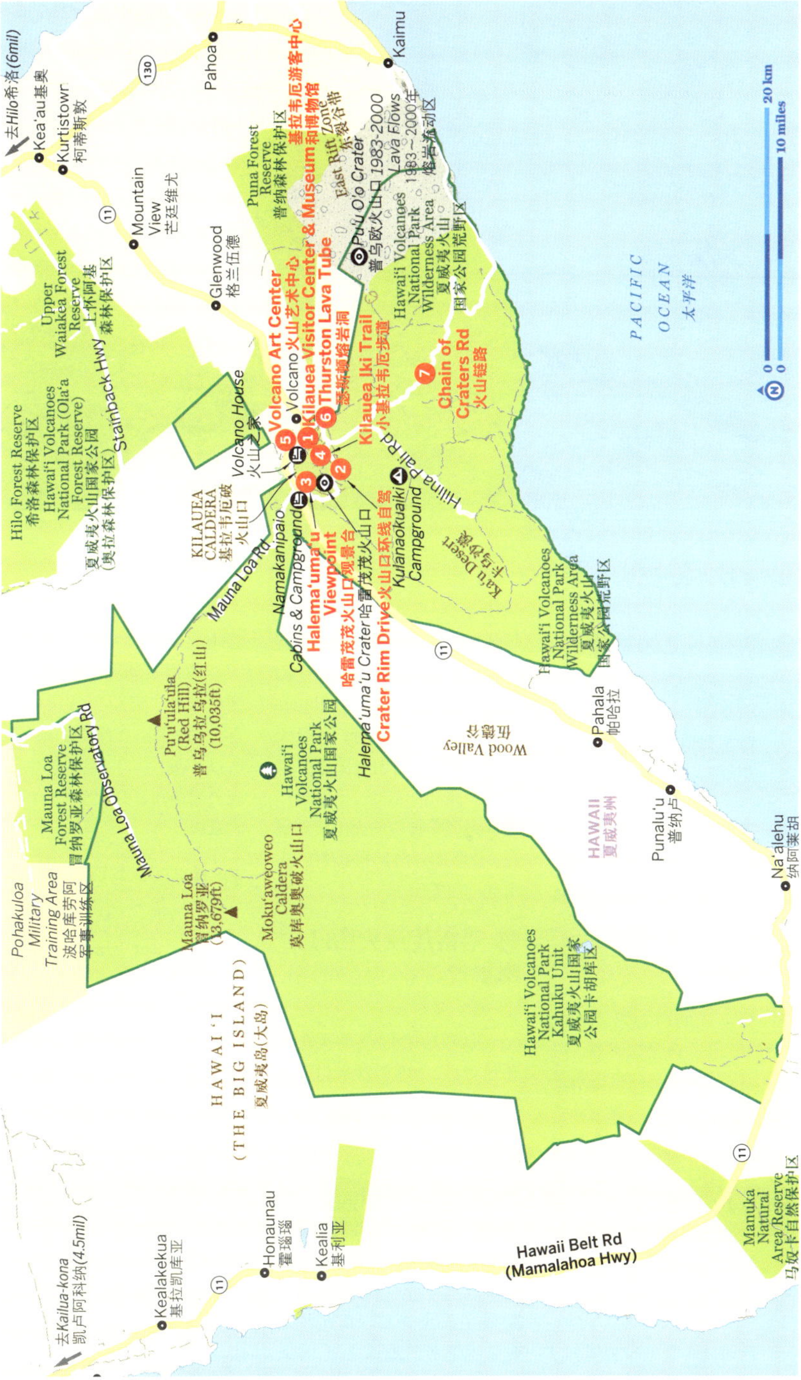

去Hilo希洛(6mil)
Kea'au基奥
Kurtistown柯蒂斯敦
Pahoa
Kaimu
Mountain View芒廷维尤
Glenwood格兰伍德
Puna Forest Reserve普纳森林保护区
Upper Waiakea Forest Reserve上怀阿基森林保护区
Hilo Forest Reserve希洛森林保护区
Hawai'i Volcanoes National Park (Ola'a Forest Reserve)夏威夷火山国家公园(奥拉森林保护区)
Stainback Hwy
Volcano House火山之家
Volcano
KILAUEA CALDERA基拉韦厄火山口
Mauna Loa Rd
Namakanipaio Cabins & Campground
1 Kilauea Visitor Center & Museum基拉韦厄游客中心和博物馆
2 Crater Rim Drive火山口环线自驾
3 Halema'uma'u Viewpoint哈雷茂茂火山口观景台
4 Kilauea Iki Trail小基拉韦厄步道
5 Volcano Art Center火山艺术中心
6 Thurston Lava Tube瑟斯顿熔岩洞
7 Chain of Craters Rd火山链路
Halema'uma'u Crater哈雷茂茂火山口
Kulanaokuaiki Campground
Hilina Pali Rd
Pu'u O'o Crater普乌欧火山口
East Rift Zone东裂谷带
Lava Flows 1983-2000 1983~2000年熔岩流动区
Hawai'i Volcanoes National Park Wilderness Area夏威夷火山国家公园荒野区
Ka'u Desert卡乌沙漠
PACIFIC OCEAN太平洋
Pu'u'ula'ula (Red Hill)普乌乌拉乌拉(红山) (10,035ft)
Mauna Loa Forest Reserve冒纳罗亚森林保护区
Mauna Loa Observatory Rd
Pohakuloa Military Training Area波哈库劳阿军事训练区
Mauna Loa冒纳罗亚 (13,679ft)
Moku'aweoweo Caldera莫库奥奥破火山口
Hawai'i Volcanoes National Park夏威夷火山国家公园
HAWAI'I (THE BIG ISLAND)夏威夷岛(大岛)
Wood Valley伍德谷
Pahala帕哈拉
Punalu'u普纳卢
HAWAII夏威夷州
Na'alehu纳阿莱胡
Hawai'i Volcanoes National Park Kahuku Unit夏威夷火山国家公园卡胡库区
Manuka Natural Area Reserve马努卡自然保护区
Hawaii Belt Rd (Mamalahoa Hwy)
Kealia基利亚
Honaunau霍瑙瑙
Kealakekua基拉凯库亚
去Kailua-kona凯卢阿科纳(4.5mil)
20 km
10 miles

基拉韦厄火山口的蒸气喷口

顶级体验

① 基拉韦厄游客中心（Kilauea Visitor Center）和博物馆

将这个**游客中心**（☎808-985-6000; www.nps.gov/havo; Crater Rim Dr; ⏲9:00~17:00, 9:00~16:00每小时放映电影; 🚻）作为你在公园的第一站吧。这里的护林员和志愿者将向你提供关于火山活动、空气质量、道路关闭和徒步路线情况等信息。

交互式的博物馆陈展场地不大，但适合家庭参观。这里介绍了公园复杂的生态系统以及夏威夷的传统，即使是科学知识丰富的成年人也会获益良多。离开时给你的孩子带上几本小小护林员项目的有趣书籍吧。

② 火山口环线自驾（Crater Rim Drive）

这条11英里（17.7公里）的环线柏油公路非常出色。自驾从基拉韦厄游客中心开始，沿着基拉韦厄破火山口（Kilauea Caldera）边缘环行，途经无数蒸气喷口、火山裂隙以及数条徒步路线的起点。沿路可以观赏到烟雾腾腾的火山壮丽景观。公路的部分路段经常因火山活动而关闭。

③ 哈雷茂茂火山口观景台（Halema ʻuma ʻu Viewpoint）

原来的哈雷茂茂火山口观景台自2008年以来由于不间断的火山活动一直关闭。排名第二（同样非凡）的观景点在贾加尔博物馆（Jaggar Museum; Crater Rim Dr）外的露台。没有什么比亲眼看见冒着烟的巨大火山口或翻腾的熔岩湖更令人震撼的了，特别是在天黑之后，其光芒就像是闪烁着的地狱之火，令人着迷。

基拉韦厄火山的活跃程度由女神"佩莉"（Pele）决定。这位火山女神反复无常，所以不要一心期望能够在参观公园期间看到激动人心的火湖景观。

④ 小基拉韦厄步道（Kilauea Iki Trail）

从Crater Rim Dr公路旁小基拉韦厄观景台（Kilauea Iki Overlook）的停车场开始，这条4英里（6.4公里）的环线带你顺时针穿行在令人瞠目结舌的公园小天地中。该路线在童话一般的桃金娘树林中骤然下降400英尺（122米），然后穿过1英里（1.6公里）宽的小基拉韦厄火山口（Kilauea Iki crater）。火山口表面分布着众多冒着烟雾的蒸气喷口，而布满褶皱、多为彩色的熔岩表层长满了ohelo灌木、桃金

瑟斯顿熔岩洞

娘花木和蕨类植物。

8:00前开始徒步可以避开白天拥挤的人群。这条令人打晃的阶梯小路穿过火山口底部，路旁有堆石界标（ahu）帮助指示方向。如果没有经验老道的向导带领，不要离开小路去探索蒸气喷口、熔岩洞或洞穴。

❺ 火山艺术中心（Volcano Art Center）

在游客中心附近，这座具有创新精神的本地画廊展出高质量的陶器、绘画、雕塑、珠宝、夏威夷拼布（Hawaiian quilts）等艺术品。这家非营利商店位于历史悠久的火山之家酒店（Volcano House hotel）内，店里精湛的手工艺品就值得前往。

❻ 瑟斯顿熔岩洞（Thurston Lava Tube）

在基拉韦厄火山的东侧，Crater Rim Dr公路穿过kipuka热带雨林，林中长满树蕨和桃金娘树。瑟斯顿熔岩洞人气一直很旺，入口位于一个常常满位的停车场。全长528码（483米）的环形步道从鸟鸣不绝于耳的桃金娘树林开始，一路通往这处巨大的地下熔岩洞，洞内有人工照明。

当熔岩流的外层开始变硬时，下方的液态岩浆仍然会持续流动。在岩浆流完后，坚硬外壳会保留下来，从而形成了熔岩洞。

近距离观看熔岩喷发

幸运的人有机会看到流动的熔岩从普乌欧文（Pu ʻu ʻO ʻo Vent）绵延64英里（103公里）流入海洋。你到达时熔岩将向何处流去、你是否可以接近熔岩观赏，这一切都无法预知。从火山链路（Chain of Craters Road）尽头沿一条全长13英里（21公里）环形步道行进，有时会颇为难走。记得提前向基拉韦厄火山游客中心咨询最新信息。

在公园外部、普纳（Puna）的130号公路末端有一处由乡村运营的熔岩免费观赏区，通常从那里徒步前往熔岩流动处会更轻松些。如果火山正在喷发，你会看到熔岩在地表流动，岩浆“喷涌”、树木燃烧。当岩浆流动变慢或改变方向时，白天你会看到蒸气柱，而入夜之后你会看到神秘的红光。记得带上手电和水，为日落之后在附近逗留做好准备。

火山链路

7 火山链路(Chain of Craters Road)

这座岛上布满风景优美的观景公路，火山链路是其中的佼佼者。这条柏油路蜿蜒近20英里(32公里)，沿着基拉韦厄火山南坡下行，海拔落差达3700英尺(1128米)，在海岸边火山东裂谷带(East Rift Zone)终止。你能够看到下方震撼的海岸景观，但在这条公路上大部分时候看到的都是凝固的熔岩。你可能会在熔岩裂缝中发现火山玻璃的细丝，这些细丝被称为“佩莉的头发”。在清晨或者傍晚的时候，阳光斜照在熔岩上，此时是最佳摄影时间。

PHILIP ROSENBERG / GETTY IMAGES ©

GREG VAUGHN / GETTY IMAGES ©

火山链路旁的岩画

食宿

公园里有两处车辆可到达的露营地，夏天以外的时间人相对会少一些。晚上凉爽怡人，不过你要携带防雨装备。营地位置先到先得（最长不得停留超过7晚）。公园还有几处不错的荒野露营地，需要许可证。

Kulanaokuaiki Campground（www.nps.gov/havo；Hilina Pali Rd；营地位置免费）在Hilina Pali Rd向下5英里（8公里）处，设施尚算齐备的露营地有8个露营点，设有旱厕和野餐桌，不提供用水。禁止燃篝火。

Namakanipaio Cabins & Campground（☎咨询 808-756-9625，预约 866-536-7972；www.hawaiivolcanohouse.com；营地位置/小屋 $15/80）是公园里最热闹的营地，紧邻Hwy 11公路，就在游客中心以西约3英里（4.8公里）处。帐篷露营地面积不大，设在无遮蔽的草地上，几乎没有隐私。营地设施包括卫生间、饮水、野餐桌和烧烤架。可提前预订简朴的A字形小木屋，小屋设有公共浴室和热水淋浴设备；在火山之家（Volcano House）办理入住手续。

火山之家（Volcano House；☎866-536-7972，808-756-9625；www.hawaiivolcanohouse.com；Crater Rim Dr；房间 $185~385；）的位置令人难忘，就坐落在基拉韦厄破火山口边缘。作为公园里唯一的酒店，火山之家一直享有独特地位。如今经过注重环保理念的装修，重新焕发活力：餐厅、酒吧、壁炉休息区、礼品店和33间客房都进行了升级改造，客房宽敞，但有点普通，墙壁很薄。需提前预订。

重新翻修的**Rim Restaurant**（www.hawaiivolcanohouse.com/dining；Crater Rim Dr, Volcano House；自助早餐 成人/儿童 $18/9，午餐 主菜 $11~19，晚餐 主菜 $19~39；7:00~10:00，11:00~14:00和17:00~21:00）采用当地食材烹制美味的夏威夷地方美食。**Uncle George's Lounge**（Crater Rim Dr, Volcano House；主菜 $11~19；11:00~21:00）这家袖珍小酒吧也装修一新，提供现场音乐演出和食物，透过宽敞的窗户可以观赏到令人震撼的火山景观（部分客房也能观景）。如果住宿太贵，那你不妨只点杯啤酒，慢慢啜饮吧。

到达和当地交通

沿Hwy 11公路走的话，公园距离希洛（Hilo）30英里（48公里，需时45分钟），距离凯卢阿科纳（Kailua-Kona）95英里（153公里，需时2.25小时）。前往火山村（Volcano village）的岔道在公园主要入口以东几公里处。暴雨期间Hwy 11公路常会遭遇洪水、路面冲毁和关闭等。干旱时Mauna Loa Rd路和Hilina Pali Rd路可能因山火危害关闭。

Hele-On公交（☎808-961-8744；www.heleonbus.org；成人 单程 $2）从希洛发车，每天5班（周日除外），大约1.25小时后可到达公园游客中心，其中一趟会继续前往卡乌（Ka'u）。

在公园内骑行，只能沿铺面道路Crater Rim Dr、火山链路、Hilina Pali Rd和Mauna Loa Rd上骑行。

实用信息

公园每天24小时开放，有时会受火山喷发及火山气体影响而临时关闭。请登录网站或提前拨打电话咨询当前熔岩流、步道、公路和露营地的状况。

公园主入口的海拔约为4000英尺（1219米），而公园内各处海拔不同、气候各异。天气常因冷雨、风、雾和烟雾而变幻无常，瞬间就可由炎热干燥变为倾盆大雨。基拉韦厄破火山口附近的气温平均要比凯卢阿科纳低15℉（8℃）左右，记得带上防雨外套和长裤，以防万一。

烟雾和硫酸气体

哈雷茂茂火山口和普乌欧文火山喷口每天可以喷出数千吨二氧化硫。熔岩与海水相遇会形成“蒸气柱”——硫黄、盐酸与空气中的二氧化硅（或玻璃微粒）混合在一起。这一切结合形成“火山雾”（vog），会随风飘动，有时会飘向公园上空。有呼吸系统疾病和心脏病的人、孕妇、婴幼儿及儿童在游览公园时要多加小心。

夏威夷
其他保护区

除了两个国家公园，夏威夷还有七座国家历史公园、遗址、步道和纪念地，其中大部分都旨在保护夏威夷文化。夏威夷主要岛屿上还有九个用以保护濒危水鸟和植物的国家野生动物保护区（www.fws.gov/pacific/refuges）。

普乌霍鲁拉神庙国家历史公园
（Pu'uhonua o Honaunau National Historical Park）

这座历史公园坐落在绵长的、到处是多刺灌木和熔岩平原的半荒漠地区尽头，正对着火奴鲁鲁湾（Honaunau Bay），提供了体验古代夏威夷风情的最佳场所，从这里前往几处绝佳的浮潜地很方便。

在古代夏威夷，卡普制度（kapu）规范了人们日常的行为举止。平民（maka'aina）不能直视酋长（ali'i）或踩到他们的脚印。女人不能给男人烹煮食物，也不能和男人一起吃饭。捕鱼、打猎和采集木材被限制在一定的时节。禁忌还有很多很多……

违反卡普制度的人会被追捕并被杀死。毕竟，根据夏威夷信仰体系，违反卡普制度会惹怒众神。而众神会带来火山爆发、海啸、饥荒和地震，这些灾难会毁灭整个部落。

但是也有例外。平民如果到达神圣的避难所（pu'uhonua），那么即使违反了卡普制度也可以避免死亡。这些避难所同时也为被打败的战士和战争期间的非战斗人员（年老、年幼或无法作战的男性）提供庇护。

前往避难所绝非易事。由于王室成员和他们的战士都住在避难所周围，违反卡普制度的人不得不游过汹涌辽阔的大海，冒着水流和鲨鱼的危险，到达安全之地。一旦进入避难所，祭司为安抚众神会举行赦免仪式。违反卡普制度的人即可回家并重获新生。

火奴鲁鲁的避难所延续了几个世纪，直到1819年，当卡美哈梅哈二世（King Kamehameha Ⅱ）和卡亚胡玛努女王（Queen Ka'ahumanu）在公开场合一起用餐后，夏威夷旧宗教方式被废除，至此古代的卡普制度消亡。

卡劳帕帕国家历史公园
（Kalaupapa National Historical Park）

壮丽的**卡劳帕帕半岛**（Kalaupapa Peninsula）是夏威夷州最偏远的岛屿上最偏远的一角。前往这个有着绵长白色沙滩的葱郁半岛的唯一方法是沿着一条蜿蜒步道爬下陡峭的巴利（pali）——全世界最高的海边悬崖，或乘坐飞机抵达。正因为这里如此偏远，曾在100多年的时间里，麻风病患者被强制送到这里隔离。从隔离开始至1969年隔离结束期间，8000名病人被迫来到卡劳帕帕。如今不到12名病人（现在被称为“居民”）仍居住于此。他们选择留在自己唯一了解的家园并且拒绝人们试图让其搬离的做法。该半岛被划为国家历史公园，由夏威夷卫生署（Hawaii Department of Health）和国家公园管理局（National Park Service）共同管理。

虽然夏威夷州正式将麻风病称为汉生病（Hansen' s disease），但是多位卡劳帕帕居民认为这是一个委婉的用词，未能反映他们遭受过的耻辱，并继续使用麻风病的旧名称——leprosy。然而，有辱人格的称谓

右图：绿海龟，卡洛克-霍诺科豪国家历史公园

1

leper（麻风病人）是极为冒犯的用词，应使用resident（居民）一词。

州法律要求进入此定居区的人都需持有许可证，这一法律可追溯至此地曾是隔离区的时期。如今继续执行该法律并不是出于健康方面的原因，而是为了保护当地居民的隐私。因为这个原因，所有游客都必须配有一位向导。许可证由旅行社颁发。因为当年被流放的病人不允许将生下来的孩子留在自己身边，当地居民因此规定：禁止16岁以下的小孩进入该定居区。这项规定如今也被严格执行着——也是许可证颁发的条件之一。只有卡劳帕帕居民的客人才能在此过夜。

导览团队游是莫洛凯岛（Moloka'i）最吸引人的活动，但重头戏并非团队游本身，最有趣的部分是去往该岛的路上，这段路程已经占据了一半的乐趣。骑骡或沿着陡峭的步道徒步而下，蜿蜒穿过郁郁葱葱的热带森林，俯瞰下面大海的风光，整个过程令人终生难忘。

卡洛克-霍诺科豪国家历史公园

（Kaloko-Honokohau National Historical Park）

虽然看似只有荒凉的火山岩，但这个国家公园却值得一游。这片滨海地带占地1160英亩（4.7平方公里），分布着鱼池、古神庙（heiau，石头庙宇）和房屋遗址、墓葬洞穴、岩画、滑橇道（holua）和重建的1英里（1.6公里）长的部分古国王步道（King's Trail）。尽量在清晨或傍晚（或阴天的时候）到此游览，因为这里中午时酷热难耐。步道会穿过粗糙巨大的块状熔岩，穿上质量好的鞋子。

太平洋地区“二战”国家纪念地

（WW II Valor in the Pacific National Monument）

这座国家公园管理局纪念地是美国最重要的“二战”遗址之一，介绍了珍珠港（Pearl Harbor）事件的历史，承载着人们对阵亡士

1. 提基（Tiki）雕刻　**2.** 卡劳帕帕国家历史公园的海滨

兵的纪念。纪念地所有区域轮椅都能通行无阻。由主入口也可以前往珍珠港其他公园和博物馆。

纪念地的广场绝不仅限于是美国海军亚利桑那号战列舰纪念馆（USS Arizona Memorial）的码头。建议你一定要参观这里的两座博物馆，馆里设有多媒体和互动式展览，通过历史照片、电影、图片和口述历史录音等方式对“战争历程”（Road to War）、“袭击及其后果”（Attack & Aftermath）加以重现。海岸步道路旁的标志说明了在今天这座宁静的港口，当年的袭击是如何展开的。

书店出售几乎所有关于珍珠港事件和“二战”太平洋战场的书籍和电影，以及图文并茂的战役地图。如果幸运的话，还可能遇到幸存的几位90多岁的珍珠港老兵志愿者在此签名、回答问题。

三个收费景点门票有各种套票。最划算的是7日通票，含所有门票。可登录网站 www.pearlharborhistoricsites.org购票，也可在纪念地售票处或各个景点购票。

所属地区

美属萨摩亚

门票

免费

面积

20平方英里/
51.8平方公里

适合

图图伊拉岛

MICHAEL RUNKEL / ROBERTHARDING / GETTY IMAGES ©

美属萨摩亚国家公园

NATIONAL PARK OF AMERICAN SAMOA

美属萨摩亚是美国在赤道以南唯一领土，因此这座国家公园与美国其他国家公园不同，横跨南太平洋上三个热带雨林岛屿。

创建于1988年，这一地区唯一的国家公园保留了大片原始风景地貌、珊瑚礁、热带雨林、海洋环境和萨摩亚文化（在当地语言中，萨摩亚意为“神圣的土地”）。公园的范围包括图图伊拉岛（Tutuila）、奥富岛（Ofu）和塔乌岛（Ta’u）。公园里有很多不错的徒步路线。其中最好的徒步线路，按难度排列（从难度低到难度高）如下：

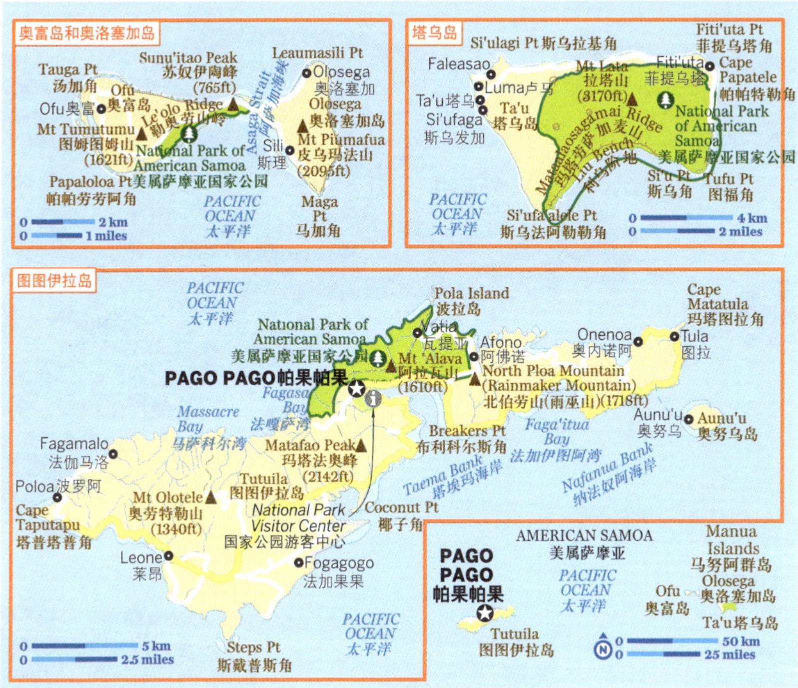

波拉岛步道

瓦提亚是座宁静的村庄，坐落在一片珊瑚礁林立的美丽海湾上。守望着海湾入口，面积很小的波拉岛上矗立着394英尺（120米）高陡峭的悬崖，悬崖上栖息着海鸟。如果想近距离欣赏高耸入云的岩石及鸟类，穿过村庄，将车停在学校，然后步行0.2英里（0.32公里）前往悬崖底部的偏远沙滩。

埃姆拉山谷

从奥阿（Aua）出发，一条陡峭的铺砌道路蜿蜒向上通往雨巫关口（Rainmaker Pass），接着下行到阿佛诺村和瓦提亚村。在这两座村庄之间是美丽而隐蔽的埃姆拉山谷（Amalau Valley），这里是许多森林鸟类及两种稀有果蝠的栖息之地。在埃姆拉湾（Amalau Bay）西面的瞭望台上观赏美妙的景致。

阿拉瓦山

国家公园管理局徒步道延伸至阿拉瓦山（1611英尺/491米）后下降到海岸，为人们提供了一种美妙的方式去体验公园的低地和山地雨林、数量众多的鸟类以及四处弥漫着的宁静氛围。在阿拉瓦山上，一段阶梯路通往电视信号发射塔，这里还有座已经被遗弃的缆车站，它曾经连接帕果帕果港湾及1.1英里（1.8公里）外的独奏山（Solo Hill）。3.4英里（5.5公里）长的山脊步道（单程1.5~2小时）从法嘎萨山口（Fagasa Pass）开始，在这条线路的末段，一条十分陡峭的步道（在某些地方设有梯子）往下延伸1.2英里（1.9公里）到达瓦提亚村。为下山多计划两个小时吧。

通过**国家公园游客信息中心**（National Park Visitor Information Center; ☎633 7082; www.nps.gov/npsa; Pago Pago; ⊙周一至周五 8:00~16:30）咨询信息，索取一份免费的地图和单日徒步游小册子，了解"二战"遗迹的信息，还可以询问一下有关在图图伊拉岛和塔乌岛上家庭寄宿的项目。游客中心还有关于珊瑚礁状况、水质及更多最新的信息。

所属地区

维尔京群岛（美）

门票

免费

面积

20平方英里/

51.8平方公里

适合

象鼻湾（Trunk Bay）

KELLYVANDELLEN / GETTY IMAGES ©

维尔京群岛国家公园

VIRGIN ISLANDS NATIONAL PARK

维尔京群岛国家公园的面积占圣约翰岛屿总面积的三分之二，另外还有5650英亩（22.9平方公里）水域面积。它拥有丰富的资源、绵延数英里的海岸线、原始珊瑚礁及数条徒步路线。

1493年，哥伦布发现了这些岛屿，并用传说中圣乌尔苏拉（St Ursula）带领的11,000名处女为此岛命名。其后，西班牙、法国、荷兰、英国、丹麦和美国先后控制了岛屿各个区域。这座公园不仅是野生动植物和户外活动的天堂，还拥有众多历史遗址与古迹，将这块奇特土地上复杂的历史保留下来。

公园的**游客中心**(visitor center; ⏲8:00~16:30)位于克鲁斯贝(Cruz Bay),在猫鼬交叉口(Mongoose Junction)商店街对面的码头上。游客中心是至关重要的第一站,可以获取关于徒步步道、浮潜地点、观鸟详情、岩画点和日常护林员导览活动等信息的免费指引。

象鼻湾(Trunk Bay)

象鼻湾拥有世界上最美丽的海滩之一。225码(206米)长的浮潜路线非常适合浮潜初学者,还设有内容详尽的标识牌,介绍了潜水时可能会看到的珊瑚礁和鱼类。象鼻湾有救生员巡逻,进入海滩逗留一天需要费用($4)。这里还设有浴室、小吃店、纪念品商店,可租用浮潜装备。

肉桂湾(Cinnamon Bay)

象鼻湾东面坐落着海水清澈的浅滩——肉桂湾。毗邻海滩的是肉桂湾**露营地**,营地提供简陋的帐篷露营点,配家具的帆布帐篷和装有纱门的小屋。露营地还有一家餐馆和商店。这里的运动中心可以预约航海、浮潜和深海潜水(scuba-diving)等课程,还可以出租浮潜和帆板运动设备。

徒步

公园内有20多条徒步线路,从蜿蜒经过历史遗址、轻松易行的木板路,到前往岩画点、难度更大的荒野徒步道,任君选择。你可以从游客中心的书店挑一本《维尔京群岛国家公园徒步指南》(*The Hiker's Guide to the Virgin Islands National Park*)。

安纳贝格古道(Annaberg Historic Trail)

1796年,维尔京群岛的制糖业盛行,爱尔兰商人及奴隶贩子詹姆斯·墨菲(James Murphy)建立了一个大型加工厂,名为安纳贝格糖厂(Annaberg Sugar Mill)。今天,旅行者可以沿着安纳贝格古道穿过圣约翰岛当年最繁荣糖厂的遗址。

ROMONA ROBBINS PHOTOGRAPHY / GETTY IMAGES ©

1. 鬣鳞蜥
盐河湾国家历史公园栖息着丰富多样的野生动植物。

2. 克里斯琴斯特德(Christiansted)
克里斯琴斯特德市中心五颜六色的特色殖民建筑。

圣克罗伊岛(St Croix)

巴克岛礁国家古迹(Buck Island Reef National Monument)，圣克罗伊岛

巴克岛（Buck Island）这么一块小陆地——长1英里（1.6公里）宽0.5英里（0.8公里），却吸引游人如织。这里陆地上的风景乏善可陈，真正令人着迷的是水下：岛屿周围分布着18,800英亩（76平方公里）珊瑚礁系，鱼群穿梭游弋其中，这片珊瑚礁被划为巴克岛礁国家古迹受到保护。在岛屿的东边，海底花园和设有标志的水下步道是极具吸引力的浮潜地点。大多数游客从岛屿西面5英里（8公里）处的克里斯琴斯特德出发，乘坐游览船来到这里。

克里斯琴斯特德国家历史遗址

（Christiansted National Historic Site）

这个历史遗址包括几栋建筑物。令人印象最为深刻的是位于小城东边的克里斯蒂安斯唯安堡（Fort Christiansvaern，建于1749年），这座四点式城堡占据着深黄色的建筑群。城堡用丹麦砖块修建（作为船只压舱物运过来），这座城堡曾保护城里公民免受海盗、飓风和奴隶起义的袭击。城墙上架着大炮，城堡内有一处回荡着声音的恐怖地牢，还有可观赏到一流海景的厕所。不远处，新古典风格的丹麦西印度与几内亚公司仓库（Danish West India and Guinea Company Warehouse）楼高三层，曾经是公司总部，当年奴隶拍卖就在这里的中央庭院进行。

盐河湾国家历史公园

（Salt River Bay National Historic Park）

沿着Rte 80前行，在克里斯琴斯特德以西约4英里（6.4公里）处就是盐河湾，这里是美国国土上唯一有文献明确记载的克里斯多弗·哥伦布曾登陆的地方。在这里，不要期待会有豪华时髦的设施，此地仍保留着未经开发的海滩风貌。盐河湾周边，一片占地700英亩（2.8平方公里）的土地是一个生态保护区，里面满是红树林、白鹭以及一些夜里闪光的发光生物。

了解
美国国家公园

历史

没有什么比国家公园更能代表美国。正如作家华莱士·斯泰格纳(Wallace Stegner)的名言所说，国家公园是“美国最好的构想，绝对美国，绝对民主”。历史上，几个先辈高瞻远瞩，力主制止猖獗的狩猎、伐木、采矿和旅游开发，才得以为后人们留下了最宝贵的财富——他们的行动构成了美国历史上最伟大的篇章之一。

“壮观的公园”

美国肖像画家乔治·卡特林(George Catlin，1796~1872年)被认为是率先提出“国家公园”概念的人。他构想了一个“壮观的公园”来保护这个国家幸存的原住民、水牛和荒野免受因西部扩张而毁灭的命运。然而从提出这一主张到付诸具体行动，花费了三十年以上的时间。

1851年，一群武装民兵不经意间闯入内华达山脉(Sierra Nevada)深处的一座巨大险峻的花岗岩河谷，他们决定称之为“Yosemity”(约塞米蒂)，这个词或许源自米沃克族(Miwok)的词语“Oo-hoo'-ma-te”或“uzumatel”(灰熊)的变音。这个地名就此流传下来，而这里的河谷和瀑布很快也声名远扬。不久后，商人就发现了这片土地上的商机，希望借助旅游从中牟利。

然而在一些直言不讳的作家、艺术家、自然学家的奔走下，约塞米蒂河谷(Yosemite Valley)最终避免了被私有化的命运，而伟大的景观设计师弗雷德里克·劳·奥姆斯特(Frederick Law Olmsted)可谓居功至伟。1864年，美国总统亚伯拉罕·林肯(Abraham Lincoln)签署了一项法案，将约塞米蒂河谷和附近长满巨杉的马里波萨林(Mariposa Grove)置于加利福尼亚州管辖之下。尽管当时它还没有成为一座国家公园，但这是有史以来全球范围内第一个由政府划定用于公共用途的自然保护区域。

大事年表

1864年

林肯总统将约塞米蒂河谷和马里波萨林立为受保护的州立公园。

1872年

尤利西斯·格兰特总统签署法案，黄石公园成为世界上第一个国家公园。

1890年

约塞米蒂国家公园正式设立，但是约塞米蒂河谷和马里波萨林仍处于加州的管辖之下。

国家公园的诞生

四年后，北太平洋铁路公司（Northern Pacific Railroad）资助的一群人深入怀俄明荒野，调查核实当地热池和间歇泉的相关报道。在此期间，他们的考察成果包括大喷泉间歇泉（Great Fountain Geyser）以及后来被命名为“老忠实间歇泉”（Old Faithful）的另一处喷泉。不久之后，看中此地旅游商机的北太平洋公司派出游说者，与自然保护主义者联合呼吁在此建立一座约塞米蒂模式的公共公园。1872年，美国总统尤利西斯·格兰特（Ulysses S Grant）签署了具有里程碑意义的《黄石国家公园法案》（*Yellowstone National Park Act*），创建了这个国家第一座国家公园。

与此同时在约塞米蒂，著名的自然学家约翰·缪尔（John Muir）向公众指出伐木、采矿和牧羊对公园造成的破坏——这些被他称为“行走的蝗虫”（hoofed locusts）。1890年，约塞米蒂成为美国第二座国家公园，但直到1905年缪尔才说服国会将公园的边界扩大到整个约塞米蒂河谷和马里波萨林。

在接下来的25年里，美国数任总统陆续签署了其他六座国家公园法案，包括雷尼尔山（Mt Rainier，1899年）、火山口湖（Crater Lake，1902年）、弗德台地（Mesa Verde，1906年）和冰川公园（Glacier，1910年）。

马瑟和国家公园管理局

然而，直到1916年成立国家公园管理局（National Park Service,简称NPS），这些新公园才得到真正有效的管理和保护。这个机构的设立要归功于实业家和自然保护人士斯蒂芬·马瑟（Stephen Mather），他说服了内政部建立一个专门机构来管理这些公园。当总统伍德罗·威尔逊

国家公园之父

约翰·缪尔（1838~1914年）出生于苏格兰，自称集“理想主义者、流浪者、地质学家、植物学家”于一身。他是一位能言善辩的作家和自然学家，也被视为早期国家公园的最坚定捍卫者。他的作品不仅对于约塞米蒂公园的创建至关重要，而且推动了红杉、雷尼尔山、化石森林、大峡谷等国家公园的创建。他最广为人知的举动是致力于拯救约塞米蒂赫奇赫奇峡谷的壮丽美景，但最终未能成功。虽然无法阻止在河上筑坝，但他在文章中提出的观点获得了广泛的认同，即国家公园应尽可能保持原有的自然状态。

1894年

在发现盗猎者在黄石公园猎杀北美野牛后，国会授权公园执行保护法案，并由美国陆军负责执法。

1906年

弗德台地成为第七座国家公园，也是首座旨在保护文化遗产的国家公园。

1916年

斯蒂芬·马瑟说服内政部设立国家公园管理局。

1923年

约塞米蒂的赫奇赫奇峡谷筑起水坝，为旧金山提供饮用水，拉开了自然保护派与开发派持续斗争的大幕。

(Woodrow Wilson)签署《国家公园管理法案》(*National Park Service Act*)后,马瑟成为首任局长。

马瑟认为推动公园保育的最佳方式就是善加利用并让人群融入其中。作为一位公关高手,马瑟鼓励公园管理者积极开展各种宣传,创建公园巡查体制,发起篝火对话并建立了第一批公园博物馆。借助媒体推手,他的努力卓见成效——1928年到访公园的游客数量增加了两倍,达到300万人次。

在马瑟的公园开发取得巨大成功之际,争议之声也随之而来。国家公园协会(National Parks Association)和塞拉俱乐部(Sierra Club)等保护组织认为马瑟的开发是以牺牲公园自身的环境为代价。马瑟的继任者和拥护者贺拉斯·奥尔布赖特(Horace Albright)通过在国家公园管理局内部增设一个国家野生动植物保护部门,才消除了部分质疑的声音。

罗斯福总统与平民保育团

在20世纪30年代"大萧条"期间,公园也经历了重大的改变。富兰克林·德拉诺·罗斯福(Franklin Delano Roosevelt)总统创建了平民保育团(Civilian Conservation Corps,简称CCC),让成千上万的年轻人加入其中,为国家公园修建道路、游客住宿设施、露营地以及步道等设施。在总统任期内,罗斯福还创建了约书亚树(Joshua Tree)、圆顶礁(Capitol Reef)、海峡群岛国家纪念地(Channel Islands National Monuments)、奥林匹克(Olympic)以及国王峡谷(Kings Canyon)等国家公园。

"二战"的爆发使这项国家最大的公共资助计划画上句号。平民保育团的工人们纷纷前往战场,国家公园预算拨款也大幅削减。与此同时,战后的繁荣使更多的美国人有足够的财力开展旅行活动——他们成群结队地前往这些公园。20世纪50年代,美国国家公园的游客人数已达到3200万人次。之后五年内,这一数字超过了6000万人次。

1908年,西奥多·罗斯福宣布将大峡谷设为国家纪念地。这一举措遭到了亚利桑那州政客、矿场持有者以及牧场主的强烈反对,这些人认为罗斯福行使权力超越了总统权限——类似指责一直持续到今天,在关于联邦土地处置问题上常常上演。

"66计划"

游客数量的增长使公园面临巨大的接待压力。1956年,国家公园管理局局长康拉德·沃斯(Conrad Wirth)提出了"66计划"(Mission 66)。这是一项旨在改善公园基础设施并大幅增加游客服务设施的十年规划。该计划建立了第一批公园游客中心,招募了更多工作人员并改善了基础设施条件。在"66计划"实施期间,国会在国家公园体系中增加了50多个新的保护区域。

1926年

黄石公园的最后一群野狼被猎杀,这是"联邦捕食者控制计划"的一部分,该计划涉及的对象还包括美洲狮、熊和丛林狼。

1933年

罗斯福总统设立了平民保育团;工人们改善了国家公园内的基础设施,并在美国各地种植了超过30亿株树木。

1941～1949年

安塞尔·亚当斯(Ansel Adams)为国家公园管理局拍摄了除大沼泽地之外当时全部国家公园的照片。

1956～1966年

"66计划"改进了公园设施并建立了第一批国家公园游客中心。

西奥多·罗斯福：注重保护的总统

1903年，西奥多·罗斯福总统在美国全境开展了为期两个月的巡回竞选之旅。在25个州发表263场演说的间隙，他仍忙里偷闲，用两周时间探索黄石公园，并且在约塞米蒂与约翰·缪尔一起露营了三个晚上。但这段旅程最伟大的成果——对国家公园保护力度产生了持久的影响——来自他在大峡谷公园度过的时光。在第一眼看到峡谷时，罗斯福留下了这样的名言："让它保持原样吧。人类不可能让它更好。时间雕琢留下了印记，人类只能带来污点。"

缪尔打造了关于国家公园的哲学基础，而罗斯福总统将愿景变为现实。作为狂热的猎人、观鸟者、有远见的思想家和户外运动爱好者，罗斯福就任总统前在美国西部度过的时光，深刻地塑造了他的生活态度和处世观念。到1909年卸任时，他在任期内共设立了5座国家公园、18个国家纪念地、51处联邦鸟类保护区以及1亿英亩（40万平方公里）的国家森林。

1964年，乔治·哈特佐格（George Hartzog）接替沃斯担任国家公园管理局局长，并继续增设国家公园。在任期内，他原本计划将70座新公园纳入国家公园管理局的管辖范围。然而在1972年，尼克松（Nixon）总统任命自己人取代了哈特佐格，国家公园系统的扩张计划被迫中止。

再创新功

直到1980年，国家公园体系才出现新变化。卡特总统签署了《阿拉斯加国家利益土地保护法》（*Alaska National Interest Lands Conservation Act*）。这一标志性的立法随即使8000万英亩（32万平方公里）的土地受到保护，并且将国家公园管理局管理的土地面积增加了一倍。在此期间，美国新增设了十座国家公园和纪念地。虽然在阿拉斯加备受争议，但此举被广泛认为是美国历史上最伟大的保护措施之一。

今天的公园

自1872年黄石公园成立以来，国家公园体系已纳入了400余处地点，总面积超过8400万英亩（34万平方公里）。如今，这些公园保护着北美洲众多最脆弱的生态系统、若干世界上最壮丽的地质景观，以及美国最重要的历史文化地标。多年来，来自美国和世界各地的游客们纷沓而至，总数量已经突破110亿人次。这些公园已成为美国最宝贵的财富。

虽然游客数量稳定增长，但公园仍面临诸多威胁和问题，包括生物多样性的损失、空气与水源质量的下降、气候破坏以及资金匮乏等。2011年，

国家公园在1951年拥有了自己的官方标识。形状如同箭头，上面绘有以雪峰为背景的野牛和红杉树。

1980年
《阿拉斯加国家利益土地保护法》使国家公园管理局下辖土地面积增加了一倍。

1995年
在灰狼从公园生态系统中消失近70年后，14只灰狼被重新放归黄石公园。

2011年
国家公园管理局为2016年的百年大庆发布了一项"行动号召"，主要目标是吸引更多游客、减少温室气体排放等。

2011年
由于国家公园管理局的赞助商可口可乐公司的反对，一项禁止在大峡谷公园内销售塑料瓶装饮料的禁令受阻。然而，在公众广泛呼吁下，国家公园管理局最终得以执行该禁令。

文物保护法案、国家纪念地和其他国家公园管理局管理下的场所

1906年，国会通过《文物保护法案》（*Antiquities Act*），授权总统可通过设立**“国家纪念地”**（National Monument）来保护公共土地。这部法律的初衷是为了保护西部地区的美洲印第安人考古遗址，但是西奥多·罗斯福总统很快意识到他可以运用这部法案来保护任何土地，无论出于何种原因——而且无须受到游说者和国会中政治对手的干扰。大峡谷公园就是罗斯福决策思维的最著名范例。

截至2015年，美国共拥有117处国家纪念地。每年都有更多的地方加入进来，其中一些地位发生变化。大部分纪念地都由国家公园管理局负责管理。该机构管理的其他场所还包括**国家历史遗迹**（National Historic Sites）和**国家历史公园**（如美国独立纪念馆）、**国家纪念地**（如林肯纪念堂）、**国家公园大道**（National Parkways）、**国家海岸**（National Seashores）、**国家休闲区**（National Recreation Areas）和**国家保护区**（National Preserves）。其中国家保护区与国家公园类似，但是允许开采化石燃料和进行运动狩猎（阿拉斯加的许多公园都拥有公园和保护区的双重地位）。目前，国家公园管理局总共管理超过400处自然历史名胜古迹，其中包括59座国家公园。

国家公园管理局发布了一项“行动号召”（Call to Action），这项计划旨在帮助管理局迎接第二个一百年的到来，其中确立的目标包括将温室气体排放降低20%、提高社区参与度，并继续提升公园在所有美国人中的认知度。

热门话题

想要加入已经在国家公园服务的22.1万人的志愿者大军？截至目前，志愿者贡献了9700万志愿服务工时来让这些地方变得更美好。了解志愿者服务信息，可浏览www.volunteer.gov。

虽然环保人士、决策者和国家公园管理局就如何对公园实施最佳保护而争论不休，但有一点为所有人公认（似乎，只有国会例外），那就是公园急需资金。在华盛顿，预算削减和蓄意阻挠变得司空见惯，国家公园管理局开始向私人捐助者和企业赞助商寻求帮助，以弥补联邦财政预算的短缺。在2015年《国防授权法案》（*National Defense Authorization Act*）中赞助者对“国家公园系统或国家公园系统设施拥有命名权”建议的提出，实际上会让国家公园管理局未来的资金来源大幅下滑。

国家公园管理层所面临的挑战并非唯一吸引全国民众关注的议题。道路拥挤、人潮汹涌和汽车尾气仍是人们持久关切的问题，越来越多的公园引入免费摆渡班车来应对交通问题和减少空气污染。此外，从正在广泛讨论的黄石公园摩托雪橇项目到冰川国家公园里不断消融的冰川，这些与公园有关的问题早已成为人们茶余饭后的常谈。

2013年

国会出现僵局导致联邦政府“关门”；所有国家公园被迫关闭16天。六个州使用本州经费重新开放公园。

2014年

当年公园游客数量创下历史新高，达2.928亿人次。

2015年

国家公园管理局估算得出，国家公园的延期维护费用（包括道路、步道、建筑、露营地等维护）达到115亿美元。

2016年

国家公园管理局迎来自己的百年诞辰。

保护

自1872年黄石公园创立以来，国家公园的保护就一直面临着挑战。在众多支持者的不懈努力下，如今国家公园保护着这座星球上最伟大的自然瑰宝。但是它们也面临着诸多全新的威胁，气候变化、物种入侵、过度开发和园区外围不负责任的土地使用都是目前国家公园需要面对的难题。

气候变化

国家公园管理局局长乔恩·贾维斯（Jon Jarvis）表示，气候变化是“对国家公园完整性史无前例的最大威胁”。虽然公园生物学家们才开始了解气候变化带来的具体影响，但几乎都赞同气候变化对国家公园造成了负面影响。

例如，科学家们担忧莫哈维沙漠（Mojave Desert）的气温上升，在未

上图：冰川湾国家公园的皮划艇手。

来60～90年后将难以在约书亚树国家公园内找到约书亚树的踪迹。如果冰川继续以当前的速度消融，那么到2020年时，冰川国家公园可能再也见不到冰川（1850年公园里有150处冰川，如今仅剩25处）。在红杉和国王峡谷两座国家公园里，人们担心气温和降雨变化将对公园内巨杉（giant sequoia）造成威胁。

物种入侵

物种入侵是国家公园面临的另一重大威胁。在南阿巴拉契亚山脉（Southern Appalachians），一种名为铁杉球蚜（hemlock woolly adelgid）的非本地昆虫使东部铁杉林饱受侵扰。大雾山国家公园在2003年首次发现这种昆虫，如今园内树木已经开始死亡。而在20世纪80年代就发现这种昆虫出没的仙纳度国家公园（Shenandoah National Park）里，超过95%的铁杉已然灭亡。

在冰川国家公园，植物学家们发现了超过125种非本地植物，它们使当地野生动物的食物来源大为减少。在红杉和国王峡谷两座国家公园，非本土的鳟鱼（trout）几乎造成了黄腿山蛙（mountain yellow-legged frog）的灭绝，并使后者被列入濒危物种候选名单。在夏威夷火山国家公园，包括野化动物、猫鼬和许多植物物种在内的外来入侵物种，对当地的动植物原生种造成了巨大的威胁。

超过200座国家公园和纪念地都至少有一种濒危物种。

当然，人类也无法在入侵物种名单中抹去自己的名字。每年都有近3亿游客在公园里累积停留超过10亿小时。汽车、尾气、道路乃至人类置身于脆弱的野外地区等都对公园生态系统带来了一定影响。

公园外缘

除了游客对公园造成的影响，人类在公园外围从事的对环境有较大影响的商业活动也给许多公园带来了巨大压力。环保人士花了20年时间来阻止凯泽公司（Kaiser Ventures）在约书亚树国家公园旁建设美国最大的垃圾处理厂。在阿拉斯加，矿业公司一直试图在距离克拉克湖国家公园咫尺之遥的地方建设北美最大的露天金矿和铜矿。此外，大雾山国家公园、大峡谷国家公园和大弯国家公园都受到附近火电厂的排放影响，气体排放物在公园上空飘荡，空气因此受到污染。大峡谷公园里的科罗拉多河沿岸敏感区域长期以来受上游水坝和蓄水的影响。在华盛顿的奥林匹克半岛，伐木公司的皆伐区直抵公园边界，让该地区的北方斑点鸮（northern spotted owl）流离失所。

可持续的游览方式

据国家公园保护协会（National Parks Conservation Association）负责公园研究工作的前副主席吉姆·纳辛斯（Jim Nations）介绍，“用于国家公园的资金不到联邦预算的一千四百分之一”。尽管如此，旅行者仍可通过可持续旅游和参与公园保护协会的活动，从而产生良性影响。如果有可能，尽量选择公园穿梭巴士而非自驾游。不要参加对环境影响较大的活动项目，如黄石公园内的雪地摩托以及飞越大峡谷公园的飞行观景。注意保护沙漠公园中的水资源，尽量沿步道行进以避免损毁地表。如果选择背包露营，请选择可生物降解的香皂（或者干脆不要带），并且遵循“无痕山

夏威夷火山国家公园的熔岩流

林”（Leave No Trace; www.lnt.org）组织倡导的原则。

每个国家公园几乎都设有相关的基金或其他的非营利组织以支持公园可持续发展。这些组织包括黄石公园基金会（Yellowstone Park Foundation; www.ypf.org）、约塞米蒂保护协会（Yosemite Conservancy; www.yosemiteconservancy.org）以及大雾山之友（Friends of the Smokies; www.friendsofthesokies.org），组织从步道维护到栖息地恢复等各项工作。会员们可以选择志愿者服务，或对有助于公园良好运营的项目进行捐款。

国家公园保护协会（www.npca.org）的工作范围覆盖所有公园。自1919年起，这个非营利组织一直致力于通过研究、宣传和教育等方式为美国国家公园提供保护和保育支持。

户外活动

人们前往国家公园是为了在大自然中游荡，可以说，户外就是公园的真正意义。这里从来不乏精彩纷呈的户外选择。从大沼泽地的亚热带地貌到阿拉斯加的苔原，环境丰富多样，户外活动拥有无限可能。

徒步

毋庸置疑，体验国家公园内涵的最佳方式莫过于徒步。在各个公园内，总长达数千英里的步道纵横交错，使人们能领略风景如画的山口、飞流直下的瀑布、深不可测的峡谷和静谧无人的角落。步道难度系数各不相同，既有约塞米蒂—马平川的铺面**环线步道**（Loop Trails），也不乏通往落基山脉**朗斯峰**（Longs Peak）令人胆战心惊的陡峭登山道。

上图：火炉，拱门国家公园

无论步道条件如何，你都会发现用双脚丈量公园会带来难以磨灭的游园体验。步行相对较慢的节奏使你能与野生动植物更亲密地接触，从不同的角度观赏风景，而且一天里光线的变换也会带来不一样的感觉。完成徒步旅程的满足感也能令人获益良多；从峡谷边缘俯瞰科罗拉多大峡谷的感觉很不错，但汗流浃背地从谷底徒步爬回峡谷边缘又会是另一番奇妙的体验。

野外露营

国家公园体系内有数以百计精彩的单日徒步路线，但如果想要深度领略公园的万般风情，最好的办法就是深入荒野，开展一段野外露营的徒步之旅。有数据显示99%的公园访客都不会进入偏僻地区，这似乎有些以偏概全，但毋庸置疑的是，离开公路越远，人越少，景色也越原始神奇。与此同时，荒野露营地比起公园木屋或是汽车营地（这些地方提前几个月就预订一空）也有更多的空缺机会，从而使住宿不再成为游客的头疼事。

即使此前没有任何野外露营经验，你也不用因此犯愁。大部分国家公园在步道起点附近数小时步行范围内都设有至少几处野外露营地，从而为背包露营新手提供绝佳的选择。但是，必要的装备仍不可或缺：根据自身条件选择的背包、帐篷、睡袋、地垫、燃炉、头灯以及食物等。

在出发前，需要事先了解公园管理规定和野外活动守则的相关内容。你需要申请许可证：如果你打算尝试某条声名远扬的路线，必须提前在网上办好申请手续。大部分公园游客中心都设有专门的野外事务服务台，你可以在这里申请不需要预订的许可证，获取步道信息，了解野生动植物（在熊出没的地方必须准备好防熊罐），确定气象条件。在启程前，可以浏览“无痕山林”（Leave No Trace; lnt.org）网站，熟悉如何减少野外露营对环境的影响的相关知识。

准备与安全

你可以根据自身情况选择路线长短，但是在做计划时必须牢记的是要准备周全。荒野旅行可能与你从前的任何经历完全不同，“国家公园”的名号也不会让旷野变得温驯。

天气情况，尤其是在西部旅行时，用变幻莫测和威力无穷来形容毫不为过。夏季骄阳似火时，电闪雷鸣也会突如其来，只需短短的十分钟降雨就可带来足以致命的洪水；在林木线以上的地区，一年四季可降雪；猛烈的风暴也可能随时撕毁或刮跑没扎结实的帐篷。

无论前往何处，饮用水都是打包行李的首要必需品——比你自己预估的饮用量多带一些绝对是明智的选择。如果你选择野外露营，确保有办法净化水，并且记得向管理员提前咨询关于沿途可饮用的水源信息。

如果你的徒步行程涉及任何海拔高度变化，在开展长途徒步前先花时间让自己适应一下，以避免高原反应。防晒霜、遮阳帽、布洛芬药品和保暖的防风防雨多层衣服都是高海拔地区必不可少的物品。在海拔11,000英尺（3353米）以上的地方，6月底之前都可能被白雪覆盖；提前咨询管理员，看看是否需要雪套和雪鞋。

除了自然因素外，迷失方向也是需要高度关注的问题。大部分一日徒步游路线都有明确的标志，而且路上会遇到无数的旅行者，但还是应该随身携地图以防万一。如果你计划徒步进入荒野，地形图（topo）和指南针是必不可少的装备。在大部分游客中心都备有详细的地图；国家地理

经典单日徒步路线

冰山湖（冰川）

霍河步道（奥林匹克）

天使降临（锡安）

哈丁冰原步道（基奈峡湾）

天池（落基山）

DAVID EPPERSON / GETTY IMAGES ©

峡谷地国家公园

(National Geographic)的《步道图解》(*Trails Illustrated*)系列图书都相当棒。

在低海拔地区和沙漠公园里，出发前一定要打听清楚蜱虫、毒葛、气根毒藤以及响尾蛇(rattlesnake)等情况。大部分一日游的徒步线路都是路况较好的步道，但多了解一些信息才能做到“有备而来”。

所有徒步者，无论是孤身一人或是集体行动，应当时刻遵循这条黄金准则：事先将自己的目的地和预计旅行时间告诉亲朋好友。

漂流、皮划艇与独木舟

1869年，独臂勇士约翰·韦斯利·鲍威尔(John Wesley Powell)领队进行了第一次有记录的科罗拉多河探险。这个10人的调查队搭乘4艘21英尺(6.4米)长的小船从怀俄明州出发，用三个月穿越大峡谷到达内华达，途中损失了1艘船和很多给养，3人遇难。

对于需要水路才能到达的地区，漂流、皮划艇、独木舟和较大的船只都是游览其美景的绝佳方式。在国家公园内顺河而下的各种机会比比皆是，但其中最动人心魄的当属**科罗拉多河**(Colorado River)。探游科罗拉多河最著名的方式(同时也可以说是最佳途径)就是用三个星期顺流穿越大峡谷的传奇之旅，另外一条同样令人热血沸腾的线路则是前往上游峡谷地(Canyonland)沙漠戈壁的多日穿越。**鸽子河**(Pigeon River)和大蒂顿国家公园的**斯内克河**(Snake River)，都有适合各种技术等级的漂流项目。

如果你喜欢在更宽广的水域一展身手，不妨划皮划艇或独木舟来探游**探险家国家公园**(Voyageurs)，这座公园位于明尼苏达州和加拿大边境地区，由30多个湖和900多座小岛组成。另外一个适合乘皮划艇游览的北方公园是**罗亚尔岛**(Isle Royale)，它是苏必利尔湖中最大的岛屿。这两座公园中的许多露营地都只能乘船到达。

在冰川国家公园，一些湖的湖畔都有船只下水滑道和租船服务，从而使得湖上泛舟变得惬意而轻松便捷。在大蒂顿，**斯特林湖**（String lake）和**利湖**（Leigh Lake）非常适合亲子和新手划船出游，你可以在寇特湾（Colter Bay）租一艘小船。在约塞米蒂，**特纳亚湖**（Tenaya Lake）让划船者感受壮观美景。黄石公园的**肖肖尼湖**（Shoshone Lake）是美国本土48州最大的荒野湖泊，旅行者可划船前往公园一些最为偏远的区域。

乘船游与浮潜

大西洋和太平洋沿岸都有一些海洋类国家公园——其中一些只有坐船才能进入，有些非常适合水下探险。乘船探索浩瀚的**大沼泽地国家公园**是干旱季节的最佳选择；坐拥佛罗里达最长未开发大西洋海岸线的**比斯坎国家公园**（Biscayne），陆地面积仅占区区5%——玻璃底船和浮潜游是欣赏近海珊瑚礁的最佳方式。南加州的**海峡群岛**（Channel Islands）是浮潜、潜水和乘船游的另一处胜地。

如果你计划前往美国大陆以外的地区，那么**干海龟国家公园**（Dry Tortugas）**国家公园**、**维尔京群岛**（Virgin Islands）**国家公园**和**美属萨摩亚**（American Samoa）**国家公园**都是在蔚蓝大海中浮潜和潜水的最佳目的地。

当然，在风景截然不同的阿拉斯加：**冰川湾**（Glacier Bay）正在消融的冰川和座头鲸必须乘坐游船才能看到（当然你也可以选择皮划艇），火山遍布的**卡特迈**（Katmai）可以提供不计其数的游河、湖上泛舟和乘独木舟出海线路。在阿拉斯加最"袖珍"的**基奈峡湾**（Kenai Fjord）**国家公园**，参加每日乘船游可以探索峡湾和岛屿的旖旎风光。

攀岩与登山

攀岩是一种最与众不同的户外运动。从远处看，它似乎纯粹关乎力量，但是平衡、创意、技巧和禅宗倡导的冷静都是这项运动不可或缺的要素。梦想依靠自己的手指攀上2000英尺（610米）约塞米蒂鬼斧神工般的大岩壁？不要丧失冷静、过高估计自己呀。值得庆幸的是，国家公园为攀岩爱好者提供了老少咸宜的各种线路，而且不需要绝地武士（Jedi）那样的冷静思维。不妨参加单日向导攀登——**约塞米蒂登山学校**（Yosemite Mountaineering School）是入门者的最佳选择。其他举世闻名的攀岩目的地还有约书亚树、锡安、阿卡迪亚和甘尼逊黑峡谷等国家公园。

与攀岩颇为类似的还有登山：登顶需要各种技巧，还需要借助绳索和攀登装备，遇到冰川时还需要冰镐和冰爪。著名的登山路线在西部地区比比皆是；其中名头最响的山峰包括**朗斯峰**（落基山脉）、**大蒂顿山**、**雷尼尔山**（Mt Ranier），当然还有无论如何都不会被忽略的**丹奈利峰**（Denali）。其他适合开展登山运动的地方还有**北喀斯喀特**（North Cascades）**国家公园**和**冰川国家公园**那些令人敬畏的山峰。由于这些线路天气寒冷且海拔较高，登山的风险也相对较大。与攀岩一样，如果你并非经验老到的攀登者，就需要雇一位向导。

2015年1月，登山家汤米·考德威尔（Tommy Caldwell）和凯文·乔治逊（Kevin Jorgeson）首次采用自由攀登方式，最终登顶约塞米蒂公园酋长岩（El Capitan）高达3000英尺（914.4米）的黎明墙（Dawn Wall），而这长久以来被登山者视为无法攀爬的线路。两人在悬崖峭壁上度过了19天，睡在吊帐里，并且用手机记录下攀登历程。

骑行与山地骑行

一般情况下，在公园内部的骑行并不比公园外有趣多少。但凡事皆有例外：在风景瑰丽的约塞米蒂，**环形步道**（Loop Trails）沿途有12英里

（19.3公里）的铺设路面，绝对是休闲观景骑行的不二之选。在锡安，你可以租一辆自行车，沿着长达6.2英里（10公里）的**锡安峡谷景观公路**（Zion Canyon Scenic Drive，一年中大部分时间都禁止机动车通行）骑行，随后可以继续沿铺面的Pa' rus步道骑行。在布莱斯，34英里（54.7公里）长的**布莱斯峡谷景观公路**（Bryce Canyon Scenic Drive）是一条极受欢迎的长途骑行路线。许多公园主入口附近都设有自行车租赁商店。

不利的一面是，在国家公园里骑行需要面对的挑战包括拥挤的交通和陡峭的斜坡，无数曾经被房车后视镜蹭到的骑行者都可以证明。

许多国家公园都禁止在步道上开展山地骑行，但一些公园里有可以替代步道的土路。**峡谷地国家公园**的土路数量尤其多，**大雾山**（Great Smoky）**国家公园**也有一些砾石道路。在犹他州，不需要走太远就可以找到世界一流的山地骑行路线，其中大部分都在**拱门**（Arches）和**锡安**等公园外围的荒漠砂岩一带。

冬季运动

越野滑雪与雪鞋行走

2014年，西班牙人基里安·霍尔内特（Kilian Jornet）沿West Buttress路线登顶丹奈利山，仅用了令人难以置信的9小时45分，其间穿越16英里（26公里）的冰川地形，攀登海拔高度达到13,000英尺（3962米）。随后他滑雪返回大本营——下山只用了两个小时。

凛冬到来，许多公园的步道和公路都被大雪覆盖，人群也消失无踪。这是到访公园的好时候，那些敢于滑雪或雪鞋行走挑战自然环境的人，将会获得无与伦比的回报。开展这两项运动的理想地点包括冰川、黄石、大蒂顿、落基山、约塞米蒂、探险家、奥林匹克、雷尼尔山和丹奈利等多座国家公园，然而这些还只是一长串名单中的很小一部分。更出人意料的是，在大峡谷公园，居然还可以越野滑雪。

在上述大部分公园中，管理员会带领大家雪鞋行走，这是入门者接触这项运动以及了解冬季环境的绝佳途径。游客中心是获取相关信息的好地方。

速降滑雪和单板滑雪

大多数最佳速降滑雪场都位于公园之外，但也有三座公园设有速降滑雪度假区。其中，约塞米蒂国家公园的**巴格山口**（Badger Pass）是一处经济实惠、适合亲子出行的滑雪胜地。紧靠奥林匹克国家公园边线内侧的

更多精彩……

如果觉得意犹未尽，这里还有更多户外运动等待你的到来：

观星 圆顶礁和布莱斯最适合仰望璀璨星空。在公园报纸上获取夜间天文徒步游相关信息。

泡温泉 在黄石、奥林匹克或热泉等公园的温泉里放松身心。

峡谷穿越 沿着攀登绳下降崖底，体验犹他州峡谷深处的万千风情；须在向导带领下进行，不需要任何相关经验。

滑降（Glissading）带上冰镐，滑下雷尼尔山的雪原。

探索潮池 奥林匹克、阿卡迪亚和海峡群岛都是探索潮池的天堂。

滑沙 租一块滑板，或者只是用你的臀部从科罗拉多的大沙丘上滑下。

探洞 在猛犸洞、风洞或卡尔斯巴德洞窟感受地下世界。

GEORGE BURBA / GETTY IMAGES ©

独木舟，探险家国家公园

午夜洞（Midnight Hole），大雾山国家公园

飓风岭（Hurricane Ridge）只有三部缆车，也是美国本土48州最靠西的滑雪场。在俄亥俄州的凯霍加河谷（Cuyahoga Valley），**波士顿磨坊/白兰地酒滑雪场**（Boston Mills/Brandywine Ski Resort）设有十多条短途滑雪线路。本书所列公园附近最著名的雪场是怀俄明州的**杰克逊霍尔**（Jackson Hole），那里雪道长、积雪厚，落差达到令人心悸的4139英尺（1262米）。

游泳

除了高海拔公园（如冰川和落基山国家公园）和北方的公园（如丹奈利国家公园），其他公园的夏天意味着炎热，这也让人向往游泳时的清凉。高山湖泊风景优美，但湖水寒冷刺骨，许多大型湖泊大多都有沙滩和指定的游泳区。

游泳爱好者最喜欢的事情莫过于在天然泳区中痛快畅游后，在岸边的岩石上晒干身体。但是不要掉以轻心——每年都有游泳者在国家公园的河里溺亡。下水前先向游客中心咨询危险地点和安全游泳区域。除非对水流了若指掌，否则只在有人游泳的地方下水。

最适合游泳的地方包括锡安的**弗吉尼亚河**（Virgin River）、约塞米蒂河谷的**默塞德河**（Merced River）、黄石的**莎草湾**（Sedge Bay）、大蒂顿的**利湖**、大雾山的**午夜洞**（Midnight Hole）和奥林匹克的**索尔达克温泉**（Sol Duc Hot Springs）。

钓鱼

对许多人而言，不带钓鱼竿去国家公园简直荒谬可笑。黄石公园有美国最好的飞蝇钓鱼场所。奥林匹克公园的**霍河**（Hoh River）和**索尔达克河**（Sol Duc Rivers）鲑鱼和冬季硬头鳟的鱼汛远近闻名。约塞米蒂丘陵地区的水域，尤其是**图奥勒河**（Tuolumne River），可以钓到个头不大、活蹦乱跳的鳟鱼。**冰川**、**大蒂顿**以及阿拉斯加的大部分公园都有着绝佳的垂钓机会。**大雾山**也有非常适合垂钓鳟鱼和鲈鱼的地方。

无论在哪儿钓鱼，都必须预先了解当地法规。首先需要取得钓鱼证，否则将会被处以罚款（15岁以下的儿童通常不需要许可证）。包括多条小溪和河流在内的一些水域，只能随钓随放，有时会禁止饵钓。许多原生鱼种都受到保护，如公牛鳟鱼（bull trout）、肯氏红大马哈鱼（kokanee salmon）和野生硬头鳟（wild steelhead）等，垂钓者带走这些鱼将会受到重罚。网络是了解相关法律规定的最佳途径。获取法规详细信息，可浏览国家公园管理局网站（www.nps.gov）以及各州渔猎网站，后者可以通过州名加"fish and game"进行搜索。

经典荒野穿越路线

- 南科维步道（Nankoweap，大峡谷）
- 高山营地环线（约塞米蒂）
- 红杉木溪步道（红杉木）
- 蒂顿山脊步道（大蒂顿）
- 贝取乐河（黄石）

骑马与骑骡

这一久经历史考验的交通方式，至今仍不失为体验精彩户外的绝佳方式。许多公园都可骑马游览，公园内外的租马商店都设有从两小时骑马到全天和多日露营骑马游的各类路线。骑马费用大约为每小时$40或每半天$80。

在**大雾山**，超过550英里（885公里）的步道面向马匹开放，随处都可找到租马机构。人气较旺的马背游路线需要提前很久预约，如深入**大峡谷**谷底以及前往约塞米蒂的**高山营地**（High Sierra Camps）等路线。

野生动植物

早期国家公园的建立与美国当时出现的大规模生态灭绝风潮密不可分：19世纪90年代时，候鸽（passenger pigeon）、北美野牛（bison）、北美赤鹿（elk）、野狼、美洲狮和灰熊——连同它们的栖息地和无数不为人知的物种，都处在濒临永远消失的边缘。如今，部分动物已经"卷土重来"，这其中国家公园提供的保护可谓功不可没。

北美野牛、驼鹿和其他食草动物

这座大陆上最大的陆生哺乳动物是**北美野牛**（American bison，又称buffalo）。曾几何时，有6000万头北美野牛驰骋于这片土地，但随着欧美定居者的到来，美国历史上最悲惨的一页就此翻开，这种动物的数量一度锐减至300头。从19世纪60年代开始，美国政府和陆军鼓励人们大肆屠杀动物，以剥夺大平原印第安人最主要的生存手段。但是对许多前往西部旅行的美国人来说，猎杀北美野牛仅仅是一种单纯的休闲娱乐——铁路公司组织的“火车狩猎”游就是最显而易见的证据，游客所到之处，数千头水牛遭难，尸横遍野。到19世纪90年代，黄石的野牛群成为这个国家仅存的北美野牛群，而偷猎者还在让其数量一头一头地减少。

然而，当事态几乎恶化成一场灾难时，危机成为转机。在《森林和溪流》（*Forest & Stream*）编辑和奥杜邦协会（Audubon Society）创始人乔治·伯德·格林内尔（George Bird Grinnell）以及一位名为西奥多·罗斯福的年轻政客的坚决干预下，国会在1894年通过立法授权国家公园保护其界内的所有野生动植物。在此之前，偷猎者受到的惩罚只是简单地被驱逐出公园；现在则可以将其逮捕。黄石公园的北美野牛也从濒临灭绝的边缘逐渐恢复生机，如今公园内的北美野牛数量估计已超过4900头。

网站explore.org有很棒的世界各地网络监视器下的动物直播，包括在阿拉斯加卡特迈国家公园设置的四个灰熊摄像头。

其他大型食草动物在许多公园都很常见。**驼鹿**（Moose），世界上最大的鹿科动物，其肩高可至5~7英尺（1.5~2.1米），重达1000磅（454公斤）。在黄石、冰川、落基山、大蒂顿、探险家和丹纳利等公园都可看到这种动物。这些公园也是**北美赤鹿**的家园，这种动物的鹿角长可达5英尺（1.5米），体重可至700磅（318公斤）。这些仪态优雅的食草动物经常到森林边缘觅食，因此颇为常见。2001年，它们被重新引入大雾山国家公园。

大角羊（Bighorn sheep）是落基山脉的标志，在19世纪初濒临灭绝后，如今它们的数量正在缓慢但稳定地增长。如今，在落基山、约书亚树、锡安和布莱斯峡谷都能看到它们的踪影。在秋末冬初的繁育季节，公羊们会以20英里（32公里）的时速彼此冲撞以赢得母羊的青睐，有时在几公里外都可以听到它们顶角时铿锵有力的碰撞声。

毛茸茸而脚步稳健的**山羊**（mountain goat），实际上是一种羚羊，它们全年都生活在高海拔地区，栖息地分布在落基山、喀斯喀特和阿拉斯加部分地区。在西部平原上，**叉角羚**（pronghorn antelope）是北美速度最快的陆生动物，其奔跑的时速可达55英里（86公里）。

熊

如果你在国家公园之旅中有幸遇到熊，那它很可能是一只**黑熊**（black bear）。这些大部分情况下吃素的觅食者比灰熊更常见，灰熊是比它们体形更大、更神出鬼没的表亲。黑熊适应能力非常强，在约塞米蒂公园等地，它们已经习惯了和人类共处，经常到营地漫游，夜晚还会闯入汽车寻找食物。

阿拉斯加的成年灰熊每天可以抓到和吃掉30多条鱼。这些熊需要在半年的进食期里为身体储备一年所需的食物。

黑熊的毛色有时是棕色或浅褐色，它们生活在美国各地的高山和亚高山森林内，惊人地常见。其中在落基山和塞拉斯（Sierras）数量最多，但是在大雾山、仙纳度、探险家乃至佛罗里达的一些地方都可以发现它们的身影。黑熊通常性情温和，除非附近有幼熊。它们通常会追随食物或食物的味道行动。确保妥善保存食物和垃圾，如果打算野外露营，提前备好防熊罐。

灰熊（grizzly bear）曾经出没于美国西部各地，但是如今它们在美国本土48州的数量估计只有1500~1800头。在美国大陆，这种动物仅在蒙大拿州、爱达荷州、怀俄明州和华盛顿州的山区地带被看到过。在阿拉斯加，它们就常见多了，卡特迈（Katmai）的布鲁克斯瀑布（Brooks Falls）是标志性的灰熊捕鱼地点。在本土48州的国家公园中，黄石公园以近750头的灰熊总数高居榜首；在拉马尔山谷（Lamar Valley）的晨曦中，你有时能够看到它们的身影（记得带上望远镜）。灰熊体重可达800磅（363公斤），它们与黑熊的不同之处在于凹鼻子、圆耳朵和高肩峰，二者很容易分辨。

灰熊很少袭击人类，但这种情况的确会发生。大部分情况是因为受到人类惊吓或母熊保护幼熊引起的。国家公园管理局（www.nps.gov）有如何应对熊出没的详细信息。

野狼和丛林狼

灰狼（gray wolf）曾经是落基山脉的主要掠食者，但是人类无情的猎杀使其活动区域缩减至从加拿大到北落基山的狭长地带。黄石公园的最后一批野狼在1926年遭到灭绝，但是自1995年起人们成功地重新引入了这种动物。2013年的官方调查显示公园里至少有95只狼，但据估计整个大黄石（Greater Yellowstone）生态系统中狼的数量已近400只。拉马尔山谷是最有可能见到这种动物的地方，你可以在黄石协会（Yellowstone Institute; www.yellowstoneassociation.org）预约一次寻狼之旅。

丛林狼（Coyotes）和**狐狸**在许多公园都较为常见。关于丛林狼，你可能更多是但闻其声而不见其踪。夜里听着狼嚎昏昏入睡，绝对是一种诡异而精彩的体验。

猫科动物

美洲狮（mountain lion，又称山狮或美洲豹）是北美体形最大的猫科动物，也是难以捉摸的强大捕食者。这种动物适应能力极强，在许多公园都能发现其活动踪迹，包括黄石、大蒂顿、冰川、约塞米蒂、约书亚树和大峡谷等地。它们多会躲避人类，因此很难看到它们。然而，如果在野外露营，你也许会听到它们的吼叫——在黑夜里惊心动魄的叫声会让你彻夜难眠。成年雄狮从鼻尖到尾梢最长可超过7英尺（2.1米），重达220磅（100公斤），不过它们通常没有这么大的体形。虽然它们很少袭扰人类，但每隔几年就会有零星的袭击事件报告，通常都是针对儿童或慢跑者。

狼的归来

狼是美国荒野的有力象征。这种聪明的群居食肉动物是最大的犬科物种——平均体重超过100磅（45公斤），肩高接近3英尺（0.9米）。据估计，从东海岸到西海岸，从阿拉斯加到墨西哥，美洲大陆上曾经生存着400,000只狼。

狼没有受到欧洲定居者的善待。英属殖民地时期第一部关于野生动物的法律就是悬赏杀狼。在19世纪美国人开拓西部时，他们大肆屠杀了不计其数的北美野牛、北美赤鹿、鹿和驼鹿，用家养的牛羊取而代之——对狼来说，这些美味猎物并无不同。

为了阻止狼群吃光家畜，政府很快制定了灭狼政策。在1965年以前，每猎杀一头狼可以得到$20至$50不等的赏金，它们被人射杀、毒死、下套捕杀或从狼窝里被拖出来。最后，本土48州中只有明尼苏达州北部和密歇根州残存有数百只灰狼。

1944年，博物学家奥尔多·利奥波德（Aldo Leopold）呼吁让狼群归来。他的论据是生态学而非怀旧情结——其研究表明荒野生态系统需要处于食物链顶端的掠食者以保持丰富的生物多样性。在复杂的相互依存关系中，狼的消失对所有动植物都并非好事。

受到保护和支持的狼群迅速恢复，目前美国本土狼的数量已经超过6000只，阿拉斯加的数量也超过了8000只。然而，过去数年中在农场主的强大施压下，几乎所有州政府都将灰狼移出受保护动物名单。根据狼群保育中心（Wolf Conservaton Center）调查显示，近年来约有1700只狼被杀。

STEVE MCKINZIE / GETTY IMAGES ©

灰狼

最佳野生动植物观赏地

- 狼群、黑熊和灰熊–黄石
- 北美赤鹿和大角羊–落基山
- 北美野牛和驼鹿–大蒂顿
- 海牛–比斯坎
- 白头鹰和鱼鹰–北喀斯喀特
- 座头鲸–冰川湾

大多数公园都有**山猫**（bobcats）和**猞猁**（lynx）在其中生活，不过同样很难发现它们的踪迹。

小型哺乳动物

小型哺乳动物通常都很难进入游客们的“法眼”，但是人们在看到海狸（beaver）、鼠兔（pika）、旱獭（marmot）、河獭时依然会乐在其中。**海狸**（和它们修筑的水坝）存在于落基山、黄石、大蒂顿、探险家和冰川国家公园内，观察它们是一件非常有趣的事情。**旱獭**看上去就像是更漂亮的地松鼠，经常在高原地区能看到它们在岩石上蹦来跳去。落基山脉和塞拉斯的亚高山地区较为常见。在旅途中可能邂逅的其他生物还有蝙蝠、松鼠、田鼠（vole）、小鼠（mice）、花栗鼠（chipmunk）、浣熊（raccoon）、獾（badger）、臭鼬（skunk）、鼩（shrew）和貂（marten）等。

鸟类

大沼泽地是最著名的观鸟国家公园。这里已发现超过350种鸟类，包括16种不同的水鸟和数十种燕鸥（tern）、海鸥（gull）和其他岸禽类鸟。阿卡迪亚国家公园紧随其后，有记录的鸟类多达338种。毫无疑问，这两座公园是观鸟的最佳选择。但是不要就此忽略内陆公园。在黄石，人们已发现了316种鸟类。国家公园管理局（www.nps.gov）下辖公园大部分都在网站上列出了完整的鸟类名单——记得带上望远镜以获得最佳观鸟体验。

包括鹰、隼（falcon）、雕、猫头鹰和鹞（harrier）在内的猛禽，在国家公园也颇为常见，尤其是在西部地区。在河流湖泊附近筑巢捕食的**鱼鹰**

克雷格·柴尔兹(Craig Childs)的《动物对话》(*The Animal Dialogues*)是每位野生动植物爱好者的必读书目。拥有无尽好奇心的作者在书中讲述了与各种动物邂逅的刺激经历，从不起眼的蚊子到令人敬畏的美洲狮等，并将这些故事与精彩的研究相结合，妙趣横生。

黑尾草原犬鼠，风洞国家公园

(Osprey)是最常见的猛禽。仔细搜寻**白头鹰**(bald eagles)，这种猛禽在探险家、落基山、雷尼尔山、奥林匹克和北喀斯喀特都能见到。**加州秃鹰**(California condors)极为珍稀，有时在尖石林、大峡谷和锡安等国家公园能看到它们。目前已知的野生加州秃鹰共有225只，分布在加州、犹他州和亚利桑那州等地。

两栖和爬行动物

青蛙、蟾蜍(toad)和蝾螈(salamander)生活在一些国家公园的小溪、河流和湖泊周边。大雾山脉通常被视为世界蝾螈之都，共栖息着24种**蝾螈**。外形奇特怪异的太平洋大鲵(Pacific giant salamander)，身长可达12英寸(30厘米)，在奥林匹克公园和雷尼尔山可以发现其踪迹。相貌惊人的虎螈(tiger salamander)已经适应了在贫瘠的大沙丘(Great Sand Dunes)国家公园生活。

在爬行动物方面，大沼泽地国家公园无疑是最丰富的。这里不仅是**鳄鱼**、**短吻鳄**(alligator)和**凯门鳄**(caiman)的栖息地，而且还生存着20多种蛇类，包括东部珊瑚蛇(eastern coral snake)、菱背响尾蛇(diamondback rattler)和蟒蛇等。大沼泽地同时也是16种**乌龟**和**龟类**动物的家园。

无论让你欢喜或是让你忧，不争的事实就是大部分公园都有**蛇**——但是被蛇咬伤的情况较为罕见(在黄石公园历史上，国家公园管理局共有两起被蛇咬伤的记录)。西部响尾蛇和大草原响尾蛇(prairie rattlesnake)较常见，但它们通常不会攻击人类，只是发出咝咝声或是快速离开。森王蛇

MICHAEL SEWELL VISUAL PURSUIT / GETTY IMAGES ©

上图：大灰鸮，约塞米蒂国家公园
下图：座头鲸

BRYCE FLYNN / GETTY IMAGES ©

SCOTT_WALTON / GETTY IMAGES ©

马里波萨林，约塞米蒂国家公园

参天巨木

约塞米蒂、红杉和国王峡谷等国家公园生长着世界上最大的生物——巨杉。虽然它们并不是最高大的树木，也不够茂密，但是在规模方面却无出其右者。树龄最高达到3000年的巨杉，也是美国最古老的有机体。红杉公园里的谢尔曼将军树高达275英尺（84米），树围达100英尺（30米），使其成为地球上活着的最大生物。做个比较：根据国家公园管理局的数据，这棵树的树干相当于15头蓝鲸或25辆作战坦克。现在知道何谓参天巨木了吧。

(gopher snake)和乌梢蛇(garter snake)是最常见的蛇类。

树木和植物

如果你打算游遍本书列出的所有国家公园，你将会看到丰富多样的植物：从大沼泽地的红树林到莫哈维沙漠(Mojave Desert)的奇特的约书亚树；从夏威夷肥沃的火山土壤到阿拉斯加的北极冻原。

树木

国家公园使世界上一些最壮观的森林得到保护。红杉木国家公园拥有地球上最高的树林；约塞米蒂的马里波萨林则拥有世界上最大的树木，公园高山地区的亚高山森林堪称高海拔地区仙境。在内华达山脉以北的喀斯喀特山脉(Cascade Range)，雷尼尔山国家公园拥有茂密的森林，保护着西部铁杉(western hemlock)、花旗松(Douglas fir)、雪松(cedar)、冷杉(true fir)和西部白杉(western white pine)等树种。在喀斯喀特西边，奥林匹克国家公园保留了几处世界上最大的温带森林和原始森林。

地球上目前已知最古老的树木，是生长在加利福尼亚州怀特山脉的一棵狐尾松。这棵树的名字叫加尔吉(Gargi)，树龄高达5065岁！

在落基山脉，稀疏的杜松-矮松林(piñon-juniper forest)覆盖了干旱的低海拔地区，香气弥漫的杰克松(ponderosa pine)主宰着山地区域。美洲山杨(quaking aspen)是落基山脉最引人注目的树种之一，山杨树的树叶在山风中轻轻摇曳并闪闪发光，在秋天将漫山遍野染成金黄色。矮小而多瘤的狐尾松(bristlecone pine)是地球上最古老的生物之一，它遍布西部山区的雪线之下，其中许多都已有上千年的树龄。

在干旱炎热的锡安、布莱斯峡谷和大峡谷，树木相对较少，但依然常见。许多到访锡安的人都会对弗吉尼亚河(Virgin River)河畔茂密的植被带感到诧异不已，这里生长着一片片漂亮的棉白杨和璀璨的北美大齿槭。在莫哈维沙漠里分布着外形奇特的约书亚树，这实际上是一种巨型丝兰(yucca)。

然而，就生物多样性而言，大雾山是当之无愧的佼佼者。大雾山的原始森林有美国种类最多的原生树木和植物。从大雾山向南行驶900英里(1448公里)就能到达大沼泽地国家公园，那里生长着广阔的红树林和热带阔叶树林。

小型植物

谈到国家公园内的各种小型植物，给人们留下深刻印象的莫过于无处不在的野花。如果你在春夏旅行，提前做足功课，了解哪些花儿在何时开放，一定会让你收获良多。例如，死亡谷的野花每年都会在2月末和3月竞相开放，在风调雨顺的年份，不妨计划好时间前往观赏。在落基山脉各处，野花大多在6月和7月绽放。在塞拉斯(Sierras)，低海拔地区的野花春天最美，图奥勒草地(Tuolumne Meadows)的开花期在夏初，而海拔更高地区的花最晚可到7月中才开。

大雾山脉栖息着17,000多种已知动植物。这片古老的生物分类构成与中国西南地区极为相似，分布着白玉兰(magnolia)、胡桃木(hickory)、黄樟(sassafras)和人参(ginseng)等物种。

在科罗拉多高原(包括锡安、布莱斯、大峡谷等国家公园)沙漠金盏花(desert marigold)和岩壁上的扁萼属野花在早春时短暂开花。高原上最有趣的植物当属仙人掌和沙漠仙人掌(desert succulent)，它们让沙漠戈壁显得如此与众不同。虽然许多植物都是高原特有物种，但许多也来自邻近地区，如大盆地(Great Basin)、莫哈维沙漠和落基山脉等地。

在南阿巴拉契亚地区，大雾山拥有令人难以置信的1500多种开花植物，其中包括9种本土杜鹃花(rhododendron and azalea，花期为5月末至6月)。

地质

地壳构造碰撞、冰川形成、火山爆发、风化侵蚀——自然的变幻莫测和时间的不停流淌在这片大陆创造了无数的奇观，而没有哪里能比国家公园更好地展现地质变迁历史。每个公园都在通过独特而复杂的地质景观来讲述自己的古老历史。

东部地区

美国东部地区以大西洋和阿拉巴契亚山脉为界，后者与东部海岸线平行前行，从缅因州一直绵延至亚拉巴马州。沉积岩为主的阿拉巴契亚山脉是这片大陆上最古老的山脉，其历史可追溯至3亿年前，当时北美洲还是超级大陆泛古陆（Pangaea）的一部分。

上图：基奈峡湾国家公园

北阿拉巴契亚山矗立着多座海拔超过5000英尺（1524米）的高峰，

这一山脉在最后一次冰河时期被大自然进一步雕琢：例如，**阿卡迪亚**（Acadia）的沙漠岛峰（Mt Desert Island）就形成于20,000年前，当时冰川冰盖将其与大陆分离。中阿拉巴契亚地区（**仙纳度**所在地）的群峰高度多在4000英尺（1219米）左右，而山脉南部（包括**大雾山**）的山峰高度则超过6000英尺（1829米）。陡峭的海拔梯度、深邃的V形山谷、绵延的山脊、充沛的降雨和夏日的高湿使阿拉巴契亚山成为北美最具生物多样性的地带。

继续向南，空气更为潮湿温暖，穿过南卡罗来纳州**康格瑞**（Congaree）的漫滩森林，直抵佛罗里达州南部的沼泽地，**大沼泽地国家公园**就坐落于此。如今，这座公园保护着北美面积最大的亚热带荒原。公园平均海拔仅6英尺（1.8米），这片辽阔的湿地是在古代海床上形成的，拥有异常丰富多样的沿海和海洋生态系统。

大湖区与大平原

就地质条件而言，大湖区地处"加拿大地盾"南部，是此地的典型代表。该地区主要由25亿至35亿年前的岩浆（火山）和变质岩构成（相比之下，侏罗纪恐龙在2亿年前才出现），在最后一次冰川时期被塑造成形。最显而易见的大规模冰川活动遗迹就是五大湖区，这里是北美洲最辽阔的淡水水域，蓄水量占全球淡水总量的20%。而**罗亚尔岛国家公园**和**探险家国家公园**则成名于公园内的湖泊、沼泽和北方森林——针叶树和阔叶林的混合体，能够适应北部地区短暂的生长季节。

大平原区是美国中部相对平坦的大草原。这里曾经是一个内陆海，后来逐步演变为肥沃的草地，在近代开发成为重要的农业区。大平原区曾经是数百万头北美野牛的家园，在南、北达科他州的**恶地**（Badlands）、**罗斯福**（Theodore Roosevelt）和**风洞**（Wind Cave）等国家公园，你可以领略到草原的万千风情。

科罗拉多的大沙丘（Great Sand Dunes）由黑曜石、硫黄、紫水晶和绿松石等29种不同岩石和矿物组成，面积超过30平方英里（78平方公里），沙丘最高可达700英尺（213米）。

落基山脉

在阿巴拉契亚山脉以西近1000英里（1609公里）处，落基山脉从大平原西部赫然拔地而起，高度超过14,000英尺（4267米）。落基山脉比阿拉巴契亚山脉年轻得多，由7000万年至200万年前的构造抬升形成。山脉受到水流和风的雕琢侵蚀，最终在200万年前的更新世冰川时期，由冰川雕琢

地下奇观

国家公园的各处洞穴通常都会被暑假自驾游的家庭旅行者忽略。在清凉漆黑的坑道内的行走体验，真的就比不上在黄石公园看灰熊，或是在红杉公园拥抱巨杉吗？也许原因并非如此，但探寻地下世界奇特的岩石这样的精彩体验绝不应错过。美国的三个大型洞穴系统都已划为国家公园加以保护，分别是**猛犸洞**（Mammoth Cave，肯塔基州）、**卡尔斯巴德洞窟**（Carlsbad Caverns，新墨西哥州）和**风洞**（南达科他州）。这三个公园的管理者都会带领游客进行团队游，你也可以在卡尔斯巴德洞窟独自徒步下到"大房间"（Big Room）游览。猛犸洞是世界上已知最大的洞穴系统，迷宫般的坑道总长超过400英里（644公里）。对探洞感兴趣？不妨参加猛犸洞颇具挑战的"野洞团队游"（Wild Cave Tour）。可以探游小型洞穴的其他公园有加利福尼亚的**尖石林**（Pinnacles）、**国王峡谷**和**红杉**等公园。

甘尼逊黑峡谷国家公园

国家公园之最

最高点 丹奈利，20,310英尺（6190米）

最低点 死亡谷，-282英尺（-86米）

最高的树 红杉木树，379英尺（116米）

最大的树 红杉，52,500立方英尺（1487立方米）

最潮湿的地区 奥林匹克，年降雨量11.25英尺（3429毫米）

最大的公园 兰格尔山-圣伊莱亚斯，总面积20,625平方英里（53,419平方公里）

成如今我们看到的地貌景观。

黄石公园也形成于同一冰河时期，但是火山运动让它与这一山脉的其他公园截然不同。黄石公园位于一片地理"热点"上——一块薄薄的地壳基本上漂浮在一片巨大的、125英里（201公里）深的岩浆上。在地底热力作用下，黄石如同架在热炉上的一口锅，不断冒出气泡，形成了万余处地热景观——这一数字超过了全球其他地热区的总和。

黄石、**大蒂顿**、**冰川**、**落基山**、**黑峡谷**（Black Canyon）和**大沙丘**（Great Sand Dunes）这些国家公园共同保护着300万英亩（1.2万平方公里）的落基山脉区域。在这些公园中，落基山拥有直插云天的最高山峰，其标志性的朗斯峰高达14,259英尺（4346米）。

西南地区

在落基山脉西南端，地势降低抵达科罗拉多高原。这片高原面积达130,000平方英里（34万平方公里），中心是美国最为干旱的四角地区（Four Corners）。科罗拉多高原坐落着**大峡谷**、**锡安**和**布莱斯峡谷**（Bryce Canyon）及其他多座公园，是世界上裸岩最集中的地区。亚利桑那州的**化石森林**（Petrified Forest）是三叠世晚期化石的宝库，历史可追溯至2.25亿年前。

与东边的落基山脉和西边的塞拉斯（Sierras）不同，这片高原在数百万年间一直保持稳定，水流和风慢慢侵蚀着地表景观，逐渐形成了今天人们所看到的壮观峡谷、拱门、奇形岩和其他类型的岩石。如果从高空俯瞰，这片高原和悬崖构成了显著的阶梯状地貌，从布莱斯峡谷的粉色悬崖向锡

JEFF DIENER / GETTY IMAGES ©

死亡谷国家公园

安的白色和红色峭壁逐级下降，最终到达大峡谷旁的褐色崖壁——每种颜色都代表着不同的地质时期。这处名为**“大升梯”**（Grand Staircase）的地貌景观充分暴露出亿万年来堆积的岩层，显示出该地区鬼斧神工的视觉冲击力。

加利福尼亚州

在锡安南部，科罗拉多高原与莫哈维沙漠在此接壤，是北美洲最炎热干燥的地区。这里坐落着面积达5000平方英里（12,950平方公里）的**死亡谷国家公园**，它如同一块多姿多彩的调色板，各种地貌让人目不暇接。公园范围不限于死亡谷本身，这里还有巨大的沙丘、大理石岩峡谷、死火山口和棕榈树荫下的绿洲。

位于莫哈维最南边的是**约书亚树国家公园**，横跨莫哈维和索诺兰（Sonoran）等沙漠。公园的莫哈维区域生长着数目惊人的约书亚树，这种丝兰属植物正是公园名称的来源。

在加州沙漠西北，内华达山脉长达400英里（644公里），拥有异常丰富的生物和地理多样性。塞拉斯山脉是一条抬升并向西倾斜的花岗岩带，大约在1000万年前自地壳上隆起形成。

1万年至200万前，冰川从高海拔冰原“流淌”下来，侵蚀形成河谷和山谷，将山脉塑造为典型的花岗岩杰作。在约塞米蒂，冰川作用的证据无处不在，公园因此格外壮观多彩。

塞拉斯山脉的几座高峰矗立于**约塞米蒂**、**红杉**和**国王峡谷**等公园内，惠特尼峰（Mt Whitney，海拔14,505英尺/4421米，位于红杉公园）是美国

最壮观胜景

- *奥姆斯特德岬，约塞米蒂*
- *纳罗斯，锡安*
- *布莱斯峡谷露天剧场，布莱斯峡谷*
- *光明天使岬，大峡谷*
- *隐秘谷，约书亚树*

木化石，化石森林国家公园

本土48州的最高峰。

虽然位于加州北部，但是滨海的**红杉木国家公园**（Redwoods National Park）和**拉森火山国家公园**（Lassen Volcanic National Park）与西北太平洋的温带森林和火山关系更为密切。

全长2663英里（4286公里）的太平洋山脊步道（Pacific Crest Trail）从加拿大一直延伸到墨西哥，沿途穿越七座国家公园。与此类似，阿巴拉契亚（2160英里/3476公里）和大陆分水岭（3100英里/4989公里）等步道都沿着美国主要的南北向山脉蜿蜒而行，沿途经过另外五座国家公园。

西北太平洋沿岸地区

内华达山脉以北耸立着喀斯喀特山脉，这座火山山脉从加州北部一直延伸到加拿大不列颠哥伦比亚省。其最高峰是海拔14,411英尺（4392米）的**雷尼尔山**，这座成层火山坐落于雷尼尔山国家公园内。这座火山处于“偶然活跃期”，被认为是喀斯喀特山脉中最危险的火山。山峰全年大部分时间都被白雪覆盖，拥有面积广阔的冰雪区，还有25处冰川。它上一次爆发是在1854年。这条山脉的其他大型公园还有俄勒冈州的**火山口湖**（Crater Lake）国家公园，这是一座死火山，破火山口内的湖水为7700年前的积水，是美国最深（和最清澈）的湖泊。此外还有**北喀斯喀特**（North Cascades）国家公园，园内的山峰参差嶙峋并带有冰川，山脉西边为温带森林，东侧则是较为干燥的黄松林。

在喀斯喀特以西的华盛顿州奥林匹克半岛上，奥林匹克山一头扎进太平洋。这是一条完全独立的山脉，与火山造就的喀斯喀特山不同，奥林匹克山由500万至1500万年前的胡安德富卡板块（Juan de Fuca plate）和北美板块挤压而形成。在奥林匹克高达7965英尺（2428米）的群峰和山下的海洋之间，坐落着**奥林匹克国家公园**，保护着这片风雨雕琢和海浪侵蚀形成的壮观地貌。

阿拉斯加州

高耸入云的重重山脉横亘在阿拉斯加的陆地之上。**太平洋山系**（Pacific Mountain System）由阿拉斯加、阿留申（Aleutian）和圣伊莱亚斯（St Elias）等山脉以及楚加奇（Chugach）和基奈（Kenai Mountains）等高山组成，在南方绵延延伸，自科迪亚克岛（Kodiak Island）西南入海。阿拉斯加共有8座国家公园，大部分都位于此地，其中最早设立的是**丹奈利**——同名山峰也是北美最高峰（海拔20,310英尺/6190米）。继续向北，巍然矗立着气势磅礴但人迹罕至的布鲁克斯山脉（Brooks Range），它位于北极圈附近，荒凉而偏远的**北极之门**（Gates of the Arctic）国家公园就位于此地。

在阿拉斯加山脉和布鲁克斯山脉之间是阿拉斯加内陆，这片辽阔的高原点缀着丘陵、矮山和壮观的河流，全长2300英里（3701公里）的美国第三长河育空河就流经此地。**冰川湾**位于阿拉斯加东南端，这里是观赏冰川消融的最佳地点。

就地质条件而言，阿拉斯加相对年轻而且非常活跃。其位于“火山带”（Ring of Fire）的太平洋火山链北部边界上，是北美地质活动最活跃的地区。事实上，美国地震中有52%都发生在这里，平均每天超过13次。大部分都是轻微的摇晃，但有些也非常剧烈。世界六大地震中的三次——美国十大地震中的七次——都发生在阿拉斯加。

最大的国家公园是阿拉斯加的兰格尔山-圣伊莱亚斯，其面积超过瑞士，是美国第二高峰圣伊莱亚斯（18,008英尺/5489米）的所在地。这座山峰从海平面拔地而起，在10英里（16公里）范围内骤然上升。

夏威夷州

夏威夷群岛包括50多座火山（以及137座岛屿和环礁），是规模庞大的夏威夷-皇帝海山链（Hawaiian-Emperor Seamount chain）组成部分，这条穿越大洋的海山链绵延3600英里（5794公里），大部分都淹没在水下。夏威夷的火山群由太平洋板块下面的熔岩（地质学上的“热点”）上升而形成。随着板块每年向西北漂移数英寸，岩浆上涌穿透地壳，形成火山。

每座新火山都会缓慢向西北方向移动，经过创造它的“热点”。当火山岛从“热点”上方移出后，将停止喷发，此时新土地不会再出现，而是开始侵蚀过程。风雨和海浪赋予新岛屿特别的地貌特征：打造出深谷、沙滩，将熔岩堆变成热带天堂。如果想亲身体验火山山坡的不同生态系统，可以探访从海平面上拔地而起高达10,000英尺（3048米）的**哈莱亚卡拉山**（Haleakalā）。

夏威夷火山群（Hawaii Volcanoes）的基拉韦厄（Kilauea）位于当今夏威夷大岛的“热点”上方，是世界上最活跃的火山。所有夏威夷火山都属于盾形火山，熔岩爆发形成平缓的圆顶山，但它们有时也会剧烈喷发，例如基拉韦厄在2008年就给观众和科学家留下了深刻印象。

幕后

说出你的想法

我们很重视旅行者的反馈——你的评价将鼓励我们前行，把书做得更好。我们同样热爱旅行的团队会认真阅读你的来信，无论表扬还是批评都非常欢迎。虽然很难一一回复，但我们保证将你的反馈信息及时交到相关作者手中，使下一版更完美。我们也会在下一版特别鸣谢来信读者。

请把你的想法发送到**china@lonelyplanet.com.au**，谢谢！

请注意：我们可能会将你的意见编辑、复制并整合到Lonely Planet的系列产品中，例如旅行指南、网站和数字产品。如果不希望书中出现自己的意见或不希望提及你的名字，请提前告知。请访问lonelyplanet.com/privacy了解我们的隐私政策。

声明

气象图表数据引用自：Peel MC, Finlayson BL & McMahon TA (2007) 'Updated World Map of the Köppen-Geiger Climate Classification', *Hydrology and Earth System Sciences*, 11, 163344。

封面图片：大角麋，冰川国家公园，Danita Delimont Stock/AWL。

本书部分地图由中国地图出版社提供，其他系原书地图，审图号GS（2017）2014号。

关于本书

这是Lonely Planet《美国国家公园》的第1版。本书的作者为克里斯托弗·皮茨。艾米·波福尔、桑德拉·鲍、格雷格·本奇维克、萨拉·本森、珍妮弗·丹尼斯顿、布里奇特·格里森、迈克尔·格罗斯伯格、亚当·卡林、贝斯·科恩、布拉德利·梅修、卡洛琳·麦卡锡、贝姬·奥尔森、佐拉·奥尼尔、凯文·劳布、布兰登·塞恩斯伯里、雷杰斯·圣·路易斯、瑞恩·维尔·博克莫斯、玛拉·沃西斯、格雷格·沃德和卡拉·兹默尔曼对本书亦有贡献。

本书为中文第1版，由以下人员制作完成：

项目负责 关媛媛
项目执行 丁立松
翻译统筹 肖斌斌 王玫珺
翻　　译 郭翔 李娟 姚月星 王瑜玲 柴魏
内容策划 李婉玉 许珊 刘维佳
视觉设计 李小棠 庹桢珍
协调调度 高原
责任编辑 喻乐
地图编辑 马珊
制　　图 田越
流　　程 孙经纬
终　　审 杨帆
排　　版 北京梧桐影电脑科技有限公司

感谢周喻、菜畦、向阳、洪良、潘英、张茜、巫殷昕为本书提供的帮助。

索引

A

B

C

D

E

F

G

H

I

J

K

L

M

V

W

Y

Z

我们的故事

一辆破旧的老汽车，一点点钱，一份冒险的感觉——1972年，当托尼（Tony Wheeler）和莫琳（Maureen Wheeler）夫妇踏上那趟决定他们人生的旅程时，这就是全部的行头。他们穿越欧亚大陆，历时数月到达澳大利亚。旅途结束时，风尘仆仆的两人灵机一闪，在厨房的餐桌上制作完成了他们的第一本旅行指南——《便宜走亚洲》（*Across Asia on the Cheap*）。仅仅一周时间，销量就达到了1500本。Lonely Planet 从此诞生。

现在，Lonely Planet在都柏林、富兰克林、伦敦、墨尔本、奥克兰、北京和德里都设有公司，有超过600名员工和作者。在中国，Lonely Planet被称为"孤独星球"。我们恪守托尼的信条："一本好的旅行指南应该做好三件事：有用、有意义和有趣。"

美国国家公园

中文第一版

书名原文：*USA's National Parks*（1st edition，Apr 2016）

图书在版编目（CIP）数据

美国国家公园 / 澳大利亚 Lonely Planet 公司编；郭翔等译．-- 北京：中国地图出版社，2017.7
书名原文：USA's National Park
ISBN 978-7-5204-0033-6

Ⅰ．①美… Ⅱ．①澳… ②郭… Ⅲ．①国家公园－旅游指南－美国 Ⅳ．① S759.997.12

中国版本图书馆 CIP 数据核字（2017）第 168808 号

出版发行	中国地图出版社
社　　址	北京市白纸坊西街 3 号
邮政编码	100054
网　　址	www.sinomaps.com
印　　刷	北京利丰雅高长城印刷有限公司
经　　销	新华书店
成品规格	197mm×128mm
印　　张	16
字　　数	870 千字
版　　次	2017 年 7 月第 1 版
印　　次	2017 年 7 月北京第 1 次印刷
定　　价	109.00 元
书　　号	ISBN 978-7-5204-0033-6
审 图 号	GS（2017）2014 号
图　　字	01-2017-0708

如有印装质量问题，请与我社发行部（010-83543956）联系